U0309512

航天科技图书出版基金资助出版

液体推进剂

李亚裕 主编

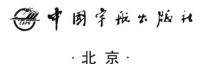

中国宇航出版社

·北京·

图书在版编目(CIP)数据

液体推进剂/李亚裕主编. --北京:中国宇航出
版社,2011. 1

ISBN 978 - 7 - 80218 - 912 - 6

Ⅰ.①液…　Ⅱ.①李…　Ⅲ.①液体推进剂　Ⅳ.①V511

中国版本图书馆 CIP 数据核字(2010)第 263899 号

责任编辑　曹晓勇　赵宏颖
封面设计　谭　颖　　　　责任校对　王　妍

出　版
发　行
社　址　北京市阜成路 8 号　　　邮　编　100830
　　　　(010)68768548
网　址　www. caphbook. com
经　销　新华书店
发行部　(010)68371900　　　(010)88530478(传真)
　　　　(010)68768541　　　(010)68767294(传真)
零售店　读者服务部　　　　　北京宇航文苑
　　　　(010)68371105　　　(010)62529336
承　印　北京画中画印刷有限公司
版　次　2011 年 9 月第 1 版　　2011 年 9 月第 1 次印刷
规　格　880×1230　　　　　开　本　1/32
印　张　17.125　　　　　　　字　数　473 千字
书　号　ISBN 978-7-80218-912-6
定　价　88.00 元

本书如有印装质量问题, 可与发行部联系调换

航天科技图书出版基金简介

　　航天科技图书出版基金是由中国航天科技集团公司于2007年设立的，旨在鼓励航天科技人员著书立说，不断积累和传承航天科技知识，为航天事业提供知识储备和技术支持，繁荣航天科技图书出版工作，促进航天事业又好又快地发展。基金资助项目由航天科技图书出版基金评审委员会审定，由中国宇航出版社出版。

　　申请出版基金资助的项目包括航天基础理论著作，航天工程技术著作，航天科技工具书，航天型号管理经验与管理思想集萃，世界航天各学科前沿技术发展译著以及有代表性的科研生产、经营管理译著，向社会公众普及航天知识、宣传航天文化的优秀读物等。出版基金每年评审1～2次，资助10～20项。

　　欢迎广大作者积极申请航天科技图书出版基金。可以登录中国宇航出版社网站，点击"出版基金"专栏查询详情并下载基金申请表；也可以通过电话、信函索取申报指南和基金申请表。

　　网址：http://www.caphbook.com

　　电话：(010) 68767205，68768904

《液体推进剂》
编委会

主　　编　李亚裕

副 主 编　刘朝阳

编　　委　禹天福　刘　墅　张起源

编写人员　（排名不分先后）

方　涛　王亚军　孙海云　李进华

李　俊　刘江强　许　宏　郭　伟

贺　芳　贾　月　徐　超　程永喜

序

　　发展航天，动力先行，推进剂技术的不断进步，促进了航天动力事业的快速发展。液体推进剂的发展历程，见证了中国航天的发展历程，也是中国航天坚持自主创新的缩影。

　　中国航天液体推进剂研究中心编写的《液体推进剂》一书，汇集了国内外液体推进剂领域的最新研究成果，总结了液体推进剂试验、使用过程中的实践经验。

　　本书凝聚了几代航天液体推进剂研究人员的心血，内容丰富、数据翔实。为广大从事液体推进剂和液体火箭发动机研制、生产、试验、使用的工程技术人员，从事液体火箭总体设计、地面设备设计的人员和高等院校相关专业的师生提供了大量宝贵的第一手资料，是一本极具参考价值的参考书。

　　当前，随着载人航天、深空探测等大型航天活动的开展，必然迎来航天动力技术发展的重要战略机遇期，液体推进剂技术也将迎来飞速发展的新时代。我们期待着中国航天液体推进剂研究中心有更多富有价值、影响深远的专著问世。

中国工程院院士
中国航天科技集团公司科技委顾问

张贵田

2011 年 5 月

前　言

液体推进剂作为液体火箭发动机的动力源泉，国内外都很重视对其的研究，同时编写和出版与之相关的工具书。为了更好地促进液体推进剂技术的发展和应用，结合国内外液体推进剂的最新发展，我们编写了本书。

本书共 21 章，包括 3 部分内容。其中第 1 章至第 3 章为第一部分，主要介绍了液体推进剂的定义和分类、发展历程和应用状况，并阐述了液体推进剂的技术指标和基本性能。第二部分包括第 4 章至第 20 章，分别具体介绍了国内外常用的液体推进剂，每章包括推进剂的生产原理、技术规格、物理化学性质、安全性能、材料相容性、毒性、急救、个人防护、贮存、运输、转注、清洗、处理及监测和安全使用守则等。这一部分不仅总结了国内几十年来的研究实践成果，同时结合国外的最新研究进展和相关文献报道，对当前国内正在使用和正在研制的液体推进剂进行了系统阐述。第 21 章为第三部分，对液体推进剂的未来发展进行了展望。

本书不仅适合于液体推进剂和液体火箭发动机研制、生产、试验部门的工程技术人员使用，也适合液体火箭总体设计和地面设备的设计人员和航天系统各级管理人员参考。

本书由中国航天液体推进剂研究中心组织编写，作者都具有多年一线工作经验，对主持编写的相关章节内容相当熟悉。李亚裕、刘朝阳、禹天福、刘墅、张起源等负责了本书的策划与组织实施，并参加了全书的编写、审阅工作。第 1 章、第 2 章和第 21 章由方涛执笔，第 3 章由李俊执笔，第 4 章和第 17 章由徐超执笔，第 5 章和

第 6 章由李进华执笔，第 7 章和第 9 章由孙海云、贺芳执笔，第 8 章和第 20 章由程永喜执笔，第 10 章、第 12 章和第 18 章由郭伟、贺芳执笔，第 11 章和第 19 章由王亚军执笔，第 13 章由许宏执笔，第 14 章由贾月执笔，第 15 章和第 16 章由刘江强执笔。此外王贞和闫捷在本书的前期编写工作中也作出了贡献。

在本书编写过程中，总装备部后勤部防疫大队丛继信副研究员进行了审读并协助编写了"人员防护"相关内容，总装备部后勤部韦文相高工、西安航天动力试验技术研究所符全军研究员对本书进行了审读，提出了很多宝贵意见，在此，对他们所付出的辛勤劳动表示衷心的感谢！

特别感谢航天推进技术研究院及所属北京航天试验技术研究所领导、航天科技图书出版基金评审委员会、中国宇航出版社对本书的出版给予的关心与支持！

由于编者水平有限，经验不足，书中缺点和不当之处在所难免，恳请读者批评指正。

编　者
2011 年 5 月

目　录

第1章　概论 ……………………………………………………………… 1

1.1　液体推进剂概述 …………………………………………………… 1

1.2　液体推进剂定义 …………………………………………………… 2

1.3　液体推进剂分类 …………………………………………………… 3

  1.3.1　按液体推进剂进入发动机的组元分类 ……………… 3

  1.3.2　按液体推进剂的点火方式分类 ………………………… 4

  1.3.3　按液体推进剂的贮存性能分类 ………………………… 5

  1.3.4　按液体推进剂的用途分类 ……………………………… 5

  1.3.5　按液体推进剂的能量分类 ……………………………… 6

1.4　液体推进剂选用基本原则 ……………………………………… 6

  1.4.1　能量 …………………………………………………………… 6

  1.4.2　使用性能 …………………………………………………… 7

  1.4.3　成本 …………………………………………………………… 9

1.5　液体推进剂发展展望 …………………………………………… 9

参考文献 …………………………………………………………………… 13

第2章　液体推进剂发展与应用 …………………………………… 14

2.1　液体推进剂发展历程 …………………………………………… 14

  2.1.1　液体推进剂探索与初步应用时期 …………………… 14

  2.1.2　液体推进剂迅速发展时期 ……………………………… 15

  2.1.3　液体推进剂使用性能改进与高能推进剂初步

      发展时期 …………………………………………………… 16

  2.1.4　液体推进剂综合性能提升与适用化研究时期 …… 24

2.2　液体推进剂的应用 ……………………………………………… 25

2.2.1 在运载火箭上的应用 ·········· 25

2.2.2 在弹道导弹上的应用 ·········· 25

2.2.3 在鱼雷上的应用 ············ 32

2.2.4 在航天器上的应用 ·········· 32

参考文献 ····················· 34

第3章 液体推进剂技术指标和性能 ········· 39

3.1 液体推进剂的技术指标 ·········· 39

3.1.1 技术指标用途和分类 ·········· 39

3.1.2 技术指标制定依据 ············ 39

3.1.3 技术指标制定和修改过程 ······ 40

3.2 液体推进剂理论性能 ············ 40

3.3 液体推进剂物理化学性质 ········ 44

3.3.1 相对分子质量 ············ 44

3.3.2 冰点（凝固点） ············ 45

3.3.3 沸点 ·················· 46

3.3.4 密度 ·················· 46

3.3.5 饱和蒸气压 ············ 47

3.3.6 粘度（动力粘度） ·········· 48

3.3.7 表面张力 ············ 49

3.3.8 膨胀系数 ············ 49

3.3.9 介电常数 ············ 49

3.3.10 电导率 ·············· 49

3.3.11 热导率 ·············· 50

3.3.12 比热容 ·············· 50

3.3.13 气化热 ·············· 50

3.3.14 燃烧热 ·············· 51

3.3.15 临界温度 ············ 51

3.3.16 临界压力 ············ 51

3.3.17 气体溶解度 ············ 52

3.3.18　热力学参数 ……………………………………… 52

3.3.19　液体声速 ………………………………………… 52

3.4　液体推进剂安全性能 …………………………………… 53

3.4.1　概述 ……………………………………………… 53

3.4.2　热敏感度 ………………………………………… 53

3.4.3　明火和电火花感度 ……………………………… 55

3.4.4　机械能感度 ……………………………………… 60

3.4.5　冲击波感度 ……………………………………… 62

3.4.6　辐射感度 ………………………………………… 64

3.4.7　泄漏危险性 ……………………………………… 64

3.5　液体推进剂材料相容性 ………………………………… 69

3.5.1　材料相容性分级标准 …………………………… 69

3.5.2　材料相容性评价方法 …………………………… 71

3.6　液体推进剂贮存性能 …………………………………… 72

3.6.1　贮存性能研究内容 ……………………………… 72

3.6.2　贮存类型 ………………………………………… 72

3.6.3　贮存危险性类别及数量距离关系 ……………… 73

3.6.4　贮存和操作危险场所 …………………………… 81

3.7　液体推进剂燃烧和分解性能 …………………………… 82

3.7.1　燃烧性能 ………………………………………… 82

3.7.2　分解性能 ………………………………………… 83

3.8　液体推进剂毒性、急救和防护 ………………………… 83

3.8.1　毒性评价指标和卫生标准 ……………………… 83

3.8.2　毒性分级 ………………………………………… 85

3.8.3　中毒途径 ………………………………………… 88

3.8.4　毒理 ……………………………………………… 88

3.8.5　急救方法 ………………………………………… 89

3.8.6　防护 ……………………………………………… 90

3.9　液体推进剂污染、监测和治理 ………………………… 93

3.9.1　液体推进剂对环境的污染 ……………………… 93

　　　3.9.2　液体推进剂污染的监测 ·············· 93

　　　3.9.3　液体推进剂污染的治理 ·············· 94

　参考文献 ··· 96

第4章　红烟硝酸 ····································· 99

　4.1　概述 ·· 99

　4.2　生产原理 ······································ 99

　4.3　技术规格 ····································· 100

　4.4　物理化学性质 ································· 100

　　　4.4.1　物理性质 ······························ 100

　　　4.4.2　化学性质 ······························ 101

　4.5　安全性能 ····································· 103

　　　4.5.1　着火和爆炸危险性 ·················· 103

　　　4.5.2　防火防爆措施 ······················ 104

　4.6　材料相容性 ··································· 104

　　　4.6.1　缓蚀剂概述 ························· 104

　　　4.6.2　与金属材料相容性 ·················· 105

　　　4.6.3　红烟硝酸中的水分对金属腐蚀速率的影响 ·· 106

　　　4.6.4　红烟硝酸和非金属材料的相容性 ······ 108

　4.7　毒性、急救和防护 ···························· 110

　　　4.7.1　毒性 ······························· 110

　　　4.7.2　急救 ······························· 112

　　　4.7.3　卫生标准和预防措施 ················ 113

　4.8　贮存、运输和转注 ···························· 115

　　　4.8.1　贮存 ······························· 115

　　　4.8.2　运输安全要求 ······················ 116

　　　4.8.3　转注 ······························· 116

　4.9　清洗、处理和监测 ···························· 117

　　　4.9.1　清洗 ······························· 117

　　　4.9.2　处理 ······························· 118

　　　4.9.3　监测 ……………………………………… 119

　　4.10　安全使用守则 ………………………………… 120

　　参考文献 ……………………………………………… 121

第5章　四氧化二氮 ……………………………………… 122

　5.1　概述 ……………………………………………… 122

　5.2　生产原理 ………………………………………… 122

　5.3　技术规格 ………………………………………… 123

　5.4　物理化学性质 …………………………………… 124

　　　5.4.1　物理性质 ………………………………… 124

　　　5.4.2　化学性质 ………………………………… 125

　5.5　安全性能 ………………………………………… 126

　　　5.5.1　着火和爆炸危险性 ……………………… 126

　　　5.5.2　防火防爆措施 …………………………… 127

　5.6　材料相容性 ……………………………………… 128

　　　5.6.1　金属材料 ………………………………… 128

　　　5.6.2　非金属材料 ……………………………… 129

　5.7　毒性、急救和防护 ……………………………… 131

　　　5.7.1　毒性 ……………………………………… 131

　　　5.7.2　卫生标准 ………………………………… 133

　　　5.7.3　急救原则 ………………………………… 134

　　　5.7.4　防护用品 ………………………………… 135

　5.8　贮存、运输和转注 ……………………………… 136

　　　5.8.1　贮存 ……………………………………… 136

　　　5.8.2　运输 ……………………………………… 138

　　　5.8.3　转注 ……………………………………… 139

　5.9　清洗、处理和监测 ……………………………… 140

　　　5.9.1　清洗 ……………………………………… 140

　　　5.9.2　处理 ……………………………………… 142

　　　5.9.3　监测 ……………………………………… 142

5.10 安全使用守则 …………………………………………… 143

参考文献 ……………………………………………………… 145

第6章 绿色四氧化二氮 …………………………………… 147

6.1 概述 ………………………………………………… 147

6.2 生产原理 …………………………………………… 147

6.3 技术规格 …………………………………………… 148

6.4 物理化学性质 ……………………………………… 148

6.4.1 物理性质 ……………………………………… 148

6.4.2 化学性质 ……………………………………… 150

6.5 安全性能 …………………………………………… 150

6.5.1 着火和爆炸危险性 …………………………… 150

6.5.2 防火防爆措施 ………………………………… 152

6.6 材料相容性 ………………………………………… 152

6.7 毒性、急救和防护 ………………………………… 153

6.7.1 毒性 …………………………………………… 153

6.7.2 卫生标准 ……………………………………… 153

6.7.3 急救原则 ……………………………………… 153

6.7.4 防护用品 ……………………………………… 154

6.8 贮存、运输和转注 ………………………………… 154

6.8.1 贮存 …………………………………………… 154

6.8.2 运输 …………………………………………… 157

6.8.3 转注 …………………………………………… 158

6.8.4 泄漏处理 ……………………………………… 159

6.9 清洗、处理和监测 ………………………………… 159

6.9.1 清洗 …………………………………………… 159

6.9.2 处理 …………………………………………… 161

6.9.3 监测 …………………………………………… 162

6.10 安全使用守则 …………………………………… 162

参考文献 ……………………………………………………… 164

第7章　液氧 ……………………………………………… 165

7.1　概述 ………………………………………………… 165

7.2　生产原理 …………………………………………… 165

7.3　技术规格 …………………………………………… 166

7.4　物理化学性质 ……………………………………… 167

　7.4.1　物理性质 ……………………………………… 167

　7.4.2　化学性质 ……………………………………… 168

7.5　安全性能 …………………………………………… 169

　7.5.1　着火和爆炸危险性 …………………………… 169

　7.5.2　防火防爆措施 ………………………………… 170

7.6　材料相容性 ………………………………………… 171

　7.6.1　金属材料 ……………………………………… 171

　7.6.2　非金属材料 …………………………………… 172

　7.6.3　润滑油 ………………………………………… 172

7.7　毒性、急救和防护 ………………………………… 172

　7.7.1　毒性 …………………………………………… 172

　7.7.2　急救 …………………………………………… 172

　7.7.3　防护 …………………………………………… 173

7.8　贮存、运输和转注 ………………………………… 173

　7.8.1　贮存 …………………………………………… 173

　7.8.2　运输 …………………………………………… 174

　7.8.3　转注 …………………………………………… 175

7.9　清洗和处理 ………………………………………… 175

　7.9.1　清洗 …………………………………………… 175

　7.9.2　处理 …………………………………………… 177

7.10　安全使用守则 …………………………………… 177

参考文献 …………………………………………………… 178

第8章 过氧化氢 ·· 179

8.1 概述 ··· 179

8.2 生产原理 ·· 179

8.3 技术规格 ·· 181

8.4 物理化学性质 ··· 183

  8.4.1 物理性质 ·· 183

  8.4.2 化学性质 ·· 191

8.5 安全性能 ·· 192

  8.5.1 着火和爆炸危险性 ································ 192

  8.5.2 防火防爆措施 ······································ 193

8.6 材料相容性 ··· 194

  8.6.1 相容性分级 ·· 195

  8.6.2 常用材料的相容性 ································ 195

8.7 毒性、急救和防护 ·· 197

  8.7.1 毒性 ·· 197

  8.7.2 急救 ·· 198

  8.7.3 防护 ·· 199

8.8 贮存、运输和转注 ·· 200

  8.8.1 贮存 ·· 200

  8.8.2 运输 ·· 201

  8.8.3 转注 ·· 202

8.9 清洗和处理 ··· 203

  8.9.1 非金属零部组件 ··································· 203

  8.9.2 不锈钢零部组件 ··································· 204

  8.9.3 铝和铝合金零部组件 ···························· 205

  8.9.4 推进剂供应系统 ··································· 205

8.10 安全使用守则 ·· 206

参考文献 ·· 207

第9章　烃类燃料 …………………………………………………… 209

9.1　概述 …………………………………………………………… 209

9.2　生产原理 ……………………………………………………… 210

9.2.1　航天煤油生产原理 ……………………………………… 210

9.2.2　液态甲烷生产原理 ……………………………………… 210

9.3　技术规格 ……………………………………………………… 210

9.3.1　煤油 ……………………………………………………… 210

9.3.2　液体甲烷 ………………………………………………… 212

9.4　物理化学性质 ………………………………………………… 213

9.4.1　煤油物理化学性质 ……………………………………… 213

9.4.2　液体甲烷物理化学性质 ………………………………… 216

9.4.3　液氧与煤油和液氧与甲烷发动机性能对比 …………… 217

9.5　煤油的着火和爆炸危险性 …………………………………… 218

9.5.1　着火危险性 ……………………………………………… 219

9.5.2　爆炸危险性 ……………………………………………… 219

9.5.3　防火防爆措施 …………………………………………… 219

9.6　材料相容性 …………………………………………………… 219

9.6.1　金属材料 ………………………………………………… 219

9.6.2　非金属材料 ……………………………………………… 220

9.7　毒性、急救和防护 …………………………………………… 220

9.7.1　毒性 ……………………………………………………… 220

9.7.2　急救 ……………………………………………………… 221

9.7.3　卫生标准和预防措施 …………………………………… 221

9.7.4　防护用品 ………………………………………………… 222

9.8　贮存、运输和转注 …………………………………………… 222

9.8.1　贮存 ……………………………………………………… 222

9.8.2　运输 ……………………………………………………… 223

9.8.3　转注 ……………………………………………………… 224

9.9　清洗和处理 …………………………………………………… 224

9.9.1　清洗 ……………………………………………………… 224

9.9.2 处理 …………………………………………………………… 225

9.10 安全使用守则 …………………………………………………… 225

参考文献 ………………………………………………………………… 227

第 10 章 吸气式发动机燃料 ………………………………………… 228

10.1 概述 ……………………………………………………………… 228

10.2 生产原理 ………………………………………………………… 228

10.2.1 石油基燃料 …………………………………………… 228

10.2.2 人工合成燃料 JP—10 ……………………………… 229

10.3 技术规格 ………………………………………………………… 230

10.3.1 石油基燃料技术规格 ………………………………… 230

10.3.2 人工合成燃料技术规格 ……………………………… 232

10.4 物理化学性质 …………………………………………………… 233

10.4.1 物理性质 ……………………………………………… 233

10.4.2 化学性质 ……………………………………………… 234

10.5 安全性能 ………………………………………………………… 236

10.5.1 着火和爆炸危险性 …………………………………… 236

10.5.2 安全防护措施 ………………………………………… 237

10.6 材料相容性 ……………………………………………………… 237

10.6.1 金属材料 ……………………………………………… 238

10.6.2 非金属材料 …………………………………………… 238

10.7 毒性、急救和防护 ……………………………………………… 238

10.7.1 急性毒性 ……………………………………………… 238

10.7.2 中毒症状 ……………………………………………… 238

10.7.3 急救 …………………………………………………… 239

10.7.4 预防措施 ……………………………………………… 240

10.7.5 防护用品 ……………………………………………… 240

10.8 贮存、运输和转注 ……………………………………………… 240

10.9 清洗和处理 ……………………………………………………… 240

10.10 安全使用守则 ………………………………………………… 240

参考文献 ··· 241

第 11 章　酒精 ·· 242

11.1　概述 ·· 242

11.2　生产原理 ··· 242

　11.2.1　发酵法 ··· 242

　11.2.2　乙烯水合法 ·· 243

11.3　技术规格 ··· 243

11.4　物理化学性质 ·· 243

　11.4.1　物理性质 ··· 243

　11.4.2　化学性质 ··· 247

11.5　安全性能 ··· 248

　11.5.1　着火和爆炸危险性 ······································ 248

　11.5.2　防火防爆措施 ··· 249

11.6　材料相容性 ··· 250

　11.6.1　金属材料 ··· 250

　11.6.2　非金属材料 ·· 250

11.7　毒性、急救和防护 ·· 250

　11.7.1　毒性 ·· 250

　11.7.2　急救和防护 ·· 251

11.8　贮存、运输和转注 ·· 252

　11.8.1　贮存 ·· 252

　11.8.2　运输 ·· 252

　11.8.3　转注 ·· 253

11.9　清洗和处理 ··· 254

　11.9.1　清洗 ·· 254

　11.9.2　处理 ·· 256

11.10　安全使用守则 ·· 256

参考文献 ··· 257

第 12 章　液氢 ······· 259

　12.1　概述 ······· 259

　12.2　生产原理 ······· 259

　　12.2.1　制氢方法 ······· 259

　　12.2.2　氢液化方法 ······· 260

　12.3　技术规格 ······· 261

　12.4　物理化学性质 ······· 262

　　12.4.1　物理性质 ······· 262

　　12.4.2　化学性质 ······· 265

　12.5　安全性能 ······· 266

　　12.5.1　着火和爆炸危险性 ······· 266

　　12.5.2　泄漏危险性 ······· 269

　　12.5.3　静电危险性 ······· 272

　　12.5.4　固氧和固空的危险性 ······· 272

　　12.5.5　防火防爆措施 ······· 274

　12.6　材料相容性 ······· 275

　　12.6.1　金属材料 ······· 275

　　12.6.2　非金属材料 ······· 276

　12.7　毒性、急救和防护 ······· 276

　　12.7.1　毒性 ······· 276

　　12.7.2　急救 ······· 277

　　12.7.3　卫生标准和预防措施 ······· 277

　　12.7.4　人员安全防护 ······· 278

　12.8　贮存、运输和转注 ······· 279

　　12.8.1　贮存 ······· 279

　　12.8.2　运输 ······· 280

　　12.8.3　转注 ······· 281

　12.9　清洗、处理和监测 ······· 282

　　12.9.1　清洗和置换 ······· 282

　　12.9.2　处理 ······· 283

12.9.3　监测 ･･････････････････････････････････ 284

12.10　安全使用守则 ････････････････････････････ 285

参考文献 ･･･････････････････････････････････････ 286

第13章　无水肼和肼—70 ････････････････････ 287

13.1　概述 ･･････････････････････････････････････ 287

13.2　生产原理 ･･････････････････････････････････ 287

13.2.1　无水肼的生产 ････････････････････････ 287

13.2.2　肼—70的生产 ･････････････････････････ 289

13.3　技术规格 ･･････････････････････････････････ 289

13.4　物理化学性质 ･･････････････････････････････ 291

13.4.1　物理性质 ････････････････････････････ 291

13.4.2　化学性质 ････････････････････････････ 294

13.5　安全性能 ･･････････････････････････････････ 295

13.5.1　着火和爆炸危险性 ･･････････････････････ 295

13.5.2　防火防爆措施 ･･････････････････････････ 300

13.6　材料相容性 ････････････････････････････････ 301

13.6.1　金属材料 ････････････････････････････ 301

13.6.2　非金属材料 ･･････････････････････････ 303

13.7　毒性、急救和防护 ･･････････････････････････ 303

13.7.1　毒性 ････････････････････････････････ 303

13.7.2　急救 ････････････････････････････････ 305

13.7.3　卫生标准和预防措施 ････････････････････ 306

13.7.4　防护用品 ････････････････････････････ 307

13.8　贮存、运输和转注 ･･････････････････････････ 308

13.8.1　贮存 ････････････････････････････････ 308

13.8.2　运输 ････････････････････････････････ 309

13.8.3　转注 ････････････････････････････････ 310

13.9　清洗、处理和监测 ･･････････････････････････ 311

13.9.1　清洗 ････････････････････････････････ 311

13.9.2　处理 ·· 313

13.9.3　监测 ·· 317

13.10　安全使用守则 ··· 318

参考文献 ··· 319

第 14 章　单推—3 ··· 321

14.1　概述 ·· 321

14.2　生产原理 ·· 321

14.3　技术规格 ·· 321

14.4　物理化学性质 ·· 322

14.4.1　物理性质 ··· 322

14.4.2　化学性质 ··· 326

14.5　安全性能 ·· 326

14.5.1　着火和爆炸危险性 ································· 326

14.5.2　防火防爆措施 ······································· 329

14.6　材料相容性 ··· 330

14.6.1　金属材料 ··· 330

14.6.2　非金属材料 ·· 330

14.6.3　酸—肼处理工艺 ···································· 331

14.7　毒性和急救 ··· 332

14.7.1　毒性 ··· 332

14.7.2　急救 ··· 332

14.7.3　卫生标准和预防措施 ····························· 333

14.7.4　防护用品 ··· 335

14.8　贮存、运输和转注 ···································· 335

14.8.1　贮存 ··· 335

14.8.2　运输 ··· 336

14.8.3　转注 ··· 337

14.9　清洗、处理和监测 ···································· 338

14.9.1　脱脂、除锈、钝化和去氧化物 ················ 338

14.9.2　清洗 ·············· 339

14.9.3　废气、废液和污水处理 ·············· 339

14.9.4　监测 ·············· 340

14.10　安全使用守则 ·············· 340

参考文献 ·············· 341

第15章　偏二甲肼 ·············· 342

15.1　概述 ·············· 342

15.2　生产原理 ·············· 342

15.3　技术规格 ·············· 343

15.3.1　美国军用指标 ·············· 343

15.3.2　主要成分对比冲的影响 ·············· 343

15.4　物理化学性质 ·············· 344

15.4.1　物理性质 ·············· 344

15.4.2　化学性质 ·············· 346

15.5　安全性能 ·············· 347

15.5.1　着火和爆炸危险性 ·············· 348

15.5.2　防火防爆措施 ·············· 351

15.6　材料相容性 ·············· 352

15.6.1　概述 ·············· 352

15.6.2　金属材料 ·············· 352

15.6.3　偏二甲肼水溶液对铝及其合金的腐蚀作用 ·············· 353

15.6.4　非金属材料 ·············· 353

15.7　毒性、医疗和防护 ·············· 354

15.7.1　毒性 ·············· 354

15.7.2　急救 ·············· 356

15.7.3　卫生标准和预防措施 ·············· 356

15.7.4　防护用品 ·············· 358

15.8　贮存、运输和转注 ·············· 358

15.8.1　贮存 ·············· 358

　　　15.8.2　运输 ·· 358

　　　15.8.3　转注 ·· 359

　　15.9　清洗、处理和监测 ·· 360

　　　15.9.1　清洗 ·· 360

　　　15.9.2　处理 ·· 362

　　　15.9.3　监测 ·· 365

　　15.10　安全使用守则 ·· 366

　参考文献 ··· 368

第16章　甲基肼 ··· 370

　16.1　概述 ··· 370

　16.2　生产原理 ·· 370

　16.3　技术规格 ·· 371

　16.4　物理化学性质 ··· 371

　　　16.4.1　物理性质 ··· 371

　　　16.4.2　化学性质 ··· 373

　16.5　安全性能 ·· 374

　　　16.5.1　着火和爆炸危险性 ····································· 374

　　　16.5.2　防火防爆措施 ··· 376

　16.6　材料相容性 ·· 377

　　　16.6.1　金属材料 ··· 377

　　　16.6.2　非金属材料 ·· 377

　16.7　毒性、急救和防护 ··· 378

　　　16.7.1　毒性 ·· 378

　　　16.7.2　急救 ·· 379

　　　16.7.3　卫生标准和预防措施 ··································· 380

　　　16.7.4　防护用品 ··· 380

　16.8　贮存、运输和转注 ··· 380

　　　16.8.1　贮存 ·· 380

　　　16.8.2　运输 ·· 381

16.8.3　转注 ·· 382

16.9　清洗、处理和监测 ······························· 383

16.9.1　清洗 ·· 383

16.9.2　处理 ·· 385

16.9.3　监测 ·· 387

16.10　安全使用守则 ·································· 388

参考文献 ·· 389

第 17 章　混胺—50 ································· 390

17.1　概述 ·· 390

17.2　生产原理 ·· 390

17.2.1　二甲代苯胺的生产 ·························· 390

17.2.2　三乙胺的生产 ································· 391

17.2.3　混胺—50 的配制 ····························· 391

17.3　技术规格 ·· 391

17.4　物理化学性质 ······································ 392

17.4.1　物理性质 ·· 392

17.4.2　化学性质 ·· 394

17.5　安全性能 ·· 395

17.5.1　着火和爆炸危险性 ·························· 395

17.5.2　防火防爆措施 ································· 395

17.6　材料相容性 ··· 396

17.6.1　金属材料 ·· 396

17.6.2　非金属材料 ····································· 396

17.7　毒性、急救和防护 ································ 396

17.7.1　毒性 ·· 396

17.7.2　急救 ·· 398

17.7.3　卫生标准和预防措施 ······················ 399

17.7.4　防护用品 ·· 399

17.8　贮存、运输和转注 ································ 400

17.8.1　贮存 ……………………………………………… 400

17.8.2　运输 ……………………………………………… 401

17.8.3　转注 ……………………………………………… 401

17.9　清洗、处理和监测 …………………………………… 402

17.9.1　清洗 ……………………………………………… 402

17.9.2　处理 ……………………………………………… 403

17.9.3　监测 ……………………………………………… 405

17.10　安全使用守则 ………………………………………… 406

参考文献 ………………………………………………………… 407

第18章　鱼推—3 ……………………………………… 408

18.1　概述 …………………………………………………… 408

18.2　生产原理 ……………………………………………… 408

18.2.1　1，2—丙二醇二硝酸酯生产 ……………………… 408

18.2.2　癸二酸二丁酯生产 ………………………………… 408

18.2.3　2—硝基二苯胺生产 ……………………………… 409

18.3　技术规格 ……………………………………………… 409

18.4　物理化学性质 ………………………………………… 409

18.4.1　物理性质 …………………………………………… 409

18.4.2　化学性质 …………………………………………… 411

18.5　安全性能 ……………………………………………… 412

18.5.1　着火和爆炸危险性 ………………………………… 412

18.5.2　防火防爆措施 ……………………………………… 414

18.6　材料相容性 …………………………………………… 415

18.6.1　金属材料 …………………………………………… 415

18.6.2　非金属材料 ………………………………………… 415

18.7　毒性、急救和防护 …………………………………… 415

18.7.1　毒性 ………………………………………………… 415

18.7.2　急救 ………………………………………………… 417

18.7.3　卫生标准和预防措施 ……………………………… 418

18.7.4　防护用品 ··· 418

18.8　贮存、运输和转注 ··· 419

18.8.1　贮存 ·· 419

18.8.2　运输 ·· 420

18.8.3　转注 ·· 420

18.9　清洗、处理和监测 ··· 421

18.9.1　清洗 ·· 421

18.9.2　处理 ·· 422

18.9.3　监测 ·· 422

18.10　安全使用守则 ··· 423

参考文献 ·· 424

第19章　硝酸异丙酯 ·· 425

19.1　概述 ·· 425

19.2　生产原理 ·· 425

19.3　技术规格 ·· 425

19.4　物理化学性质 ··· 427

19.4.1　物理性质 ··· 427

19.4.2　化学性质 ··· 427

19.5　安全性能 ·· 428

19.5.1　着火和爆炸危险性 ······································· 428

19.5.2　防火防爆措施 ·· 429

19.6　材料相容性 ·· 430

19.6.1　金属材料 ··· 430

19.6.2　非金属材料 ·· 431

19.7　毒性、急救和防护 ·· 431

19.7.1　毒性 ·· 431

19.7.2　急救和防护 ·· 432

19.7.3　卫生标准和预防措施 ····································· 432

19.7.4　防护用品 ··· 433

19.8　贮存、运输和转注 ·· 433

　　19.8.1　贮存 ·· 433

　　19.8.2　运输 ·· 434

　　19.8.3　转注 ·· 434

19.9　清洗、处理和监测 ·· 435

　　19.9.1　清洗 ·· 435

　　19.9.2　处理 ·· 436

　　19.9.3　监测 ·· 436

19.10　安全使用守则 ·· 436

参考文献 ·· 438

第20章　增压气体 ·· 439

20.1　氮气 ·· 439

　　20.1.1　概述 ·· 439

　　20.1.2　生产原理 ·· 439

　　20.1.3　技术规格 ·· 441

　　20.1.4　物理化学性质 ·· 444

　　20.1.5　贮存和运输 ·· 450

　　20.1.6　安全使用守则 ·· 451

20.2　氦气 ·· 452

　　20.2.1　概述 ·· 452

　　20.2.2　生产原理 ·· 452

　　20.2.3　技术规格 ·· 453

　　20.2.4　物理化学性质 ·· 456

　　20.2.5　贮存和运输 ·· 462

　　20.2.6　安全要求 ·· 463

　　20.2.7　应急措施 ·· 463

参考文献 ·· 464

第 21 章　液体推进剂的发展 ……………………………………… 465

　21.1　概述 …………………………………………………………… 465

　21.2　液体推进剂技术发展趋势 ………………………………… 465

　　21.2.1　胶体推进剂 ……………………………………………… 465

　　21.2.2　无毒推进剂 ……………………………………………… 469

　　21.2.3　高密度烃类燃料 ………………………………………… 476

　　21.2.4　吸热型碳氢燃料 ………………………………………… 477

　　21.2.5　液氧与烃类推进剂 ……………………………………… 479

　　21.2.6　低冰点双组元推进剂 …………………………………… 481

　　21.2.7　双模式推进剂 …………………………………………… 482

　　21.2.8　低温推进剂 ……………………………………………… 482

　　21.2.9　新型推进剂研制 ………………………………………… 483

　21.3　展望 …………………………………………………………… 487

　参考文献 ……………………………………………………………… 489

附录 A　氧的相关特性 ……………………………………………… 492

附录 B　氢的相关特性 ……………………………………………… 497

附录 C　相关材料牌号对照 ………………………………………… 507

第 1 章　概　论

1.1　液体推进剂概述

推进从物理意义上讲，是改变物体运动的作用。推进装置产生的力可以使静止物体产生运动、改变物体运动的速度，还可以克服物体在介质中运动受到的阻力。喷气推进是通过由喷射物质的动量作用在装置上的反作用力实现物体运动的方法。

火箭推进是一类通过喷射装置自身携带的物质（称为推进剂）产生推力的喷气推进。按照其基本功能火箭推进可分为助推器、主级、姿态控制、轨道位置保持等类型；按照使用的能源类型可分为化学能、核能、太阳能推进系统等；按照推进剂种类可分为固体、液体、气体和混合推进系统等。

化学能是火箭推进最常用的能源，推进剂通过化学反应为火箭推进系统提供能量和工质。推进剂包括液体推进剂、固体推进剂、固液或液固混合推进剂等，与之对应的推进系统先后在卫星、运载火箭、导弹、飞船中得到广泛应用。

公元 969 年，中国发明了世界上最早的固体火箭和固体火箭推进剂（火药），并将其应用于军事。液体火箭推进剂的发展始于 20 世纪初期，其发展和应用是建立在近代科学基础上的。俄国科学家齐奥尔科夫斯基提出了世界上第一个使用液体推进剂火箭发动机的火箭原理图并列出了火箭飞行基本方程，他建议用碳氢化合物、液氢、液氧作为推进剂组元；德国科学家奥伯特建立了更详细的数学理论，提出了用于空间飞行的多级火箭和推进剂冷却的推力室方案。1926 年，美国科学家罗伯特戈达德利用液体推进剂火箭发动机首次实现了火箭飞行，使用液氧和汽油作为推进剂。德国于 1933 年发射了使用液氧和酒精作为推进剂的 A1 火箭，在此基础上于 1942 年研制成功 A4（即 V－2）近程地地导弹，实现了液体推进剂在军事中的应用。我国于 1956 年开始研制液体火箭和液体火箭推进剂。

1.2　液体推进剂定义

液体推进剂是液体火箭推进剂的简称。液体推进剂是以液体状态进入火箭发动机，经历化学反应和热力学变化，为推进系统提供能量和工质的物质。它可以是单质、化合物，也可以是混合物。它在液体火箭发动机燃烧室内进行氧化反应或分解反应，把化学能转变为热能，产生高温高压气体，通过发动机喷管膨胀，再把热能转变为动能，推动火箭飞行或进行航天器姿态控制、速度修正、变轨飞行等。液体推进剂包括液体氧化剂、液体燃烧剂和液体单组元推进剂，以及在液体推进剂基础上发展起来的胶体推进剂。燃烧时起氧化作用的物质，称为氧化剂。燃烧时起还原作用并释放能量的物质，称为燃料（即燃烧剂）。通过自身分解或燃烧提供工质和能量的液态物质，称为单组元推进剂。在液体推进剂中添加一定量的胶凝剂或固体粉末，在贮存或静止状态下呈糊状或凝胶状并具有触变性的推进剂，称为胶体推进剂。

液体推进剂具有比冲高、推力易于调节、能够多次点火、可脉冲工作等优点，在各种战术、战略导弹末修系统、大型运载火箭、各种航天器姿态与轨道控制系统中得到广泛使用，在大型空间运输系统和各种辅助推进剂系统中占据支配和统治地位。同时，液体推进剂是液体火箭（导弹）的重要组成部分，在火箭（导弹）起飞质量中占很大比例，对于大型运载火箭约占 70％～90％，其性能的优劣直接影响到发动机及导弹（火箭）的性能及成本。

1.3 液体推进剂分类

液体推进剂的分类方法很多，主要按组元、点火方式、贮存性能、用途、能量等 5 种方法进行分类。

1.3.1 按液体推进剂进入发动机的组元分类

按进入发动机的组元，液体推进剂分为单组元推进剂、双组元推进剂和三组元推进剂 3 种。

1.3.1.1 单组元液体推进剂

通过分解或自身燃烧提供能量和工质的均相推进剂，称为单组元液体推进剂，主要分为三类：第一类是分子中同时含有可燃性元素和助燃性元素的化合物或混合物，如硝酸异丙酯、鱼推－3 等；第二类是常温下互不化学反应的安定混合物，如过氧化氢－甲醇；第三类是分解时放出大量热量和气态产物的吸热化合物或混合物，如肼、肼－70、过氧化氢、单推－3 等。

单组元推进系统结构简单、使用方便，但能量偏低，通常用于姿态控制、速度修正、变轨飞行，或用在燃气发生器上。

1.3.1.2 双组元液体推进剂

双组元液体推进剂是由分别贮存的液体氧化剂和液体燃料两个组元组合工作的推进剂，简称双组元推进剂。

液体氧化剂通常选用氧化性强的物质，如液氧、红烟硝酸、四氧化二氮等。液体燃料选用含氢量大、燃烧热值高的物质，如液氢、偏二甲肼、无水肼、甲基肼、酒精、烃类燃料、混胺－50 等。

双组元液体推进剂具有能量段高和使用较安全等特点，是液体火箭、导弹推进系统中使用最多的推进剂。

1.3.1.3 三组元液体推进剂

三组元液体推进剂，是由分别贮存的液体氧化剂、液体燃料和第三个组元组合的推进剂，简称三组元推进剂。它分为以下 2 类。

一类是液氧作为氧化剂、液氢和烃类燃料为燃料组合的推进剂，液氧在低空和高空时分别与烃类燃料和液氢组合，利用发动机在低空和高空面积比不同造成的双膨胀，使发动机在全工作过程获得高性能，即起飞时高推力、低面积比，高空飞行时低推力、高面积比；液氧也可与烃类燃料和少量液氢同时燃烧，利用液氢改善液氧与烃类燃料的燃烧性能。

另一类是液氧作为氧化剂，液氢作为燃料，第三组元是轻金属或其氢化物粉末组合的推进剂，其优点是把轻金属同液氧燃烧产生的高温与能够降低燃烧产物平均分子量的氢结合起来而提高比冲。氢在三组元火箭发动机中主要是起工作流体的作用。

由于三组元推进系统复杂，目前尚未得到实际使用。

1.3.2　按液体推进剂的点火方式分类

对双组元液体推进剂而言，可按推进剂点火方式将其分为自燃推进剂和非自燃推进剂。

1.3.2.1　自燃推进剂

氧化剂和燃料进入火箭发动机燃烧室时能迅速自动着火的双组元推进剂，称为自燃推进剂，氧化剂与燃料从相互接触到开始出现火焰的时间间隔，称为着火延迟期。自燃推进剂使用中要求着火延迟期短，以防止推进剂在燃烧室中积累过多而引起硬式启动，甚至发生爆炸。

红烟硝酸与偏二甲肼、四氧化二氮与偏二甲肼、四氧化二氮与甲基肼等组合都属于自燃推进剂。

1.3.2.2　非自燃推进剂

氧化剂与燃料进入火箭发动机燃烧室时不能自动着火燃烧而需要辅助点火装置的双组元推进剂，称为非自燃推进剂。从启动点火装置到液体推进剂开始出现火焰的时间间隔，称为点火延迟期。点火延迟期越短越好。常用的点火方式是电点火、火药点火和点火剂点火。液氧与液氢、液氧与煤油、红烟硝酸与烃类燃料组合的推进剂都属于非自燃推进剂。

此外，可通过在燃料中加入自燃添加剂的方法，使非自燃推进剂变为自燃推进剂。

1.3.3 按液体推进剂的贮存性能分类

液体推进剂按其贮存性能通常分为可贮存推进剂（常规推进剂）、不可贮存推进剂（低温推进剂）。

1.3.3.1 可贮存推进剂

可贮存推进剂是指在地面环境条件下，无须外加能源或加压能保持液态又能长期贮存不变质的推进剂，又称为常规推进剂。可贮存推进剂一般应具备以下几个条件：

1）临界温度高于地面环境的最高温度（视地域不同，50 ℃或 70 ℃）。

2）在 50 ℃时的饱和蒸气压不高于 2 MPa（或 70 ℃时不高于 3 MPa）。

3）在 50 ℃时的年分解速率不大于 1%。

4）对材料的腐蚀速率不大于 0.025 mm/a。

目前使用的硝基氧化剂、肼类、胺类、烃类燃料大多数属于可贮存推进剂。大多数可贮存推进剂可预先包装在动力系统贮箱内，即使经过长时间贮存仍确保正常使用。而过氧化氢在贮存过程中会发生分解，不可进行预包装。

1.3.3.2 不可贮存推进剂

不可贮存推进剂是指在环境温度下是气态，沸点低于 −73 ℃、临界温度低于 −50 ℃，只有在低温下才能保持为液态的推进剂，又称为低温推进剂。低温推进剂的优点是能量较高；缺点是要保温绝热贮存，并有蒸发损失。目前使用的液氧、液氢等属于低温推进剂。

1.3.4 按液体推进剂的用途分类

液体推进剂按用途可分为主推进剂和辅助推进剂。用于火箭、导弹主发动机的推进剂，称为主推进剂；用于辅助发动机和辅助系统（如燃气发生器）的推进剂，称为辅助推进剂。

1.3.5　按液体推进剂的能量分类

液体推进剂按能量大小通常分为低能推进剂、中能推进剂和高能推进剂。比冲小于 2 500 m/s 的液体推进剂，称为低能推进剂；比冲为 2 500～3 000 m/s 的液体推进剂，称为中能推进剂；比冲大于 3 000 m/s的液体推进剂，称为高能推进剂。

1.4　液体推进剂选用基本原则

液体推进剂在运载火箭、导弹、航天器的研究、设计、试验、使用等各个阶段都占有重要地位，其能量特性、物理化学性能、安全性能、贮存性能等会直接影响发动机研制的全过程。液体火箭发动机对推进剂有各种各样的要求，其中最重要的是能量、使用性能和成本 3 方面。

1.4.1　能量

能量特性是衡量液体推进剂性能的重要指标，能量的高低，通常用热值和比冲来衡量。为了达到高比冲和高热值，希望单位质量（或体积）推进剂的化学能高，能够达到较高的燃烧温度，同时燃烧产物的平均分子量要低。

1.4.1.1　热值

推进剂的热值，取决于推进剂与燃烧产物的生成热之差。推进剂的生成热越大，燃烧产物的生成热越小，对应的热值越高。

液体推进剂在火箭起飞质量中约占 70%～90%。火箭要求在最小起飞质量下，能达到最大的航程、高度和末速度，它们取决于推进剂燃烧产物的喷射速度。推进剂的热值越大，喷射速度越大。但是，推进剂在火箭发动机中燃烧产生的热能，不能全部转换成动能，因此用热值表示推进剂能量特性不够理想。

1.4.1.2 比冲

判断推进剂能量特性最有效的方法，就是直接测定比冲，即单位质量推进剂所产生的冲量。比冲与推进剂热值的平方根成正比，与燃气平均相对分子质量的平方根成反比。比冲还与发动机结构、燃烧室温度、燃烧室压力和喷管外环境压力等因素有关。

推进剂的结构或组成与能量特性在理论上存在因果关系，这种关系必须通过数量关系反映出来，才能准确评价其应用价值。通过热力学计算，一方面可以揭示出推进剂结构或组成与能量的关系，明确研究对象，避免筛选推进剂时的盲目性；另一方面，在给定的燃烧室混合比与压力条件下，计算推进剂的燃烧产物成分、燃烧温度、喷气速度和比冲等参数，为发动机设计提供技术参数与依据。因此，推进剂理论性能计算对推进剂研究起着重要指导作用，是新型推进剂研制、技术条件制定、性能改进等过程中必备的辅助手段。

1.4.2 使用性能

1.4.2.1 物理化学性能

液体推进剂的物理化学性能是选择和评价推进剂的基础，包括冰点、沸点、介电常数、密度、粘度、蒸气压等几十种参数。除了要求液体推进剂能量高以外，还要求其具有适宜的物化性能，从而保证其贮运、输送、冷却和燃烧等使用性能优良。通常要求液体推进剂具有的物化性能如下。

1）冰点低，可使发动机在寒冷气候或空间低温条件下工作。

2）密度高，在有限贮箱空间内装填更多推进剂，有助于减小飞行器结构尺寸，降低结构质量。

3）粘度小，同时粘度随温度变化小，以免流阻变化引起流量变化，造成发动机工作不稳定。

4）增压气体在推进剂中的溶解度越小越好，以免压力或温度变化时溶解的气体逸出，产生气蚀，引起输送推进剂流量变化。

5）颗粒物含量越少越好，以免堵塞滤网、喷嘴和流量控制机构，这对小推力姿控发动机尤为重要。

6）饱和蒸气压小，可以降低泵前压力，减少输送过程中产生气蚀的可能性，有利于保持流量稳定。

7）对用于冷却推力室的推进剂，希望比热高、导热系数大、沸点高以及热稳定性好，分解温度高，在高温下不易产生固态结焦和腐蚀冷却通道；表面张力小，润湿液壁能力强，易形成液膜，冷却效果更佳。

8）着火延迟期要短，通常肼类燃料与硝基氧化剂双组元推进剂着火延迟期在 5 ms 以内，以避免推进剂积存在燃烧室内导致起动时产生过高的压力峰或激发剧烈振荡燃烧，甚至发生爆炸。

1.4.2.2 安全性能

推进剂的安全性能是推进剂能否实际应用的重要前提。通常要求推进剂的闪点、燃点和点燃能量高，可燃极限范围窄；热稳定性好，热爆炸温度高；对冲击、振动、摩擦、压缩等外界作用不敏感，从而在使用和处理过程中着火和爆炸危险性小。

1.4.2.3 贮运性能

液体推进剂贮运性能主要是要求在长期贮存和运输、转注过程中，推进剂不变质、不分解、与空气反应极小，没有明显的吸湿性；与材料的相容性好，既包括推进剂对金属和非金属材料腐蚀性小，也包括材料对推进剂质量无影响；液态范围宽，沸点最好在 50℃ 以上，冰点在 -50 ℃ 以下，以适应全天候使用。

1.4.2.4 健康与环境危害性

许多液体推进剂是有毒的，必须采用特殊措施保护操作人员。毒性低的衡量指标主要是半数致死剂量（LD_{50}）和半数致死浓度（LC_{50}）的数值要大，最高容许浓度（MAC）的数值也要大，这样的液体推进剂及其燃烧产物对操作人员毒害小，对环境污染也小。

常用的肼类燃料、硝基氧化剂的毒性高，给人体健康和环境造成了严重危害，同时，它们的生产、贮存、运输、使用及处理等是一个复杂的工艺过程，使用成本也较高。随着社会的进步和载人航天技术的发展以及环境保护和人类健康要求的日益提高，无毒、无污染液体推进剂取代传统的有毒推进剂势在必行，无毒、无污染液体推进剂的研究和应用是今后液体推进剂发展的重要方向，是国际研究的前沿和热点。

1.4.3 成本

可大量供应、价格低廉是选择推进剂时需要考虑的非常重要的因素。对于军事应用，则必须考虑生产、供应等后勤工作。这要求液体推进剂生产原料来源广、生产工艺简单、成本低、价格低廉，以便降低总飞行费用。对大型运载火箭和可重复使用运载器来说，经济性显得尤为重要。

以上对液体推进剂提出的各项要求，实际上是很难同时达到的。选择液体推进剂时，在满足飞行任务要求的能量前提下，往往对其他要求做必要的调整。因此，经常是在能量与使用性能或能量与经济性之间折中选择推进剂。

为了能够有效评定液体推进剂技术成熟水平，美国航空航天局（NASA）建立了"推进剂技术就绪水平"（Propellant Readiness Level，PRL）评估方法，将整个研制过程分为基本性质测试、潜在应用、试验室规模测试、分析预测模型、推力室试验、模拟样机试验、全系统试验、鉴定试验和飞行试验等 9 九个阶段。

1.5 液体推进剂发展展望

进入 21 世纪，美国、俄罗斯、欧洲等国家和地区为适应世界航天技术和新军事变革的发展趋势，争夺太空开发的战略要地，纷纷重新调整航天发展战略及规划，各国大中型运载火箭更新换代，多项新型运载火箭研制计划先后面世；新型军用和民用卫星相继升空，空间探测器关键技术取得新的进展；空间攻防与对抗也进入关键技

术攻关阶段。图1－1为美国航空航天局深空探测路线图，图1－2为
欧洲空间局（ESA）曙光计划路线图。

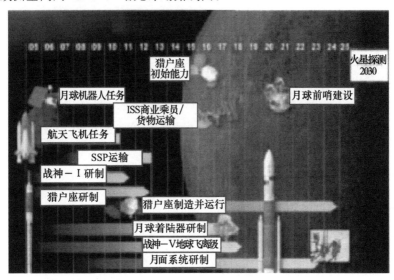

图1－1　美国航空航天局空间探测路线图

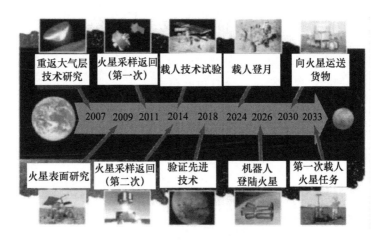

图1－2　欧洲空间局曙光计划路线图

液体推进系统为战略、战术导弹武器、航天运载器以及空间等特殊环境下飞行器提供主要或辅助的动力支持，是航天活动的核心技术之一。20 世纪航天技术发展的历史证明，液体发动机技术水平直接影响航天运载器的发展，没有先进的液体发动机就没有先进的航天运载器。展望 21 世纪，具有高比冲、开关自如、易于调节推力及连续变推力等特点的液体推进系统，在战略威慑、远程精确打击、空间攻防、航天运输、航天器精确定位、对接与运行、星际航行、外星着陆返回等领域具有不可替代的作用。表 1—1 为各国家和地区主要轨道转移推进系统设计方案。

表 1—1　各国家和地区主要轨道转移推进系统设计方案

飞行器		国家和地区	主推进系统	姿轨控系统
上面级类	COTV	美国	液氢与液氧或可贮推进剂发动机	
	OMV	美国	甲基肼与四氧化二氮双组元发动机	肼反作用控制系统和冷氮气推力器
	SMV	美国	过氧化氢与 JP—5 发动机	过氧化氢 RCS 推进器
	先进上面级	美、俄、欧	大多采用液氢与液氧或甲基肼与四氧化二氮发动机	
空天飞机类	航天飞机	美国	可重复使用高性能分级燃烧循环液氢与液氧发动机（SSME）	甲基肼与四氧化二氮双组元主推力器
	NASP	美国	超音速吸气式冲压发动机	
	Sänger Ⅱ	德国	第一级：吸气式液氢 TBCC；第二级：高压补燃氢氧火箭发动机	
	Avatar	印度	空中制氧式 TBCC	
卫星类	轨道快车	美国	肼单元发动机	电推进系统
	XSS—10	美国	甲基肼与四氧化二氮双组元发动机	加压氮气推进器
	ETS—7	日本		喷气反作用控制系统
	反卫星小卫星	美国俄罗斯	固体发动机	

续表

飞行器		国家和地区	主推进系统	姿轨控系统
飞船类	联盟TMA	俄罗斯	偏二甲肼与四氧化二氮发动机	过氧化氢小型发动机
	CRV	美国	无毒主发动机系统	加压氮气推进器
	ATV	欧洲	偏二甲肼与四氧化二氮发动机	甲基肼与氧化氮混合物发动机
	空间拖船	欧洲	氙离子推进系统	
新概念类	空间系绳	美国俄罗斯	绳索结构推进或者电动系绳推进系统	
	核动力火箭	美国	核裂变加热水蒸气或氢气发动机	

　　因此，液体推进剂仍将是各国运载火箭、空间飞行器和武器动力系统使用的主要推进剂，液体推进剂技术的进一步发展也将随着液体推进技术的发展面临新的机遇与挑战。

参 考 文 献

［1］ B·克特,等. 火箭推进剂手册. 张清,译. 北京:国防工业出版社,1964.

［2］ G·P·萨顿,O·比布拉兹,著. 火箭发动机基础(第 7 版). 洪鑫,张宝炯, 等,译. 北京:科学出版社,2003.

［3］ 李双庆,等. 国防科技名词大典:航天. 北京:航空工业出版社,2002.

［4］ 李自然,陈小前,郑伟,等. 轨道转移推进系统及其发展趋势. 火箭推进, 2005,31:25－30.

［5］ 韩鸿硕,陈杰. 21 世纪国外深空探测发展计划及进展. 航天器工程,2008, 17:1－22.

［6］ TIM E. Propellant Requirements for Future Aerospace Propulsion Systems. AIAA－2002－3870.

［7］ GRAYSON G D. Propellant trade Study for a Crew Space Vehicle. AIAA 2005－4313.

［8］ EUGENE Q J, et al. Oxidizer Selection for the ISTAR Program(Liquid Oxygen versus Hydrogen Peroxide),AIAA 2002－4206.

［9］ BOSSARD J A. Rhys N O. Propellant Readiness Level:A Methodological Approach to Propellant Characterization. 2010.

第 2 章　液体推进剂发展与应用

2.1　液体推进剂发展历程

液体推进剂的发展和应用基于近代科学技术的发展。自 1903 年开始液体火箭研究至今 100 多年的时间里，液体火箭发动机凭借其性能、适应性、可靠性和经济性等方面的固有优点而成为运载火箭、航天器的主要推进装置，因此，液体推进剂的种类也随之得到了极大的丰富。既有肼、过氧化氢等单组元推进剂，又有可贮存的硝基氧化剂与肼类燃料双组元推进剂，高能低温的液氧与液氢、液氧与煤油双组元推进剂。其技术发展背景也由单纯的军事战略需求阶段过渡到军民融合阶段。概括地说，液体推进剂的发展大致可以分为探索与初步应用、迅速发展、使用性能改进与高能推进剂初步发展以及综合性能提升与适用化研究等 4 个阶段。

2.1.1　液体推进剂探索与初步应用时期

自 1926 年发射第一枚液体火箭至 1957 年发射第一颗人造地球卫星，这 31 年是液体推进剂的探索与初步应用和应用时期。

1926 年 3 月 16 日，美国发射了世界上第一枚使用液氧与汽油作为推进剂的液体火箭，从此引起苏联和德国的重视，苏联于 1930 年研究了使用硝酸与煤油作为推进剂的液体火箭，德国于 1933 年发射了使用液氧与酒精作为推进剂的 A1 火箭。在此基础上德国于 1942 年研制成功了使用液氧与酒精作为推进剂的 A4（即 V2）近程地地导弹。

苏联和美国从 1947 年开始加快液体推进剂火箭的研究工作，苏联于 1957 年 10 月 4 日发射了第一颗人造地球卫星，运载火箭的 1、

2 级使用的推进剂为液氧与煤油，3 级使用的推进剂为液氧与酒精；美国于 1958 年 2 月 1 日发射了第一颗人造地球卫星，运载火箭 1 级使用的推进剂为液氧与酒精。

在这 31 年中，研究和应用的主要液体推进剂是：氧化剂有液氧、硝酸（包括白烟硝酸和红烟硝酸）；燃烧剂有甲醇、水合肼、液氨、苯胺－糠醇、煤油、酒精、混胺（包括混胺－50，MAF－1、3、4）、油肼；单组元推进剂有过氧化氢、硝酸异丙酯和硝酸正丙酯。但是，只有液氧与煤油、液氧与酒精用于大推力的火箭发动机，也是苏联和美国发射各自第一颗人造地球卫星时运载火箭使用的液体推进剂。因此，液体推进剂发展的第一个时期的主要成果是低温推进剂液氧与煤油、液氧与酒精；单组元推进剂过氧化氢。

2.1.2　液体推进剂迅速发展时期

自 1957 年发射第一颗人造地球卫星至 1969 年第一次载人飞船登月，这 12 年是液体推进剂的迅速发展时期。这一期间，各航天大国为了争夺军事和空间优势，加紧了运载火箭、导弹、空间飞行器推进剂的研究，对可能用作液体推进剂的元素和化合物进行全面、系统的筛选和研究。

1957 年，苏联发射第一颗人造地球卫星以后，立即着手可贮存液体推进剂的研究。1958 年至 1965 年，苏联、美国先后研制了用于洲际导弹的红烟硝酸与偏二甲肼、四氧化二氮与偏二甲肼、四氧化二氮与混肼双组元推进剂。在此期间，苏联为了取得空间优势，1961 年 4 月 12 日发射了第一艘载人飞船，运载火箭使用的推进剂为液氧与煤油（1、2 级）、液氧与酒精（3 级）。1966 年 1 月 31 日，苏联成功发射月球探测器，第一次在月球表面软着陆，运载火箭使用的推进剂为液氧与偏二甲肼。美国为了与苏联争夺空间优势，在苏联 3 个"第一"的刺激下，加紧了火箭技术和液体推进剂的全面研究工作。从可贮存液体推进剂（如硝基和氟基氧化剂、肼类燃料、胶体燃料等）到高能低温推进剂（如液氟、液氢等），从单组元推进剂（如肼、过氧化氢、OTTO－Ⅱ、有机二氟氨基化合物等）到三组元推进剂（如液氧－铍粉－液氢等）以及固液推进剂（如高氯酸硝酰与肼等），都进行了全面的研究。在此基础上，美国于1969年7月16日成功发射了载人登月飞船，航天员第一次登上了月球，运载火箭使用的推进剂为液氧与煤油、液氧与液氢。

在这12年中，液体推进剂得到飞速发展，研究的氧化剂有液氟、二氟化氧、液氧、四氟化肼、过氯酰氟、五氟化氯、三氟化氯、四氧化二氮、红烟硝酸、过氧化氢、五氟化溴等；燃烧剂有液氢、二硼氢、肼、甲基肼、偏二甲肼、甲烷、煤油、液氨、铝－肼胶体等。在此阶段液体推进剂的研制及应用过程中，推进剂能量指标是放在第一位的，未过多考虑推进剂毒性、生产成本等其他因素。

在液体推进剂的迅速发展时期得到实际使用的推进剂包括：低温推进剂有液氧与液氢；可贮存氧化剂有红烟硝酸与四氧化二氮，可贮存燃烧剂有酒精、煤油、肼、甲基肼、偏二甲肼、混肼、混胺、油肼等；单组元推进剂有无水肼、过氧化氢和OTTO－Ⅱ。其中最具代表性的成果有以下4方面。

1）硝基氧化剂和肼类燃料得到广泛应用，为导弹由不可贮存状态过渡到可贮存状态创造了条件。

2）解决了液氢大规模生产和使用过程中的正、仲氢转化和绝热贮存问题，为低温推进剂的使用奠定了基础。

3）研制成功了Shell－405无水肼催化剂，为卫星、导弹使用无水肼代替过氧化氢作为姿控推进剂提供了可能。

4）改进了液体推进剂使用性能评价方法。

2.1.3　液体推进剂使用性能改进与高能推进剂初步发展时期

自1969年第一艘载人飞船登月至20世纪90年代初期，这20多年的研究重点转移到如何使现有的推进剂更有效地发挥作用（即性能改进）和高能推进剂研究上。这一时期，美国航天飞机研制成功并投入使用，标志着世界航天事业进入一个崭新的阶段。

2.1.3.1　原有液体推进剂使用性能改进

（1）氧化剂性能改进

在氧化剂性能改进方面，这一时期做了如下富有成效的研究。

① 硝基氧化剂缓蚀剂

对碘、磷酸、一氟磷酸、氟化氢、六氟磷酸胺、五氟化磷等多种缓蚀剂进行了研究，结果表明五氟化磷（0.4%～0.6%）的缓蚀效果比较好。

② 绿色四氧化二氮

长期贮存过程中，四氧化二氮与铁生成可溶性的硝酸铁，当其达到一定浓度即析出，导致输送时流量衰减。加入一氧化氮可加大铁离子溶解度，消除四氧化二氮腐蚀产物的析出，改善四氧化二氮对材料的应力腐蚀。研制出的 MON－1、MON－3 等新型氧化剂，分别在卫星、战略导弹中得到应用。

③ 高密度硝酸（HDA）

高密度硝酸由 54.8% 硝酸 ＋ 44.0% 四氧化二氮 ＋ 0.5% 水 ＋ 0.7% 氟化氢组成，当量分子式为 $H_{0.9602} N_{1.8261} O_{4.5495} F_{0.0350}$。其密度为 1.624 g/cm^3（25 ℃），冰点为 －37.2 ℃，沸点为 24.7 ℃，临界温度为 267 ℃，临界压力为 9.72 MPa，蒸气压为 102 kPa（25 ℃），粘度为 2.28×10^{-3} Pa·s（25 ℃）。

（2）燃烧剂性能改进

在燃烧剂性能改进方面，这一时期做了如下富有成效的研究。

① 降低肼的冰点

在肼中加入甲基肼、叠氮化肼、液氨、硼氢化肼、硼氢化锂、多元醇、盐酸肼、硝酸肼和水等，均可以降低肼的冰点。其中有发展前途的是肼－硝酸肼－水体系单组元推进剂，如 75% 肼 ＋ 24% 硝酸肼 ＋ 1% 水（美国研究，冰点 －14 ℃）、69% 肼 ＋ 30% 硝酸肼 ＋ 1% 水（乔治 1 号，冰点 －19 ℃）、72% 肼 ＋ 8% 硝酸肼 ＋ 20% 水（鱼雷－D）。我国于 1985 年由北京航天试验技术研究所液体推进剂研究中心成功研制了低冰点单组元推进剂（单推－3，冰点 －30 ℃），并在长征系列运载火箭中得到应用，这是世界上第一种获得实际应用的低冰点单组元推进剂。

② 肼分解催化剂的研究

为拓展肼发动机的应用，对肼分解的催化剂也进行了大量研究，包括非自发催化剂和自发催化剂。其中非自发催化剂主要是钼－钴催化剂（即在 Harshaw 1404 氧化铝载体上含有 15％钼和 6％钴），例如美国的 HA－3，5，7 号催化剂就是钼－钴催化剂。但非自发催化剂常温下不能使肼迅速分解，使肼发动机的应用收到一定限制。自发催化剂主要有：氧化铝载体上含铱或含铼、铼－钼催化剂，最为典型的是美国 Shell 公司研制的 Shell－405 催化剂，它具有很高的活性与强度，常温下能够使肼迅速分解，改善了肼发动机的性能。到目前为止，Shell－405 催化剂仍被认为是综合性能最好的肼分解催化剂，几乎用于美国之后研制的所有卫星。同时，为摆脱 Shell－405 专利限制，英、德、法、日、中等国家均研制出铱/二氧化硅（Ir/SiO_2）系列的不同种类催化剂。例如，法国的 CNESRO、德国的 KC－nG、英国的 RPE 都是含铱催化剂。

③ 胶体燃料的研究

20 世纪 60 年代，美国提出研究高性能金属化胶体推进剂，包括金属化胶体推进剂的组成、工艺、燃烧性能、流动特性、安全性能等；20 世纪 70 年代，主要对几种具有应用前景的金属化胶体推进剂进行性能测试，对金属化胶体推进系统进行分析，论证应用金属化胶体推进剂的优越性；20 世纪 80 年代，美国军方考虑将金属化胶体推进剂用于战术导弹，美国航空航天局开始研究金属化胶体 RP－1 火箭煤油。燃料选用 RP－1 煤油，将金属粉末（如铝、铍、硼等）悬浮在凝胶化的燃料中，形成金属化胶体燃料。RP－1 煤油添加 55％铝粉，密度可以从 0.773 g/cm^3 增大到 1.281 g/cm^3；当有效载荷为 2.25×10^4 kg 时，如果助推器采用液氧与 RP－1 煤油推进剂，贮箱体积为 351.1 m^3；如果改用液氧与 RP－1 煤油与 Al，则贮箱体积减小到 304.7 m^3。我国在 20 世纪 70 年代也开展了金属化胶体推进剂技术研究，研制与红烟硝酸组合的金属化偏二甲肼胶体，进行了 20 kg 级发动机和 50 kg 级发动机热试车评价。该项工作开创了我国金属化胶体推进剂研究的先河。

④ 肼类燃料冷却性能改进研究

在偏二甲肼、甲基肼或混肼中添加大约 1% 甲基硅油，可使燃烧室的热流大大减小，改善冷却效果，因而提高了发动机的性能。如在偏二甲肼中加入 1% 甲基硅油与高密度硝酸组合，比冲增加 58.8 m/s。美国阿吉纳运载火箭（上面级）已使用这种组合代替了偏二甲肼与红烟硝酸组合。

2.1.3.2　高能液体推进剂的研究

(1) 高能氧化剂

① 高能氧化剂研究

高能氧化剂主要指卤族氧化剂，其中液氟、二氟化氧、五氟化氯是当时研究的重点。但卤族氧化剂毒性大，腐蚀性强，对材料要求高，限制了其在推进系统中的应用。

② 适用于水下推进的高能氧化剂

研制出适用于水下推进的高氯酸羟铵（HAP）溶液，其性能优于过氧化氢和红烟硝酸。82.5% HAP 密度为 1.715 g/cm^3，冰点为 -20 ℃，对爆轰冲击波和枪击不敏感，非密闭条件下燃烧不发生爆轰，在 80 ℃下加热 30 天不分解，开始分解的放热温度大于 210 ℃。它与过氧化氢和红烟硝酸的危险性比较列于表 2-1。HAP 与 OTTO-Ⅱ双组元推进剂具有高密度、高能量等优点，比冲为 2 347.1 m/s，已被目前世界上最先进的重型热动力鱼雷所采用，并装备在英国矛鱼和美国 MK-48ADCAP 型鱼雷上，其航速可高达 60~70 节，航程超过 40 km。HAP 与 NOTS2Gel 双组元推进剂比冲为 2 658.7 m/s（而 90% 过氧化氢与 NOTS2Gel 双组元推进剂比冲为 2 612.7 m/s），NOTS2Gel 组成为 60% 铝粉、36.2% 肼和甲基肼混合物（14% 肼＋86% 甲基肼）、3% 二氧化硅包裹的 β-碳化硅纤维、0.8% 羟乙基纤维素的混合物。

表 2—1　高氯酸羟铵和过氧化氢、红烟硝酸的危险性比较

危险性	过氧化氢(70%以上)	高氯酸羟铵	红烟硝酸
爆炸	强烈(热、雷管爆炸、金属盐和有机物、灰尘污染时)	很低(雷管爆炸和杂质污染时)	中等(与有机物或还原剂混合时)
着火	大	没有(可以用于灭火)	中等
皮肤	刺激性强	轻微暂时刺激	刺激性强
眼睛	刺激性强	轻微暂时刺激	刺激性强
在蒸气相中的物质	H_2O_2 和 H_2O	H_2O	HNO_3 和 NO_2
吸入	刺激性强	没有	刺激性强
事故的危险程度	大(可导致爆轰或着火)	没有	中等(可导致着火)
泄漏	着火或爆轰	没有	中等

（2）高能燃烧剂的研究

① 含硼高能燃料的研究

该阶段二硼烷、硼氢化铝与有机胺形成的络合物（称为 Hybaline 燃料）是一个重点研究方向。二硼烷与二氟化氧组合是优良的空间可贮存推进剂，特别适用于空间飞行器制动火箭的推进剂。Hybaline 燃料是地面可贮存的高能燃料，如 A－5 的冰点为 -85.6 ℃，沸点为 263.3 ℃，与四氧化二氮组合的比冲达 3 096.8 m/s（而五硼烷与四氧化二氮组合的比冲只有 2 900.8 m/s）。A－14 是辛胺与硼化氢铝的络合物，分子式为 $C_8H_{17}NH_2Al(BH_4)_3$。

② 高密度烃类燃料的研究

20 世纪 70 年代，美国为取得战略优势，大力发展以高航速、远航程、小体积为主要特征的高性能巡航导弹，为此开始寻求具有高密度、高体积热值、性能稳定的新型高能量烃类燃料，并在合成多环高密度烃类燃料方面取得显著成果，建立起一套完整的燃料体系。

公开且为人熟知的高密度烃类燃料有 RJ－4，RJ－5，RJ－6，JP－9，JP－10，开辟了合成烃类燃料的新时代。美国 BGM－109 战斧巡航导弹，在采用合成高密度燃料 RJ－4 代替 JP－5 后，射程增加 200 km。表 2－2 为美国高密度烃类燃料性质及应用。

表 2－2　美国高密度烃类燃料性质及应用

燃料名称	密度/ (g/cm³)	热值/ (MJ/L)	冰点/ ℃	闪点/ ℃	粘度/ (mP·s)	应用实例
RJ－4	0.92～ 0.94	39	<－40	65.5	60	黄铜骑士巡航导弹 海军 Talos 导弹 战斧海基巡航导弹
JP－10	0.94	39.6	<－79	54.4	19 (－40 ℃)	战斧海基巡航导弹捕 鲸叉反舰导弹
37%JP－10＋63% RJ－5(RJ－5A)	1.02	42.9	－54	54.4	140 (－40 ℃)	先进战略空射导弹 (ASALM)
40%JP－10＋60% RJ－5(RJ－6)	1.02～ 1.06	42.9	<－40	60	140 (－40 ℃)	
80%RJ－5＋20% 异丁基苯(SI－80)	1.03	43.3	－62	70	162 (－40 ℃)	先进远程空对空导弹 (ALRAAM)
PF－1(JP－10 和 某降闪剂复配)	0.90～ 0.93	39.0	－65	16	40 (－50 ℃)	空射战斧巡航导弹 先进空射巡航导弹 (ALCM)
25%RJ－5＋65%JP－ 10＋10%MCH(JP－9)	0.94	39.8	－54	23.9	24 (－40 ℃)	先进空射巡航导弹 (ALCM)

③ 适用于水下推进的无航迹高能单组元推进剂研究

美国研究了一类非硝酸酯系列液体鱼雷单组元推进剂，将氧化剂和燃料以两个组分的形式混合在一起，并添加适当助剂和钝感剂（通常钝感剂是水）。该推进剂的燃烧产物大部分是水溶性的，在用于鱼雷推进剂时无航迹，发动机输出功率也不受海水背压的影响。常用的高能液体氧化剂有高氯酸盐和羟胺类化合物，燃料包括醇、醚、酮、烃类燃料、硼粉等；助剂包括硅胶、芳香烃基磺酸盐及长链的脂肪族硫酸酯。其中由 41.17％高氯酸钠＋10.29％高氯酸羟胺（HAP）＋11.64％硼粉＋33.98％水＋2.92％二氧化硅组成的胶体单组元推进剂，能量高于 OTTO－Ⅱ，比冲为 2 058 m/s，冰点为－25 ℃，密度为 1.605 g/cm³（25 ℃），热分解温度大于 200 ℃，在60 ℃下加热 110 天不分解，对爆轰（卡片间隙值为 0 卡片）、枪击、机械冲击不敏感，非密闭条件下燃烧不发生爆轰。

2.1.3.3 三组元液体推进剂研究

1971 年，美国人罗伯特·萨克得首次提出了三组元液体发动机理论，通过采用齐奥尔科夫斯基理论速度增量公式进行分析后得出：对某一火箭级，如果采用两种推进剂，且密度 $\rho_1 > \rho_2$，密度比冲 $\rho_1 I_1 > \rho_2 I_2$（即第一工况密度比冲高于第二工况密度比冲），则火箭速度的增量可达最大。萨克的理论提出后引起很大反响，三组元液体发动机充分继承了液氧与液氢、液氧与煤油发动机的研制经验，采用推进剂交叉供应技术，风险小，投资省，可以发展成为大型运载器的新型推进装置。

1978 年，洛克达因公司根据与美国航空航天局的先进运输工具研究计划，对三组元液体发动机的可行性和工作模式进行了分析论证。其中，双模式双燃料发动机第一工况推进剂为液氧与煤油，第二工况为液氧与液氢；双膨胀三组元发动机第一工况推进剂为液氧与煤油与液氢，第二工况为液氧与液氢。1984 年，美国国防部与美国航空航天局开始组织新的论证，与此同时，在美国航空航天局马歇尔飞行中心主持下，洛克达因公司、惠普公司和航空喷气发动机公司等三家火箭发动机承包商开展了下一代天地往返运输系统助推发动机（STBE）的方案论证，提出使用液氧与烃类燃料和少量液氢作为推进剂的新型三组元液体发动机方案，三家公司一致认为液氧与烃类与液氢三组元发动机性能高，能够消除烃类燃料结焦和积碳，降低研制风险等。

2.1.3.4 双模式推进剂研究

双模式推进系统从 20 世纪 80 年代开始发展，可以最佳地设计和使用单、双组元发动机，把单组元发动机高可靠、低推力、脉冲性好的优点和双组元发动机高比冲的优点有机地结合起来，使系统具有更高的整体性能。目前双模式推进系统在西方各国已得到了广泛应用，例如美国洛克希德・马丁公司的 AsiaSat 2 双模式推进系统、英国的 LEROS1 双模式推进系统及日本的 EST－6 双模式推进系统等，这些典型的双模式推进系统均使用四氧化二氮（或绿色四氧化二氮）为氧化剂，无水肼既用作双组元的燃料，又用作单组元推进剂且共用一个贮箱。

在液体推进剂的第三个发展时期，研究重点转移到已有液体推进剂使用性能的改进方面，包括改善物理化学性能，提高安全性能、贮存性能等，低温推进剂和常规推进剂的应用技术逐渐成熟，各类代表性液体推进剂的比冲水平列于表 2－3。其主要代表性成果如下。

1）以液氧与液氢、液氧与煤油为代表的无毒、大推力推进剂在航天飞机、运载火箭中成功应用。

2）采用绿色四氧化二氮与甲基肼、四氧化二氮与无水肼的双组元统一推进系统，以可靠、优良的性能得到了广泛应用，几乎涵盖了目前所有的大型卫星平台，并在深空探测器、月球探测器上得到应用。

3）自发型催化剂技术的进步，为无水肼在空间推进中的应用开辟了广阔的前景。

4）高密度烃类燃料在战斧、黄铜骑士巡航导弹等武器装备中得到应用。

5）低冰点单组元推进剂在长征系列运载火箭中得到应用。

表 2-3　各类代表性液体推进剂的比冲水平

类别		推进剂种类	比冲/(m/s)	现状
单组元推进剂		无水肼	2 254(氨离解度 0.6)	应用
		过氧化氢	1 600~1 800	应用
		OTTO-Ⅱ	2 036	应用
		单推-3	2274	应用
双组元推进剂	低温	液氧与液氢	4 100~4 500	应用
		液氧/RP-1	3 593	应用
	可贮存	四氧化二氮与无水肼	3 087~3 156	应用
		四氧化二氮与偏二甲肼	2 940	应用
		四氧化二氮与甲基肼	2 989~3 136	应用
		四氧化二氮与混肼-50	2 989~3 136	应用
		90%过氧化氢与煤油	2 666	研究
三组元液体推进剂		液氧与 RP-1/液氢	3 755	研究

6) 无水肼双模式推进剂在卫星平台得到应用。

7) 为寻求廉价、无毒的推进剂,重新对甲烷、丙烷、乙醇等烃类燃料在大型运载火箭、航天飞机上的应用可行性进行了广泛的评价,并取得了进展。

8) 完成了胶体推进剂的前期评价,为后续发展奠定了技术基础。

2.1.4　液体推进剂综合性能提升与适用化研究时期

自 20 世纪 90 年代开始,液体推进剂发展到研制高能新品种与提升综合性能相融合的阶段,主要以探索和研究能量特性高、使用维护简单、对环境友好等综合使用性能优良的新型推进剂为主。在这一时期,胶体推进剂、无毒推进剂、高能推进剂、低温推进剂致密化、无损贮存技术研究等得到迅速发展,并取得重大成果,部分新型推进剂完成了飞行验证试验，这也预示着液体推进剂将继续在未来空间任务中占据主导地位。

2.2　液体推进剂的应用

液体推进剂的应用场所大致可以分为 5 个方面：运载火箭、弹道导弹、鱼雷、航天器、燃气发生器等。

2.2.1　在运载火箭上的应用

各国发射航天飞行器（包括卫星、飞船、探测器等）的运载火箭，几乎都采用液体推进剂。通常高密度低温推进剂（如液氧与煤油）用作地面级，而高能低温推进剂（如液氧与液氢）用作上面级。另外用作上面级的还有常规可贮存推进剂（硝基氧化剂与肼类燃料）。

目前，美国现役的运载火箭德尔它（Delta）火箭、宇宙神（At-las）火箭以及猎鹰（Falcon）火箭，其中，德尔它火箭和宇宙神火箭处于绝对主力位置，欧洲空间局的阿里安 4、阿里安 5 系列火箭，俄罗斯的质子号、天顶号、联盟号火箭以及日本的 H－2 等火箭，这些火箭都采用液体推进剂。液体推进剂在空间运载火箭上的应用列于表 2－4。

2.2.2　在弹道导弹上的应用

低温推进剂虽然在导弹发展的初期作出了贡献，如世界上第一枚导弹就是采用低温推进剂火箭发射的，但从 20 世纪 50 年代中期开始，低温推进剂已逐渐被常规可贮存液体推进剂所取代。从 60 年代开始，虽然美国、法国、英国、俄罗斯等国开始发展固体火箭发动机，但液体火箭发动机以其性能高、投掷能力强的优点，使美、俄等大国在发展固体导弹的同时，仍十分重视液体战略、战术导弹发展，保留了大量的液体导弹，并不断改善其使用、维护性能。液体推进剂在导弹上的应用列于表 2－5。

表 2—4　液体推进剂在运载火箭上的应用

国别	运载火箭	型号	推进剂	应用情况
苏联/俄罗斯	卫星号		助推及芯级发动机均使用液氧与煤油推进剂	1957年10月发射人类历史上第一颗人造地球卫星,目前已退役
	东方号		助推及芯级发动机均使用液氧与煤油推进剂	1959年首飞,曾发射苏联第一颗月球探测器和世界上第一艘载人飞船,主要用于发射东方号宇宙飞船、气象卫星、科学卫星和电子侦察卫星
	闪电号		助推及芯级发动机均使用液氧与煤油推进剂	1960年首飞,主要用于发射闪电号通信卫星,用于预警的宇宙号卫星、以及科学卫星、星际探测器
	联盟号		助推及芯级发动机均使用液氧与煤油推进剂	1963年首飞,主要用于发射低地球轨道载荷,其中包括联盟号载人飞船、进步号运货船、照相侦察卫星、遥感卫星、生物卫星等。1964～1995年,苏联与俄罗斯的载人飞船均由联盟号发射。自1966年11月28日联盟LV运载火箭首次发射以来,联盟号运载火箭每年要发射30～45次,各种型号的联盟号火箭至今已成功地发射了1600多次。2004年,俄罗斯诺兹克成功发射场成功发射了联盟2号新型运载火箭
	质子号	D型	两级均使用四氧化二氮与偏二甲肼推进剂	1965年首飞,1966年退役,共发射4次,1次失败,3次成功,发射的有效载荷为质子1号,2号,4号(火箭由此得名)
		D-1型	三级均使用四氧化二氮与偏二甲肼推进剂	1968年首飞,曾发射多种低地球轨道载荷,1971年发射礼炮号空间站,1986年发射和平号空间站
		D-1-e型	前三级使用四氧化二氮与偏二甲肼推进剂;第四级使用液氧与煤油推进剂	1967年投入使用,主要用于发射静地轨道通信卫星(发光屏号、彩虹号、地平线号等)和行星际探测器(月球4～8号,15～24号,金星9～16号,火星2～7号,维加号系列以及部分彗星探测器,苏联全球卫星导航系统以及部分宇宙卫星)

续表

国别	运载火箭	型号	推进剂	应用情况
苏联/俄罗斯	宇宙号	SL-7	第一级使用硝酸与煤油推进剂	用于发射小型军事和科学卫星,1962年首次发射(宇宙1号卫星),1977年从普列谢茨克发射汤姆斯克919号卫星后退役,共进行了144次发射
		SL-8	第一级使用偏二甲肼与硝酸推进剂,第二级使用偏二甲肼与四氧化二氮推进剂	主要用于发射低地球轨道的小型军用导航卫星、通信卫星以及科学卫星。其首次发射为苏联转发型,曾发射4个升力体式飞行器(宇宙1374号、1445号、1557号和1614号)
	旋风号	SL-10	两级均使用偏二甲肼与四氧化二氮推进剂	1966年首次发射,1972年停止使用,主要发射军用和试验性有效载荷
		SL-11	两级均使用偏二甲肼与四氧化二氮推进剂	1967年首次发射,最初用作为苏联反卫星武器计划的一部分,主要发射卫星拦截器、雷达与电子海洋侦察卫星
		SL-14	三级均使用偏二甲肼与四氧化二氮推进剂	1977年首次发射,有效载荷包括电子侦察卫星、气象卫星、遥感卫星、通信卫星、海洋卫星、测地卫星、科学探测卫星以及其他小型军用卫星
	天顶号	主要有天顶2和天顶3两种	天顶2号两级,天顶3号为三级,均使用液氧与煤油推进剂	1985年4月首次进行了亚轨道发射试验,10月用于卫星发射,主要用于发射军用卫星,大部分为大倾角的电子侦察卫星为照相侦察卫星
	能源号	基本型	助推级使用液氧与煤油推进剂,第一级使用液氧与液氢推进剂,上面级(RCS)使用液氧与煤油推进剂,上面级(CUS)使用液氧与液氢推进剂	1987年首次发射,1988年发射了无人驾驶的暴风雪号航天飞机,是苏联/俄罗斯第一种运载火箭,尺寸与美国航天飞机相当,除用于发射暴风雪号航天飞机外,还可用于货运飞船发射,也是苏联第一种使用低温氢氧推进剂的运载火箭

续表

国别	运载火箭	型号	推进剂	应用情况
美国	土星号系列	土星1B 土星5号	土星1B为二级结构,一级使用液氧与煤油推进剂,二级使用液氢与液氧结构;土星5号为三级结构,一级使用液氧与煤油推进剂,二级使用液氢与液氧推进剂,三级使用液氢与液氧推进剂	1966~1975年,土星1B号与土星1B号共发射9次,其中3次将航天员送上天空实验室,一次是发射阿波罗飞船与苏联联盟号飞船对接。1969年7月,美国用土星5号火箭将第一艘载人登月的阿波罗11号飞船送入月球轨道,并成功登月。1967~1972年,土星5号多次发射,其中7次作为载人登月飞行,成功6次,先后把12名航天员送上月球。1974年,将美国第一个空间站天空实验室送入轨道,这也是土星5号最后一次发射
	航天飞机		SSME推进系统使用液氢与液氧推进剂;姿轨控推进系统使用甲基肼与四氧化二氮推进剂	由宇宙神D号运载器部分加装阿金纳上面级形成的LV3A型宇宙神号于1958年首次用作运载火箭,发射了世界上第一颗通信卫星,自此之后宇宙神火箭陆续发展为3个分支。一个分支采用半人马座上面级,包括LV3C,SLV3C,SLV3D,SLV3G等型号;一个分支采用阿金纳上面级,主要包括LV3A,SLV3,SLV3A等型号;第三个分支不用上面级,包括LV3B,LV3E,LV3F,LV3H等型号。宇宙神系列火箭还发射了美国第一艘载人飞船水星号、美国最早的月球无人探测器以及美国第一个火星探测器、金星探测器、水星探测器和木星探测器等
	宇宙神系列	宇宙神1号 宇宙神2号 宇宙神2A 宇宙神2AS	助推级(一级)使用液氧与煤油推进剂,半人马座上面级使用液氢与液氧推进剂	主要发射国防卫星通信系统3B和超高频后继型军用通信卫星;宇宙神1号1994年发射地球同步卫星I和超高频高频通信卫星3(UFO3),宇宙神2号在1993~1998年间发射8颗国防卫星通信系统3B以及超高频后继型4~10;宇宙神2A于1994年发射直播电视2号、奥利员1号通信卫星,美国移动卫星1号;宇宙神2AS发射了国际通信卫星703~705,及太阳研究卫星和地球观测系统

续表

国别	运载火箭	型号	推进剂	应用情况
美国	宇宙神系列	宇宙神 5 号	助推级使用液氧与煤油推进剂,半人马座上面级使用液氢与液氧推进剂	从 2002 年 8 月首次发射截至 2007 年年底,宇宙神 5 号火箭共发射了 12 次。2007 年宇宙神 5 号火箭进行了 4 次发射,其中 3 月 8 日的太空试验计划 1(STP1)发射任务一次将 6 颗航天器送到不同的低地球轨道,其中包括具有自主在轨服务功能的轨道快车号
	大力神系列	3A、3B、24B、3C、3D、3E、34D 等	一二级使用四氧化二氮与混肼—50 推进剂	主要用于发射美国军用卫星,如侦察、通信、预警卫星等;大力神 3E 型还曾用于火星发射海盗号探测器和向木星、土星、天王星发射旅行者号探测器等
		大力神 2SLV、商用大力神 3 号、大力神 4 号	一二级使用四氧化二氮与混肼—50 推进剂,大力神 4 号座上面级使用液氢与液氧推进剂	大力神 2SLV 主要用于发射电子情报卫星;商用大力神 3 号于 1989 年首次发射,将天网 4A 和日本通信卫星 2 号送入轨道,此后又成功发射了国际通信卫星和火星观测者号探测器等。大力神 4 号主要用于发射太阳同步轨道大型军事卫星和静地轨道电子情报卫星、国防支援计划卫星、深空探测器、空间站组件等
	德尔它系列	德尔它 II 6925型、7925 型	第一级使用液氧与煤油推进剂第二级使用四氧化二氮与混肼—50 推进剂	美国发射中型卫星的主力运载火箭,曾发射加拿大雷达卫星、韩国卫星 1 号、火星勘测者号、GPS2R 系列卫星等
		德尔它 4 号	使用液氢与液氧推进剂	2006 年德尔它 4 号火箭成功进行了 3 次发射。德尔它 4 号重型火箭 2004 年 12 月进行了首次重型试验发射,2007 年 11 月 10 日德尔它 4 号重型火箭首次重型发射成功发射美国空军 DSP—23 卫星
	猎鹰系列	猎鹰 1 号猎鹰 5 号猎鹰 9 号	使用液氧与煤油推进剂	猎鹰 1 号卫星是美国海军的战术卫星,发射的卫星是美国海军的战术卫星,此后又发射了战术卫星 2 号、马来西亚中等孔径成像卫星等。2010 年 6 月猎鹰 9 号运载火箭将龙型飞船模型送入地球轨道

续表

国别	运载火箭	型号	推进剂	应用情况
欧洲	阿里安系列	阿里安 4 号 阿里安 5 号	芯级使用液氢与氧推进剂，上面级均有两种，一种使用四氧化二氮与甲基肼推进剂，一种使用液氢与液氧推进剂	不仅是欧洲推力最大的运载火箭，而且在目前世界商业运载火箭市场上也具有很强的竞争力，被誉为"太空货轮"。2004 年，阿里安 5G 火箭曾一次发射了 7 颗卫星
日本	H 系列	H2 H2A H2B	两级均使用液氢与液氧推进剂	日本主力运载火箭
中国	长征系列	CZ3A	一二级使用四氧化二氮与偏二甲肼，三级使用液氢与液氧推进剂	中国主力运载火箭

表 2-5　液体推进剂在弹道导弹上的应用

国别	类别	名称	主推进系统用推进剂
德国	地地战术弹道导弹	V2	液氧与酒精
美国	地地战略弹道导弹	大力神	液氧与煤油
	地地战略弹道导弹	民兵Ⅲ	末修系统：MON 与甲基肼
	地地战略弹道导弹	和平卫士	末修系统：MON 与甲基肼
	地地战术弹道导弹	长矛	红烟硝酸与偏二甲肼
	地地战术弹道导弹	红石	液氧与酒精
	巡航导弹	捕鲸叉	JP-10
	巡航导弹	战斧	JP-10
	巡航导弹	黄铜骑士	RJ-4
	空地导弹	小斗犬 B	红烟硝酸与 MAF-4
	空地导弹	小斗犬	红烟硝酸与 MAF-1
俄罗斯	地地战略弹道导弹	SS-19	可贮存液体推进剂
	地地战略弹道导弹	SS-18	可贮存液体推进剂
	地地战略弹道导弹	SS-17	可贮存液体推进剂
	地地战略弹道导弹	SS-11	可贮存液体推进剂
	地地战术弹道导弹	SS-12	单级液体导弹
	地地战术弹道导弹	飞毛腿 (SS-IB)	硝酸与煤油
	潜射战略弹道导弹	SS-N-23	可贮存液体推进剂
	潜射战略弹道导弹	SS-N-18	可贮存液体推进剂
	潜射战略弹道导弹	SS-N-8	可贮存液体推进剂
	潜射战略弹道导弹	SS-N-6	可贮存液体推进剂
印度	地地战略弹道导弹	烈火	第二级使用液体推进剂

2.2.3　在鱼雷上的应用

早期鱼雷使用的双组元推进剂是以压缩空气或压缩氧气作氧化剂，以煤油或酒精作燃料。目前热动力鱼雷采用的推进剂主要有以下几种：OTTO－Ⅱ单组元推进剂，高氯酸羟胺与OTTO－Ⅱ、过氧化氢与煤油、过氧化氢与酒精双组元推进剂，水反应金属燃料以及Li与SF_6闭式循环燃料等。液体推进剂在鱼雷上的应用列于表2－6。

表 2－6　液体推进剂在鱼雷上的应用

国别	类别	名称	推进剂
美国	鱼雷	MK－48ADCAP	高氯酸羟胺（HAP）与OTTO－Ⅱ
	鱼雷	MK－50	Li与六氟化硫
	鱼雷	MK－46－1	OTTO－Ⅱ
	鱼雷	MK－48	OTTO－Ⅱ
	鱼雷	MK－37C	OTTO－Ⅱ
俄罗斯	鱼雷	暴风雪	镁基水反应燃料
	鱼雷	65 型	过氧化氢与煤油
	鱼雷	53－57	过氧化氢与煤油
英国	鱼雷	矛鱼、旗鱼	高氯酸羟胺（HAP）与OTTO－Ⅱ
瑞典	鱼雷	TP617	85%～90%过氧化氢与酒精
	鱼雷	TP2000	85%过氧化氢与柴油
伊朗	鱼雷	鲸	镁基水反应燃料

2.2.4　在航天器上的应用

航天器辅助推进系统主要用于航天器的姿控、变速、调轨、返回、着陆以及多弹头释放等。采用的单组元推进剂主要为无水肼，双组元推进剂为四氧化二氮与甲基肼、四氧化二氮与混肼－50、四氧化二氮与偏二甲肼以及四氧化二氮与无水肼双模式推进剂等。液体推进剂在美国航天器中的应用列于表 2－7。

表 2－7　液体推进剂在美国航天器中的应用

名称	推　进　剂	说　　明
水手 69 号	主推进：无水肼 辅助推进：无水肼	飞跃金星与水星
先驱者 10 号、11 号	主推进：无水肼	飞向木星及更远
海盗号	主推进：无水肼 辅助推进：无水肼	火星轨道器 软着陆
阿波罗号指令舱、服务舱	主推进：四氧化二氮与混肼－50 辅助推进：四氧化二氮与甲基肼	载人登月
航天飞机轨道器	主推进：四氧化二氮与甲基肼 辅助推进：四氧化二氮与甲基肼	可重复使用运载器，跑道着陆
舰队通信卫星	辅助推进：无水肼	UHF 通信
照相侦察卫星	辅助推进：无水肼	无线电/照片通信
国际通信卫星 5 号	无水肼	
亚洲 2 号卫星	远地点发动机采用四氧化二氮与 N_2H_4 推进剂、姿态控制采用无水肼推进剂	双模式推进系统

综上所述，液体推进剂在运载火箭、卫星、飞船、空间探测器等领域内的应用仍占主导地位；在导弹领域，虽然受到固体推进剂发展的冲击，但仍在导弹主推进、末修系统占有重要地位，同时随着各航天大国武器装备的提升与发展，以及液体推进剂专业技术向胶体化、无毒化、高能化、适用化的发展，液体推进剂仍将在战略威慑、远程精确打击、空间攻防等领域发挥关键作用。

参 考 文 献

[1]　G・P・萨顿,O・比布拉兹,著.火箭发动机基础(第 7 版).洪鑫,张宝炯,
　　　等,译.北京:科学出版社,2003.

[2]　朱坤岭,汪维勋,主编.导弹百科词典,第 1 版.北京:中国宇航出版社,2001.

[3]　周汉申,著.单组元液体火箭发动机设计与研究,第 1 版.北京:中国宇航出
　　　版社,2009.

[4]　祝君,译.宇宙飞船、宇宙探测器、人造地球卫星.北京:科学出版社,1973.

[5]　世界航天运载器大全编委会.世界航天运载器大全,第二版.北京:中国宇
　　　航出版社,2007.

[6]　王钢.俄罗斯运载火箭的历史、现状和发展方向.导弹与航天运载技术,
　　　2003,Vol(4):17-21.

[7]　李自然,陈小前,郑伟,等.轨道转移推进系统及其发展趋势.火箭推进,
　　　2005,Vol(31):25-31.

[8]　王向阳.美国上面级的研制概况.中国航天,1993,(2).

[9]　才满瑞,王向阳,刘兴武,等.国外航天运载器的发展状况、发展趋势及采用
　　　的关键技术.导弹与航天运载技术,1998,Vol(3):1~10.

[10]　王勇.美国主力运载火箭的性能和管理.世界科技研究与发展,2008,Vol
　　　(30):857-861.

[11]　李双庆,美国德尔它Ⅱ运载火箭的性能特点.中国航天,1992,(1):43-46.

[12]　李双庆,美国德尔它Ⅱ运载火箭的应用分析.中国航天,1992,(1):30-32.

[13]　孙雅平.德尔它 4 系列运载火箭.导弹与航天运载技术,2005,(1):22-25.

[14]　费雅佳.政府和商业发射并用的美国新型运载火箭(下).中国航天,2003,
　　　(5):18-22.

[15]　日本第 7 枚 H2A 火箭发射成功.国际太空,2005 年 5 月.

[16]　美国"猎鹰"运载火箭.国际太空,2005 年 4 月.

[17]　周武.新型联盟火箭高调亮相.太空探索,2005 年,Vol(1).

[18]　走出失败阴影发射市场光明－欧洲新型大推力火箭首次顺利升空.国际太
　　　空,2005 年 4 月.

[19]　米镇涛,邱立勤.鱼雷用双元化学推进剂.火炸药学报,1998,Vol(2):
　　　36-38.

[20] 赵小峰. 国外水下液体化学推进剂的研究现状. 火炸药学报, 2009, Vol (32): 62－65.

[21] 李双庆. 各国运载火箭介绍 飞马座和金牛座（美国）. 中国航天, 1995, (9): 20－25.

[22] 李双庆. 各国运载火箭介绍 H 系列（日本）. 中国航天, 1995, (8): 27－31.

[23] 孙广勃. 各国运载火箭介绍 阿里安 5（欧洲空间局）. 中国航天, 1996, (9): 35－39.

[24] 孙广勃. 各国运载火箭介绍 大力神（美国）. 中国航天, 1995, (12): 21－28.

[25] 李双庆. 各国运载火箭介绍 东方号/闪电号/联盟号（俄罗斯）. 中国航天, 1995, (2): 32－35.

[26] 李双庆. 各国运载火箭介绍 质子号（俄罗斯）. 中国航天, 1995, (4): 30－33.

[27] 孙广勃. 各国运载火箭介绍 能源号（俄罗斯）. 中国航天, 1996, (1): 20－25.

[28] 李双庆. 各国运载火箭介绍 天顶号（俄罗斯/乌克兰）. 中国航天, 1996, (3): 16－19.

[29] 李双庆. 各国运载火箭介绍 旋风号（俄罗斯/独联体）. 中国航天, 1995, (10): 32－34.

[30] 李双庆. 各国运载火箭介绍 宇宙号（俄罗斯/独联体）. 中国航天, 1995, (7): 27－29.

[31] 李双庆. 各国运载火箭介绍 宇宙神（美国）. 中国航天, 1995, (1): 13－15.

[32] 李双庆. 各国运载火箭介绍 德尔它（美国）. 中国航天, 1995, (6): 16－20.

[33] 王中, 梁勇, 刘素梅, 等. 美、俄、德凝胶推进剂的发展现状. 飞航导弹, 2010, (2): 76－79.

[34] 胡平信. 三组元液体火箭发动机发展概况. 中国航天, VOL(12), P34－37, 1992.

[35] 尚东升, 吴强. 鱼雷推进剂的发展及评析. 中国化学会第四届全国化学推进剂学术交流会, 2009.

[36] 邢恩会, 米镇涛, 张香文. 用作新型高密度燃料的高张力笼状烃的研究进展, 火炸药学报, 2004 Vol. 27 No. 2.

[37] 宇宙神－2AS[DB/OL]. http: //htwx. spacechina. com: 8080/was40/index_gf. html.

[38] Delta Ⅱ [DB/OL] http : //www. boeing. com/defense－space/space/delta/delta2/delta2. htm.

[39] United Launch Alliance Delta Ⅳ Product Card Final [DB/OL]. http://www. ulalaunch. com/index_products_services. html,2008.

[40] United Launch Alliance Delta Ⅱ Product Card Final [DB/OL]. http: // www. ulalaunch. com/index_products_services. html,2008.

[41] FREEMAN D, TALAY J. Single Stage to Orbit Meeting the Challenge. IAF— 95—V. 5. 07.

[42] NODA K, ENDO M. H—2A Rocket Program. IAF—96—V. 1. 03.

[43] COVAULT C. Titan 4B to Inaugurate New USAF Launch Operations. Aviation Week & Space Technology,1997.

[44] AMADIEU P,HELORET J Y. The Automated Transfer Vehicle. ESA Bulletin 96,1998,(11).

[45] CHARLES R G. United States Orbital Transfer Vehicle Programs. Acta Astronautica,1991,(25).

[46] HANSEN R, BACKOF E, GREIFF H J. Process for Assessing the Stability of HAN—based Liquid Propellants. AD—A190687,1987.

[47] MEINHARDT D, BREWSTER G, CHRISTOFFERSON S, et al. Development and Testing of New HAN—based Monopropellants in Small Rocket Thrusters. AIAA—98—4006.

[48] DAVIS G. Advanced Propulsion for MIDEX Class Spacecraft. Goddard Spaceflight center, 1996.

[49] ROBERT S. HAN—Based Monopropellant Assessment for Spacecraft. AIAA, 96—2863.

[50] MITTENDORF D, FACINELLI W, SPAROLUS R. Experimental Development of a Monopropellant for Propulsion Systems. AIAA 97—2951.

[51] OLWEN M M. Monopropellant Selection Criteria Hydrazine and Other Options. AIAA, 99—2595.

[52] MEINHARDT D, CHRISTOFFERSON S, WUCHERER E. Performance and Life Testing of Small HAN Thrusters. AIAA, 99—2881.

[53] Assessment of High Performance HAN—Monopropellants. AIAA 2000—3872.

[54] Combustion Characteristics of Energetic HAN /Methanol—Based Monopropellants. AIAA 2002—4032.

[55] Evaluation of HAN—Based Propellant Blends. AIAA 2003—4643.

[56] Recent Advances in Satellite Propulsion and Associated Mission Benefits. AIAA 2006—5306.

[57] Influence of the Fuel on the Thermal and Catalytic Decompositions of Ionic Liquid Monopropellants AIAA 2005—3980.

[58] Preparation and Use of Ammonium Azide as Fuel Additive to Ionic Oxidizer Solutions. Physicochemical Properties, Thermal and Catalytic Decomposition. AIAA 2006—4564.

[59] Azide—Based Fuel Additives for Ionic Monopropellants. AIAA 2009—4876.

[60] SHIKHMAN Y M, VINOGRADOV V A, Yanovski L S,et al. The Demonstrator of Technologies Dual Mode Scramjet on Hydrocarbon Endothermic Fuel. AIAA—2001—1787.

[61] ICKHAM D T, ENGEL J R, HITCH B D. Additives to Increase Fuel Heat Sink Capacity. AIAA 2002—3872.

[62] WICKHAM D T, ENGEL J , ROONEY S, HITCH B D. Additives to Increase Fuel Heat Sink Capacity in a Fuel/Air Heat Exchanger[C]. AIAA 2005—3916.

[63] ERIC J W. Monopropellant Hydrogen Peroxide Rocket Systems: Optimum for Small Scale,AIAA—2006—5235,2006.

[64] ERIC J W. System Trade Parameter Comparison of Monopropellants: Hydrogen Peroxide vs Hydrazine and Others, AIAA—2006—5235.

[65] ANGELO C. LUCIO T. LUCA A. Development of Hydrogen Peroxide Monopropellant Rockets,AIAA—2006—5239.

[66] KOROBEINICHEV O P, et al. Study of Combustion Characteristics of the ADN—Base Propellants. The proceeding of 32nd ICT,2001:123.

[67] ANFOL K. Development and Testing of ADN—Based Monopropellants in Small Rocket Engines. 36th Joint Propulsion Conference and Exhibit, 2000.

[68] MAVRIS D N, BRIAN J G, BRANSCOME E C, et al. An Evaluation of Green Propellants for an ICBM Post — Boost Propulsion System. AIAA MSC—2000—AF.

[69] LORMAND B. M,PURCELL N. L. Development of Non—Toxic Hypergolic Miscible Fuels for Homogereous Decompostition of Rocket Grade

Hydrogen Peroxide. US6419772,2002.

[70]　MCQUAID M J,Computationally Based Design and Screening of Hydrazine—Alternative Hypergolic Fuels. US Army Research Lab, 2003.

[71]　TIM E. Liquid Fuels and Propellants for Aerospace Propulsion:1903 — 2003. Journal of propulsion and power,Vol. (19),No. 6,2003.

第3章 液体推进剂技术指标和性能

3.1 液体推进剂的技术指标

3.1.1 技术指标用途和分类

液体推进剂从原料加工开始到产品使用，要经历生产、运输转注贮存和使用3个主要阶段。在各个阶段中，推进剂产品质量不尽相同。因此，推进剂在3个阶段中有3种技术指标，即生产技术指标、采购技术指标和使用技术指标。

3.1.1.1 生产技术指标

生产技术指标是指推进剂生产厂家为了产品质量管理而制定的产品质量指标、检验方法、产品的存放和取样规则以及各种操作条件等。其中的产品质量指标是生产厂家内部控制的标准，其要求一般高于采购指标，偶尔也有与采购指标一致的情况。

3.1.1.2 采购技术指标

采购技术指标是根据用户要求协商制定的，作为工厂交货、用户验收时的推进剂质量标准，采购技术指标往往高于使用技术指标。

3.1.1.3 使用技术指标

使用技术指标是使用部门掌握的推进剂质量标准，是根据火箭发动机设计状态的要求而制定的。

3.1.2 技术指标制定依据

液体推进剂技术指标主要是根据设计要求、生产能力、研究和试验结果以及发动机试验和火箭飞行试验来制定的。

3.1.2.1 设计要求

推进剂组分和杂质含量范围的确定，应把满足火箭发动机设计要求放在首位。其次，要考虑推进剂对材料的腐蚀性问题以及推进剂中颗粒物控制问题。对姿控推进剂还应考虑催化剂中毒问题。

3.1.2.2　生产能力

工厂采用的原料、生产工艺流程及生产方法，决定了产品的化学组成和可能引入的杂质。

3.1.2.3　研究和试验结果

推进剂的理论性能、物化性能、安全性能、材料相容性、贮存性能、毒性、防护、分析方法等方面的研究和试验结果，是制定技术指标的基础和主要依据。根据这些结果，确定组分含量范围、取样和检验规则、有效化验期、增压介质、分析化验方法、贮存运输环境要求及安全防护等（选择贮箱、容器、管道和密封材料）。

3.1.2.4　发动机试验和火箭飞行试验

推进剂的技术指标制定是否合理，首先要通过发动机试车进行评价和考核，最终在火箭飞行试验中得到确认。根据发动机试验和飞行试验中出现的推进剂方面的问题，对技术指标进行修改或补充。

3.1.3　技术指标制定和修改过程

在一种新液体推进剂研制期间，为适应发动机试车需要，推进剂研制单位要制定暂时使用的推进剂产品质量标准，称之为暂行技术指标。在推进剂研制完成和型号定型后，制定正式的技术指标。在执行过程中如果出现了新情况或新问题，应对技术指标的项目、指标、试验方法或其他条款进行修改。

技术指标的核心部分是技术指标和试验方法。因此，试验方法也是液体推进剂研究的重要内容。不同品种的推进剂有不同的分析项目，一般包括纯度、水分、密度、机械杂质或颗粒物、残渣等。

3.2　液体推进剂理论性能

液体推进剂理论性能计算包括热力性能计算（简称热力计算）

和对火箭总体性能影响计算两部分。热力计算目的是为了得到理想的燃烧性能和最佳混合比，最终取得最大的比冲。对火箭总体性能影响计算主要考虑对火箭主动段末速度、火箭起飞质量以及火箭有效载荷的影响。推进剂的比冲和密度是影响火箭总体性能的主要参数。

理论性能计算需要化学热力学、热物理学、火箭发动机、数学和计算技术的基础知识。热力计算是利用热力学原理，建立计算方程式，在给定的燃烧室混合比与压力条件下，计算推进剂的燃烧产物成分、燃烧温度、喷气速度和比冲等参数。其中，燃烧产物成分计算较复杂，有以下 3 种计算方法。

1）逐步逼近法。逐步逼近法根据化学平衡、质量守恒和道尔顿定律建立联立方程组，求解燃烧产物成分，然后根据能量守恒计算温度。此法由于涉及求解化学平衡中的非线性方程，收敛较困难，当计算量大时比较烦琐，适用性受限制。

2）微分法。微分法对逐步逼近法作了改进，将非线性方程组转化为线性方程组，联立求解时，收敛比逐步逼近法要快。

3）最小自由能法。最小自由能法适用于多组分、多相体系中的成分计算。此法基于化学热力学原理，即燃烧产物体系在恒温恒压下达到化学平衡时体系的总自由能函数应为最小，导出一组方程，用以计算燃烧产物成分。该法收敛快，适合用电子计算机作大量计算，已得到广泛应用。近年来所用的各种计算方法，大多是此法的改进，使之既能适用于多组分多相体系的计算，又能改善收敛性，提高计算速度。

热力计算中常做以下假设。

1）推进剂在等压条件下燃烧，且燃烧完全。

2）燃烧气体产物性质遵循理想气体定律。

3）在燃烧室中燃烧气体混合物处于化学平衡与能量平衡状态。

4）忽略工质的摩擦影响以及同外界的热交换，视为等熵膨胀。

5）喷管进口处的气流速度与出口处相比可忽略不计，且气流为一维稳定流动。

　　燃烧室气流速度和理论比冲的计算公式是热力计算中的基本公式

$$W_e = \sqrt{2J(H_c - H_e) + W_c^2} \tag{3-1}$$

式中　W_e——喷管出口气流速度；

　　　　W_c——燃烧室（即喷管入口）气流速度；

　　　　H_c——燃烧室（即喷管入口）气体总焓；

　　　　H_e——喷管出口气体总焓；

　　　　J——能量转换因子。

　　式中 W_c 与 W_e 相比甚小，通常可以略去。

$$I_s = W_e + (P_e - P_a)A_e \tag{3-2}$$

式中　I_s——理论比冲；

　　　　P_e——喷管出口混合气体压力；

　　　　P_a——喷管出口环境压力；

　　　　A_e——单位质量气流流过面积。

　　当 $P_e = P_a$ 时，对应的比冲为最佳值，它是评价推进剂能量特性的主要参数。推进剂理论性能的其他参数计算，这里不作详细介绍。部分液体推进剂组合的理论性能见表 3-1。

表 3-1　部分液体推进剂组合的理论性能[①]

氧化剂	燃料	混合比[②]		平均密度[③]	燃烧温度[④] / K	理论比冲/(m/s)	
		质量	容积			平衡	冻结
氧	甲烷	3.20	1.19	0.81	3 526		2 900.8
		3.00	1.11	0.80	3 526	3 047.8	
	肼	0.74	0.66	1.06	3 285		2 949.8
		0.90	0.80	1.07	3 404	3 067.4	

续表

氧化剂	燃料	混合比② 质量	混合比② 容积	平均密度③	燃烧温度④/K	理论比冲/(m/s) 平衡	理论比冲/(m/s) 冻结
氧	氢	3.40	0.21	0.26	2 959		3 782.8
		4.02	0.25	0.28	2 999	3 817.1	
	RP—1	2.24	1.59	1.01	3 571	2 796.9	
		2.56	1.82	1.02	3 677		2 940
	偏二四肼	1.39	0.96	0.96	3 542		2 891
		1.65	1.14	0.98	3 594	3 038	
氟	肼	1.83	1.22	1.29	4 553	3 273.2	
		2.30	1.54	1.31	4 713		3 577
	氢	4.54	0.21	0.33	3 080		3 812.2
		7.60	0.35	0.45	3 900	4 018	
四氧化二氮	肼	1.08	0.75	1.20	3 258		2 773.4
		1.34	0.93	1.22	3 152	2 861.6	
	混肼—50	1.62	1.01	1.18	3 242		2 724.4
		2.00	1.24	1.21	3 372	2 832.2	
	RP—1	3.4	1.05	1.23	3 290		2 910.6
	甲基肼	2.15	1.30	1.20	3 396	2 832.2	
		1.65	1.00	1.16	3 200		2 724.4
红烟硝酸	RP—1	4.1	2.12	1.35	3 175		2 528.4
		4.8	2.48	1.33	3 230	2 636.2	
	混肼—50	1.73	1.00	1.23	2 997	2 665.6	
		2.20	1.26	1.27	3 172	2 734.2	
过氧化氢（90%）	RP—1	7.0	4.01	1.29	2 760		2 910.6

注：① 燃烧室压力为 1 000 psi（68.02 atm）；喷管出口压力为 14.7 psi（1 atm）；最佳膨胀。

② 混合比为近似对应于最大理论比冲的值；

③ 对于在 1 atm 压力下沸点低于 20 ℃的氧化剂或燃料，采用沸点时的密度；

④ 理想气体绝热燃烧、等熵膨胀。

3.3　液体推进剂物理化学性质

随着科学技术的发展，现在可以测出一种物质近百个物理化学参数，这些参数反映了物质的特性。液体推进剂的物理化学性质，是选择和评价推进剂的基础。本节简要介绍推进剂常用物理化学参数的定义和测试方法及其在火箭发动机上的实用意义。

3.3.1　相对分子质量

组成物质（单质或化合物）全部元素的相对原子质量总和，称为该物质的相对分子质量。除同分异构体外，不同的物质，其相对分子质量是不同的。

本书介绍的液体混合物（假定为理想溶液）的平均相对分子质量按下式计算

$$\overline{M} = \frac{100}{\dfrac{X_A}{M_A} + \dfrac{X_B}{M_B} + \dfrac{X_C}{M_C}} \tag{3-3}$$

式中　　$\overline{M}$——混合物的平均相对分子质量；

　　　　X_A，X_B，X_C——100 g 混合物中 A，B，C 组分的质量含量；

　　　　M_A，M_B，M_C——分别为 A，B，C 物质的相对分子质量；

　　　　A，B，C ——分别为混合物中所含的各种物质。

混合物的摩尔分子式是先求出组分中各原子的摩尔数，再求得相同原子的摩尔数之和。

若已知 A 组分由 C，H，N 等原子组成，其原子数分别为 n_1，n_2，n_3，求得 C，H，N 原子的摩尔数为

$$C = \frac{X_A}{M_A} \times n_1$$

$$H = \frac{X_A}{M_A} \times n_2$$

$$N = \frac{X_A}{M_A} \times n_3$$

若已知 B 组分由 H，O，N 原子组成，其原子数分别为 m_1，m_2，m_3，求得 H，O，N 原子的摩尔数为

$$H = \frac{X_B}{M_B} \times m_1$$

$$O = \frac{X_B}{M_B} \times m_2$$

$$N = \frac{X_B}{M_B} \times m_3$$

若已知 C 组分由 H，O 原子组成，其原子数分别为 p_1，p_2，求得 H，O 原子的摩尔数为

$$H = \frac{X_C}{M_C} \times p_1$$

$$O = \frac{X_C}{M_C} \times p_2$$

则混合物的当量分子式为

$$C_{\left(\frac{x_A}{M_A} \times n_1\right)} H_{\left(\frac{x_A}{M_A} \times n_2 + \frac{x_B}{M_B} \times m_1 + \frac{x_C}{M_C} \times p_1\right)} O_{\left(\frac{x_B}{M_B} \times m_2 + \frac{x_C}{M_C} \times p_2\right)} N_{\left(\frac{x_A}{M_A} \times n_3 + \frac{x_B}{M_B} \times m_3\right)}$$

3.3.2　冰点（凝固点）

物质在 1 个大气压的空气中固态与液态平衡共存时的温度，称为该物质的冰点，也称凝固点。对纯物质来说，其液态的冰点与固态的熔点是相同的，如水的冰点和熔点均为 0 ℃。大多数物质在结冰时体积缩小，少数物质（如水）在结冰时体积膨胀。一般物质结冰时放出热量。压力对物质的冰点稍有影响。

作为液体推进剂，要求其冰点低，以免严冬时或在空间环境中结冰。对混合物来说，同时要避免在低温时发生分层或混浊现象。

混合物（假定为理想溶液）的冰点或沸点可按下式求得

$$t = Y_A t_A + Y_B t_B + Y_C t_C \tag{3-4}$$

式中　Y_A，Y_B，Y_C——分别为 A，B，C 组分的摩尔分数；

t_A，t_B，t_C——分别为 A，B，C 纯组分的冰点或沸点。

$$Y_{A} = \frac{\dfrac{X_{A}}{M_{A}}}{\dfrac{X_{A}}{M_{A}} + \dfrac{X_{B}}{M_{B}} + \dfrac{X_{C}}{M_{C}}} \qquad (3-5)$$

$$Y_{B} = \frac{\dfrac{X_{B}}{M_{B}}}{\dfrac{X_{A}}{M_{A}} + \dfrac{X_{B}}{M_{B}} + \dfrac{X_{C}}{M_{C}}} \qquad (3-6)$$

$$Y_{C} = \frac{\dfrac{X_{C}}{M_{C}}}{\dfrac{X_{A}}{M_{A}} + \dfrac{X_{B}}{M_{B}} + \dfrac{X_{C}}{M_{C}}} \qquad (3-7)$$

式中　X_{A}，X_{B}，X_{C}——分别为 100 g 混合物中 A，B，C 组分的质量含量；

　　　M_{A}，M_{B}，M_{C}——分别为 A，B，C 组分的相对分子质量。

3.3.3　沸点

物质的蒸气压力等于外界压力（通常指 1 atm）时发生沸腾的温度，称为该物质的沸点。沸点时的液体与蒸气处于热力学平衡状态。标准沸点是指 1 个大气压下（101.3 kPa）时的沸腾温度。对纯物质来说，其沸点等于凝固点，如水的沸点和凝固点均为 100 ℃。

液体的沸点随外界压力的增大而升高，随外界压力的减小而降低。沸腾和蒸发是不同的，沸腾时气化不仅发生在液体表面上，同时发生在整个液体内部，而蒸发只在液体表面发生气化。

液体推进剂的冰点和沸点，决定其液态的温度范围。从使用角度来看，液态的温度范围越宽越好。地面可贮存推进剂的重要标志，就是在各种大气环境温度下都处于液体状态。

3.3.4　密度

单位体积的物质所具有的质量，称为该物质的密度。液体的密度一般随温度的升高而减小。

液体推进剂的密度一般采用玻璃毛细管膨胀计法测定，即在某个温度和压力下，准确测量膨胀计内液体所占的体积和质量。

作为液体推进剂，要求其密度尽量大，特别是对于贮箱容积有限的战术导弹或空间飞行器更是如此。

液体密度随温度变化，可用下式以内插或外推求得

$$\rho = \rho_0 + aT_1 + bT^2 \qquad (3-8)$$

式中　ρ——温度 T 时的密度；

　　　ρ_0——温度 T_0 时的密度；

　　　a，b——常数。

液体的可压缩性很小，所以液体密度随压力变化很小。

3.3.5　饱和蒸气压

在一定温度下，当液体与蒸气处于平衡状态时，其蒸气所造成的压力称为饱和蒸气压。单组分液体的饱和蒸气压只随温度变化，而多组分液体的饱和蒸气压随温度和气体体积比而变化。

液体推进剂饱和蒸气压可采用以下两种方法测定。

1）静态法（直接法），即使用玻璃等压仪直接测量单组分或多组分液体在沸点以下不同温度的饱和蒸气压。

2）动态法（沸点法），即使用毛细管在不同压力下测定液体的沸点，以求得饱和蒸气压。

混和物（假定为理想溶液）的饱和蒸气压可按道尔顿定律计算

$$P = P_A + P_B + P_C \qquad (3-9)$$

式中　P——混和物的饱和蒸气压；

　　　P_A——组分 A 的分压；

　　　P_B——组分 B 的分压；

　　　P_C——组分 C 的分压。

各组分的分压可按拉乌尔定律计算

$$P_A = P_A^0 \frac{X_A}{M_A} \qquad (3-10)$$

$$P_{\mathrm{B}} = P_{\mathrm{B}}^{0} \frac{X_{\mathrm{B}}}{M_{\mathrm{B}}} \qquad (3-11)$$

$$P_{\mathrm{C}} = P_{\mathrm{C}}^{0} \frac{X_{\mathrm{C}}}{M_{\mathrm{C}}} \qquad (3-12)$$

式中　P_{A}^{0}，P_{B}^{0}，P_{C}^{0}——分别为 A，B，C 单组分在某温度下的饱合蒸气压；

　　　X_{A}，X_{B}，X_{C}——分别为 100 g 混合物中 A，B，C 组分的质量含量；

　　　M_{A}，M_{B}，M_{C}——分别为 A，B，C 组分的相对分子质量。

3.3.6　粘度（动力粘度）

液体中液层之间分子相对移动时产生阻力（即内摩擦力）的性能，称为粘度。单位面积上相距单位长度的两层液体以单位速度相对移动时产生的阻力，叫动力粘度，简称粘度。液体的动力粘度与同一温度下的密度之比，称为运动粘度。它们的相互关系可表示为

动力粘度 ＝ 运动粘度 × 密度

粘度随温度升高而降低，随压力升高而增大。

液体推进剂的粘度可采用以下两种方法测定。

1）玻璃毛细管法，即根据一定体积的液体流过毛细管所需要的时间而求得粘度。

2）滚球法，即根据测量金属球体经过装有液体的一段管子（与水平面呈 15°倾斜角）所需时间而求得粘度。

粘度的大小直接影响液体推进剂在火箭发动机燃烧过程中的输送、雾化和混合。

混合液体的粘度可按下式计算

$$\ln \eta_{\mathrm{m}} = \sum X_i \ln \eta_i \qquad (3-13)$$

式中　η_{m}——混合液体的粘度；

　　　X_i——组分 i 的摩尔分数；

　　　η_i——组分 i 的粘度。

3.3.7　表面张力

液体反抗其表面增大的力称为表面张力。表面张力随温度升高而减小，在临界温度时液、气间差别消失，液体表面张力不复存在。杂质使表面张力减小。混合物的表面张力与其组分中最小表面张力相近似。

液体推进剂的表面张力越小，越有利于雾化，并且润湿液壁能力强（易形成液膜），再生冷却效果更佳。通常采用毛细管上升法来测定，即当玻璃毛细管垂直浸入液体时，液体表面在毛细管内将上升至一定高度，从而求得表面张力。

3.3.8　膨胀系数

液体在温度升高时的体积增量与其原来体积的比值，称为该液体的膨胀系数。恒压下液体的膨胀系数一般随温度升高而略微减小。

液体推进剂的膨胀系数主要用于计算贮箱中推进剂的加注量，以避免温度升高时推进剂溢出。

3.3.9　介电常数

液体构成的电容器的电容与真空或空气构成的同样尺寸的电容器的电容之比，称为该液体的介电常数，亦称电容率。任何液体的介电常数都大于1，并且随温度升高而减小，可用介电计测得。液体推进剂的介电常数越大，说明其绝缘性越好，导电性越差。

3.3.10　电导率

导体电阻率（即长为 1 cm、截面积为 $1 \ \text{cm}^2$ 柱形导体的电阻）的倒数，称为电导率。它可用补偿电桥原理的电导仪测定。液体的电导率一般随温度的升高而减小。液体推进剂的电导率越大，其导电性越好。

3.3.11　热导率

物质在单位长度上温度的增量为 1 ℃，在单位时间内通过单位截面积传递的热量，称为热导率。液体的热导率一般随温度的升高而略微减小，随压力增大而增大。液体推进剂的热导率越大，其传热性越好，作为冷却介质时的冷却效果越好。热导率可用同心圆筒法和瞬态热丝法测定。

液体混合物的热导率，可用加和法计算

$$\lambda_m = \sum X_i \lambda_i \qquad (3-14)$$

式中　λ_m——液体混合物的热导率；

　　　X_i——组分 i 的质量含量；

　　　λ_i——组分 i 的热导率。

3.3.12　比热容

单位物质温度升高 1℃（不发生相变）时所吸收的热量，称为比热容。比热容与物质质量的乘积称为热容。液体的比热容随温度升高而增大，随压力变化很小，实质上是定压比热容。比热容在量热计中采用直接加热法或绝热法测定，液体推进剂的比热容越大，其温度升高需要吸收的热量越大，作为冷却介质时的冷却性能就越好。

液体混合物的比热容，可采用加和法计算

$$C_m = \sum m_i C_i \qquad (3-15)$$

式中　C_m——液体混合物的比热容；

　　　m_i——组分 i 的质量含量；

　　　C_i——组分 i 的比热容。

3.3.13　气化热

单位质量的液体在一定温度下蒸发为相同温度下的气体所需的热量，称为气化热。它通常是指沸点时的气化热，而低于沸点时的气化热称为蒸发热。液体的气化热通常随温度升高而减小，在临界温度时气化热为零。气化热通常是在量热器中测定的。液体推进剂的气化热越大，冷却性能越好。

3.3.14　燃烧热

单位质量的物质完全燃烧时所放出的热量，称为燃烧热，也称为发热量或热值。通常采用氧弹式量热计或绝热量热仪测定。

液体推进剂的燃烧热越大，说明其能量越高。

3.3.15　临界温度

气体（包括蒸气）能够液化的最高温度，称为临界温度。超过临界温度时，不管加多大压力，气体仍不能液化。

液体推进剂作为再生冷却剂时，务必使它的温度低于临界温度，以免在冷却套液壁层大量气化，确保燃烧室不会烧穿。

混合物的临界温度可用加和法计算

$$T_{mc} = X_i T_{ci} \qquad (3-16)$$

式中　T_{mc}——混合物的临界温度；

　　　X_i——组分 i 的摩尔分数；

　　　T_{ci}——组分 i 的临界温度。

3.3.16　临界压力

在临界温度下能使气体液化的最低压力，称为临界压力。

液体推进剂作为再生冷却剂时，若液壁温度接近临界温度，就必须使冷却套中的压力达到或超过临界压力，确保推进剂不大量气化。

混合物的临界压力可用加和法计算

$$P_{mc} = X_i P_{ci} \qquad (3-17)$$

式中　P_{mc}——混合物的临界压力；

　　　X_i——组分 i 的摩尔分数；

P_{ci}——组分 i 的临界压力。

3.3.17　气体溶解度

气体在液体中溶解达到平衡时的溶液为饱和溶液，饱和溶液中的气体含量为气体溶解度。通常采用压力容积法测定，即测量一定量液体溶解气体引起的压力下降值。气体在液体中的溶解度一般较小，而且影响因素较多。氮气和氦气在偏二甲肼和四氧化二氮中的溶解度都随温度升高而增大。

增压气体在液体推进剂中的溶解度越小越好，以减小其在发动机工作过程中产生的不利影响。

3.3.18　热力学参数

1）熵。熵是热力学函数，等于在等温可逆条件下吸收的热量除以吸收热量时的绝对温度，以 J/（mol·K）表示。

2）焓。焓是热力学函数，它等于在等压条件下将温度提高到所要求温度时必须加入的热量，以 J/mol 表示。

3）自由能。自由能是等温可逆过程中的最大有效功，它可在系统由一个状态变为另一个状态时的给定过程中获得。自由能的数值不能直接测定。但可以根据焓、比热容、熵的实测值计算而得，以 J/mol 表示。

4）三相点温度。三相点温度是固体、液体及其蒸气相处于平衡状态时的温度。

5）三相点压力。三相点压力是固体、液体及其蒸气相处于平衡状态时的压力。

3.3.19　液体声速

压力波在液体中的传播速度称为液体声速。通常采用直接法测量，即测出声波通过一定液体厚度所需的时间求得液体声速。

液体推进剂的声速与其密度和绝热压缩系数的平方根成反比，

一般可通过计算得出。液体四氧化二氮和偏二甲肼的声速随温度升高而减小。了解液体推进剂的声速，对于防止火箭飞行过程中产生耦合振动，具有实际意义。

3.4　液体推进剂安全性能

3.4.1　概述

　　液体推进剂的安全性能主要是指它的着火和爆炸危险性。着火是燃烧过程的初始现象，燃烧是一种氧化反应，传播速度较慢，一般是每秒几米，仅发出光和热，不伴有显著声效应，破坏作用较弱。着火和爆炸既有区别，又有联系，它们在一定条件下可以相互转化，当燃烧过程产生的冲击波波速足够大时就转为爆炸，例如燃烧过程产生很大响声的爆燃就是转为爆炸的一种现象。爆炸是指气体或蒸气瞬间迅速膨胀时对周围介质破坏或做功的现象，其特征是爆炸点压力急剧上升，传播速度极快，一般是每秒几千米，伴有很大声效应和强烈的破坏作用，例如锅炉的物理爆炸、炸药的化学爆炸和原子弹的核爆炸。通常把恒定传播速度的爆炸称为爆轰，但爆轰与爆炸在本质上并无差别。

　　着火和爆炸必须具备 3 个条件，即可燃物、助燃物和点火源，缺一不可。爆炸具有 3 个特征：一是反应放出大量的热，这是爆炸做功的能源，是爆炸的根本条件；二是反应生成大量的气体产物，这是爆炸时对周围介质做功的前提条件；三是极其高速度的反应过程，这是瞬间放出巨大能量而做功能力很大的必要条件。

　　液体推进剂在通常条件下不会发生着火和爆炸，只有在一定的外界条件作用下才能引起着火和爆炸，这些外界条件包括：热、明火或电火花、机械作用、冲击波、辐射作用和化学能等点火源。

3.4.2　热敏感度

　　液体推进剂受热的作用而发生着火或爆炸的敏感程度，称为热敏感度。它包括自燃温度、自动分解温度或自动分解着火温度、爆炸温度、热分解速率或迅速分解温度等。

3.4.2.1　自燃温度

燃料蒸气与空气或含有氧化性气体的空气所组成的混合物，在没有明火或电火花存在下，只有热的作用能够发生自动着火时的最低温度，称为自燃温度。它表明燃料受热时的着火危险性，这对于判断火灾原因和选择电气设备等都有重要意义。物质自燃温度越低，遇热就越容易发生着火。自燃温度并非是物理常数，它随测试条件不同而有所差异。常压下的自燃温度在玻璃烧瓶中测定，高于大气压时的自燃温度是在不锈钢高压釜中测定的。试验方法可参照 GB 5332－2007 可燃液体和气体引燃温度试验方法。

可燃性气体按其自燃温度进行分组，各组对电气设备外壳表面温度都有一定的限制，可燃性气体的自燃温度和 II 类电气设备允许最高表面温度见表 3－2。

表 3－2　可燃性气体的自燃温度和 II 类电气设备允许最高表面温度

温度组别	自燃温度/℃	允许最高表面温度/℃
T_1	＞450	450
T_2	300～450	300
T_3	200～300	200
T_4	135～200	135
T_5	100～135	100
T_6	85～100	85

可燃性气体和电气设备均分为两类，I 类煤矿井下用电气设备（甲烷）和 II 类工厂（可燃性气体、蒸气）用电气设备。

3.4.2.2　自动分解温度或自动分解着火温度

燃料纯蒸气或燃料蒸气与惰性气体混合物，能够发生迅速分解时的最低温度，称为自动分解温度，而能够发生着火时的最低温度，称为自动分解着火温度。其测试设备和方法与自燃温度相似，只是要把反应瓶中的空气抽尽，使瓶中含有燃料纯蒸气或蒸气与惰性气体混合物。燃料的自动分解温度越低，说明其热稳定性越差。

3.4.2.3　爆炸温度

液体推进剂在密闭系统中受热，能够发生爆炸时的最低温度，称为爆炸温度。它是在不锈钢高压管中测定的。推进剂的爆炸温度越低，其危险性越大。推进剂作为再生冷却剂时会遇到液壁的高温，必须控制冷却套中液壁层温度低于推进剂爆炸温度。

3.4.2.4　热分解速率或迅速分解温度

液体推进剂因受热的作用而发生分解的现象，称为热分解。由于爆炸一般从气相开始，即液体受热后首先气化，气相发生迅速分解，产生大量气体和热量，引起气相爆炸，然后传至液相发生爆炸，这个过程都是瞬间进行的。因此，热分解研究是在低于发生爆炸性分解的温度进行的。热稳定性研究有 2 个方面的内容：一是测定不同温度下的热分解速率，二是测定开始迅速分解放热的最低温度，即迅速分解温度。通常采用带有测温和测压装置的不锈钢高压釜来进行测定。

3.4.3　明火和电火花感度

液体推进剂对明火和电火花（包括静电火花、电弧、闪电等）作用发生着火或爆炸的敏感程度，称为明火和电火花感度。它包括闪点、燃点、可燃极限、最大试验安全间隙、最小点燃能量、最大爆炸压力等。

3.4.3.1　闪点和燃点

液体燃料蒸气与空气的混合物与明火或电火花接触时能够开始闪火（即气相瞬间燃烧）的液体最低温度，称为闪点，而除去明火后仍能继续燃烧 5 s 以上，即液相也燃烧的液体最低温度，称为燃点。闪点除特殊说明外均为闭口闪点。对于低闪点的燃料，其燃点一般比闪点高 1～5 ℃；对于高闪点的燃料，其燃点一般比闪点高

30 ℃以上。对闪点在 100 ℃以下的燃料，其燃点与闪点差别不大。从火灾危险性来看，闪点比燃点更为重要，所以通常只给出闪点数据。一般说来，燃料的沸点越低，其闪点也越低，火灾危险性也越大。混合物的闪点，一般介于原来两种燃料的闪点之间。

燃料的闪点是引起火灾的最低温度。因此，在防火技术中以闪点作为评价各种燃料火灾危险性的主要指标。可燃液体的火灾危险性按燃料闪点进行分类，可燃液体的火灾危险性分类见表 3-3。

表 3-3　可燃液体的火灾危险性分类

类别		闪　　点
甲	A	15 ℃时的蒸气压力＞0.1 MPa 的烃类液体及其他类似的液体
	B	甲 A 类以外，闪点＜28 ℃
乙	A	45 ℃≥闪点≥28 ℃
	B	60 ℃＞闪点＞45 ℃
丙	A	120 ℃≥闪点≥60 ℃
	B	闪点＞120 ℃

闪点的测定方法分为开杯法和闭杯法两种，测定时都是将坩埚中的燃料逐渐加热，直至燃料蒸气与空气的混合物遇明火能开始闪火为止，可参照 GB 3536-2008 克里夫兰开杯法测定闪点和燃点试验方法。开杯闪点一般比闭杯闪点要高一些。

3.4.3.2　可燃极限（爆炸极限）

燃料蒸气与空气的混合物（简称为可燃性气体）在电火花或明火的条件下，能够发生燃烧或爆炸时蒸气的最低和最高浓度，分别称为可燃浓度的下限和上限。通常可燃极限指的是可燃浓度极限。与可燃浓度下限和上限相对应的饱和蒸气压所处的温度，分别称为可燃温度下限和上限。有时把可燃极限也称为爆炸极限。可燃极限范围越宽，即下限越低和上限越高，着火和爆炸危险性越大。因此，可燃极限在防火防爆上具有重要意义，必须严格避免空气中燃料蒸气浓度处在可燃极限范围之内，以确保安全。

可燃极限并非物理常数，它随测试条件不同而有所差异。常压下的可燃极限是在玻璃爆炸瓶中测定的，高于大气压力的可燃极限是在不锈钢高压釜中测定的。可参照 GB 12474－2008 空气中可燃气体爆炸极限测定方法。

在可燃浓度范围内，存在一个最容易被电火花引燃的浓度，这个浓度称为最易引爆浓度。一般最易引爆浓度比可燃浓度下限要高一些。

3.4.3.3　最大试验安全间隙

在标准规定试验条件下，壳内所有浓度的被试验气体或蒸气与空气的混合物点燃后，通过 25 mm 长（其间隙可调）的接合面均不能点燃壳外爆炸性气体混合物的外壳空腔与壳内部分之间的最大间隙，称为最大试验安全间隙。

用电火花点燃可燃性气体时，燃烧过程只传播到整个气体混合物，称为气相火焰传播；燃烧过程也传播到液体，称为气－液相火焰传播。火焰传播速度一般是每秒几米至每秒几百米（亚声速）。传播速度很大（每秒几百米至每秒几千米）的火焰传播，称为爆炸传播。传播速度很大（3 km/s 以上的超声速传播）且是恒速的爆炸传播，称为爆轰传播。以上这些传播统称为爆炸传播，简称传爆。可燃性气体的传爆能力是以它的最大试验安全间隙（也称为临界间隙）来衡量的。最大试验安全间隙是指不引起防爆电气设备外部混合物爆炸的外壳最大间隙。它是在标准试验条件下测得的，即内爆炸室是容积为 8 L 的青铜球，其外壳法兰间隙可调，内外爆炸室均充入最易传爆浓度（与最易引爆浓度相近，但不完全相同）的爆炸性混合物，测出内爆炸室爆炸不致于使外爆炸室爆炸的最大法兰间隙。

可燃性气体的传爆能力按其最大试验安全间隙进行分类，见表3－4。

表 3-4　可燃性气体的最大试验安全间隙分类

类别	级别	最大试验安全间隙/mm
I		＞1.14
II	A	0.9～1.14
	B	0.5～0.9
	C	≤0.5

　　最大试验安全间隙越小，传爆危险性越大。它是设计和选择隔爆型防爆电气设备的依据。

　　熄火距离与最大试验安全间隙的定义不同，它是能使火焰传播被阻止的两个平板电极之间的距离，它是阻火器设计和选用的依据。例如氢的熄火距离为 0.6 mm，其阻火器小孔应小于 0.6 mm。

3.4.3.4　最小点燃能量

　　可燃性气体在最易点燃浓度下，能够引起其着火或爆炸的最低能量，称为最小点燃能量。为了使自动传播的燃烧反应能够进行，需要一定的点燃能量，因为并非所有电火花都能引起可燃性气体发生着火或爆炸，而是需要达到一定能量的电火花，即最小点燃能量。燃料的最小点燃能量越小，说明其着火或爆炸危险性越大。最小点燃能量或最小点燃电流比值（与甲烷比）是设计和选择本质安全型电气设备的依据，即要求电气设备产生的电火花能量低于最小点燃能量。

　　最小点燃能量或最小点燃电流比值是在不锈钢爆炸装置中进行测定的，可采用电感或电容、电阻性电路火花发生器来点燃，可参照 GB 14288-1993 可燃气体与易燃液体蒸气最小静电点火能量测定方法。最小点燃能量随温度和压力的升高而减小。可燃性气体按最小点燃电流比值或最小点燃能量进行分类，见表 3-5。

　　爆炸性气体环境电气设备分为两类：I 类是煤矿用电气设备，II 类是除煤矿外的其他爆炸性气体环境用电气设备。II 类隔爆型 (d) 和本质安全型（ia 级和 ib 级）电气设备又分为 IIA，IIB，IIC

类。对隔爆型电气设备而言，爆炸性气体或蒸气按最大试验安全间隙分为 A，B，C 级（见表 3－4）；对本质安全型（i）电气设备而言，爆炸性气体或蒸气按最小点燃电流比值分为 A，B，C 级（见表 3－5）；火箭燃料和单组元推进剂的防爆电气设备类别、级别、组别一般规定如下，具体规定可结合 GB 3836，根据推进剂的使用场所和环境要求进行选型。

表 3－5　可燃性气体的最小点燃能量分类

类别	级别	最小点燃电流/mA	最小点燃电流比值	最小点燃能量/mJ
I		＞120	1.0	0.28
II	A	70～120	0.8～1.0	0.20
	B	70～120	0.45～0.8	0.06
	C	70～120	＜0.45	0.019

1）液氢：$Exd\,II\,CT_1$ 或 $Exia\,II\,CT_1$。

2）混胺－50，酒精：$Exd\,II\,BT_2$ 或 $Exia\,II\,BT_2$。

3）肼，肼－70，单推－3，偏二甲肼，烃类燃料：$Exd\,II\,BT_3$ 或 $Exia\,II\,BT_3$。

4）甲基肼，鱼推－3，硝酸异丙酯：$Exd\,II\,BT_4$ 或 $Exia\,II\,BT_4$。

5）过氧化氢：$Exd\,II\,CT_1$。

3.4.3.5　最大爆炸压力

可燃性气体在可燃浓度极限范围内，用电火花点燃后产生的最大冲击波，称为最大爆炸压力。它可采用测定最小点燃能量的装置进行测定。可燃性气体的最大爆炸压力一般约为 0.7～1.0 MPa。可燃性气体产生最大爆炸时的对应浓度，通常称为最大爆炸压力浓度，它与最易传爆浓度相近，但不完全相同。表 3－6 列出几种可燃性气体的电火花感度包括可燃浓度极限、最易引爆浓度、最易传爆浓度、最大爆炸压力浓度、最大爆炸压力、最大试验安全间隙和最小点燃能量。

表 3-6　可燃性气体的电火花感度

可燃性气体	可燃浓度极限体积分数/%	最易引爆浓度体积分数/%	最易传爆浓度体积分数/%	最大爆炸压力浓度体积分数/%	最大爆炸压力/(10^5 Pa)	最大试验安全间隙/mm	最小点燃能量/mJ
甲烷	5~15	7.5	9.0	9.8	7.2	1.17	0.28
氢	4.0~75	21	24	32.3	7.4	0.102	0.019
乙醇	3.3~19	7.1	6.0	7.4	7.5	1.018	—
偏二甲肼	2.5~78.5	7.0	6.7	7.1	9.1	0.80	0.2

3.4.4　机械能感度

　　液体推进剂对机械能作用发生着火或爆炸的敏感程度，称为机械能感度。它包括机械冲击感度、振动感度、摩擦感度、枪击感度、压缩感度等。

3.4.4.1　冲击感度

　　液体推进剂在处理和使用过程中经常会遇到外界机械冲击的作用，如在运输途中紧急刹车，在输送流动过程中阀门突然打开或关闭时遇到的"水锤"作用等，都会受到很大的冲击作用。

　　冲击感度是表示当液体推进剂受到机械冲击能量作用时能否发生着火或爆炸的特性。在机械冲击作用下，液体推进剂（特别是单组元推进剂）某些局部点的温度极高，因而发生着火或爆炸现象。冲击感度是在标准落锤冲击试验机上进行测定，即一定质量的钢锤从一定高度自由落下撞击推进剂，以冒烟、烧焦、火光和响声作为发生着火或爆炸的依据，判断推进剂冲击感度可参照美国 ASTM D 2540-1993 液体单元推进剂落锤冲击敏感性试验方法。试验结果可任选以下一种方法来表示。

　　1）爆炸百分数法，即在一定冲击能量作用下发生着火或爆炸的几率。

　　2）最小冲击能法，即冲击试验 6 次中有一次发生着火或爆炸的冲击能。

3) 特性冲击能法，即发生 50% 着火或爆炸的冲击能。

4) 特性落高法，即在一定质量落锤冲击下发生 50% 着火或爆炸的落锤的高度。

5) 上下限法，即在一定质量落锤冲击下，发生着火或爆炸的最低高度称为上限（即爆炸点）；不发生着火或爆炸的最高高度称为下限（即不爆点）。

液体推进剂，特别是单组元推进剂的冲击感度，可参照俄罗斯的炸药冲击感度级别来考虑，见表 3-7，即推进剂在大于 31.36J 冲击能量作用下，不发生着火或爆炸，说明其对冲击不敏感。

表 3-7　炸药冲击感度级别

级别	特征	最小冲击能 E/J	最小冲击能 $E/(kg \cdot m)$
I	非常危险	<2.94	<0.30
II	比较危险	2.94~6.86	0.30~0.70
III	比较安全	6.86~31.36	0.70~3.2
IV	安全	>31.36	>3.2

3.4.4.2　振动感度

液体推进剂受到机械晃动、震荡作用时能否发生着火或爆炸的特性，称为振动感度。特别是单组元推进剂在运输、贮存、转注、处理和火箭飞行过程中，有时会因贮箱晃动而引起剧烈振动。液体推进剂的振动感度是在一定频率和振幅的机械振动机或电磁振动台上进行测试的。

3.4.4.3　摩擦感度

摩擦感度是表示当液体推进剂，特别是单组元推进剂受到摩擦作用而发热时，能否发生着火或爆炸的特性。它是在轴承中运转试验来测定的，即一定轴向力、径向力作用下的一定转速轴承在推进剂中进行运转，测试推进剂温度和压力升高情况。单组元推进剂用泵输送时，因轴承摩擦发热可引起分解，甚至发生着火或爆炸，由此可见摩擦敏感的试验尤为重要。

3.4.4.4 枪击感度

枪击感度是表示当液体推进剂被子弹击中时能否发生着火或爆炸的特性。枪击试验通常是用步枪子弹在一定距离射击容器内的推进剂，观察是否发生着火或爆炸。枪击是摩擦、撞击和热的作用的总合，对贮运和战时被子弹击中的危险程度具有实际意义。

3.4.4.5 压缩感度

压缩感度是表示当液体推进剂受到快速压缩作用而发热时能否发生着火或爆炸的特性。测试方法有 2 种：一种是活塞压缩法，另一种是快速增压法。

液体推进剂不但贮箱增压时存在压缩作用，而且当高速流动时阀门快速关闭存在更大的压缩作用。因此，压缩感度是液体推进剂安全性能的重要试验项目，同时也是选择安全增压气体的必测项目。

3.4.5　冲击波感度

冲击波感度是表示当液体推进剂受到流体动力学冲击（如炸药爆炸产生高温高压的冲击波）时，能否发生着火或爆炸的特性。液体推进剂的冲击波感度，不但对确定推进剂贮存库房的安全距离有指导作用，而且对考虑当推进剂在发动机中发生爆炸时引起贮箱中推进剂爆轰的可能性，也是有实际意义的。评价的试验项目有卡片间隙、临界直径、猛度和爆炸威力。

3.4.5.1 卡片间隙（隔板殉爆）

卡片间隙是比较单组元推进剂对冲击波感度大小的一种方法。要使各种单组元推进剂发生爆炸所需的冲击波能量是不同的，冲击波能量随距离增大而衰减。卡片间隙试验是在药柱管与推进剂样品管之间放入一定厚度的醋酸纤维卡片，用雷管引爆炸药，炸药爆炸产生的冲击波通过卡片引起推进剂发生爆炸，可参照美国 ASTM D 2539－1993（2001）用卡片间隙试验方法测定液体单组元推进冲击波敏感性试验方法。卡片间隙值越大，说明推进剂的冲击波感度越大。卡片间隙值为零，推进剂也不发生爆炸，说明推进剂对冲击波不敏感。

测定单组元液体推进剂的卡片间隙值，可衡量推进剂对爆炸冲击波的敏感程度。

3.4.5.2　临界直径

液体推进剂爆炸时产生的冲击波可以沿管道轴向传播，但当管道直径小于某一数值时，冲击波就不能稳定传播，这个管道直径就称为临界直径。临界直径的测定装置由药柱管、样品管和试验管依次串联组成，用雷管引爆炸药，炸药爆炸引起样品管中推进剂爆炸，观测试验管中推进剂是否发生爆炸。可参照美国 ASTM D 2541 —1993（2001）液体单组元推进剂爆轰速度与临界直径试验方法。

推进剂的临界直径越小，说明其冲击波感度越大。

测定单组元推进剂的临界直径，对选择安全的输送管道或消爆管具有实际意义。例如在推进剂贮箱与易发生爆炸端之间选用一段小于临界直径的管子作为消爆管，就可避免引起贮箱中推进剂发生爆炸。

3.4.5.3　猛度

猛度常用来表示炸药爆炸时直接对周围固体物质冲击的猛烈程度。液体推进剂借用猛度试验方法来评价推进剂被雷管引爆的敏感程度。猛度是采用铅柱压缩法进行试验，即用 $8^#$ 雷管引爆铅柱上面杯中的推进剂，测量铅柱压缩值大小，以 TNT 炸药作为比较标准，以水作为空白试验。若铅柱压缩值为零，说明推进剂不能被雷管引爆。

3.4.5.4　爆炸威力

爆炸物发生爆炸时对周围介质产生的破坏力，称为爆炸威力。爆炸威力以做功能力表示，一般以 TNT 的做功能力为 100，其他爆炸物的做功能力与它相比，称为 TNT 当量（爆炸当量）。

影响液体推进剂爆炸威力大小的因素很多。它不但与推进剂总量有关，更重要的是取决于真正参与爆炸反应的量；双组元推进剂不但与混合比有关，更重要的是彼此混合是否均匀、迅速和充分；此外还与点燃时间、周围环境条件等因素有关。因此，爆炸威力的试验结果相差很大。对能被引爆的单组元推进剂，可用铅弹扩张法测量铅弹膨胀的体积或用弹道摆法测定摆角，以比较其爆炸威力。

3.4.6　辐射感度

液体推进剂在地面上受到核辐射、在宇宙空间受到星云辐射和太阳辐射后，其质量变化的程度称为辐射感度。研究内容包括辐射对推进剂稳定性和材料相容性的影响。由于辐射作用主要与辐射能量有关，与辐射源的性质无关，所以通常采用放射性同位素钴－60的 γ 射线来照射推进剂和材料，从而得出推进剂是否发生辐射分解，材料是否产生应力腐蚀。

3.4.7　泄漏危险性

液体推进剂泄漏有两种，一种是燃料和氧化剂同时泄漏，另一种是燃料或氧化剂单独泄漏。自燃推进剂同时泄漏并混合后，立即发生着火或爆炸。非自燃推进剂泄漏并混合后，遇点火源也会发生着火或爆炸。燃料单独泄漏遇点火源才会着火或爆炸，氧化剂单独泄漏遇可燃物才存在着火或爆炸的危险性。

静态试验台、靶场发射台试验用燃料和氧化剂同时泄漏，且不能用有效的方法阻止其混合时，可参照表 3－8 给出的液体推进剂TNT 当量估算由于液体推进剂爆炸或着火事故所引起的损失；燃料与氧化剂组合的爆炸物当量与居民建筑物公用道路及内部距离的距离列于表 3－9 和表3－10。表 3－8，表 3－9 和表 3－10 均引自DOD 6055.9（2008）。

表 3—8　液体推进剂 TNT 当量

推进剂组合	TNT 当量	
	静态试验台	靶场发射台
液氧与液氢	$4.13Q^{2/3}$ 或 14%（取大者）	$4.13Q^{2/3}$ 或 14%（取大者）
液氧与液氢＋液氧与煤油	液氧与液氢当量＋ 10%液氧与煤油	液氧与液氢当量＋ 20%（液氧与煤油）
液氧与煤油	10%	20%（≤226 795 kg）＋ 10%（>226 795 kg）
抑制红烟硝酸与偏二甲肼	10%	10%
四氧化二氮与混肼—50	5%	10%
四氧化二氮与甲基肼	5%	10%
红烟硝酸与甲基肼	10%	10%
液体四氧化二氮与聚丁二烯—丙稀酸—丙烯酰腈固体燃料	15%①	15%②
硝基甲烷（单独或组合）	100%	100%
鱼推—3	100%	100%
环氧乙烷	100%	100%

① 还应计算其他非核爆炸当量（如固体推进剂），TNT 当量定义为某推进剂与 TNT 在相同距离上产生等破坏效应（冲击波超压）时的质量之比。其换算公式为：等效 TNT 当量＝推进剂质量×TNT 当量值。

② 炸药引爆情况为 15%，高速冲击情况为 5%，静态混合（塔架落下）事故小于 0.01%（可忽略不计）。

　　特别应该指出的是，液体推进剂贮存数量与距离是未考虑毒性的。如果推进剂是单独泄漏，则必须考虑毒性的紧急隔离距离和下风向疏散距离。紧急隔离距离内，非事故处理人员不得入内；下风向疏散距离是指必须采取保护措施的范围，即该范围内的居民处于有害接触的危险之中，可以采取撤离、关闭窗户等有效措施。由于夜间气象条件对毒气云的混合作用比白天要小，毒气云不易散开，因而下风向疏散距离相对比白天远。表 3—11 给出推进剂泄漏的紧急隔离和疏散距离供参考。

表 3—9　爆炸物当量（Q）与居民建筑物、公用道路及内部距离（D）

爆炸物当量/kg	居民建筑物[1]/m	公用道路[2]/m	内部距离/m	
			有隔墙[3]	无隔墙[4]
0.45				
0.68				
0.91				
1.4				
2.3				
3.2				
4.5				
6.8				
9.1	见表 3—10	居民建筑物距离的 60%		
13.6				
22.7			10.1	20.2
31.8			11.3	22.6
45.4			12.7	25.5
68.0			14.6	29.1
90.7			16.0	32.1
136.1			18.4	36.7
204.1			21.0	42.0
226.8	381.0	228.6	21.8	43.5
317.5	381.0	228.6	24.4	48.7
453.6	381.0	228.6	27.4	54.9
680.4	381.0	228.6	31.4	62.8
907.2	381.0	228.6	34.6	69.1
1 360.8	381.0	228.6	39.6	79.1

续表

爆炸物当量/kg	居民建筑物[①]/m	公用道路[②]/m	内部距离/m	
			有隔墙[③]	无隔墙[④]
2 268. 0	381. 0	228. 6	46. 9	93. 8
3 175. 1	381. 0	228. 6	52. 5	104. 9
4 535. 9	381. 0	228. 6	59. 1	118. 2
6 803. 9	381. 0	228. 6	67. 6	135. 3
9 071. 8	381. 0	228. 6	74. 5	148. 9
13 607. 7	381. 0	228. 6	85. 2	170. 5
20 411. 6	433. 7	260. 3	97. 6	195. 1
22 679. 5	448. 9	269. 4	101. 1	202. 1
31 751. 3	502. 2	301. 3	113. 0	226. 1
45 359. 0	565. 6	339. 4	127. 3	254. 6
68 038. 5	715. 2	429. 4	145. 7	291. 5
90 718. 0	844. 4	506. 6	160. 4	320. 8
113 397. 5	960. 4	576. 2	172. 8	345. 6
136 077. 0	1 020. 5	612. 3	183. 6	367. 2
226 795. 0	1 209. 9	725. 9	217. 7	435. 4

① 在此距离下，建筑物轻微破坏或基本无破坏，冲击波超压为 6.2～8.3 kPa；

　　$13\ 608\ \text{kg} < Q \leqslant 45\ 395\ \text{kg}$，$D = 15.87\ Q^{1/3}$；

　　$45\ 359\ \text{kg} < Q \leqslant 113\ 398\ \text{kg}$，$D = 1.164\ Q^{0.577}$；

　　$113\ 398\ \text{kg} < Q$，$D = 19.84 Q^{1/3}$；

　　$378.6\ \text{m} < Q \leqslant 565.6\ \text{m}$，$Q = D^3/3\ 989.42$；

　　$565.6\ \text{m} < Q \leqslant 960.3\ \text{m}$，$Q = 0.768\ 6\ D^{1.733\ 1}$；

　　$960.3\ \text{m} < D$，$Q = D^3/7\ 809.53$。

② 相应居民建筑物距离的 60%。

③ $D = 3.57 Q^{1/3}$，$Q = D^3/45.511$。

④ $D = 7.14 Q^{1/3}$，$Q = D^3/364.086$。

表 3-10　爆炸物当量（$Q < 204$ kg）与居民建筑物距离（危险碎片距离，D）

爆炸物当量/kg	在露天① /m	在建筑物里② /m
≤0.23	71.9	61.0
0.3	80.2	61.0
0.45	88.8	61.0
0.91	105.5	61.0
1.4	115.3	61.0
2.3	127.7	61.0
3.2	135.6	61.0
4.5	144.4	61.0
6.8	154.2	61.0
9.1	161.1	61.0
13.6	170.9	61.0
14.1	171.7	61.0
22.7	183.2	118.2
31.8	191.3	158.1
45.4	200.4	200.4
68.0	248.5	248.5
90.7	282.6	282.6
136.1	330.6	330.6
204.1	378.7	378.7
>204.1	381.0	381.0

① $Q < 45.4$ kg，$D = 107.87 + 24.14 \ln Q$；

　$Q \geqslant 45.4$ kg，$D = -251.87 + 118.56 \ln Q$；

　$D < 200.5$ m，$Q = \exp\left[(D/24.14) - 4.4685\right]$；

　200.5 m$\leqslant D < 381$ m，$Q = \exp\left[(D/118.56) + 2.1244\right]$；

② $Q < 14.1$ kg，$D = 61.0$ m；

　14.1 kg$< Q \leqslant 204.1$ kg，$D = -251.87 + 118.56 \ln Q$；

　$D \leqslant 61.0$ m，$Q \leqslant 14.1$ kg；

　61.0 m$\leqslant D < 381.0$ m，$Q = \exp\left[(D/118.56) + 2.1244\right]$

表 3-11　推进剂泄漏的紧急隔离距离和疏散距离[①②③]

推进剂	小包装（＜200 L）泄漏或大包装少量泄漏			大包装（＞200 L）泄漏或多个小包装同时泄漏		
	紧急隔离距离/m	白天疏散距离/m	夜间疏散距离/m	紧急隔离距离/m	白天疏散距离/m	夜间疏散距离/m
四氧化二氮	30	100	400	400	1 100	3 000
绿色四氧化二氮	30	100	600	100	600	2 200
红烟硝酸	30	100	300	150	600	1 100
偏二甲肼	30	200	500	100	1 300	2 400
甲基肼	30	300	700	150	1 500	2 500

① 表中数据引自美国、加拿大和墨西哥联合编制的 ERG2008。是在综合分析以下各方面信息的基础上产生的：1）释放速度和扩散模型；2）美国运输部有害物质事故报告系统；3）北美3国近5年120多处地点每小时气象资料；4）有害物质毒理学数据。

② 使用表3-11还应结合事故现场实际情况，如泄漏量、泄漏压力、释放地面积、周围建筑或树木情况，以及风速风向等进行修正。

③ 如果有害物质温度或当地环境温度超过 30 ℃，应增大疏散距离。

3.5　液体推进剂材料相容性

液体推进剂材料相容性包括 2 个方面：一方面是推进剂对材料（金属、非金属、润滑剂等）的腐蚀、溶解、溶胀、渗透、变脆等作用；另一方面是材料对推进剂的催化分解、氧化、变色、变浊等影响。

3.5.1　材料相容性分级标准

液体推进剂既有单组元推进剂，又有双组元推进剂，由于单组元推进剂易分解，所以它们的材料相容性分级标准是不同的，表3-12为双组元推进剂与材料相容性的分级标准；表 3-13 为单组元推进剂与材料相容性的分级标准。表3-12引自美国20世纪60年代资料。表3-13引自国内20世纪80年代文献。两张表均仅供参考。

表 3－12　双组元推进剂与材料相容性的分级标准

级别	使用要求	材料		用途
		金属	非金属	
一	长期且满意地使用	优良的抗腐蚀性能，腐蚀速度小于 0.025 4 mm/a，不使推进剂分解或质量变化，对冲击不敏感	良好的抗腐蚀性能，体积变化 0～25％ 以内，硬度变化±5％ 以内，不影响推进剂质量	用于长期与推进剂接触的部件，诸如贮箱、阀、输送管道、垫片、密封件、润滑剂等
二	可反复使用但持久性受到限制	良好的抗腐蚀性能，腐蚀速度小于 0.127 mm/a，不使推进剂分解或质量变化，对冲击不敏感	较好的抗腐蚀性能，体积变化－10％～25％ 以内，硬度变化±10％ 以内，不影响推进剂质量	用于较长时期与一定条件下使用的结构材料
三	短期使用	较好的抗腐蚀性能，腐蚀速度为 0.127～1.27 mm/a，可能引起推进剂缓慢地分解	具有一定抗腐蚀能力，体积变化－10％～25％ 以内，硬度变化±10％ 以内，对推进剂质量有微小影响	用于短期与推进剂接触的材料
四	不推荐使用	抗腐蚀性不好，腐蚀速度大于 1.27 mm/a，使推进剂剧烈分解，对冲击敏感，甚至突然着火	抗腐蚀性不好，体积变化小于－10％ 或大于 25％，硬度变化小于－10％ 或大于 10％，材料在推进剂中溶解，严重起泡或破裂，严重影响推进剂质量	不适合做与推进剂接触的结构材料

表 3－13　单组元推进剂与材料相容性的分级标准

级别	使用要求	材料		用途
		金属	非金属	
一	长期且满意地使用	有优良的抗腐蚀性能，腐蚀速度小于 0.001 mm/a，50 ℃分解推进剂产生气体速度小于0.002 mL/（cm² · d），不使推进剂质量变化，对冲击不敏感	有优良的抗腐蚀性能，质量变化在 0～10％ 以内，硬度变化在±5％ 以内，50 ℃分解推进剂产生气体速度小于 0.002 mL/（cm² · d），不使推进剂质量变化	适用于长期与推进剂接触的部件，诸如贮箱、阀、输送管道、垫片、密封件、润滑剂等

续表

级别	使用要求	材料		用途
		金属	非金属	
二	可反复使用但持久性受到限制	有良好的抗腐蚀性能，腐蚀速度小于 0.01 mm/a，50 ℃分解推进剂产生气体速度小于0.02 mL./（cm²·d），不使推进剂质量变化，对冲击不敏感	有较好的抗腐蚀性能，质量变化0～25％以内，50 ℃分解推进剂产生气体速度小于 0.02 mL/（cm²·d），不影响推进剂质量	适用于较长时期和一定条件下使用的结构材料
三	短期使用	有较好的抗腐蚀性能，腐蚀速度为 0.01～0.1 mm/a，可能引起推进剂缓慢地分解	有一定的抗腐蚀能力，质量变化在－10％～25％以内，硬度变化在±10％以内，对推进剂质量有微小影响	适用于短期与推进剂接触的材料
四	不推荐使用	抗腐蚀性能不好，腐蚀速度大于 0.1 mm/a，促使推进剂明显分解，对冲击敏感，甚至发生突然着火爆炸危险	抗腐蚀性能不好，质量变化小于－10％或大于 10％，材料在推进剂中溶解、起泡或破裂，严重影响推进剂质量	不适合作与推进剂接触的结构材料

一级为可长期使用材料，二级为重复、短期使用材料，三级为短期使用材料，四级为不推荐使用材料。

液体推进剂与材料相容性级别是指常温（低于 50 ℃）下的试验结果，其他条件下的相容性要通过模拟实际情况的试验才能确定。

3.5.2　材料相容性评价方法

金属材料在推进剂中的腐蚀形态包括均匀（全面）腐蚀和非均匀（局部）腐蚀。液体推进剂与材料相容性的试验方法，最常用的是静态浸泡法，即材料试片在推进剂中浸泡一定周期。金属试片以试验前后的质量变化计算材料的腐蚀速率，非金属试片以试验前后的质量、体积、伸长率、硬度和扯断强度变化，评价推进剂对材料的作用。测定试验前后推进剂的物理化学性质和化学成分的变化，评价材料对推进剂的影响。静态浸泡法只能考察均匀腐蚀（全面）。非均匀腐蚀（局部）对与推进剂接触设备的影响更大，应当结合实际应用条件开展相应的材料相容性评价。

　　至于材料对推进剂的催化分解和安全性能的影响或推进剂对非金属材料的渗透速率，则用专门的测试方法。对于低温推进剂，主要是考虑材料在低温下的冷脆效应，液氢还应考虑氢脆效应，液氧还应考虑冲击敏感问题。

3.6　液体推进剂贮存性能

3.6.1　贮存性能研究内容

　　液体推进剂贮存性能研究内容，一个是物理稳定性，另一个是化学稳定性。物理稳定性指的是蒸发、吸湿、分层、沉淀等直接影响推进剂使用性能的物理作用。推进剂的蒸发不但决定其损失率，而且决定其蒸气在空气中的浓度（直接与其毒性和可燃浓度极限有关）以及质量变化情况。推进剂的吸湿会使水分增加、发生水解和加剧对材料的腐蚀作用。分层问题存在于混合物中，在低温或结冰后熔化时可产生分层，引起推进剂各组分混合不均匀。化学稳定性主要考察两个方面的问题，一个是推进剂在贮存过程中氧化或分解引起质量变化情况，另一个是推进剂对材料的实际腐蚀情况。

3.6.2　贮存类型

　　液体推进剂贮存试验分小型、中型和大型贮存试验，其目的主要有 3 个：一是考察推进剂质量变化情况，以便确定贮存有效期；二是考察容器和密封材料以及相关部件的腐蚀情况（包括腐蚀产物的组成和数量），为贮存设备系统设计提供选材依据；三是考察气候变化和不同贮存场地对推进剂质量变化的影响，为库房设计提供贮存条件依据。

小型贮存试验是对材料相容性的验证试验，贮存量是几升至几十升，贮存期是 1~2 年。贮存条件可以选择不同的温度、湿度、保护气体、缓蚀剂、密封形式、室内和野外等。贮存过程中定期对推进剂取样分析，观察容器、阀门和密封材料的腐蚀情况。

中型贮存试验是在小型贮存试验基础上进行的，贮存量是几百至 1 000 升，贮存期是 2~3 年。

大型贮存试验是结合实际使用条件进行的，贮存量是几立方米至几十立方米，贮存期至少 5 年以上，贮存场所可以是地面库、半地下库、坑道或地下井。

要使液体推进剂长期贮存不变质，必须具备 3 个必要条件：一是所有材料都是一级相容的，二是确保完全密封（过氧化氢除外），三是充有惰性保护气体。至于低温推进剂，关键是要确保低温容器绝热良好。

可贮存液体推进剂的库房温度，原则上比冰点高 5~45 ℃。

3.6.3　贮存危险性类别及数量距离关系

参照 DOD 6055.9（2008），液体推进剂贮存危险性类别及数量距离关系可参见下列表格：液体推进剂危险性类别和最小数量距离关系见表3-14，氧化剂贮存数量距离关系见表 3-15，液氧贮存数量距离关系见表3-16，烃类燃料等贮存数量距离关系见表 3-17，液氢和大多数肼类燃料贮存数量距离关系见表3-18。这些数量距离关系表均未考虑毒性和顺风等问题。不同贮存相容性类别的推进剂场所的间距，应按要求有较大距离的推进剂数量和类别来确定。然而，若不能通过设防护屏障等有效的措施进行隔离防止混合，则应算出推进剂的总质量，再参照液体推进剂爆炸当量表推算出距离。表中的内部距离即为在液体推进剂作业区域内，任何两个与推进剂相关的建筑物或场所之间应保持的距离。

表 3—14　液体推进剂危险性类别和最小数量距离关系

液体推进剂	燃料[①]或氧化剂[②]类别	贮存危险性类别[③]	最小数量距离关系[③]
过氧化氢（>60%）	3 或 4[④]	5.1（LA）	243.8 m[⑤]或表 3—15
抑制红烟硝酸	3	8.1（LA）	表 3—15
四氧化二氮与绿色四氧化二氮	2	2.3（LA）	表 3—15
液氧		2.2（LA）	表 3—16
煤油	II	3.2（LB）	表 3—17
JP—10	II	3.2J（LB）	表 3—17
液氢		2.1（LB）	表 3—18
肼（>64%）	II	8.2（LC）	243.8 m[⑤]或 91.4 m[⑥]或注释[⑦]
混肼—50	I B	6.1（LC）	243.8 m[⑤]或 91.4 m[⑥]或注释[⑦]
甲基肼	I B	6.1（LC）	243.8 m[⑤]或 91.4 m[⑥]或表注释[⑦]
偏二甲肼	I B	6.1（LC）	表 3—17
鱼推—3	III B	9（LE）	TNT 当量=100%[⑧]或 45.7 m[⑨]或表 3—17
氟卤化物（三氟化氯与五氟化氯）	4	2.3（LE）	表 3—15
液氟	4	2.3（LE）	表 3—15
三氟化氮	4	2.2（LE）	表 3—15

① 按照美国职业安全与健康标准（美国联邦规范 29 CFR 1910.106）和美国消防协会标准（NFPA）（可燃液体或易燃液体规范）给出的闪点和沸点对可燃液体或易燃液体进行分类，用罗马数字描述，必要时添加英文字母。见表 3—14.1。

② 美国消防协会对氧化剂的分类是基于 NFPA430（液体和固体氧化剂贮存规范），用阿拉伯数字描述。见表 3—14.2。

③ 对于液体推进剂的隔离贮存，应按劳工部职业安全与健康管理局（OSHA）和美国消防协会的指南（参见表 3—15～表 3—18）采取控制泄漏污染的措施。对于易燃液体和液体氧化剂，应按美国劳工部职业安全与健康管理局和美国消防协会指南（见表 3—15 和表 3—17）规定爆炸或碎片的最小距离。

④ 浓度高于 91% 的过氧化氢，按照美国消防协会的规定，属于 4 级氧化剂。

⑤ 默认值，不包括其他危险性类别，当推进剂包装在小型（非大量）航运集装箱、移动式的地面供应设备、小型航天飞行器推进剂贮箱或类似的能承受大压强的压力容器（爆破压力大于 690 kPa）。

⑥ 默认值，不包括其他危险性类别，当推进剂包装在小型（非大量）航运集装箱（美国运输部 5 C 或相当的容器），移动式的地面供应设备、小型航天飞行器推进剂贮箱中，或类似的仅能承受较低压强的压力容器中，爆破压力不高于 690 kPa 即可，并且未能用地形、有效的隔墙、防护网或其他物理方法依靠轻型建筑结构是不可取的，对碎片进行防护时，若采取了爆炸碎片防护，则采用表 3－18 中居民建筑物距离或公用道路距离中"有防护"一栏的数值。

⑦ 对于待用贮存（此种贮存是靠近发射台或静态试验台的，通常不包括作为发射或试验整体组成部分的箭体贮箱直接供给发动机的情况）、库房贮存（相对于发射及试验操作来说，这是最远距离的贮存，此处包括场地、贮箱及其他的容器在内）或临时贮存（这是暂时性贮存，且大多类似于库房贮存。它们是驳船、槽车等轻便贮箱的临时停放地，用于前期作业）。

⑧ 对于水下静态试验台，若操作时静态压力高于 345 kPa，或者推进剂贮罐或其他容器爆破压力高于 690 kPa，且没有合适的安全阀（不包括其他危险性类别）。

对于水下静态试验台，TNT 当量除了包括贮罐中的液体推进剂，还应包括泵和管路中的液体推进剂（在试验室静态压力下），除非有减压措施，例如燃料管路有爆炸挡板，燃料贮罐进行有效隔离。

⑨ 默认值，不包括其他危险性类别，推进剂预包装在小型航天器推进剂贮箱，小型（非大量散装）运输容器，可移动地面供应设备或类似无安全阀的能承受较大压强的压力容器（爆破压力 314～690 kPa）。

表 3－14.1　液体燃料着火危险性分类

定义	类别	闪点/℃	沸点/℃
易燃液体	ⅠA	＜22.8	＜37.8
	ⅠB	＜22.8	≥37.8
	ⅠC	22.8～37.8	
可燃液体	Ⅱ	37.8～60	
	ⅢA	60～93.3	
	ⅢB	≥93.3	

表 3-14.2　液体氧化剂危险性分类

类别	定义
1	与可燃物质接触不提高其燃烧速度的氧化剂
2	与可燃物质接触中度提高其燃烧速度的氧化剂
3	与可燃物质接触急剧提高其燃烧速度的氧化剂
4	由于污染或受热或冲击可发生爆炸性反应，并与可燃物质接触急剧提高其燃烧速度的氧化剂

表 3-14.3　液体推进剂贮存相容性组别[①②③]

组别	定义
LA	主要是强氧化剂（四氧化二氮、绿色四氧化二氮、红烟硝酸、液氧、过氧化氢等）
LB	非强还原剂的易燃液体（煤油、张力环状喷气燃料、液氢等）
LC	强还原剂的易燃液体（肼类和胺类等）
LD	主要作为可燃燃料，但在一些组合中可作为氧化剂，它们与适当的催化剂可以是单组元推进剂或释放到大气可以是自燃的（环氧乙烷、环氧丙烷、硼烷等）
LE	不允许与其他任何高能液体一起贮存，它们可作燃料或氧化剂（硝基甲烷、鱼推-3、硝酸羟铵基单组元推进剂、三氟化氯、五氟化氯、氟等）

① 相同危险性类别的不同液体推进剂是可以贮存在一起的；

② LE 不可与其他危险性类别或不相似的 LE 混合贮存；

③ 不同危险性类别的液体推进剂之间是禁止混合贮存的，但是当操作上需要时，LB 与 LC 是允许混合贮存的。

表 3-14.4　弹药和爆炸物贮存和运输相容性组别

组别	定义
A	起爆药，如叠氮化铅、雷酸汞、黑索今等
B	雷管和类似起爆装置

续表

组别	定义
C	散装推进剂、发射装药及带或不带点火机构的含推进剂装置，如固体火箭发动机、液体火炮等
D	黑火药、烈性炸药及无发射药和含烈性炸药不带起爆器的弹药，如 TNT，炸弹等
E	弹药或不带起爆器的含烈性炸药或发射装药的装置，如火箭、导弹等
F	含烈性炸药起爆器的弹药，如手榴弹等
G	照明弹、燃烧弹、烟幕弹、催泪弹
H	含白磷或自燃物，含或不含爆炸物的弹药
J	含易燃液体或胶体的弹药，如油气炸弹、易燃液体燃料导弹（巡航导弹）和鱼雷等
K	含有毒化学品的弹药，如火炮等
L	不包括在其他相容性组别的弹药，如预包装自燃液体燃料火箭发动机、三乙基铝等
N	只含极不敏感爆轰的物质
S	不存在足够危险性的弹药和爆炸物，如炸药开关或阀门等

表 3－15　氧化剂（除液氧外）贮存数量距离关系

氧化剂类别	数量/kg	居民建筑物距离或公用道路距离或内部距离/m
四氧化二氮 绿色四氧化二氮 硝酸羟铵基 单组元推进剂	≤227 154	15.2
红烟硝酸 过氧化氢（＜91％）	≤181 436	22.9

续表

氧化剂类别	数量/kg	居民建筑物距离或公用道路距离或内部距离/m
	≤22.7	15.2
	31.8	23.1
	45.4	24.1
	68.0	25.7
	90.7	27.2
	136.1	29.9
	226.8	34.8
	317.5	39.0
	453.6	44.7
	680.4	53.2
过氧化氢（≥91%）	907.2	60.9
三氟化氯	1 360.8	74.9
五氟化氯	2 268.0	100.0
液氟	3 175.1	123.0
三氟化氮①②	4 535.9	155.4
	6 803.9	180.4
	9 071.8	198.5
	13 607.7	227.3
	22 679.5	269.5
	31 751.3	301.5
	45 359.0	339.5
	68 038.5	388.6
	90 718.0	427.8
	136 077.0	489.7
	226 795.0	580.6

① 本数量距离关系表不适用于美国消防协会规定的在固定贮罐贮存的 2，3 级氧化剂。

② 贮存 4 级氧化剂的多个贮罐之间的距离可小于表中规定的距离，但是，如果贮罐间距不到最大贮罐指定距离的 10%，将用所有贮罐的总贮存量来计算安全距离。

③ 其他贮量的数量－距离可用下列公式计算

$$Q \leqslant 4\ 535.9\ \text{kg}, D = 34.2\ W^{(-0.357+0.059\ \ln W)};$$

$$Q > 4\ 535.9\ \text{kg}, D = 9.52\ W^{1/3}$$

$$D > 22.9\ \text{m},$$

$$W = \exp[-130.32 + 108.79\ \ln D - 32.587(\ln D)^2 + 4.331\ 3(\ln D)^3 - 0.211\ 11(\ln D)^4]$$

④ 贮存在库房里的氧化剂大于 907.2 kg，要求提供喷水设备防护。

表 3－16　液氧贮存数量距离关系[①]

数量	居民建筑物距离或公用道路距离/m	内部距离/地面库房间距/m
不限	30.5	30.5[②]

① 此表不适用于在氧系统与暴露点之间具有耐火等级至少 2 h 阻断的防护结构的场所。

② 在邻近相容的液体氧化剂贮存之间的最小内部距离/地面库房间距是 15.2 m。

表 3－17　烃类燃料及偏二甲肼、鱼推－3 贮存数量距离关系/地面库房间距

数量	居民建筑物距离与公用道路距离/m	内部距离/地面库房间距/m
不限	15.2[①②]	15.2[③]

① 库房内容器贮存，若贮建筑结构库外墙耐火等级≥2 h，居民建筑物或公用道路距离可小于 15.2 m（最小为 3.05 m）。

② 大型贮罐贮存，贮箱容积≤378.5 m³，距离可为 7.6 m；贮箱容积 378.5～1 892.7 m³，距离为 11.4 m。

③ 易燃液体在库房内贮存，内部距离是 15.2 m（符合注释①的除外），或者参照相邻不相容的液体氧化剂（表 3－15）和液氧（表 3－16）规定的距离，二者之间取大者。对于易燃液体在固定或大的可移动贮罐贮存，内部距离是：1）对相容的液体燃料，等于两个相邻贮罐直径总和的 1/6，或者按②规定的距离；2）对相邻不相容氧化剂贮存，可参照相邻不相容的液体氧化剂（表 3－15）和液氧（表 3－16）规定的距离，按要求较大距离的推进剂数量和类别来确定。

表 3-18　液氢和大多数肼类燃料贮存数量距离关系①

推进剂量/kg	居民建筑物距离或公用道路距离/m		内部距离④/
	无防护②	有防护③	地面库房间距/m
≤45.4	182.9	24.4	9.1
68.0	182.9	27.4	10.3
90.7	182.9	30.4	11.2
136.1	182.9	34.4	12.7
226.8	182.9	39.5	14.6
317.5	182.9	42.9	15.9
453.6	182.9	46.5	17.2
680.4	182.9	50.7	19.0
907.2	182.9	53.7	19.9
1 360.8	182.9	58.2	21.5
2 268.0	182.9	64.1	23.7
3 175.1	182.9	68.3	25.3
4 535.9	183.9	72.9	27.0
6 803.9	210.5	78.5	29.0
9 071.8	231.7	82.7	30.6
13 607.7	265.2	89.0	32.9
22 679.5	314.5	97.6	36.1
31 751.3	351.8	103.8	38.4
45 359.0	396.2	110.7	41.0
68 038.5	453.6	119.1	44.1
90 718.0	499.2	125.5	46.4
136 077.0	548.6	135.1	50.0
226 795.0	548.6	148.2	54.8
317 513.0	548.6	157.6	58.3
453 590.0	548.6	168.1	62.2
680 385.0	548.6	180.8	67.8
907 180.0	548.6	190.4	70.5

续表

推进剂量/kg	居民建筑物距离或公用道路距离/m		内部距离④/m
	无防护②	有防护③	
1 360 700.0	548.6	204.7	75.8
2 267 950.0	548.6	224.2	83.0
3 175 130.0	548.6	237.9	88.0
4 535 900.0⑤	548.6	253.3	93.7

① 肼类燃料指肼、肼-70、混肼-50、甲基肼,但不包括偏二甲肼。应采取有切实措施防止氢或肼与相邻氧化剂发生泄漏或溢出事故的相互混合。

② 无防护屏障,发生气相爆炸时,对贮罐或设备爆炸碎片抛掷提供适度防护所必需的距离。$Q \leqslant 4\ 535.9$ kg, $D = 182.9$ m; $4\ 535.9 < Q \leqslant 120\ 201.4$ kg, $D = 11.11\ Q^{1/3}$; $Q > 120\ 201.4$ kg, $D = 548.6$ m; 183.9 m $\leqslant D < 548.2$ m, $Q = (D/11.11)^3$。

③ 有防护是指利用地形、隔墙、拦网或其他方法保护居民建筑物等免受冲击波和碎片影响。距离是根据美国内政部矿物局报告 5707 和在 1% 水蒸气曲线上 $2\ \text{Cal/cm}^2$ 数据的外推值得到的居民建筑物距离。

$Q \leqslant 45.4$ kg, $D = 24.4$ m;

$Q < 45.4$ kg, $D = -30.62 + 19.211\ \ln W - 1.767\ 8(\ln W)^2 + 0.112\ 4(\ln W)^3$;

$D \leqslant 24.4$ m, $W = \exp[122.38 - 108.809\ 4(\ln D) + 35.551\ 7(\ln D)^2 -$

$\qquad 4.905\ 5(\ln D)^3 + 0.253\ 43(\ln D)^4]$

④ 内部距离适用于相邻相容性类别(LB 和 LC)贮存,是有防护距离的 37.5%;对相邻不相容类别贮存,应按居民建筑物"无防护"这一栏对应的距离。

⑤ 超过 453 590 kg,就要用美国内政部务局报道的数据进行外推,然而这些数据外推出来的数据必须得到独立的计算和相似现象知识的证实验证。

　　液体推进剂贮存场地与建筑物、公路和铁路之间的安全间隔距离,不仅与贮存危险性类别有关,而且随贮存数量增大而增大。

3.6.4　贮存和操作危险场所

　　按气体爆炸危险性场所分区,分为通常可出现爆炸性混合物的 0 区(原 Q-1 级)和偶然可出现爆炸性混合物的 1 区(原 Q-2 级)以及不会出现爆炸性混合物的 2 区(原 Q-3 级)。火箭燃料贮存区和操作区属于 1 区。

　　按火灾危险性场所分区，分为可燃液体的 21 区（原 H－1 级）和粉尘、纤维的 22 区（原 H－2 级）以及可燃固体的 23 区（原 H－3 级）。火箭燃料贮存区和操作区是属于 21 区。

3.7　液体推进剂燃烧和分解性能

3.7.1　燃烧性能

　　在理论性能计算和物化性能测定的基础上，需要进行推进剂的点火（对自燃推进剂，常称为着火）、燃烧与分解试验。点火和燃烧是对双组元推进剂而言的，分解是对单组元推进剂而言的。燃烧与分解试验是评价推进剂使用性能的重要步骤。

　　推进剂点火和燃烧是在火箭发动机中进行的，它们直接影响发动机的性能。推进剂的点火性能是通过着火延迟期来评价。着火延迟期是对自燃推进剂而言的，对非自燃推进剂没有意义。对非自燃双组元推进剂，需要点火源才能燃烧。着火延迟期是从燃料与氧化剂接触或从起动点火装置到发生燃烧的短暂时间。它不是物化常数，随测试条件变化，随温度降低而增大，随压力减小而增大。实验室通常采用落锤冲击法或自主研制的着火延迟期测定仪测定着火延迟期。

　　燃烧性能是指双组元推进剂在火箭发动机中的燃烧特性。研究内容包括双组元推进剂的能量特性（地面和高空的比冲）、燃烧效率、燃烧稳定性、冷却性能、启动和关机特性、非自燃推进剂变为自燃推进剂、缩短着火延迟期、改善燃烧性能和燃烧产物分析等。仅依靠理论来预示推进剂的燃烧性能是困难的，通常需通过燃烧试验来评价推进剂的实际使用性能。推进剂燃烧性能的评价，最好是在实际使用的火箭发动机上进行，但是研制初期，大都采用小型火箭发动机。火箭发动机燃烧试验系统包括燃烧室、气路、液路、控制、测量等系统。

3.7.2　分解性能

分解性能是指单组元推进剂遇催化剂或热的作用而发生分解的特性。单组元推进剂通常用于小推力的姿控发动机或燃气发生器，所以分解性能的评价通常在实际使用的小发动机或燃气发生器上进行。催化分解是单组元推进剂使用的一种主要形式，催化分解性能试验研究内容包括推力室压力状态，冷启动和热启动性，脉冲循环工况和次数，催化剂的活性、强度、载荷和寿命，同时还研究推力室结构状态、催化床初温和杂质对分解性能的影响等。热分解也是单组元推进剂使用的一种形式，它更适用于小脉冲、长寿命推进系统。同时甲基肼和偏二甲肼也可用于电热分解，而它们因含有碳是不适用于催化分解的。但是电热式推进系统的通道和喷嘴直径很小，对推进剂的杂质含量和非挥发性残渣提出更严格的要求。

3.8　液体推进剂毒性、急救和防护

3.8.1　毒性评价指标和卫生标准

液体推进剂毒性大小是通过动物急性中毒试验来比较的。毒性评价指标主要是半数致死剂量（LD_{50}）、半数致死浓度（LC_{50}）、半数死亡时间（LT_{50}）和危险指数（HI）等。几种液体推进剂动物急性中毒指标列于表 3—19。

表中 LD_{50} 为大白鼠灌胃指标，其值越小，毒性越大；LC_{50} 为大白鼠吸入 4 h 指标，其值越小，中毒危险性越大；LT_{50} 为小白鼠吸入 30 ℃饱和蒸气指标，其值越小，中毒危险性越大；HI 定义为25 ℃饱和蒸气浓度被 LC_{50} 除所得之值，其值越大，中毒危险性越大。

液体推进剂的卫生标准是预防人员中毒和保护环境不受污染的重要指标，主要项目有工作区空气中最高容许浓度（MAC）或阈限

值（TLV）、嗅阈值、应急暴露限值（EEL）、居民区空气中的最高
容许浓度、水源水中的最高容许浓度等。几种液体推进剂的卫生标
准列于表 3—20。

表 3—19　几种液体推进剂动物急性中毒指标

推进剂	$LD_{50}/(mg/kg)$	$LC_{50}/10^{-6}$	LT_{50}/s	HI
甲基肼	32.5	74	57	882
肼	60	570	166	33
偏二甲肼	122	252	66	819
二甲代苯胺	610～920			
三乙胺	460	＞1 000		
红烟硝酸		119		3 001
四氧化二氮		170		6 528
过氧化氢		307(8 h 不死)		
硝酸异丙酯	5 000～7 500	＞7 134		

表 3—20　几种液体推进剂卫生标准

推进剂	工作区空气中最高容许浓度/10^{-6}	嗅阈值/10^{-6}	30 min 应急暴露限值/10^{-6}	居民区空气中最高容许浓度/10^{-6}	水源水中最高容许浓度/(mg/L)
肼	0.1	3～4	20	0.015	0.02
偏二甲肼	0.2	0.3～1	50	0.01	0.1
甲基肼	0.04	1～3	7	0.003	0.04
二氧化氮	2.8	0.1～0.5	20	0.07	1
过氧化氢	1.1				
酒精	1 900				
煤油	300～500	0.6～4	850		0.05
三乙胺	100				3
二甲代苯胺	25	2.3～7.6			
硝酸异丙酯	110				
氢	1 000				

3.8.2 毒性分级

化学物质毒性分级依据标准不同，所属级别存在差异。按照《化学物质毒性全书》急性中毒的 LD_{50}、LC_{50} 和体重 60 kg 人经口可能致死量进行分级，可分为 5 级，见表 3—21。

表 3—21 化学物质的急性毒性分级

毒性 分级	大鼠一次经口 $LD_{50}/(\text{ mg/kg})$	6 只大鼠吸入 4 h 死亡 2 只的浓度 $LC_{50}/10^{-6}$	兔涂皮 $LD_{50}/$ (mg/kg)	对人可能致死量总量/ g(60 kg 体重)
剧毒	<1	<10	<5	0.1
高毒	1～<50	10～<100	5～<44	3
中等毒	50～<500	100～<1 000	44～<350	30
低毒	500～<5 000	1 000～<10 000	350～<2 180	250
微毒	≥5 000	≥10 000	≥2 180	≥1 000

液体推进剂按急性毒性分级大体如下：甲基肼为高毒，中等毒的有肼、偏二甲肼、红烟硝酸、四氧化二氮、肼—70、单推—3、混胺—50，低毒的有过氧化氢、煤油、鱼推—3、硝酸异丙酯，微毒的有酒精、液氢和液氧（实际为无毒）。

《剧毒化学品名录》（2002 版）中有关剧毒化学品毒性判定界限为：大鼠试验，经口 $LD_{50} \leqslant 50$ mg/kg，经皮 $LD_{50} \leqslant 200$ mg/kg，吸入 $LC_{50} \leqslant 500 \times 10^{-6}$（气体）或 2.0 mg/L（蒸气）或 0.5 mg/L（尘、雾），经皮 LD_{50} 的试验数据，可参考兔试验数据。依据该标准，无水肼、甲基肼、偏二甲肼、四氧化二氮均属于剧毒化学品。按照《高毒物品目录》，无水肼、甲基肼、偏二甲肼、四氧化二氮均属于高毒物品。按照 GBZ 2.1—2007，偏二甲肼、无水肼属于人体可疑致癌物质。

我国对职业性接触毒物危害程度不是只按急性毒性来分级的，而是按 6 项指标来分的，并且分为 4 级，见表 3—22。

表 3-22　职业性接触毒物危害程度分级依据

指标		分级			
		I（极度危害）	II（高度危害）	III（中度危害）	IV（轻度危害）
急性毒性	吸入 LC_{50}/（mg/m^3）	<200	200~	2 000~	>20 000
	经皮 LD_{50}/（mg/kg）	<100	100~	500~	>2 500
	经口 LD_{50}/（mg/kg）	<25	25~	500~	>5 000
急性中毒发病状况		生产中易发生中毒,后果严重	生产中可发生中毒,预防后良好	偶可发生中毒	迄今未见急性中毒,但有影响
慢性中毒患病状况		患病率高（≥5%）	患病率较高（<5%）或症状发生率高（≥20%）	偶有中毒病例发生或症状发生率较高（≥10%）	无慢性中毒而有慢性影响
慢性中毒后果		脱离接触后,继续进展或不能治愈	脱离接触后,可基本治愈	脱离接触后,可恢复,不致严重后果	脱离接触后,自行恢复,无不良后果
致癌性		人体致癌物	人体可疑致癌物	实验动物致癌物	无致癌性
最高容许浓度/（mg/m^3）		<0.1	0.1~	1.0~	>10

职业性接触毒物危害程度分级原则是依据 6 项指标综合分析、全面权衡而定出级别的,液体推进剂中甲基肼属 I 级极度危害,肼和偏二甲肼属 II 级高度危害。我国还规定了从事有毒作业危害条件分级的技术规则,即有毒作业分级按毒物危害程度级别、有毒作业劳动时间和毒物浓度超标倍数 3 项指标,分为 5 个级别:0 级（安全作业）、一级（轻度危害作业）、二级（中度危害作业）、三级（高度危害作业）、四级（极度危害作业）。液体推进剂大多数属于中度和高度危害作业。

有毒作业分级指数按下式计算

$$C = D \times L \times B \qquad (3-18)$$

式中　C——有毒作业分级指数，见表 3－23；

　　　D——毒物危害程度级别，见表 3－24；

　　　L——有毒作业劳动时间，见表 3－25；

　　　B——毒物浓度超标倍数。

表 3－23　有毒作业分级指数

级别	分级指数 C
0 级（安全作业）	$\leqslant 0$
一级（轻度危害作业）	$0 \sim 6$
二级（中度危害作业）	$6 \sim 24$
三级（高度危害作业）	$24 \sim 96$
四级（极度危害作业）	> 96

表 3－24　毒物危害程度级别

毒物危害程度级别	危害程度级别权数 D
Ⅰ级（极度危害）	8
Ⅱ级（高度危害）	4
Ⅲ级（中度危害）	2
Ⅳ级（轻度危害）	1

表 3－25　有毒作业劳动时间

有毒作业劳动时间/h	有毒作业劳动时间权数 L
$\leqslant 2$	1
$2 \sim 5$	2
> 5	3

毒物浓度超标倍数按下式计算

$$B = \frac{\overline{M_c}}{M_s} - 1 \qquad\qquad (3-19)$$

式中　$\overline{M_c}$——测定的毒物浓度均值，mg/m^3；

　　　　M_s——毒物的最高容许浓度，mg/m^3。

如果$\dfrac{\overline{M_c}}{M_s} = 1$，2，3，4，5，则$B = 0$，1，2，3，4。

毒物蒸气浓度常用C_{ppm}（10^{-6}）或C_{mg/m^3}表示，它们相互换算的公式如下

$$C_{ppm} = C_{mg/m^3} \times \frac{24.45}{M} \qquad\qquad (3-20)$$

$$C_{mg/m^3} = C_{ppm} \times \frac{M}{24.45} \qquad\qquad (3-21)$$

式中　M——毒物相对分子质量。

根据液体推进剂 25 ℃时的饱和蒸气压（P，以大气压计）可按式（3-22）计算推进剂蒸气浓度C_{ppm}

$$C_{ppm} = \frac{22.4 \times 10^6 \times P_{蒸气压}}{0.082 \times 298 \times 760} \qquad\qquad (3-22)$$

3.8.3　中毒途径

液体推进剂进入人体引起中毒有 3 条途径：一是吸入推进剂蒸气，这是职业中毒的主要途径；二是皮肤沾染推进剂，通过渗透作用引起吸收中毒，这也是职业中毒的途径之一；三是误服或喷溅吞入推进剂，通过消化道引起吸收中毒，这是偶尔才会发生的中毒事故。

3.8.4　毒理

3.8.4.1　肼类燃料的毒理

偏二甲肼和甲基肼对中枢神经系统具有兴奋作用。

偏二甲肼和甲基肼中毒不损伤肝脏，肼能损伤肝脏。

甲基肼中毒能引起可逆性溶血性贫血，肼和偏二甲肼的溶血作用远比甲基肼弱。

肼和甲基肼中毒可引起肾损伤，偏二甲肼对肾无明显影响。

偏二甲肼、甲基肼、肼对心血管循环系统机能无特异影响。

高浓度偏二甲肼、甲基肼、肼蒸气对眼、呼吸道有刺激作用，肼蒸气刺激作用更明显。

偏二甲肼、甲基肼、肼对动物有致癌作用，其中偏二甲肼和肼是人体可能致癌物。

从中毒途径来看，偏二甲肼、甲基肼、肼毒性危险性大小比较如下。

1）吸入急性中毒危险性：甲基肼最大，偏二甲肼次之，肼最小。

2）皮肤染毒吸收急性中毒危险性：甲基肼最大，肼次之，偏二甲肼最小。

3）口服急性中毒危险性：甲基肼最大，肼次之，偏二甲肼最小。

4）慢性（蓄积）中毒危险性：肼最大，甲基肼次之，偏二甲肼最小。

3.8.4.2　硝基氧化剂的毒理

硝基氧化剂主要通过呼吸道吸入中毒，它损伤呼吸道，引起肺水肿和化学损伤性肺炎。

3.8.5　急救方法

不同的液体推进剂急性中毒后的救治方法是不同的，在现场条件下，根据中毒途径，采取相应的方法。急救的一般原则如下。

1）发生事故时，除参加抢救、灭火、医护的人员外，其他人员一律撤离染毒区。

2）吸入中毒的人员，立即离开染毒区，急送医院治疗。

3）眼内溅入推进剂，立即用水冲洗 15 min，然后就医。

4）皮肤或全身溅上大量推进剂的人员，立即脱去污染衣服并用大量水喷淋。

5）误服推进剂，一般立即进行催吐、洗胃。

6）吸入窒息性气体或高浓度蒸气引起呼吸停止，一般立即进行人工呼吸或正压给氧。

总之，迅速急救是关键。急性中毒人员，经现场紧急处理后均应尽快送医院救治。

3.8.6　防护

3.8.6.1　液体推进剂防护分级

总装后勤部早在 20 世纪 80 年代就提出了三级防护的概念，目前根据推进剂理化性质、人员所处环境、作业要求、防护装备现状，一般将推进剂防护分为一级防护、二级防护和三级防护。

一级防护，即重型防护，也称全封闭隔绝式防护。用于可能缺氧、危险物性质或浓度不明、危害因数（环境中有害物质浓度与该物质国家职业卫生标准最大允许浓度的比值）大于 100 [如偏二甲肼浓度超过 50 mg/m³（20×10⁻⁶）、四氧化二氮浓度超过 500 mg/m³（280×10⁻⁶）] 的环境，应采用自携式或长管式呼吸器、耐推进剂液体渗透的防护服和手套。采取这种防护方式可有效防护缺氧窒息或推进剂毒气浓度过高造成滤毒罐短时被击穿而引发人员中毒或伤亡，尤其可保障进罐作业人员的生命安全。重型防护的关键是要有独立的清洁气源供人员呼吸。宜采用自携式或长管式呼吸器。皮肤防护装备必须选用耐推进剂液体渗透的防护服和手套，由于作业人员接触推进剂液体的几率很高，选择或研制防护装备时，应以长时间抵御推进剂液体或气体渗透为基本原则。

二级防护，即轻型防护，也称有限防护。用于氧气体积浓度高于 18% 且危害因数小于 100 [如偏二甲肼浓度低于 50 mg/m³（20×10⁻⁶）、四氧化二氮浓度低于 500 mg/m³（280×10⁻⁶）] 的环境，应采用全面罩过滤式防毒面具、耐推进剂液体渗透的防护服和手套。因滤毒罐都有一定的体积和质量限制，切忌无限期或多次重复使用。二级防护主要用于正常情况下直接从事各类推进剂运输、保管、加注、取样和小量推进剂处理时的操作人员。由于存在液体喷溅可能，虽然几率很低，但在防护装具研制或选型时，应以长时间抵御推进剂毒气和短时抵御液体渗透为原则，以尽可能降低人体负荷，增加舒适性。呼吸保护器应选用过滤式防毒面具。可以保证推进剂有毒气体不被人体吸入，而且事故发生后可以迅速逃离现场。

　　三级防护，也称一般防护。用于危害因数小于 10〔如偏二甲肼浓度低于 5 mg/m³（2×10^{-6}）、四氧化二氮浓度低于 50 mg/m³（28×10^{-6}）〕的环境，宜使用半面罩过滤式防毒面具、穿透气式防护服。这种防护只能用于进入推进剂作业现场规定危险区（作业点周边 3 km 范围），但不需采取一、二级安全防护的其他所有人员。

3.8.6.2　防护装备选型原则

　　防护装备分集体防护装备和个体防护装备两大类，两者同时实施，相互补充。液体推进剂作业中最常用的是呼吸防护装备和皮肤防护装备两大类。液体推进剂对皮肤的伤害主要是通过与皮肤的直接接触，引起中毒、化学灼伤、低温冻伤和对皮肤的刺激作用。2004 年开始，总装备部后勤部组织成功研制了液体推进剂专用防护服和防护手套，如 XYF－1 型硝基氧化剂隔绝式防护服、JRF－1 型肼类燃料隔绝式防护服、红烟硝酸专用防护服及防护手套等。我国于 2002 年颁布了《呼吸防护用品的选择、使用与维护》（GB/T 18664－2002），用于规范呼吸防护装备的选型和维护。在没有呼吸防护的情况下，不允许任何人暴露在危害或可能危害健康的环境中。

　　选择呼吸防护装备时首先要进行危害因数评价，根据环境危害因数大小选择正确的防护装备，选用的防护装备的防护因数不得小于使用环境的危害因数。当危害因数大于 1 时，进入该环境必须使用呼吸防护装备；非立即威胁生命和健康环境的防护应选择防护因子大于危害因数的呼吸防护装备；立即威胁生命和健康环境的防护必须配备全面罩正压携气式呼吸器，其防护因子大于 1 000。同时配备适合的辅助逃生呼吸器，但不得单独使用逃生呼吸器作业。

3.8.6.3　呼吸防护装备的使用

　　1）使用前应检查各部件是否齐全完好，有无破损生锈、连接部位是否漏气等。

2）空气呼吸器使用的压缩空气瓶，绝对不允许用于充氧气。所用气瓶应按压力容器规定定期进行耐压试验，凡已超过有效期的气瓶，在使用前必须经耐压试验合格后才能充气。

3）橡胶制品经过一段时间会自然老化而失去弹性，因而影响防毒面具的气密性。一般说，面罩和导气管每 2 年应进行更新，呼气阀每 6 个月至 1 年应更换一次。若不经常使用而保管妥善时，面罩和呼气管可 3 年更换一次，呼气阀每年更换一次。

4）呼吸器不用时应装入箱内，避免阳光照射，温度不高于40 ℃。存放位置固定，方便紧急情况时取用。

5）使用的呼吸器除日常现场检查外，应每 3 个月（使用频繁时，可少于 1 个月）进行一次检查。

6）作业中存在可以预见的紧急危险时，须两人同时备有适合的护具和应急逃生自救器才能进入危险区。

7）有爆炸性危险作业不能用氧气呼吸器。

8）使用面具前应预先刮净胡须，不能将头发夹在面罩与面部皮肤之间，以防泄漏。

9）患有心肺疾病者不宜选用呼吸阻力较大的呼吸器，可用正压供气式呼吸器。

10）使用者用防毒呼吸器感觉空气污染味道或刺激性时应立即更换，其他有害气体，按照有毒气体浓度、作业时间及滤毒罐大小来估算使用时间。

3.8.6.4　防护措施

为了预防液体推进剂引起中毒，凡是接触大量推进剂的人员，在其工作场所必须备有下列安全措施。

1）各种个人防护用品，包括防护服、防毒面具（过滤式和供氧式、长管式）、防护手套、高统靴等。

2）安全淋浴。

3）洗眼喷泉。

4）急救药箱。

5）侦检和报警仪。

3.9　液体推进剂污染、监测和治理

3.9.1　液体推进剂对环境的污染

液体推进剂对环境的污染，一是其蒸气或燃气对大气的污染，二是其废液和污水对水质的污染。

大气污染源主要来自以下4个方面。

1）火箭发动机地面试车和火箭发射时排出的大量燃烧产物，这是最大的污染源。

2）容器、贮箱排出增压气体和管道吹除时带有不少推进剂蒸气。

3）推进剂在生产、贮存、运输、转注过程中，容器、贮箱、贮罐、槽车及其连接件或阀门等密封不良，造成蒸气逸出和液体滴漏。

4）一旦发生泄漏事故，造成大气严重污染。

水质污染源主要来自以下4个方面。

1）火箭发动机地面试验结束时的断流水和火箭发射时的冷却水，都产生推进剂污水。

2）槽车、贮罐、管道和阀门件洗消产生的推进剂污水。

3）冲洗污染的场地、物品、试车后的发动机等，都会产生推进剂污水。

4）处理泄漏事故和废液时会产生大量推进剂污水。

环境污染不仅对人有害，而且对动植物和地下水都有影响。

3.9.2　液体推进剂污染的监测

液体推进剂污染监测项目应根据推进剂用量大小、使用频度、毒性高低和对环境污染的严重程度等进行选择。选择那些毒性高、

使用量大、使用频度高、对环境的污染相对比较严重的推进剂组分、降解产物和燃气成分作为检测的主要项目。监测方法应符合灵敏度高、选择性好、稳定性好和操作简便快速等要求。

3.9.3　液体推进剂污染的治理

液体推进剂污染治理的方法很多，但就治理方法的原理可分为化学治理法、物理治理法和生物治理法。

化学治理法是依据污染物的性质，如酸性、碱性、氧化性、还原性和可燃性等，采用相对应的化学药品进行酸碱中和反应、离子交换法、催化氧化法、氧化还原反应和焚烧处理。

物理治理法是依据吸收、吸附、萃取、稀释、冷凝等原理，采用吸收法、固体吸附、空气稀释、冷冻回收等方法进行处理。

生物治理法是利用好氧细菌或厌氧细菌等微生物来处理有机物污水的方法。还有用水风信子水生植物来吸收污水中可溶性含氮化合物，以达到处理污水的目的。

液体推进剂污水经处理后符合液体推进剂水污染排放标准表3—26要求才可排放。

表 3—26　液体推进剂水污染排放标准

水污染物	排放最高容许浓度/(mg/L)
肼	0.1
甲基肼	0.2
偏二甲肼	0.5
三乙胺	10.0
煤油	10.0

氮氧化物废气经处理后符合氮氧化物废气排放标准表3—27要求才可排放。

表 3-27 氮氧化物废气排放标准

| 最高允许排放浓度/ | 最高允许排放速度/(kg/h) | | | | 无组织排放监控浓度限值 | |
(mg/cm³)	排气筒/m	一级	二级	三级	监控点	浓度/(mg/cm³)
现有污染源大气污染物排放限值						
420	15	0.47	0.91	1.4	无组织排放源上风向设参考点,下风向设监控点	0.15 (监控点与参照点浓度差值)
	20	0.77	1.5	2.3		
	30	2.6	5.1	7.7		
	40	4.6	8.9	14		
	50	7.0	14	21		
	60	9.9	19	29		
	70	14	27	41		
	80	19	37	56		
	90	24	47	72		
	100	31	61	92		
新污染源大气污染物排放限值						
240	15		0.77	1.2	周界外浓度最高点	0.12
	20		1.3	2.0		
	30		4.4	6.6		
	40		7.5	11		
	50		12	18		
	60		16	25		
	70		23	35		
	80		31	47		
	90		40	61		
	100		52	78		

参 考 文 献

[1] 剧毒化学品目录(2002 年版).国家安全生产监督管理局,公安部,国家环境保护总局,卫生部,国家质量监督检验检疫总局,铁道部,交通部,中国民用航空总局 2003 年第 2 号公告.

[2] 职业病目录.卫生部,劳动保障部,(2002)卫法监发 108 号.

[3] 高毒物品目录.卫生部,(2003)卫法监发 42 号.

[4] 危险化学品事故应急救援预案编制导则(单位版).国家安全生产监督管理局,(2004)安监管危化字 43 号.

[5] 危险化学品应急救援培训大纲(试行).国家安全生产应急救援指挥中心.2007 年.

[6] GB 2890—2009 呼吸防护 自吸过滤式防毒面具.

[7] GB 3095—1996 环境空气质量标准.

[8] GB 3536—2008 石油产品闪点和燃点测定法(克利夫兰开口杯法).

[9] GB 3836.1～17 爆炸性气体环境用电气设备.

[10] GB 5044—1985 职业性接触毒物危害程度分级.

[11] GB 5332—2007 可燃液体和气体引燃温度试验方法.

[12] GB 6220—2009 呼吸防护 长管呼吸器.

[13] GB 12331—1990 有毒作业分级.

[14] GB/T 12474—2008 空气中可燃气体爆炸极限测定方法.

[15] GB 14288—1993 可燃气体与易燃液体蒸气最小静电点火能测定方法.

[16] GB 14374—1993 航天推进剂水污染排放标准.

[17] GB 15603—1995 常用化学危险品贮存通则.

[18] GB 16297—1996 大气污染物综合排放标准.

[19] GB/T 16556—2007 自给开路式压缩空气呼吸器.

[20] GB 18058—2000 居住区大气中一甲基肼卫生标准.

[21] GB 18059—2000 居住区大气中偏二甲基肼卫生标准.

[22] GB 18060—2000 居住区大气中肼卫生标准.

[23] GB/T 18664—2002 呼吸防护用品的选择、使用与维护.

[24] GB/T 20097—2006 防护服一般要求.

[25] GB/T 21582—2008 危险品雷管敏感度试验方法.

［26］ GB 21615－2008 危险品 易燃液体闭杯闪点试验方法.

［27］ GB 21616－2008 危险品 易燃液体蒸气压力试验方法.

［28］ GB 21775－2008 闪点的测定 闭杯平衡法.

［29］ GB/T 23465－2009 呼吸防护用品 实用性能评价.

［30］ GB 24539－2009 防护服装 化学防护服通用技术要求.

［31］ GB 24540－2009 防护服装 酸碱类化学品防护服.

［32］ GB 50160－2008 石油化工企业设计防火规范.

［33］ GB/Z 2.1－2007 工作场所有害因素职业接触限值 化学有害因素.

［34］ AQ 6107－2008 化学防护服的选择、使用和维护.

［35］ AQ/T 4208－2010 有害作业场所危害程度分级.

［36］ 劳动部编.工业防爆实用技术手册.辽宁科技出版社,1996.

［37］ 国防科工委后勤部编.火箭推进剂监测防护与污染治理.国防科大出版社,1993.

［38］ JENSEN,ANDREAS V,著.液体推进剂处理、贮存和运输.杨宝贵,译.国防工业出版社,1976 年.

［39］ G·P·萨顿,O·比布拉兹,著.火箭发动机基础(第七版).洪鑫,张宝炯,等,译.科学出版社,2003 年.

［40］ 夏元洵,等,编.化学物质毒性全书.上海科技文献出版社,1991.

［41］ 王建国.液体推进剂急性中毒诊治研究.北京科学技术出版社,2000.

［42］ 陈新华,聂万胜,等.液体推进剂爆炸危害性评估方法及应用.国防科技工业出版社,2005 年.

［43］ 侯瑞琴,等.常规液体推进剂泄漏干粉处理技术研究.中国化学会首届全国火箭推进剂应用技术学术会议,2003,西宁.

［44］ 许国根.液体推进剂泄漏事故风险评估与预测.中国首届全国火箭推进剂应用技术学术会议,2003,西宁.

［45］ 从继信,等.常规液体推进剂泄漏事故与应急救援.中国首届全国火箭推进剂应用技术学术会议,2003,西宁.

［46］ 丛继信,等.火箭推进剂皮肤防护装备研究现状及发展趋势.上海航天.2003,20(6).

［47］ 郑宏建,等.液体推进剂运输中常见事故的处理.上海航天,2002(5).

［48］ 郑治仁.液体推进剂泄漏问题综述.中国航天,1999(3).

［49］ 贾瑛,等.液体推进剂泄漏应急处理.上海航天,2003(1).

［50］　李瑛.液体推进剂贮运设备堵漏技术研究.宇航材料工艺,2002(6).

［51］　郑宏建.液体火箭推进剂贮存技术.上海航天,2001(18).

［52］　ASTM D2539－1993(2001) Standard Test Method for Shock Sensitivity of by Card－Gap Test.

［53］　ASTM D2540－1993(2001) Standard Test Method for Drop－weight Sensitivity of Liquid Monopropellants.

［54］　ASTM D2541－1993(2001) Standard Test Method for Critical Diameter and Detonation Velocity of Liquid Monopropellants.

［55］　AD/A－158115. Hazards of Chemical Rockets and Propellants. VOL. Ⅲ (1984),Liquid Propellant.

［56］　Emergency Response Guidebook(Version 2008).

［57］　AD/A－160951 Hazards of Chemical Rockets and Propellants. Volume 1. Safety, Health, and the Environment.

［58］　DOD 6055.9－STD, DOD Ammunition and Explosives Safety Standards.2008.

［59］　CASRN－Stored List－Known and Suspected Human Carcinogen. 2004.

［60］　NFPA 30－2008 Flammable and Combustible Liquids Code.

第4章 红烟硝酸

4.1 概述

红烟硝酸是指四氧化二氮含量为7%～52%的硝酸。红烟硝酸冰点低、沸点高，是优良的可贮存氧化剂。它与胺类燃料、肼类燃料组成的推进剂组合可自燃，有较大的综合密度。

由于红烟硝酸具有良好的性能，因此国外20世纪60年代和70年代很多战术导弹将其作为氧化剂，苏联地－地导弹如SS－4，SS－5,SS－7等；美国的奈克－阿杰克斯地空导弹、长矛地地战术导弹、小斗犬A空地导弹等均采用红烟硝酸作为氧化剂。国外使用的红烟硝酸种类较多，四氧化二氮含量从14%至44%不等。

我国使用的红烟硝酸四氧化二氮浓度主要为20%与27%，有硝酸20S，硝酸20L及硝酸27S。其中S表示加入磷酸与氢氟酸混合缓蚀剂；L表示只加入磷酸缓蚀剂。

4.2 生产原理

红烟硝酸生产的基本原理与直接合成浓硝酸的方法完全相同，它利用浓硝酸生产的中间产物作为原料，加入一定量缓蚀剂配制而成。生产红烟硝酸的原料配比是根据红烟硝酸的技术规格要求及原料中水分含量及四氧化二氮含量，并考虑不破坏浓硝酸生产的正常工艺条件及经济合理性而决定的。生产四氧化二氮含量小于29%的红烟硝酸，是用冷发烟硝酸与热发烟硝酸混合，加入缓蚀剂并用机械搅拌或泵循环数次使之充分混合而成。

冷发烟硝酸是用氨氧化法将氨气经空气多次氧化成二氧化氮，

用冷的浓硝酸吸收二氧化氮制备而成；热发烟硝酸是用工业液体四氧化二氮与水及氧在高压釜内反应制成；工业液体四氧化二氮制备见本书第 5 章。

4.3 技术规格

表 4-1 列出了红烟硝酸美军标的技术规格。美军常用的红烟硝酸规格为硝酸-14 及硝酸-44。其缓蚀剂为氟化氢，含量为 0.7%。

表 4-1 红烟硝酸美军标技术规格

项目名称	ⅢA 型	ⅢB 型	ⅢS 型	Ⅳ 型
硝酸质量分数/%	81.6~84.9	81.7~84.9	83.7~86.4	52.7~57.4
NO_2 质量分数/%	14±1	14±1	14±1	44±2
HF 质量分数/%	0.7±0.1	0.7±0.1	0.7±0.1	0.7±0.1
H_2O 质量分数/%	1.5~2.5	1.5~2.5	≤0.5	≤0.5
Fe_2O_3 质量分数/%			≤0.001 5	≤0.002
灼烧残渣（以硝酸盐计）质量分数/%	≤0.1	≤0.04	≤0.04	≤0.04
密度[15.6 ℃/(g/cm³)]	1.564~1.575	1.564~1.575	1.572~1.582	1.642~1.652

4.4 物理化学性质

4.4.1 物理性质

红烟硝酸在常温下是红棕色液体，在空气中冒红棕色烟，即二氧化氮气体，具有强烈刺激性臭味。硝酸 20S，硝酸 20L，硝酸 27S 中的四氧化二氮，实际上是二氧化氮和四氧化二氮的平衡混合物

$$2NO_2 \rightleftharpoons N_2O_4 + 58.2 \text{ kJ}$$

表 4-2 列出 2 种红烟硝酸的主要物理参数。可看出不同四氧化二氮含量的变化趋势。实际上，四氧化二氮含量达 52% 时常温下就分层，产生两层液相，限制了红烟硝酸中不断增加四氧化二氮含量

的可能性。

表 4-2　2 种红烟硝酸的主要物理参数

名称	硝酸 20	硝酸 27
相对分子量	63.84	66.14
凝固点/℃	$\leqslant-50$	$\leqslant-50$
沸点/℃	48	46
密度（20 ℃）/（g/cm³）	1.589	1.605 0
饱和蒸气压（20 ℃）/Pa	150.0	214.0
粘度（20 ℃）/（mPa·s）	1.68	2.09
表面张力/（×10³ N/m）	46.90	47.4
热膨胀系数（20～30 ℃）/（×10⁻⁵℃⁻¹）	108	106
电导率（0 ℃）/（Ω·m）⁻¹	1.34×10^{-3}	—
导热率/［J/（m·s·K）］	0.386	0.364
压缩系数/［（g/cm²）⁻¹×10⁻³］	—	50
汽化热（20 ℃）/（×10³ J/kg）	572.782	609.21
比热（20 ℃）/（×10³ J/kg）	1.863	1.913

　　红烟硝酸的各种物理性质显示了液体中存在离子平衡。通过雷曼光谱、冰点、电导等的测定可以表明有如下的平衡存在

$$2HNO_3 \rightleftharpoons NO_2^+ + NO_3^- + H_2O$$

$$2NO_2 \rightleftharpoons N_2O_4 \rightleftharpoons NO^+ + NO_3^-$$

$$2HNO_3 + NO_3^- \rightleftharpoons NO_3(HNO_3)_2^-$$

4.4.2　化学性质

4.4.2.1　化学稳定性

　　红烟硝酸具有较强的氧化性和酸性。与白烟硝酸相比，红烟硝酸热稳定性较好，在 50 ℃下贮存不发生分解，故可密闭贮存；在 50 ℃以上会分解，分解速度随温度升高而加快，其分解反应式如下

$$2HNO_3 \rightleftharpoons 2NO_2 + H_2O + \frac{1}{2}O_2$$

反应产生的二氧化氮是 $2NO_2 \rightleftharpoons N_2O_4$ 的平衡混合物。由以上反应式看出,增加四氧化二氮含量或水分,可以降低硝酸分解速度。由于增加水分会降低硝酸与燃料组合的比冲,而增加四氧化二氮却可增加比冲,又可以提高硝酸的热稳定性,这就是要增加红烟硝酸中四氧化二氮含量的原因。

4.4.2.2　中和反应

碱性物质都可以和红烟硝酸发生反应,由于反应中放热,逸出大量的四氧化二氮;四氧化二氮与碱性物质反应,可产生有毒的亚硝酸盐。故在中和处理红烟硝酸废液时,应先将红烟硝酸用水稀释,使四氧化二氮与水作用生成不稳定的亚硝酸,接着分解成硝酸。稀释红烟硝酸过程中还可以使四氧化二氮氧化成硝酸,反应式如下

$$N_2O_4 + H_2O \longrightarrow HNO_3 + HNO_2$$
$$3HNO_2 \longrightarrow HNO_3 + 2NO + H_2O$$
$$2NO + O_2 \longrightarrow 2NO_2$$

红烟硝酸若与浓氨水进行中和反应,由于产生高热,有引起火灾危险;如用稀氨水中和,又会产生易分解的硝酸铵,故不宜用氨水处理红烟硝酸废液。

红烟硝酸在常温下易与多数金属反应,由于反应条件不同,生成产物一般也不同,但通常会生成硝酸盐、金属氧化物、二氧化氮与水。

4.4.2.3　取代反应

红烟硝酸和浓硝酸一样,可与很多有机物发生取代反应,使有机物被硝化,如与甘油、纤维素作用,生成硝化甘油及硝化纤维。

4.4.2.4　与燃料的着火性能

红烟硝酸与肼类、胺类的推进剂能快速自燃,如与偏二甲肼在常温下着火延迟期不大于 5 ms;与混胺－50 在常温下着火延迟期不大于 30 ms。硝酸 27 与偏二甲肼组合的化学活性,比硝酸 20 与偏二甲肼组合稍高,但相差不大,用同一台发动机试验研究表明,二者燃烧稳定性是相同的。

4.5　安全性能

4.5.1　着火和爆炸危险性

红烟硝酸在常温下很稳定，对冲击、压缩、振动、摩擦都不敏感，不会被 $8^{\#}$ 雷管引爆。

红烟硝酸能使木材、沥青、纸、棉布、干草、毛皮等固体有机物硝化，使之变质，如漂白、变硬或变软、强度降低，甚至起火。红烟硝酸与酒精、甲醇、丙酮、苯、汽油、煤油等有机物作用也放出热量。红烟硝酸蒸气（主要是二氧化氮）与液体燃料或其蒸气相遇会自燃，数据见表 4－3 肼类燃料与二氧化氮－空气混合物的自燃温度及表 4－4 肼类燃料蒸气与二氧化氮－空气混合物的自燃温度。

表 4－3　肼类燃料与二氧化氮－空气混合物的自燃温度

燃料　　　二氧化氮体积分数 / %　自燃温度 / ℃	9	10	11	12	15
甲基肼温度 0 ℃	53	36	25	18	12
甲基肼温度 36 ℃	19	15	12	9	
偏二甲肼温度 0 ℃	76	53	35	22	
偏二甲肼温度 36 ℃	20	14	10	8	

表 4－4　肼类燃料蒸气与二氧化氮－空气混合物的自燃温度

燃料	二氧化氮体积分数 / %　　燃料体积分数 / %　自燃温度 / ℃	3	5	6.8	8	10
偏二甲肼	100	148	109	60	37	
	50	180	136	103	87	80
	10	213	172	155	152	150
甲基肼	100	128	78	60	59	58
	50	128	95	82	80	80
	10		139	112	99	93

4.5.2　防火防爆措施

4.5.2.1　预防措施

1）将红烟硝酸贮存场所温度严格控制在 50 ℃以下，贮存容器应安装相应规格的安全阀，以防止在高温贮存条件下发生红烟硝酸受热分解，使容器内压力升高，超过容器设计压力而发生破裂，导致红烟硝酸泄漏。

2）红烟硝酸贮存场所禁止存放燃料、易燃物品及其他杂物。

3）红烟硝酸贮存场所应保持良好通风。

4.5.2.2　灭火方法

扑灭红烟硝酸助燃的火灾比扑灭空气助燃的火灾更加困难，最好采用细密水雾或泡沫灭火剂。若火势不大，可用干粉灭火器、细砂土、二氧化碳灭火器扑灭。

4.6　材料相容性

4.6.1　缓蚀剂概述

缓蚀剂的作用是改善红烟硝酸对金属材料的腐蚀性。目前我国广泛用作红烟硝酸缓蚀剂主要有磷酸（H_3PO_4），及磷酸与氟化氢（HF）的混合物。

以磷酸作为缓蚀剂的硝酸 20 L，从使用经验得出，铝制容器易受严重的腐蚀，在容器底部积聚大量的沉淀物质。在硝酸 27 中加入 0.8％的磷酸能使不锈钢 1Cr18Ni9Ti 腐蚀受到最大可能的抑制。当磷酸含量超过 1％时缓蚀效果有逐渐下降的趋势。磷酸的加入还降低了红烟硝酸的理论比冲。

在红烟硝酸中加入氟化氢能使对材料的腐蚀作用大为抑制。在硝酸 27 中加入 0.4％的氟化氢，能使铝合金的腐蚀减小；可是对不锈钢的缓蚀效果不如对铝合金的效果好。加入氟化氢对比冲的影响比磷酸小，且缓蚀效果比磷酸好，显然，氟化氢是一种较为理想的缓蚀剂。但氟化氢易从红烟硝酸中逸出，在高温环境下以及推进剂多次转移等操作过程中表现的尤为明显。以磷酸－氟化氢为缓蚀剂的硝酸 20 S 对铝合金的腐蚀作用要比硝酸 20 L 小得多，硝酸 27 采用磷酸－氟化氢混合缓蚀剂，其缓蚀性能比磷酸好得多。同时它消除了单独使用氟化氢的缺陷。目前，我国以磷酸－氟化氢为缓蚀剂的硝酸 20 S 和硝酸 27 S 已得到广泛应用。

4.6.2　与金属材料相容性

红烟硝酸对金属的腐蚀，实际上是化学腐蚀和电化学腐蚀同时作用的结果。表 4－5 列出了红烟硝酸与金属材料的相容性。

表 4－5　红烟硝酸与金属材料的相容性

材料名称			试验条件		相容性级别
类别	新牌号	旧牌号	温度/℃	状态	
铝及其合金	1050	L3M	20～30	液相	1
	1053	L4M		液相	1
	5A02	LF2		液相	1
		LF3M	55	液相	1
	5A05	LF5	20～30	液相	1
	2A11	LY11	20～30	液相	1
		LF6M	50	气、液相	1
		LF6Y	20～30	气、液相	1
	5A01	LF6	20～30	气、液相	1
		LD5	50	液相	1
	2A50 阳极化	LD5 阳极化	50	液相	1
	7A04	LC4	50	液相	1
	7A04 阳极化	LC4 阳极化	50	液相	1
		ZL－201	50	气、液相	2
		ZL－104	50	气、液相	1
		ZL－102	室温	液相	1
		ZL－302	室温	液相	2

续表

类别	材料名称	试验条件		相容性
	牌号	温度/℃	状态	级别
不锈钢	1Cr18Ni9Ti	50	气、液相	1
	GX-2	50	气、液相	1
	1Cr21Ni5Ti	50	气、液相	1
	1Cr21Ni5Ti 抛光	50	气、液相	1
	1Cr21Ni5Ti 电抛光	50	气、液相	1
	Cr18	50	气、液相	1
	Cr17Ni2	70	气、液相	1
	4Cr13	50	气、液相	1
	因康镍	70	气、液相	1
包铝	Al-LF6M-Al	50	气、液相	1
	Al-LF6Y-Al	50	气、液相	1
接触	LF6M-1Cr21Ni5Ti	50	气、液相	1
	LF6M-GX-2	50	气、液相	1
	LF6M-1Cr18Ni9Ti	50	气、液相	1
	LF6Y-1Cr18Ni9Ti	50	气、液相	1
	GX-2-1Cr21Ni5Ti	50	气、液相	1
焊接	LF6M-LF6M	50	气、液相	1
	1Cr21	50	气、液相	1

国外学者系统地研究了钛和钛合金在红烟硝酸中的腐蚀性。钛和钛合金在含有氟化氢的红烟硝酸中的腐蚀比不含氟化氢的红烟硝酸腐蚀快,钛和钛合金不适于作为红烟硝酸的贮存容器。许多学者甚至认为钛和钛合金与红烟硝酸接触存在着发生爆炸的危险。

4.6.3 红烟硝酸中的水分对金属腐蚀速率的影响

随着红烟硝酸中水分的增加,对不锈钢和铝合金的腐蚀速率都迅速增大。

当红烟硝酸中含水体积分数为 1%～2%时，对铝合金的气相腐蚀速率增大。含水体积分数为 50%～97.5%的硝酸对铝合金的腐蚀速率比合格的红烟硝酸高一万倍以上。其中以含水体积分数为 67.5%的硝酸为最严重，见表4－6及表 4－7。

表 4－6　铝合金在含水体积分数为 67.5%的红烟硝酸中的腐蚀速率

铝合金牌号	腐蚀速率[①]/（mm/a）
5A03	204.1
LF6M（旧牌号）	288.4
LF6Y（旧牌号）	340.2

① 试验条件为 6 h，25 ℃。

表 4－7　铝合金在不同含水体积分数的红烟硝酸中的腐蚀速率

水分体积分数/%	腐蚀速率[①]/（mm/a）	
	LF3M	LF6M
合格	0.004	0.004
16	0.324	0.162
33		0.74
50	19.36	28.08
67.5	204.1	288.4
80	156.6	205.2
87.5	94.5	
91.1	70.2	86.94
97.5	10.07	15.12
99.5	1.728	1.674

① 试验条件为 6 h，25 ℃。

1Cr21Ni9Ti 不锈钢在含水体积分数为 2%以上的红烟硝酸中的腐蚀速率显著增加，其中以含水体积分数为 40%～60%的最严重，见表4－8。

表 4—8　不锈钢在红烟硝酸水溶液中的腐蚀速率

含水体积分数/%	1	2	5	10	15	20	30	40	50	60
腐蚀速率/（mm/a）	0.012	0.144	0.275	0.410	0.206	0.319	0.697	3.249	4.623	4.250

　　红烟硝酸的含水体积分数对铝合金、不锈钢等金属材料的腐蚀速率有明显影响，当水分增加到一定值时，原来相容的金属材料也不相容了。故在红烟硝酸贮存、转注和使用过程中，特别是在清洗贮箱、贮罐、管道、阀门等设备时，应注意避免含水体积分数过高的红烟硝酸长时间接触上述设备。应迅速用大量水快速冲洗设备至中性、并进行干燥、防止有稀硝酸存在而损坏设备。

4.6.4　红烟硝酸和非金属材料的相容性

　　红烟硝酸添加何种缓蚀剂以及四氧化二氮含量的多少对红烟硝酸与非金属材料的相容性关系不大。

　　红烟硝酸与氟塑料（如 F—4，F—3，F—46 等）能很好相容；与全氟烷基乙烯基醚、亚硝基氟橡胶、2001 橡胶、9046 橡胶等都可以短期使用。

　　和红烟硝酸相容的润滑脂包括 7802（全氟白油加全氟地腊），7804，7805（均为全氟聚醚加聚四氟乙烯粉）和 8 号油膏（聚三氯乙烯粉加液态聚三氟氯乙烯）、7161（甲基硅油加发烟硅胶）可以短期使用。

　　磷酸铝玻璃能与红烟硝酸相容。普通玻璃、陶瓷和石英制品因红烟硝酸中含有氢氟酸，容易被严重腐蚀，应避免使用。红烟硝酸与非金属材料的相容性见表 4—9。

表 4-9　红烟硝酸与非金属材料的相容性

材料		相容性
类别	名称或牌号	级别
塑料	聚四氟乙烯（F-4）	1
	聚三氟氯乙烯（F-3）	1
	F-46	1
	聚乙烯	2
	聚乙烯与聚异丁烯共聚物	2
	全氟烷基乙烯基醚	3
	聚氯乙烯	4
	氯化聚醚	3
	氯化聚醚加碳纤维	3
橡胶	乙丙橡胶	4
	石棉橡胶板	4
	1403（丁基橡胶）	4
	B-14	4
	2001（9045）	2
	3307（9103）	4
	3308（9104）	4
	2204（9035）	4
	氟胶 26-41	4
	氟胶 23-11	4
	亚硝基氟橡胶	3
润滑脂	7804	1
	7805	1
	7802	1
	7161	2
	8 号油膏	1
	205 油膏	4

续表

材料		相容性
类别	名称或牌号	级别
涂料	聚三氟氯乙烯（F—3）	1
	F—46	1
玻璃	磷酸铝玻璃	2
	普通玻璃	4
	普通陶瓷	4
	石英制品	4
	氮化硅	1

4.7　毒性、急救和防护

4.7.1　毒性

红烟硝酸属于中等毒性，主要通过呼吸道吸入中毒。损伤呼吸道，引起肺水肿和化学性肺炎。由于氮氧化物在水中溶解较慢，可达下呼吸道，引起细支气管及肺泡上皮组织广泛性损伤，易并发细支气管闭塞症。

红烟硝酸可腐蚀皮肤、粘膜、牙釉质和眼，引起局部化学性烧伤。

大白鼠吸入红烟硝酸 30 min 的 LC_{50} 为 138×10^{-6}；吸入二氧化氮 30 min 的 LC_{50} 为 174×10^{-6}。亚急性和慢性吸入二氧化氮，主要损伤肺，易并发感染，还可损伤血液形成高铁血红蛋白。

人对二氧化氮的毒性反应如下。5×10^{-6} 吸入 5 min，无明显作用；25×10^{-6} 吸入 5 min，鼻、胸部不适，肺功能改变；100×10^{-6} 吸入，明显刺激喉部，引起咳嗽；$300 \times 10^{-6} \sim 400 \times 10^{-6}$ 吸入数分钟，可患支气管炎、肺炎而死亡；500×10^{-6} 吸入数分钟，可因肺水肿致死。长期接触 $2 \times 10^{-6} \sim 5 \times 10^{-6}$，出现慢性呼吸道炎症。

4.7.1.1　中毒途径

主要通过呼吸道吸入二氧化氮引起中毒，损伤呼吸道、引起肺水肿或化学性烧伤肺炎。红烟硝酸液体溅到皮肤或眼睛，若不及时冲洗，会引起皮肤严重化学烧伤和眼睛失明。

4.7.1.2　中毒症状

（1）毒理

① 呼吸道病变

氮氧化物的作用可达呼吸道深处，溶解在饱和水蒸气或肺泡表面的液体中，形成硝酸和亚硝酸，刺激并腐蚀肺上皮细胞及肺毛细血管壁，使毛细血管通透性增加，血液内大量液体成分渗出到肺泡间隙及肺泡囊中，形成肺水肿。

② 呼吸道慢性炎症

长期吸入氮氧化物，使支气管和细支气管上皮纤毛脱落，粘液分泌减少，肺泡吞噬细胞能力降低，使机体对内源性或外源性病原体易感性增加，抵抗力降低，呼吸道慢性感染发病率明显增加。

③ 高铁血红蛋白生成

氮氧化物和硝酸通过各种途径进入体内，均可使机体血红蛋白变成高铁血红蛋白。体内高铁血红蛋白含量达 15％ 以上时，即出现紫绀。饮水或食物中含硝酸盐或亚硝酸盐过多，可致高铁血红蛋白症。

（2）其他毒理作用

亚硝酸盐对血管有扩张作用，引起降压反应、心悸、面色潮红，严重者可致虚脱。

（3）中毒症状

① 急性吸入中毒症状

1）黄痰、鼻腔流泡沫状液体、呼吸困难、咳嗽、胸痛及胸骨后紧束感。

2）紫绀、巧克力血样、心跳加快、血压变化、血浓缩、动脉血气体分压及酸碱度发生变化，血液中高铁血红蛋白含量升高，导致紫绀。

② 急性肺水肿和化学性肺炎

急性肺水肿常伴有化学性肺炎，其发病过程如下。

1）刺激期。二氧化氮浓度较高，接触时有眼、鼻、咽喉刺激性症状。流泪、眨眼、流涕，甚至由于痉挛性阵咳而引起呕吐。

2）潜伏期。脱离接触后，刺激症装缓解或消失，即进入潜伏期。潜伏期通常为数小时，最长不超过 24 h。潜伏期长短与吸入量、吸入后机体活动情况有关，并影响愈后。在潜伏期，多数人无明显症状，但病变还在发展，少数人有轻微症状，如头昏、无力、烦躁、失眠、食欲减退等。

3）肺水肿发作期。首先出现严重呼吸困难，伴有胸闷、胸痛、咳嗽、多痰，痰可呈柠檬黄或粉红色。脉搏加快，体温升高，面色绀，血压开始升高。随着病情的发展，肺通气换气功能损害加剧，缺氧情况愈来愈重，引起脑及心肌受损，出现呼吸循环进行性衰竭、冷汗、面色苍白、血压下降、神志不清，甚至昏迷而死亡。

4）恢复期。中度肺水肿一般在 24 h 内，有的在 48 h 内症状好转，进入恢复期，经一周左右可基本痊愈。重度肺水肿经积极救治后，症状逐渐好转，但恢复较慢，需经半月至 1 月才能痊愈。

③ 慢性中毒症状

慢性二氧化氮中毒，表现为一般神经衰弱症候群。失眠、头痛、头晕、全身无力、面色苍白、食欲不良、体重减轻。血液内有少量高铁血红蛋白。有时红细胞增多，轻度溶血。眼及上呼吸道有慢性炎症，牙釉被腐蚀，易动摇脱落，也易患肺炎。

4.7.2　急救

1）染毒人员撤离现场，给氧或进行人工呼吸，卧床休息，避免一切消耗体力的活动。严密观察 48 h，注意肺水肿的发生与发展。

2）曾在染毒区停留（100×10^{-6} 以上染毒区停留达半小时）者，无论发生肺水肿与否，均应进行 48 h 医学观察。

3）高铁血红蛋白饱和度超过 20%～40% 时，可用维生素 C1 g 或 1% 美兰 5 ml 加 5% 葡萄糖 20 ml，缓慢静注。

4）对肺水肿患者的处理原则为早期用脱水剂脱水，用 1% 的二甲基硅酮雾化吸入消泡，供氧，强心，控制并发感染，维持水电解质平衡及其他对症处理。

5）硝酸或四氧化二氮液滴溅入眼中，必须立即用清水冲洗。

6）较大量的硝酸或四氧化二氮溅到皮肤上，脱去受污染的衣服，用大量清水冲洗受污染的部位至少 10 min。

7）误服硝酸后，喝牛奶、鸡蛋清或大量温开水，催吐。禁用碳酸氢钠溶液，以免与硝酸作用产生大量气体（二氧化碳），引起胃扩张破裂。

4.7.3　卫生标准和预防措施

4.7.3.1　卫生标准

红烟硝酸在水中以氨氮形式存在，依国家标准规定。水中氨氮排放标准值见表 4-10。

表 4-10　水中氨氮排放标准值

项目	1993 年 12 月 1 日前立项项目最高允许排放要求	1993 年 12 月 1 日后立项项目最高允许排放要求	测定方法标准号
氨氮	40	25	GB 7479-1987

工作场所二氧化氮接触容许浓度见表 4-11。

表 4-11　工作场所空气中二氧化氮接触容许浓度

中文名	化学文摘号 (CAS NO.)	职业接触限制	
		时间加权平均容许浓度	短时间接触容许浓度
二氧化氮	10102-44-0	5/(mg/m³)	10/(mg/m³)

大气中二氧化氮浓度限值见表 4—12。

表 4—12　大气中二氧化氮浓度限值

污染物名称	取值时间	浓度限值/(mg/m³)		
		一级标准	二级标准	三级标准
二氧化氮	年平均	0.04	0.04	0.08
	日平均	0.08	0.08	0.12
	一小时平均	0.12	0.12	0.24

4.7.3.2　防护措施

我国自行研制的 MFT 系列防毒面具，专用于肼类燃料及硝酸氧化剂呼吸防护。经过多年研究，新型 MFT—3 防毒面具，具有结构紧凑、外型美观、轻巧、佩戴方便、舒适、适佩率高、呼吸气阻力和漏气系数小的优点，滤毒盒采用优质活性炭和特殊催化剂装填而成，可同时防护两类推进剂，是目前同类简易防毒面罩中最好品种之一。正压式空气呼吸器是一种自给开放式空气呼吸器，广泛用于消防、化工、航天航空等部门作业人员在浓烟、毒气、蒸气或缺氧环境中使用，目前在我国 3 个卫星发射中心使用最多的是 RHZK 型系列产品。

2004 年总装后勤部组织研制了以 26 型氟橡胶和 246 型氟橡胶作为防护服胶布橡胶为涂覆配方的材料，采用该配方生胶（相当于国外 VITON 型氟橡胶）制做的红烟硝酸专用防护服和手套能有效防护红烟硝酸气—液渗透时间超过 150 min，是目前国内防护红烟硝酸性能最好的皮肤防护器材。但也存在低温时面料发硬、装备整体挺性偏大、价格偏高等缺陷。

4.8　贮存、运输和转注

4.8.1　贮存

4.8.1.1　贮存稳定性

红烟硝酸在长期贮存中是否发生变质，关键在于贮存容器是否始终处于良好的密封状态。

试验证明，红烟硝酸在 1Cr18Ni9Ti 不锈钢和 LF3 铝合金的容器（40 L）中密封贮存 7 年后，其四氧化二氮、氢氟酸、磷酸及水分的含量都无明显变化。红烟硝酸在长期贮存过程中若密封不良，空气中水分侵入，则贮存容器和管路系统的气相部分器壁将被腐蚀，产生白色（铝容器）或绿色（不锈钢）沉淀物，在一段时间后，沉淀物会堵塞贮存系统的气相管道或阀门，影响正常使用。由于所产生的粘稠状沉淀物在红烟硝酸液体中很难过滤掉。故红烟硝酸中的灼烧残渣含量是决定其有效贮存期的关键指标。

在完全相同的贮存条件下，经过 9 年贮存后，红烟硝酸的灼烧残渣在 1Cr18Ni9Ti 不锈钢容器中的含量为 0.21%，在 LF3 铝合金容器中的含量为 0.1%。灼烧残渣的含量多少和贮存系统的密封情况是否良好有关。如果红烟硝酸在贮存以前灼烧残渣含量很少，贮存系统密封性很好，则其灼烧残渣含量无明显增加，贮存期达 5 年以上也不会影响使用。反之，如果贮存前红烟硝酸的灼烧残渣含量已相当大，贮存系统密封性又差，贮存环境中空气湿度也大，灼烧残渣含量会迅速增大，造成沉淀物或堵塞加注车滤网，影响转注，或堵塞阀门，使其被卡死。

4.8.1.2　贮存安全要求

1）红烟硝酸在长期贮存中质量是否发生变化，容器系统是否被腐蚀，关键是贮存系统的密封性。故要求贮存系统的法兰、活门或其连接件都应保持良好的密封状态，并应采用聚四乙烯作密封垫片或填料。若发现渗漏处，应迅速排除故障。若法兰、阀门，管道、容器壁渗漏，可用熟石膏或石棉粉与水玻璃调制的糊状物堵死渗漏处。如大量泄漏，故障无法排除时，应迅速转移到其他容器中贮存。

2）应防止阳光直接照射贮存容器或系统，库区应保持干燥，相对湿度最好不大于 85%。

3）库区严禁存入其他无关物品，附近不许放置干草、木柴等易燃物品。

4）库房应设置有效的通信、报警系统，应有充足水源，以供救护、消防、洗消之用。

5）长期贮存时，红烟硝酸装量不得大于容器容积的 90%，不得小于容器容积的 50%。

6）长期贮存过程中，应定期取样化验并记录结果，其有效化验期为 3 个月。为避免空气中水分侵入，应尽量减少开关容器的次数，防止红烟硝酸质量造成影响。

7）库房应经常进行机械通风。

4.8.2　运输安全要求

1）铁路运输按铁道部《铁路危险货物运输规则》执行。

2）运输途中，至少 2 人押运，押运人员应熟悉红烟硝酸性能，掌握预防及处理事故的措施或方法。

3）运输车辆停放时，应远离其他货物，特别是与装有易燃物的车辆分开。

5）严禁燃料和红烟硝酸同车混装。

6）运输车上应备洗消用水、中和液、急救药箱、灭火器和防护用品等。

4.8.3　转注

1）红烟硝酸转注、加注的详细要求，可参阅有关转注、加注设备的技术使用说明书。

2）通常采用泵（泵车、泵站）转注，也可采用氦气或氮气挤压转注。少量转注可采用手摇泵、高位自流等方法。挤压转注时，需缓慢增压。

3）转注或加注的系统必需连接可靠，严格密封，对易漏部位加强局部通风。

4）转注、加注现场必须备有消防、消毒用水、中和液、急救药箱、小型灭火器、防护用品。

5）现场禁放易燃物品，无关人员远离现场。

6）转注、加注设备在使用后应注意密封，防止水分及其他杂质侵入污染。

4.9　清洗、处理和监测

4.9.1　清洗

4.9.1.1　新容器清洗

红烟硝酸使用的贮罐、槽车、贮箱、输送系统设备等，在首次使用前，必须进行脱脂、除锈和钝化。

（1）脱脂

对铝及其合金的设备可用 0.5％氢氧化钠加 0.025％水玻璃溶液浸泡 0.5 h；不锈钢设备用 5％氢氧化钠水溶液浸泡 1 h，再用大量水冲洗。

（2）除锈

不锈钢设备可使用含 2.5％氢氟酸的硝酸（用水稀释至 40％）溶液，浸泡 1 h 以上，除去锈迹和焊缝中的氧化皮（铝及铝合金不用除锈），之后用清水冲洗至中性。

进行上述操作时，会有大量二氧化氮逸出，操作人员应穿戴防护用品进行操作。

（3）钝化

铝及其合金、不锈钢等有关设备零件，都用 40％硝酸水溶液浸泡 1 h 以上，之后用清水冲洗至中性。

（4）干燥

经过脱脂、除锈、钝化的有关设备，必须迅速用氮气或热空气吹干。容器系统组合装配后应密封贮存，有关零部件应装入聚乙烯塑料袋密封保存。

注意，所有脱脂、除锈、钝化操作，一经开始，不许中断！应连续进行直至干燥操作。以免在中断过程中被碱或酸进一步腐蚀。

4.9.1.2　旧容器清洗

红烟硝酸贮罐、贮箱、槽车及有关设备系统，在泄出氧化剂后，若未被污染，可充氮气 0.5 atm 后密封，随时启用，无须清洗。

若发现有关设备已污染或需检修等情况时必须清洗，可用大量水冲洗后再用 50～70 ℃ 5％碳酸钠加 0.5％水玻璃的水溶液清洗 30 min,再用清水清洗至中性，后用酒精擦拭，用干燥空气或热空气吹干。

软管可用 60～70 ℃热水冲洗后再用酒精清洗。若有油污，可用 1％碳酸钠水溶液清洗后再用热水冲洗，用热空气吹干。

4.9.2　处理

4.9.2.1　废气处理

红烟硝酸的废气主要是二氧化氮，不应任意排放，以免污染大气，造成对人和生物的危害，可采用下述方法处理。

（1）液体吸收法

当废气中二氧化氮浓度较大时，可用水、稀硝酸吸收。当废气中二氧化氮浓度仅为 0.5％～0.7％以下时，用水及稀酸的吸收效率太低，可改用 8％氢氧化钠水溶液吸收，可大大提高吸收率。

（2）固体吸附法

许多固体物质如活性炭、硅胶、碱石灰、分子筛、泥炭等都可吸附二氧化氮。用活性炭吸附二氧化氮最有效，但解吸困难，并有着火危险，且不适用于吸附大量高浓度的二氧化氮。

此外，还有催化还原法，二氧化氮经催化剂作用被氨还原成氮气；化学破坏法，当二氧化氮通入尿素水溶液中时，产生放氮反应，产物全是无毒物质。

对于氮氧化物的污染治理技术目前还有液膜法、催化脱除法、高能辐射法和冷冻法等。以上介绍的废气处理方法，各有优缺点，选用时应结合实际情况考虑。

4.9.2.2　废液处理

对废液处理一般有化学中和法、精馏法、焚烧法等。化学中和法是利用红烟硝酸的强酸性，加入碱性化学品进行酸碱中和；对缓蚀剂处理采用加入钙盐，可生成氟化钙及磷酸钙沉淀；对四氧化二氮可采用喷淋洗涤塔处理。有文献介绍采用硝酸镁作脱水剂，通过精馏，回收硝酸和四氧化二氮。回收产物加入一定量缓蚀剂，可配制成符合国军标的红烟硝酸。焚烧法是用红烟硝酸与柴油燃烧达到处理红烟硝酸的作用。

4.9.2.3　污水处理

红烟硝酸污水处理有多种方法。一种方法可用石灰石中和法，将含红烟硝酸的污水流入装有石灰石（$CaCO_3$）的水池中，使其与石灰石反应后，再加漂白粉调节 pH 值到中性即可排放。

此外，还可用离子交换法处理，如用强碱性季胺型阴离子交换树脂，可有效除去酸性污水中的磷酸根、硝酸根、氟离子等。调节污水之 pH 值到 7～8，即达到排放标准。

4.9.3　监测

当前国内外发展的氮氧化物（NO_x，NO_2 及 NO）检测仪器及方法较多，如紫外光谱法、质谱法、电离法、放射化学法、聚核计数法等。

所有监测或检测仪器的测量准确度，除了与仪器设计的合理性有关外，主要还决定于气体取样点的选择及数目，以及周围环境条件的影响（如风速、风向、大气压力和温度）。

4.10　安全使用守则

1）参与红烟硝酸的操作人员应熟悉红烟硝酸的性质，掌握事故预防和急救措施。

2）任何有关红烟硝酸的操作，至少配备 2 人以上进行，以便万一产生意外时能及时救护、求援和进行事故处理。

3）参加红烟硝酸操作人员，应根据规定穿戴防护用品，熟悉所有防护用品的使用方法和要求。

4）有关红烟硝酸的各种操作，应严格按要求进行，严禁违章操作！

5）操作现场必须有充足的消防、清洗用水及处理液体，现场应有医务人员值班，准备好急救箱及救护车。

6）进行大量操作后，有关人员应淋浴、更衣，有中毒可疑者（虽自我感觉良好），应适当休息，勿作剧烈体力活动，避免加重病情。

7）参加红烟硝酸有关操作人员，每年应进行一次体检，对肺病、气管炎、鼻炎患者，应停止接触红烟硝酸，给予治疗或疗养。

参 考 文 献

[1] 高毒物品目录.卫生部,(2003)卫法监发 42 号.

[2] 职业病目录.卫生部,劳动保障部,(2002)卫法监发 108 号.

[3] GBZ 15—2002 职业性急性氮氧化物中毒诊断标准.

[4] GB 16297—1996 大气污染物综合排放标准.

[5] GB 3095—1996 环境空气质量.

[6] GB 14374—1993 航天推进剂水污染物排放标准.

[7] GB 7479—1987 水质 铵的测定 纳氏试剂比色法.

[8] GB 3838—2002 地表水环境质量标准.

[9] GB 8978—1996 污水综合排放标准.

[10] GBZ 2.1—2007 工作场所有害因素职业接触限值 化学有害因素.

[11] MIL—PRF—7254G,Propellant, Nitric Acid,15 December 1997.

[12] 任向红.硝基氧化剂废气污染治理.上海航天,2002(02).

[13] 许国根,贾瑛.液体推进剂中氧化剂废水处理方法研究.环境工程,2001,6 (19)3.

[14] 张友,张海平,那枫.报废硝酸—20L 分离再用技术研究.化学推进与高分子材料.2006,(4)1.

[15] 郑宏建,马艳,陈传信.火箭推进剂废液处理技术.上海航天,2000,5.

[16] 国防科工委后勤部,编著.火箭推进剂监测防护与污染治理.国防科技大学出版社.1993,7.

[17] 夏元洵主编.化学物质毒性全书.上海科学技术文献出版社,1991,7.

第5章　四氧化二氮

5.1　概述

四氧化二氮由于密度大、比冲高、具有强氧化性，常作为双组元液体推进系统的氧化剂使用，用在运载火箭一、二级上。纯净的四氧化二氮具有良好的贮存性及不敏感性，缺点是易挥发、腐蚀性强及液态范围较窄。

美国早在20世纪40年代即进行了四氧化二氮的规模化生产，我国则在20世纪60年代初期开展了四氧化二氮的研究。

常温状态下四氧化二氮为红棕色均相液体，它可以与许多火箭燃料组成双组元自燃液体推进剂，常用作发射通信卫星的运载火箭和远程导弹的氧化剂。目前俄罗斯和中国的运载火箭主要采用的是四氧化二氮与偏二甲肼组合，如苏联的质子号运载火箭和中国的长征二号运载火箭。美国最初在大力神-3和德尔它2号运载火箭上则采用了四氧化二氮和肼与偏二甲肼组成的混合燃料。

5.2　生产原理

四氧化二氮常见的生产方法主要有氨氧化法和次氯亚硝酰法2种。

氨氧化法生产四氧化二氮一般是通过直接合成法生产浓硝酸的过程中得到二氧化氮，经冷凝后再蒸馏，即可得到高浓度四氧化二氮。其反应式为

$$4NH_3 + 5O_2 \longrightarrow 4NO + 6H_2O$$

$$2NO + O_2 \longrightarrow 2NO_2$$

$$2NO_2 \longrightarrow N_2O_4$$

次氯亚硝酰法是先由盐与硝酸生成亚硝酰氯，然后再经氧化得到二氧化氮，冷凝蒸馏后得到四氧化二氮。其反应式为

$$3NaCl + 4HNO_3 \longrightarrow 3NaNO_3 + NOCl + 2H_2O + Cl_2$$

$$2NOCl + O_2 \longrightarrow 2NO_2 + Cl_2$$

5.3　技术规格

根据美军标 MIL－PRF－26539F 中的规定，四氧化二氮的采购指标应符合表 5－1 的要求。

表 5－1　四氧化二氮采购指标

项目名称	采购指标
四氧化二氮质量分数/%	≥99.5
相当水质量分数/%	≤0.17
氯化物质量分数/%	≤0.040
颗粒物质量浓度/(mg/L)	≤10.0

影响四氧化二氮质量的主要因素是相当水和颗粒物。

四氧化二氮的纯度降低，主要是由于水分增加，其中有部分水和四氧化二氮反应生成硝酸，水分实际上是由硝酸和游离水组成，故称相当水。相当水含量增大会加剧四氧化二氮的腐蚀作用。四氧化二氮中颗粒物过多，会堵塞加注、输送系统滤网及推力室喷嘴，导致加注时间延长或发动机推力下降。

另外，四氧化二氮若含有氯化物（主要以亚硝酰氯形式存在），会加速金属的腐蚀速度。采用氨氧化工艺生产得到的四氧化二氮中，不存在亚硝酰氯；采用次氯亚硝酰法制得的四氧化二氮中，亚硝酰氯质量分数低于 0.005%。

5.4　物理化学性质

5.4.1　物理性质

常温下四氧化二氮是易挥发、呈红棕色的透明液体。四氧化二氮在常温下冒红棕色的烟，即是二氧化氮气体，有强烈刺激性气味。纯四氧化二氮实际上是无色的，由于在常温下四氧化二氮部分离解成二氧化氮，故是二者的平衡混合物，反应式为

$$N_2O_4 \Longrightarrow 2NO_2 - 5.832 \times 10^4 J$$

四氧化二氮的物理常数见表 5-2。

表 5-2　四氧化二氮的物理常数

项目名称	数值
相对分子质量	92.016
冰点/℃	-11.23
沸点/℃	21.15
密度(15 ℃)/(g/cm³)	1.458
粘度(15 ℃)/(mPa·s)	0.449
饱和蒸气压(15 ℃)/Pa	7.5×10^4
表面张力(15 ℃)/(N/m)	2.66×10^{-2}
比电导率(20 ℃)/(s/m)	2.217×10^{-9}
热导率(15 ℃)/[W/(m·K)]	0.155 8
比热容(20 ℃)/[J/(kg·K)]	1.51×10^3
汽化热(沸点)/(J/kg)	4.14×10^5
临界温度/℃	158.2
临界压强/Pa	1.013×10^7
液体体积热膨胀系数(20 ℃)/(1/K)	1.645×10^{-3}

四氧化二氮的物理性质与温度的关系见表 5-3。

表 5-3　四氧化二氮的物理性质与温度的关系

温度/ ℃	密度/ (g/cm³)	粘度/ mPa·s	饱和蒸气压/ ×10³ Pa	热导率/ [W/(m·K)]	比热容/ [×10³ J/(kg·K)]	体膨胀系数/ (×10⁻³/K)
-10	1.519 0	0.579	20	0.165 4	1.143	1.334
0	1.494 5	0.522	34	0.161 6	1.256	1.443 8
10	1.470 0	0.470	58	0.157 7	1.382	1.547 1
20	1.446 0	0.419	95	0.153 5	1.516	1.645 4
30	1.421 0	0.376	140	0.149 4	1.675	1.738 5
40	1.396 0	0.339	230	0.145 4	1.834	1.826 4
50	1.370 0	0.294	330	0.141 0	2.052	1.909 1
60	1.344 5	0.262	500	0.136 3	2.311	1.986 4

5.4.2　化学性质

二氧化氮是红棕色的，四氧化二氮液体的红棕色实际上是二氧化氮的颜色。随着温度下降，二氧化氮在四氧化二氮中的含量越来越少，四氧化二氮的颜色也越来越浅，到冰点时（-11.23 ℃），二氧化氮完全聚合成四氧化二氮，成为无色的晶体，其反应式如下

$$NO_2 + NO_2 \underset{离解}{\overset{聚合}{\rightleftharpoons}} N_2O_4 + 5.832 \times 10^4 \ J$$

温度升高，四氧化二氮吸收热量离解为二氧化氮，在常压下，当温度升高到 140 ℃时，四氧化二氮完全离解为二氧化氮。温度高于 140 ℃后，二氧化氮开始分解变成一氧化氮和氧。温度达 227 ℃时，二氧化氮有 50% 分解为一氧化氮和氧。温度升高到 620 ℃时，二氧化氮全部分解。其反应式如下

$$N_2O_4 \xrightarrow{140\ ℃} 2NO_2 \xrightarrow{620\ ℃} 2NO + O_2 + 1.13 \times 10^5 \ J$$

四氧化二氮是强氧化剂，和胺类、肼类、糠醇等接触能自燃，和碳、硫、磷等物质接触容易着火，和很多有机物的蒸气混合易发生爆炸。四氧化二氮本身不自燃，仅可助燃。

四氧化二氮易吸收空气中水分，与水作用生成硝酸并放热，其

反应式如下

$$3N_2O_4 + 2H_2O \rightleftharpoons 4HNO_3 + 2NO + 2.724 \times 10^5 J$$

无水的或含水量很少的合格四氧化二氮对金属的腐蚀很小，随含水量增加，腐蚀作用加剧。四氧化二氮可以连续吸收大气中的水分，使其本身含水量不断增加，加速其对金属的腐蚀，特别是对铝合金和碳钢的腐蚀速率迅速增大。

四氧化二氮可溶解在硝酸中形成红烟硝酸。其在硝酸中的溶解度随温度升高而减小，常温下的最大溶解度为52%。

四氧化二氮与氢氧化钠或碳酸钠反应，生成硝酸钠和亚硝酸钠，其反应式如下

$$N_2O_4 + 2NaOH \longrightarrow NaNO_3 + NaNO_2 + H_2O$$

$$N_2O_4 + Na_2CO_3 \longrightarrow NaNO_3 + NaNO_2 + CO_2$$

上述反应可作为处理四氧化二氮废气的方法。

5.5　安全性能

5.5.1　着火和爆炸危险性

5.5.1.1　着火危险性

四氧化二氮是强氧化剂，含有70%有效氧，本身只能助燃。它与脂肪胺、芳香胺、肼类、多元酚、糠醇等接触自燃，甚至发生爆炸。

四氧化二氮与很多有机物蒸气形成爆炸混合物，如和含9%偏二甲肼蒸气的空气接触，会发生爆炸，并伴有爆鸣声。

四氧化二氮与水1∶1稀释后，与偏二甲肼仍接触发生剧烈反应，偏二甲肼和水1∶1稀释后与四氧化二氮接触仍会着火。

当含有35%四氧化二氮的空气和含有60%偏二甲肼蒸气的空气接触，温度达到50℃时会发生着火。

5.5.1.2　爆炸危险性

四氧化二氮在常温下很稳定，可以密封贮存在耐压金属（不锈

钢、铝合金）容器中。四氧化二氮对冲击、枪击、压缩、振动、摩擦不敏感，不会发生爆炸，也不会被 8# 雷管引爆。

四氧化二氮在高温条件下，会分解产生大量气体。因此，密闭条件下会导致容器内压力升高，发生爆炸。

四氧化二氮的热爆炸温度为 565 ℃。某些杂质的存在会使四氧化二氮热爆炸温度降低，如加入 20% 铝合金粉末，热爆炸温度降至约 410 ℃；加入 12.5% 7802 油膏，热爆炸温度降至 330 ℃。

试验中曾用 13.8 MPa 氮气和 12.6 MPa 空气对四氧化二氮突然增压，都未发生爆炸。但空气在四氧化二氮中的溶解度比氮气大，如用空气作泵前增压工质，易产生气穴现象。但采用挤压式输送时，可以用空气增压。

常温下，四氧化二氮与一般油膏接触不会发生爆炸。但在高温下（250 ℃左右），四氧化二氮与下述油膏接触会发生爆炸：205 油膏、221 油膏、特 3K－2 阻尼脂、氟硅酸脂－地蜡、7802 油膏、FS 氟硅油等。

不可用有机溶剂，特别是卤化溶剂作为四氧化二氮容器系统的冲洗剂及去污剂。下述卤化物与四氧化二氮混合，当受热或受冲击时，会发生猛烈爆炸：二氯甲烷、三氯甲烷、三氯乙烯、过氯乙烯、氯仿、四氯化碳、二氯乙烯、1，2－二氯乙烯、非对称四氯乙烷等。

四氧化二氮和乙二醇的混合物在密闭环境中会发生爆炸。

5.5.2　防火防爆措施

5.5.2.1　预防措施

四氧化二氮的消防安全措施应符合《化学危险物品安全管理条例》的规定。

四氧化二氮的操作现场和库房内严禁明火。距离四氧化二氮库房 50 m 之内禁止存放燃料、易燃易爆物品及其他杂物。

四氧化二氮的操作现场和库房内应备有充足的水源。

四氧化二氮的操作现场和库房内应备有消防设备，如消防栓、灭火器（如泡沫灭火器、干粉灭火器、二氧化碳灭火器等）和细沙土等。

四氧化二氮的库房内应保持洁净、良好通风。四氧化二氮的库房温度范围为 5～21 ℃，相对湿度不宜大于 85%。库房内所有的电气设备均应采取防爆、防腐蚀措施。

四氧化二氮的库房应防腐蚀，耐火等级为 Ⅱ 级。地面和墙面应耐酸、易冲洗、不渗漏。

5.5.2.2　灭火方法

发生着火时，应立即切断可燃物和四氧化二氮的接触。如有可能，将可能遇火的四氧化二氮容器移开，或用水冷却。

用泡沫灭火器、干粉灭火器、二氧化碳灭火器或细沙土灭火，连续用水冲洗容器和地面。禁止用卤代烃灭火剂灭火。

5.6　材料相容性

5.6.1　金属材料

5.6.1.1　四氧化二氮与金属材料的相容性

适用于四氧化二氮的金属材料主要包括以下几类。

1）不锈钢：0Cr18Ni9Ti，1Cr18Ni9Ti，2Cr13，Cr17，Cr17Ni12，Cr17Mn13N，1Cr17Mn13Mo2N，Cr20Ni24Si45Ti，Cr20Mo10Ni14Si3N，1Cr21Mn3Mo2CuN，1Cr21Ni9Ti，Cr22MN5NiN，Cr25Mn5N，2Cr13 渗氮，1Cr18Ni9Ti 渗氮。

2）铝及铝合金：L1，L2，L3，L4，LF2，LF3，LF6，LY11，LD10，ZL104，ZL201，919，147。

3）其他：耐蚀镍基合金、铬镍铁合金。

5.6.1.2　四氧化二氮相当水含量对金属材料腐蚀速率的影响

四氧化二氮中相当水含量对金属材料（特别是对铝合金和碳钢）的相容性有极大影响。

表 5-4 列出不同相当水含量的四氧化二氮对金属材料的腐蚀速

率，当四氧化二氮中相当水质量分数超过 0.4%（对 45 号钢）及 0.6%（对 LF₃ 铝合金），腐蚀速率明显增大。

表 5-4　不同相当水含量的四氧化二氮对金属材料的腐蚀速率

N_2O_4 相当水质量分数/%	LF₃ 腐蚀速率/（mm/a）		45 号碳钢腐蚀速率/（mm/a）		1Cr18Ni9Ti 腐蚀速率/（mm/a）	
	气相	液相	气相	液相	气相	液相
0.16	0.000 417	0.000 417	0.002 30	0.001 58	0.000 282	0.000 282
0.25	0.000 417	0.000 417	0.002 01	0.001 15	0.000 282	0.000 423
0.41	0.002 92	0.007 92	0.011 8	0.033 2	0.000 423	0.000 423
0.59	0.008 34	0.013 3	0.013 5	0.152	0.000 705	0.000 987
1.06	0.043 3	0.014 9	0.014 9	0.343	0.001 13	0.001 41

5.6.2　非金属材料

5.6.2.1　四氧化二氮与非金属材料的相容性

四氧化二氮与聚四氟乙烯、聚三氟氯乙烯、F-46、聚乙烯能很好相容，这些非金属材料可作为密封垫、密封圈等密封材料。四氧化二氮与亚硝基氟橡胶也有良好的相容性。

适用于四氧化二氮的非金属材料主要包括以下几类。

1）塑料：聚四氟乙烯、聚三氟氯乙烯、聚全氟乙丙烯；

2）橡胶：羧基亚硝基氟橡胶；

3）石墨：酚醛石墨（DF-4K）、呋喃石墨（DF-4F）；

4）润滑脂：7804 抗化学润滑脂、7805 抗化学密封脂、301 号油膏、特 12 号油膏；

5）其他：刚玉、氧化硅。

以下非金属材料不推荐在四氧化二氮中使用：

聚氯乙烯、聚碳酸酯、聚甲醛、聚砜、聚苯砜、300 号和 400 号环氧树脂、聚酰胺-1010 以及 9045 橡胶、9035 橡胶、9104 橡胶、乳胶、碳氢润滑剂等。

表 5-5 中列出四氧化二氮与各种非金属材料的相容级别。

表 5—5　四氧化二氮与各种非金属材料的相容性级别

材料名称		相容性级别
类别	名称及牌号	
塑料	聚四氟乙烯（F—4）	1
	聚三氟氯乙烯（F—3）	1
	F—46	1
	聚乙烯	2
	聚乙烯与聚丁烯共聚物（ⅡOB—67）	2
	聚氯乙烯（ⅡOK—60）	4
	氯化聚醚	3
	氯化聚醚加碳纤维	1
	聚碳酸酯	4
	聚酰胺—1010	4
	聚甲醛	4
	聚砜	4
	聚苯砜	4
	聚苯醚	4
	300 号加 400 号环氧树脂	4
橡胶	乙丙橡胶	4
	硫化树脂丁基胶	4
	2001（9045）	4
	1403	4
	2204（9035）	4
	3308（9104）	4
	亚硝基氟橡胶	4
润滑油	7802	1
	7804	1
	7805	1
	8 号油膏	1

续表

材料名称		相容性
类别	名称及牌号	级别
涂	聚三氟氯乙烯（F－3）	1
层	F－46	1
其	石墨	1
他	玻璃	1

5.6.2.2　红烟硝酸与四氧化二氮对材料相容性的差别

红烟硝酸与四氧化二氮对金属材料的腐蚀机理基本上相同，主要都是硝酸和亚硝酸的影响。但是，合格的四氧化二氮对金属材料腐蚀比合格的红烟硝酸小；碳钢与合格的四氧化二氮是相容的，但与合格的红烟硝酸不相容。

随着相当水含量的增加，二者对金属的腐蚀速率加快，且红烟硝酸对金属材料腐蚀速率的增速更大。

四氧化二氮和红烟硝酸对非金属材料的腐蚀特性基本相似，不同之处有：2001 橡胶与四氧化二氮不相容，但在红烟硝酸中可短期使用；亚硝基氟橡胶与四氧化二氮有良好的材料相容性，但在红烟硝酸中只可短期使用。

红烟硝酸中含有氢氟酸，故和氢氟酸不相容的金属（如钛合金）和非金属（如普通玻璃、陶瓷）与红烟硝酸也不相容，但与四氧化二氮是相容的。

5.7　毒性、急救和防护

5.7.1　毒性

《剧毒化学品目录》中规定四氧化二氮属于剧毒化学品。《高毒物品目录》中规定四氧化二氮属于高毒物品。《职业病目录》中规定氮氧化物属于职业病。

四氧化二氮毒性实际上是二氧化氮的毒性。二氧化氮蒸气具有明显的红棕色（可见浓度约 188.0 mg/m³）和刺激性臭味，易于察觉。工作区空气中二氧化氮最大允许浓度为 3.76 mg/m³。

二氧化氮对人体的危害随其蒸气浓度的增加而加重，主要是刺激呼吸道。暴露在高浓度二氧化氮蒸气中，会引起咳嗽、气喘、胸闷、恶心、呕吐、呼吸困难，并会引起致命的肺水肿，严重时导致死亡。四氧化二氮溅到皮肤或眼睛上，会引起严重化学烧伤。

四氧化二氮的主要毒性见表 5-6。

表 5-6　四氧化二氮的毒性

项目名称	指标
LC_{50}（大白鼠）（4h）/(mg/m³)	126
亚急性与慢性毒性（大白鼠）/(mg/m³)	15～47
大白鼠吸入最低中毒浓度 TCLo(24 h)/(μg/m³)	8.5

二氧化氮的毒性一般无积累作用，慢性中毒的危险性较小，急性中毒引起的肺水肿，如治疗及时可得到较好恢复。

四氧化二氮渗漏、泄漏或泄压排空时，二氧化氮蒸气扩散到大气中，会使周围的人、畜、禽等中毒，使植物受到损害，设备受到腐蚀，含有四氧化二氮的废水排到水沟和地下，会污染附近水源。

5.7.1.1　中毒途径

四氧化二氮中毒途径主要是呼吸道吸入中毒。它刺激损伤呼吸道引起肺水肿或化学性烧伤肺炎，严重时导致死亡。

四氧化二氮溅落到皮肤上、眼内、牙齿上，可引起皮肤、黏膜和牙釉质的局部化学性烧伤和眼睛失明。

误服四氧化二氮可导致口腔、咽喉出血，食道穿孔，肠胃黏膜坏死。

5.7.1.2　中毒症状

四氧化二氮轻度中毒主要有以下症状：吸入四氧化二氮气体经过一定潜伏期后，出现胸闷、咳嗽、咯痰等症状，可伴有轻度头晕、头痛、无力、心悸、恶心，肺部有散布干啰音；肺纹理增强，可伴边缘模糊；符合急性气管－支气管炎或支气管周围炎症状。

四氧化二氮中度中毒主要有以下症状：出现胸闷加重，咳嗽加剧，呼吸困难，咯痰或咯血丝痰等症状，常伴有头晕、头痛、无力、心悸、恶心；体征有轻度紫绀，两肺可闻及干、湿性啰音；肺叶透亮度减低，肺纹理增多、紊乱、模糊呈网状阴影，符合间质性肺水肿；或斑片状阴影，边缘模糊，符合支气管肺炎。血气分析常呈轻度至中度低氧血症。

四氧化二氮重度中毒具有下列症状之一。

1）明显的呼吸困难，剧烈咳嗽，咯大量白色或粉红色泡沫痰，有明显紫绀，两肺满布湿性啰音；两肺叶有大小不等、边缘模糊的斑片状或云絮状阴影，有的可融合成大片状阴影，符合肺泡性肺水肿。血气分析常呈重度低氧血症。

2）急性呼吸窘迫综合征。

3）并发较重程度的气胸或纵隔气肿。

4）窒息。

5.7.2　卫生标准

四氧化二氮的环境空气质量标准为：一级 0.04 mg/m^3，二级 0.04 mg/m^3，三级 0.08 mg/m^3（年平均）；一级 0.08 mg/m^3，二级 0.08 mg/m^3，三级 0.12 mg/m^3（日平均）；一级 0.12 mg/m^3，二级 0.12 mg/m^3，三级 0.24 mg/m^3（小时平均）。

氮氧化物的大气污染物综合排放标准为：最高允许排放浓度为 420～1 700 mg/m^3；最高允许排放速率为 15～100 kg/h（排气筒），0.91～612 kg/h（二级），0.14～92 kg/h（三级）；无组织排放监控浓度限值为 0.15 mg/m^3。

四氧化二氮的卫生要求包括以下几点。

1) 应急暴露极限：10 min 时间下为 54 mg/m³ （30×10⁻⁶），30 min时间下为 36 mg/m³ （20×10⁻⁶），60 min 时间下为18 mg/m³ （10×10⁻⁶）；

2) 作业场所空气中最高允许浓度为 5 mg/m³ （2.8×10⁻⁶）；

3) 居民区空气中最高日平均允许浓度为 5 mg/m³。

5.7.3　急救原则

发生四氧化二氮中毒的人员，应迅速、安全脱离中毒现场，静卧、保暖，避免活动，立即吸氧，并给予对症治疗。

处理四氧化二氮的工作场所和贮存库房内应备有清洗处理液、急救药箱。急救药箱中应备有碳酸氢钠、氢氧化铝、氢氧化镁、红汞、紫药水、生理盐水及蒸馏水、氧气袋、纱布、绷带和配制碗等物品。

5.7.3.1　化学烧伤的急救

1) 四氧化二氮溅入眼内，应立即用大量生理盐水或水冲洗 15 min以上，然后就医。

2) 四氧化二氮溅到皮肤上，应立即用大量水冲洗 10 min 以上，再用碳酸氢钠粉末揉搓接触部位，用水冲洗。严重者送医院治疗。如衣服受到污染，立即脱去。

5.7.3.2　急性中毒的急救

吸入大量二氧化氮，伴有咳嗽、头痛、胸痛等症状的人员，应立即将患者移至空气新鲜处，迅速就医。患者应静卧、保暖，观察 72 h。在此期间，避免消耗体力，禁止洗澡。

吸入二氧化氮，呼吸困难者要迅速给氧。呼吸严重困难或停止呼吸者，使用苏醒器正压给氧，并迅速送医院治疗。禁止使用压胸式或压臂式人工呼吸。不允许受害者步行就医及洗澡。

曾在严重污染区停留、未采取防护措施的人员，即使当时没有中毒症状，也应该注意保暖，停止一切消耗体力的活动，观察 24～

48 h，禁止洗澡。

5.7.3.3　误食中毒急救

误食四氧化二氮引起消化道严重烧伤、消化道出血，危及生命时，立即饮用大量温开水或牛奶催吐，或饮入氢氧化铝等中和剂，并迅速送往医院治疗。禁止使用碳酸氢钠或其他释放气体的中和剂。

5.7.3.4　现场自救

轻微的呼吸道中毒及皮肤烧伤、眼睛烧伤时，应在现场立即实施救护。

严重的呼吸道中毒及皮肤烧伤、眼睛烧伤时，应在现场采取适当急救措施后，立即送医院治疗。

5.7.4　防护用品

四氧化二氮浓度超过 $500 \ mg/m^3$（$280×10^{-6}$）的环境，采用一级防护措施，应采用自携式或长管式呼吸器、耐推进剂液体渗透的防护服和手套。

四氧化二氮浓度低于 $500 \ mg/m^3$（$280×10^{-6}$）的环境，采用二级防护措施，应采用全面罩过滤式防毒面具、耐推进剂液体渗透的防护服和手套。主要用于正常情况下直接从事各类推进剂运输、保管、加注、取样和小量推进剂处理时的操作人员。

四氧化二氮浓度低于 $50 \ mg/m^3$（$28×10^{-6}$）的环境，采用三级防护措施，宜使用半面罩过滤式防毒面具、穿透气式防护服。只能用于进入推进剂作业现场规定危险区（作业点周边 3 km 范围），但不需采取一、二级安全防护的其他所有人员。

进行地面加注、转注、处理废液等操作时，应穿防酸不透气的全封闭防护服，戴自供氧式防毒面具；直接从事四氧化二氮取样或处理少量废液工作时，应穿戴耐酸防护衣、防护靴、戴过滤式防毒面具；在日常管理及其他二氧化氮浓度较低的环境下工作时，根据需要采取一般适当的防护措施。操作后应沐浴更衣。

防护用品的使用和维护按使用说明书执行。使用防护用品前，应仔细检查是否破损、污染。

　　防护用品使用后，应立即进行消毒处理。用乙醇擦洗或用水冲洗后，晾晒于距住房 50 m 外的晒衣场。如果防护衣、防毒面具、手套、胶靴等溅上四氧化二氮，应尽快用水冲洗干净，并在阴凉处晾干。定期更换滤毒罐、滤毒盒。

5.8　贮存、运输和转注

5.8.1　贮存

5.8.1.1　泄漏危险性

　　四氧化二氮沸点较低，蒸气压高，腐蚀性较强，极易发生泄漏。其泄漏危险性主要有 3 方面：着火爆炸、人员灼伤和中毒。

　　四氧化二氮贮量达到 5 t 即属于重大危险源。

　　长期贮存或运输过程引起的泄漏，多产生于法兰、阀门等管路连接处，如连接松动、密封垫片损坏、焊缝渗漏等，应及时处理更换。用敛缝或用堵漏糊（石棉粉或石膏粉加水玻璃调成糊状）堵住。

　　通常大量泄漏易发生在运输、转注（加注）过程中，泄漏液四处喷溅，极易造成人员灼伤和中毒；若泄漏液和燃烧剂如偏二甲肼、肼接触，则极易发生着火和爆炸，应注意预防。

5.8.1.2　贮存稳定性

　　四氧化二氮在 1Cr18Ni9Ti 不锈钢容器和 LF$_3$ 铝合金容器中进行长期贮存试验（10 年），质量无明显变化，贮存容器也未发现明显腐蚀现象。四氧化二氮在正常条件下长期贮存是稳定的。

5.8.1.3　贮存条件

　　四氧化二氮的贮罐、管路、阀门及其他与其直接接触的附件，必须与四氧化二氮一级相容。

　　四氧化二氮的贮罐应具有良好的密封性能。大型贮存容器应有温度、压力和液面监测装置，并安装安全阀、装卸阀、充气管、排气管、进出液管等。

四氧化二氮贮罐应设在混凝土地基上或以其他方式可靠固定。贮罐的布置应便于操作、检查、采样、排空和维修。排气管应连入废气处理系统。

长期贮存时，四氧化二氮的贮量不宜小于容器容积的 50%，不得大于容器容积的 90%。四氧化二氮贮存时用氮气或氦气增压保护，压力为 0.02～0.05 MPa。

四氧化二氮的长期贮存环境应满足以下要求。

1）温度应控制在 5～21 ℃范围内。

2）相对湿度不宜大于 85%。

3）应保持洁净、通风良好。

4）应备有二氧化氮浓度监测仪、消防救护设备、防护用品、中和剂和充足的水。

5）严禁明火，禁止存放燃料、易燃物品及其他杂物。

6）应设有醒目的安全标志，禁止无关人员在场。

5.8.1.4　贮存管理

1）贮罐应统一编号并标明产品名称、入库日期、批号、数量、质量。

2）四氧化二氮贮存期间检查项目如下。

·库房温度、湿度；

·容器内压力；

·有无推进剂泄漏；

·库房空气中有毒气体浓度；

·有关设备和仪表的技术状态，仪表是否在有效检定期内；

·库房安全距离内有无易燃易爆物品；

·库房内是否符合安全规定。

3）贮存初期（半个月）每天检查 2 次。以后根据贮存情况可以减少检查次数，但每周不得少于 1 次。每次均应记录检查情况，有异常情况及时汇报。

4）每半年进行 1 次四氧化二氮全项检验，检验有效期为 3 个月。四氧化二氮的全项检验项目和检验方法按相关规定执行。

5.8.1.4.1　贮存库房

四氧化二氮库房内，贮存容器都应放置在耐酸的混凝土地基上，贮存容器的周围应有容积大于贮存量110％紧急泄漏地。库房内应设有排水系统和去污系统。库房地面至少有 2 条通道，通道应有足够的宽度，便于人员通行；地面应使用耐酸水泥砌成；应有专用道路通往库房。

库房内所有的电气设备都应采取防腐蚀措施。库房的总开关应设置在库房外便于使用的地方。照明灯、水源、污水泵等的电源应单独设置。

库房内应有备用贮存容器，并有良好的通信、监测和报警装置，应有足够的水源以及防护、消防和洗消设备及废气处理系统。

库房内应保持整洁、通风良好，在用与备用器材排列整齐，禁止存放任何可燃物品和无关物品。库房内应悬挂安全守则。

5.8.1.4.2　贮存安全要求

1）四氧化二氮在长期贮存中，要求贮存系统的连接件、阀门等应保持密封状态，发现泄漏应迅速堵塞。

2）贮存容器可放置于无墙凉棚、坑道或山洞中，保持阴凉干燥和通风良好，库内空气湿度不宜大于85％，并防止太阳直射。

3）库区应设置有效的通信、报警系统，备有充足水源，以便救护、消防、洗消之用。

4）库内不许存放无关物品，距库房 50 m 范围内不许存有易燃物品。

5）长期贮存过程中，应定时检查四氧化二氮的质量变化情况，记录结果；尽量减少容器开关次数，避免水分及杂质侵入而降低质量。

5.8.2　运输

5.8.2.1　运输方式

以铁路槽车、公路槽车运输为主。

5.8.2.2 运输安全要求

四氧化二氮的铁路运输应按照《铁路危险货物运输规则》执行。

公路运输应符合 JT3130 的规定执行。四氧化二氮槽车在公路上行驶，根据路面情况，按有关规定行驶。四氧化二氮槽车与装运燃料及其他易燃、易爆物品的车辆间距不小于 50 m。运输途中应避免急刹车。

运输四氧化二氮应专车专用，保障车辆状况良好。

四氧化二氮槽车应采用专用容器，容器材料应与四氧化二氮一级相容。

容器首次罐装前必须洁净、干燥，密封良好，容器罐装以后及运输过程中，应保证容器中有 0.02～0.05 MPa 的氮气保护。

容器罐装时装载量不得超过其容积的 90%。

运输过程中应确保容器内四氧化二氮的温度保持在 −5～18 ℃。

运输车上应配备足够的消防设备、防护用品、救护设备和急救药品等。

运输四氧化二氮的车辆应有专人押运。押运人员至少 2 人，并指定负责人。押运过程中，押运人员应按规定检查槽车内的温度、液位、压强及设备状况，如发现异常现象，应及时报告有关单位并采取相应措施；应如实填写运行履历书。

5.8.3 转注

5.8.3.1 转注类型及方式

四氧化二氮的转注类型一般有以下 3 种：车对库转注、车对车转注、库对车转注。

四氧化二氮的转注方式包括以下 3 种：泵转注、氮气挤压转注和高位自流转注。

5.8.3.2 转注安全要求

整个转注系统应洁净干燥，连接可靠，密封良好，仪器仪表、阀门等状态良好。

转注前可根据需要对转注系统进行氮气置换，并按规定的程序和压强进行气密性检查，检查合格后方可进行转注。

转注前从供应容器中取样，转注后从接收容器中取样，进行全项分析化验。

转注过程中，应对转注系统进行压强监控，使其不超过系统最高工作压强，不低于系统最低工作压强。

转注过程应严格执行操作规程，注意参数变化。

泵转注过程中，转出槽罐液位高度降低至规定值时，停泵，余液挤入集液罐。

四氧化二氮转注现场应严禁存放燃料和其他易燃易爆物品。

转注操作时，操作人员必须按规定穿戴防护用品，做好个人防护。大型转注现场应配备消防车、救护车。

转注后应对软管、接头、阀门等进行清洗、干燥，然后封存。

四氧化二氮转注的回路应安装过滤器。

5.9　清洗、处理和监测

5.9.1　清洗

5.9.1.1　新容器清洗

新加工的容器，在首次使用前，必须进行脱脂、去锈和钝化处理。

1）脱脂：铝及铝合金容器在室温下，用 0.25％～0.5％氢氧化钠溶液（含 0.025％硅酸钠作缓蚀剂）浸泡 20 min。浸泡时容器必须保持敞口。清洗液排空后，用水冲洗至中性。不锈钢容器在室温下用 0.5％氢氧化钠溶液浸泡 1 h，排空后用水冲洗至中性。

2）去锈：铝及铝合金容器经脱脂后无须去锈。不锈钢容器内有较多焊缝、氧化皮时，可用钢刷除去，再用 25％～35％硝酸（含 2.5％氢氟酸）在室温下浸泡 1～3 h，排空后用水冲洗至中性。

3）钝化：铝及铝合金、不锈钢容器应在室温下用 45％～55％硝酸浸泡 1 h 进行钝化处理，排空后用水冲洗至中性。

4）经上述处理后，应用干燥压缩空气或 60 ℃热空气将容器吹干，或用乙醇擦洗后吹干。检查合格（容器内壁洁净度、最后排出水的 pH 值、颗粒物含量）后密封，由清洗单位开具清洗合格证。

5.9.1.2　旧容器清洗

容器中的四氧化二氮用完后，无须清洗，但要充氮或充氦保护。若容器准备封存、已被污染或需检修时，则必须进行清洗。

清洗液使用 0.5％碳酸钠加 0.025％硅酸钠溶液。清洗液或水进入容器前，应先经过一道双层 200 目不锈钢滤网。

清洗步骤如下。

1）将容器中残液泄出，用氮气或压缩空气吹除，引入废气处理系统；迅速向容器内注满配制的清洗液，静置 30 min，排入废液池。

2）向容器内注满自来水，静置 30 min，排入废液池。重复若干次，直至排出水 pH 值与注入水 pH 值一致时，表明清洗合格。

3）按 5.9.1.1 节进行钝化处理。

4）用氮气吹干。

清洗后的容器经检查合格后，密封备用，由清洗单位开具清洗合格证。

5.9.1.3　组合件清洗

金属组合件和非金属组合件分别清洗。

（1）金属组合件的清洗

将组合件分解。铝制零件和不锈钢零件分别清洗。

金属组合件的脱脂、去锈、钝化处理等清洗程序按 5.9.1.1 节的内容进行。多脂的或较脏的零件，应先除去附着的灰尘和油脂。

不锈钢软管内如有油污，用 1％碳酸氢钠溶液清洗，再用 60～70 ℃热水冲洗，最后用氮气吹干。

最后处理按以下规定进行。

1）用氮气吹干或烘干零件。

2）小的零件用聚乙烯袋包装，并扎紧袋口；大的零件开口处和清洗过的表面盖上聚乙烯膜并用细绳扎好。

（2）非金属组合件的清洗

非金属组合件的清洗按以下规定进行。

1）"O"型环、垫圈、垫片等应用洗涤液进行脱脂清洗。

2）用蒸馏水冲洗零件。

3）用氮气吹干零件。

4）用聚乙烯袋包装零件。

5.9.2　处理

处理方法可采用化学破坏法、物理吸附法、催化还原法或其他有效方法。

含四氧化二氮的废气及含四氧化二氮的废液收集后送至处理系统集中处理后排放。

5.9.2.1　废气处理

四氧化二氮废气可以用氢氧化钠溶液、氢氧化钠和亚硫酸钠溶液、酸性尿素溶液，催化还原法处理。

5.9.2.2　废液处理

经检验，不合格的四氧化二氮应根据不同情况进行处理。

1）视质量情况可与合格的四氧化二氮混配后使之符合"使用指标"的要求，并尽快使用。

2）大批量不合格的四氧化二氮应返回生产单位处理。

3）少量不合格的四氧化二氮送至废液处理系统进行处理。

5.9.2.3　污水处理

四氧化二氮的水污染物必须集中处理，采用碳酸钙或碳酸钠、碳酸氢钠、酸性尿素溶液、阴阳离子交换法等，达到规定排放标准后才能排放。

5.9.3　监测

5.9.3.1　空气中氮氧化物监测

空气中氮氧化物的监测主要是测定空气中以一氧化氮和二氧化

氮形式存在的氮的氧化物。测定方法常采用酸性高锰酸钾溶液氧化法和三氧化铬－石英砂氧化法。当采样体积为 4～24 L 时，该方法适用于测定空气中氮氧化物的浓度范围为 0.015～2.0 mg/m³。

　　酸性高锰酸钾溶液氧化法的测试原理为：空气中的二氧化氮，被串联的第一支吸收瓶中的吸收液吸收生成偶氮染料，空气中的一氧化氮不与吸收液反应，通过氧化管被氧化成二氧化氮后，被串联的第二支吸收瓶中的吸收液吸收生成粉红色偶氮染料，分别于波长 540～545 nm 之间测量吸光度。

　　三氧化铬－石英砂氧化法的测试原理为：空气中的氮氧化物经过三氧化铬－石英砂氧化管后，以二氧化氮的形式与吸收液中的对氨基磺酸进行重氮化反应，再与 N－（1－奈基）乙二胺盐酸盐偶合，生成粉红色偶氮染料，于波长 540～545 nm 之间处测量吸光度。

5.9.3.2　水中氮氧化物监测

　　四氧化二氮在水中一般以氨氮形式存在。根据 GB 8978－1996《污水综合排放标准》的要求，氨氮属于第二类污染物，在排污单位总排放口采样监测。按日均值计算，氨氮的最高允许排放浓度为 25 mg/L。

　　监测方法一般采用钠氏试剂比色法和 N－（1－奈基）乙二胺分光光度法。监测频率按生产周期确定，生产周期在 8 h 以内的，每 2 h 采样一次，生产周期大于 8 h 的，每 4 h 采样一次。

5.10　安全使用守则

　　1）任何操作均应严格按"双岗制"要求进行。

　　2）操作人员应熟悉四氧化二氮的性质，掌握事故预防和急救措施。

　　3）操作人员应穿戴防护手套、长统胶靴、防护衣、防毒面具。

　　4）输送四氧化二氮之前，应当检查管路、阀、容器。

　　5）操作者应位于管路上方或侧面工作。

6）进行大量操作后，操作人员应淋浴、更衣，有中毒可疑者及时就医。

7）定期检查电气设备、通风系统、安全设备、防护用品、急救药品等。

参 考 文 献

[1] 剧毒化学品目录(2002 年版).国家安全生产监督管理局、公安部、国家环境保护总局、卫生部、国家质量监督检验检疫总局、铁道部、交通部、中国民用航空总局等八部委,2003 年第 2 号公告.

[2] 高毒物品目录.卫生部,(2003)卫法监发 42 号.

[3] 职业病目录.卫生部、劳动保障部,(2002)卫法监发 108 号.

[4] GB3095－1996 环境空气质量标准.

[5] GB16297－1996 大气污染物综合排放标准.

[6] GB/T15436－1995 环境空气　氮氧化物的测定　Saltzman 法.

[7] GB7493－1987 水质　亚硝酸盐氮的测定　分光光度法.

[8] GB8978－1996 污水综合排放标准.

[9] GB2890－2009 呼吸防护　自吸过滤式防毒面具.

[10] GB6220－2009 呼吸防护　长管呼吸器.

[11] GBZ 15－2002 职业性急性氮氧化物中毒诊断标准.

[12] GBZ 2.1－2007 工作场所有害因素职业接触限值　化学有害因素.

[13] HJ/T 197－2005 水质　亚硝酸盐氮的测定　气相分子吸收光谱法.

[14] HJ 537－2009 水质　氨氮的测定　蒸馏－中和滴定法.

[15] 四氧化二氮安全技术说明书.中国 MSDS 安全网.

[16] 康淦.液体四氧化二氮的制备和充装技术.泸天化科技,2007 年第 4 期.

[17] 岳茂兴,彭瑞云,王正国,等.飞船推进剂四氧化二氮中毒损伤的研究.航天医学与医学工程,2004 年 4 月 17 卷第 2 期.

[18] 岳茂兴.氮氧化物中毒损伤的临床救治研究与进展.中华急诊医学杂志.2001 年 8 月第 10 卷第 4 期.

[19] 徐向荣.氧化氮的危害及其卫生检验方法.职业与健康.1999 年 2 月 15 卷第 2 期.

[20] 张天成,吕振英,刘天运,等.四氧化二氮中毒的临床救治.解放军医学情报,1994 年 05 期.

[21] 郑希建,刘文全,朱志华.液体推进剂运输中常见事故的处理.上海航天.2002 年 5 期.

[22] 焦天恕,等.催化燃烧法处理四氧化二氮废气研究.中国化学会第四届全国

化学推进剂学术交流会,2009.9.

[23] 程志梅,等.四氧化二氮非挥发性残渣测定方法研究.中国化学会首届全国火箭推进剂应用技术学术会议,2003.9,西宁.

[24] MIL－PRF－26539F, 2006. Performance Specification Propellants，Dinitrogen Tetroxide. .

[25] ISO 15859－5：2004 Space System－fluid Characteristics，Sampling and Test Methods－part 5：Nitrogen Tetroxide Propellants.

[26] N81－27297 Handbook on Hypergolic Propellant Discharges and Disposal.

[27] AFRED C. WRIGHT. USAF Propellant Handbooks：Nitric Acid/Nitrogen Tetroxide Oxidizers Vol. Ⅱ. AD/A 036741. February 1977.

第6章 绿色四氧化二氮

6.1 概述

绿色四氧化二氮是液体四氧化二氮中加入一定量的一氧化氮构成的绿色氧化氮混合物。其中，一氧化氮含量标称值为 1% 的称为 MON－1，一氧化氮含量标称值为 3% 的称为 MON－3。

在四氧化二氮中加入一氧化氮可抑制其对高强度低密度材质的应力腐蚀作用，改善其使用性能。

1965 年初，在执行阿波罗计划的过程中，为了解决钛合金压力容器出现应力腐蚀破裂和防止氧化剂系统出现流量衰减，美国开始研究绿色四氧化二氮 MON－1 和 MON－3。为了降低液体推进剂的冰点，后期又开展了 MON－25 和 MON－30 的研制工作。

绿色四氧化二氮一般用于姿态控制发动机及小型推进系统，如阿里安 5 号运载火箭二子级采用 MON－1 与一甲基肼作为推进剂。此外，航天飞机轨道机动系统、反作用控制系统和许多航天器推进系统也常采用绿色四氧化二氮与一甲基肼推进剂。

6.2 生产原理

绿色四氧化二氮常见的生产方法是：采用亚硝酸钠溶液与稀硫酸作用，生成一氧化氮气体，经洗涤、提纯和脱水干燥后，用提纯的四氧化二氮吸收制成 MON－30，再将 MON－30 与提纯的红色四氧化二氮定量混合，即可得到绿色四氧化二氮 MON－1 和 MON－3，反应方程式如下

$$6NaNO_2 + 3H_2SO_4 \longrightarrow 4NO + 2H_2O + 3Na_2SO_4 + 2HNO_3$$

$$NO + NO_2 \longrightarrow N_2O_3$$

6.3 技术规格

根据美军标 MIL－PRF－26539F 中的规定，绿色四氧化二氮 MON－1 和 MON－3 的采购指标应符合表 6－1 的要求。

表 6－1　绿色四氧化二氮采购指标

项目名称	采购指标	
	MON－1	MON－3
一氧化氮质量分数/%	0.6～1.0	2.5～3.0
四氧化二氮和一氧化氮总质量分数/%	≥99.5	≥99.5
相当水质量分数/%	≤0.17	≤0.17
氯化物质量分数/%	≤0.040	≤0.040
非挥发性残渣质量浓度/(mg/L)	≤10.0	≤10.0
铁质量浓度/(mg/L)	≤0.5	≤0.5
颗粒物质量浓度/(mg/L)	≤10.0	≤10.0

6.4 物理化学性质

6.4.1 物理性质

由于四氧化二氮与一氧化氮反应生成暗蓝色的三氧化二氮，所以沸点以下液态 MON－1、MON－3 均应是清澈、均相的绿色液体。其蒸气是红棕色的，并有刺激性气味。

绿色四氧化二氮 MON－1 和 MON－3 的物理性质参数见表6－2。

绿色四氧化二氮 MON－1 和 MON－3 在室温下是相当稳定的。其中，纯四氧化二氮实际上是无色的，沸点 21.15 ℃，冰点 －11.23 ℃,但在常温下部分离解为红棕色的二氧化氮。因此，通常四氧化二氮与二氧化氮是形成平衡混合物。

表 6-2　MON-1 和 MON-3 的物理性质参数

项目		数值	
		MON-1	MON-3
当量分子式			$N_2O_{3.909\,4}$
平均相对分子质量			90.57
冰点/℃		-12.1	-13.6
沸点/℃		18.0	18.0
密度(15 ℃)/(kg/m³)		$1.454\,7\times10^3$	$1.449\,7\times10^3$
粘度(15 ℃)/mPa·s		0.444	0.443
饱和蒸气压(15 ℃)/Pa		9.046×10^4	$9.068\,5\times10^4$
表面张力(15 ℃)/(N/m)		27.46×10^{-3}	28.35×10^{-3}
热导率(15 ℃)/[W/(m·K)]		0.133	0.135 6
比热容(15 ℃)/[J/(kg·K)]			$1.528\,1\times10^3$
汽化潜热(15 ℃)/(J/kg)			$4.194\,7\times10^5$
初焓(20 ℃)/(J/kg)			$-2.440\,9\times10^5$
气体溶解度 MS[①]	N₂		6.389×10^{-4}
(15 ℃)	He		$0.868\,8\times10^{-4}$

① MS：摩尔溶解度，Molar Solubility。

$$N_2O_4 \rightleftharpoons 2NO_2 - 5.83\times10^4\,J$$

绿色四氧化二氮 MON-1 和 MON-3 中纯一氧化氮在气态时是无色的，沸点 -151.8 ℃，冰点 -163.6 ℃，遇空气很快氧化成二氧化氮。

绿色四氧化二氮 MON-1 和 MON-3 汽化后产生大量的红棕色烟雾，即二氧化氮。当温度达到 140 ℃时，四氧化二氮全部离解为二氧化氮，但冷却时又重新生成四氧化二氮。当温度超过 140℃时，二氧化氮开始分解为一氧化氮和游离氧。当温度达到 227 ℃时，有 50%二氧化氮分解。当温度达到 620 ℃时，二氧化氮全部分解，反

应式为

$$2NO_2 \Longleftrightarrow 2NO + O_2 + 1.13 \times 10^5 J$$

6.4.2 化学性质

绿色四氧化二氮 MON－1 和 MON－3 均为有腐蚀性的强氧化剂，有水存在时腐蚀性会更强。它与空气接触不燃烧，仅可助燃。它与肼类、胺类、糠醇等燃料接触能自燃，但随一氧化氮含量增加，其自燃性要降低。它与碳、硫、磷等接触容易着火，与许多有机物蒸气形成的混合物容易发生爆炸。它对机械冲击、热或爆轰不敏感。

四氧化二氮与水的反应为

$$N_2O_4 + H_2O \longrightarrow HNO_3 + HNO_2$$

$$3HNO_2 \longrightarrow HNO_3 + 2NO + H_2O$$

$$2NO + O_2 \longrightarrow 2NO_2$$

绿色四氧化二氮 MON－1 和 MON－3 易吸收空气中的水而生成硝酸和一氧化氮，并放热

$$3N_2O_4 + 2H_2O \longrightarrow 4HNO_3 + 2NO + 2.72 \times 10^5 J$$

绿色四氧化二氮 MON－1 和 MON－3 均属于酸性物质，能与碱性物质发生中和反应。

6.5　安全性能

6.5.1　着火和爆炸危险性

6.5.1.1　着火危险性

绿色四氧化二氮 MON－1 和 MON－3 通常无须冷冻就可作为液体推进剂进行贮存和处理。

MON－1 和 MON－3 都是强氧化剂，与大多数燃料如肼类、胺类、糠醇等接触自燃。高浓度绿色四氧化二氮蒸气与肼类燃料液体接触时也会发生自燃。如质量分数 75% 的二氧化氮与甲基肼液体接触时，在 25 ℃ 就会发生自燃。但是在通常野外条件下，MON－1 和

MON－3 蒸气与甲基肼蒸气相遇时，只冒白烟而不发生着火，因为两者蒸气浓度不可能都很高。即使 MON－3 纯蒸气（100％NO$_2$）与 10％甲基肼蒸气相遇，也需在 58 ℃时才会自燃。

绿色四氧化二氮随着一氧化氮含量的增加，与燃料接触时的自燃性会降低。

6.5.1.2　爆炸危险性

在通常贮存或运输条件下，绿色四氧化二氮 MON－1 和 MON－3 是很稳定的，对冲击、振动、压缩、摩擦等均不敏感，也不能被雷管和枪击所引爆。MON－1 和 MON－3 与钛合金（TA2R，TC4M，TC4R，TA2 焊丝）在 3.2 kg・m 能量冲击下是安全的；与 7804 号抗化学介质润滑脂、F207 和三元乙丙橡胶、F4 和 FS46－5 氟塑料、TZNC 钎焊料等在 10 kg・m 能量冲击下也不爆炸；但是，若冲击能量足够大，则 MON－3 与钛合金会发生着火或爆炸。钛合金容器中的 MON－1 和 MON－3 在频率为 10～2 000 Hz，加速度为 1～20 g 条件下正弦波振动是安全的。

绿色四氧化二氮 MON－1 和 MON－3 用 13.8 MPa 的氮气或 12.6 MPa 的空气进行突然增压，均不会发生着火或爆炸。但由于空气会直接氧化绿色四氧化二氮中的一氧化氮，所以空气不能作为增压气体，可用氮气或氦气作为增压气体。

在密闭空间内，MON－1 和 MON－3 蒸气与燃料蒸气能形成爆炸性混合物，因此应避免液体泄漏。

绿色四氧化二氮 MON－1 和 MON－3 与卤代烃混合，当受热或冲击时会发生猛烈爆炸。因此，二氯甲烷、二氯乙烯、二氯乙烷、三氯乙烷、三氯乙烯、四氯乙烯、氯仿、四氯化碳、四氯乙烷等卤代烃，均不能作为清洗溶剂。

绿色四氧化二氮 MON－1 和 MON－3 在常温下都是稳定的，但是在高温下由于分解产生大量气体，使内压升高而引起爆炸。

绿色四氧化二氮 MON－1 和 MON－3 泄漏在地面和水面上时，迅速形成大量红棕色烟雾，但不会发生着火或爆炸。

6.5.2　防火防爆措施

6.5.2.1　预防措施

　　绿色四氧化二氮是四氧化二氮中溶解少量一氧化氮构成的氧化氮混合物，它的着火和爆炸危险性与四氧化二氮基本相同，因此它的防火防爆预防措施与四氧化二氮也基本相同，可参照 5.5.2.1 节中的要求执行。

6.5.2.2　灭火方法

　　发生着火事故，可采取下列措施进行灭火。

　　1）发生非氧化剂引起的着火事故时，应立即用水进行灭火，同时用大量水冷却绿色四氧化二氮贮罐，以防贮罐发生爆炸。

　　2）发生由绿色四氧化二氮引起的着火事故时，应设法阻止绿色四氧化二氮的流出，并用干粉灭火器或二氧化碳灭火器进行灭火，严禁使用卤素灭火器灭火。

　　3）发生绿色四氧化二氮与燃料接触着火时，在保证安全的情况下，应立即切断燃料来源，阻止绿色四氧化二氮的流出，然后用水灭火。

　　4）若火灾无法控制，人员应迅速撤离着火场地，报警后等待救援。

6.6　材料相容性

　　绿色四氧化二氮与材料相容性的试验结果按四级标准分级如下。

　　1）一级相容材料：1Cr18Ni9Ti，00Cr18Ni13 不锈钢；TC4，TC4M，TC4R 钛合金；TA1，TA2M，TA2R 工业纯钛；Ti51Zr27Ni15Cu7 钎焊料；聚四氟乙烯塑料；聚全氟乙丙烯塑料；FC－5 增强氟塑料；3J21 弹性合金（2 h）；7804 抗化学润滑脂（7 d）；7805 抗化学密封脂（7 d）。

　　2）二级相容材料：1J116 软磁合金（2 h），2Cr13 不锈钢（2 h），

三元乙丙橡胶（2 h），8101 橡胶（2 h）。

3）三级相容材料：LF6R 黄色阳极化（2 h），LD10CS 黄色阳极化（2 h），L4 纯铝（2 h），1J50 软磁合金（2 h）。

4）四级相容材料：LY11CZ 黄色阳极化（2 h），LY11CZ 兰色阳极化（2 h），LF6R 兰色阳极化（2 h），F207 橡胶（2 h）。

上述材料牌号后括号内的时间为材料相容性试验持续的时间，未标明时间的为长期相容材料。

6.7　毒性、急救和防护

6.7.1　毒性

绿色四氧化二氮 MON－1 和 MON－3 的毒性实际上是四氧化二氮和一氧化氮的毒性。一氧化氮是无色气体，在空气中很快被氧化成二氧化氮。工作区空气中二氧化氮最高允许浓度为 5 mg/m³。二氧化氮的毒性没有积累作用。

绿色四氧化二氮 MON－1 和 MON－3 的中毒途径和中毒症状可参考 5.7.1 节的相关内容。

6.7.2　卫生标准

由于绿色四氧化二氮是四氧化二氮中溶解少量一氧化氮构成的氧化氮混合物，而一氧化氮遇空气很快氧化成为二氧化氮，因此绿色四氧化二氮在作业场所内空气中的最高允许排放浓度、环境空气质量标准、大气污染物综合排放标准、应急暴露极限、最高日平均允许浓度等卫生标准与四氧化二氮相同，参见 5.7.2 节内容。

6.7.3　急救原则

绿色四氧化二氮的危害性主要体现在以下方面。

1）与皮肤接触可引起严重烧伤。

2）吸入蒸气可引起中毒。

3）泄漏可能引起火灾，并放出有毒气体。

4）与燃料接触可引起燃烧或爆炸，产生人体伤害。

绿色四氧化二氮若溅到眼睛中，应立即用 0.5％的碳酸氢钠溶液或大量水冲洗眼睛，时间不少于 15 min，不能使用其他药物，并送医院诊治。

绿色四氧化二氮若溅到皮肤上，应立即用 2％的碳酸氢钠溶液或大量水冲洗皮肤，时间不少于 15 min，并送医院诊治；被绿色四氧化二氮污染的衣物要尽快脱掉，用水冲洗。

若将绿色四氧化二氮吞入口中，立即用水冲洗、吐出，不能吐出时应饮入水或牛奶催吐。

目视可见二氧化氮蒸气或喉部已有刺激感时，应尽量把中毒人员抬到无污染处（不可让其自己行走）、保暖、静卧，避免活动。

呼吸困难的人员，应立即进行吸氧，并送医院诊治。若呼吸停止，禁止使用压胸或压臂式人工呼吸方法救治，应使用苏醒器正压给氧，并送医院救治。

6.7.4　防护用品

绿色四氧化二氮的防护用品选用要求可参照 5.7.4 节的规定执行。

6.8　贮存、运输和转注

6.8.1　贮存

6.8.1.1　贮存库房

选择绿色四氧化二氮的贮存场地主要考虑贮存数量、贮存容器类型、地质和交通条件，与最近居民和公路、铁路以及其他推进剂库房的间距。绿色四氧化二氮贮量达到 5 t 即属于重大危险源。

库房可以是地面式、地下式、半地下式和坑道式。贮存库房应是Ⅱ级耐火结构，具有良好的防晒、防雨和通风设施。所用材料不会被氧化剂及其蒸气很快腐蚀或破坏。倾斜屋顶采用波纹状石棉瓦或能较好地反射阳光直射的铝板。地面是耐酸混凝土，不得采用木头地板。框架结构由钢或石头、砖制作，不得采用木质材料。

贮罐地面四周应有槽沟，并有一个完整的排水系统，以便使冲洗污水流入有石灰石或其他中和液的处理池中。库房应有通风、通信、废气处理、监测报警、消防灭火、安全淋浴、洗眼喷泉等设施和防护、洗消等用品。

库房内严禁堆放无关物品，特别是燃料，不得有干草、破布等可燃物。

贮存场地内应有 2 条足够机动车转弯的通道；可能发生泄漏的附近地面，应为水泥路面。

由于绿色四氧化二氮属于 A 类贮存相容性和 Ⅱ 级贮存危险性的硝基氧化剂，其库房位置应与燃料库房、其他氧化剂库房及居民点、公路、铁路保持安全距离，见表 6-3。

表 6-3　绿色四氧化二氮贮存数量与距离关系表[①]

绿色四氧化氮库房总量/kg	居民点、公路、铁路及醇类、胺类、烃类、酯类燃料库房/m	液氧、液氮、过氧化氢库房/m
$1 < X \leqslant 100$	10	8
$100 < X \leqslant 200$	11	9
$200 < X \leqslant 300$	12	10
$300 < X \leqslant 400$	13	11
$400 < X \leqslant 500$	14	12
$500 < X \leqslant 600$	15	13
$600 < X \leqslant 900$	20	15
$900 < X \leqslant 1\,400$	21	17
$1\,400 < X \leqslant 1\,800$	23	17
$1\,800 < X \leqslant 2\,700$	24	18
$2\,700 < X \leqslant 3\,600$	26	20
$3\,600 < X \leqslant 4\,500$	27	21

续表

绿色四氧化二氮库房总量/kg	居民点、公路、铁路及醇类、胺类、烃类、酯类燃料库房/m	液氧、液氮、过氧化氢库房/m
4 500＜X≤6 800	29	23
6 800＜X≤9 100	30	24
9 100＜X≤11 000	32	24

① 本表只考虑爆炸危险性，未考虑毒性。

　　绿色四氧化二氮用钛合金贮运加注罐贮存或运输。贮运加注罐均应采用焊接结构，并应装有泄出阀、安全阀、加注阀、增压阀和排空阀。每个贮运加注罐均应在明显位置上安装永久性防锈金属铭牌，用冲压等方式制造并以 3 mm 以上高度的字标明以下内容：制造厂名、制造时间、材料、工作压力、检验压力、容积、最大总质量和出厂编号等。

　　绿色四氧化二氮贮存采用的管路和附件应选用一级相容的材料制造，并在规定的压力下进行试验。管路尽量采用焊接连接方式。垫圈和"O"形环可用聚四氟乙烯塑料制造。阀门应密封良好，不应发生泄漏。经过除油清洗并检定合格的不锈钢标准压力表可用于绿色四氧化二氮系统中。

　　电器设备、电线和导线等，均应不与绿色四氧化二氮直接接触，注意采取防腐蚀措施。

6.8.1.2　贮存安全要求

　　绿色四氧化二氮 MON－1 和 MON－3 在长期贮存过程中要求贮运加注罐始终处于良好的密封状态。贮存要求如下。

　　1）库房管理人员应经培训合格，熟悉绿色四氧化二氮的性质和事故紧急处理方法。

　　2）绿色四氧化二氮质量经检验合格后，方可入库贮存。

　　3）绿色四氧化二氮装量应为贮运加注罐容积的 60%～90%。

　　4）绿色四氧化二氮应用干燥氮气或氦气正压 0.02～0.08 MPa

保护。

5）库房相对湿度不大于 85％，温度应控制在 10～40 ℃。

6）在贮存过程中，每周检查 1 次贮运加注罐有无泄漏现象；保护压力过低时需及时增压至 0.02～0.08 MPa。

7）在库房显著位置悬挂安全守则。

6.8.2　运输

6.8.2.1　运输方式

绿色四氧化二氮可采用铁路、公路和水路运输。运输过程中贮运加注罐内应保持正压。

6.8.2.2　运输安全要求

（1）包装和标志

绿色四氧化二氮的包装属于Ⅰ类包装。运输时装于木笼中，加以固定。外包装上应标有"有毒气体"、"氧化剂"和"腐蚀品"的说明标志，及"怕热"、"向上"的贮运标志。

（2）运输要求

1）包装容器应可靠固定，确保不会滑动或翻倒，并防止阳光直晒。

2）汽车运输时，应由具有危险品运输资质的人员及专用车辆进行运输。车辆前方悬挂黄底黑字"危险品"字样。

3）同一辆汽车上不能混装可燃物品和燃料。

4）若与燃料车同路行驶，其间距不得少于 100 m。

5）汽车在土路或碎石路上行驶时，速度不得大于 30 km/h。

6）汽车行驶中应避免紧急刹车；途中遇有危险货物车辆时，根据情况实施停、靠、躲、让。

7）汽车应停泊在安全地点，不得在居民聚居点和行人稠密的地段停车；停车时与燃料车之间距离不得小于 50 m，并派专人看管。

8）火车零担托运时，严禁与可燃物品和燃料混装在同一车皮上。

9）搬运时应小心轻放，严禁撞击、滑跌、坠落、翻滚、倒置或侧放。

10）运输时应配备洗消和消防设备。

（3）公路运输中的事故处理

绿色四氧化二氮公路运输途中发生事故，处理办法如下。

1）尽量将车停泊到非居民区，并熄火。

2）采取措施防止车辆溜动。

3）设置警戒信号——白天用红色信号旗，晚上用红色信号灯，警告来往车辆、行人严禁接近运输车。

4）根据绿色四氧化二氮泄漏、着火、中毒等事故处理办法尽快处理事故。

5）不能处理的事故，司机和押运人员应站在上风处，一边看管现场，一边请求附近的救护车、消防车、医护人员、警察等协助处理。

6.8.3 转注

6.8.3.1 转注方式

绿色四氧化二氮的转注、加注可采用氦气或氮气挤压、高位压差自流等方式进行。

6.8.3.2 转注安全要求

绿色四氧化二氮转注使用的氦气和氮气应符合质量要求。操作时应防止喷溅和泄漏。转注、加注要求如下。

1）由经过培训合格，取得上岗证的人员操作，人数至少为2人，并穿戴符合规定的防护用品。

2）现场应清除一切可燃物品。

3）现场应备有自来水和洗消液，附近有安全淋浴和洗眼喷泉。

4）保持通风良好。

5）系统应连接牢固、可靠，气密性合格。

6）转注、加注速度按专用技术条件的要求。

7）容器卸压前不能打开容器盖。

8）转注、加注完毕后，接收罐和空罐都要用氮气或氦气增压保护。

9）污染的设备、防护用品及场地应用水冲洗干净，污水排入污水池集中处理。

6.8.4　泄漏处理

绿色四氧化二氮发生泄漏事故时，应按事故预案中规定的相关措施进行处理。

处理绿色四氧化二氮泄漏事故时，人员应站在上风处，避免吸入有毒气体；进入泄漏区域的人员应戴自供氧式防毒面具，同时穿全封闭防护衣、耐酸雨鞋。一般处理方法如下。

1）零部件处泄漏，可在卸压后进行紧固，或更换零部件。

2）罐体或焊缝处渗漏，可用堵漏剂敛缝，并采取进一步处理措施，尽可能将绿色四氧化二氮转至与之一级相容的容器中。

3）不能控制的大量泄漏，人员应撤离到安全区域，报警后等待救援。

4）事故处理完毕后，应用水将场地冲洗干净，用 5% 的碳酸钠溶液处理防护用品。现场工作人员应立即淋浴，并进行必要的检查和诊治。

6.9　清洗、处理和监测

6.9.1　清洗

6.9.1.1　新容器清洗

绿色四氧化二氮的新贮运加注罐清洗步骤如下。

1）用棉纱或棉布擦去油污，然后用中性洗涤剂溶液浸泡 10～20 min，再用水冲洗。

2）用质量分数为 25%～35% 的硝酸和质量分数为 1%～2.5%

的氢氟酸的混合溶液浸泡 1～3 h，排空后用水冲洗，直至排出水与注入水的 pH 值相同。

　　3）用质量分数为 2％～4％的硝酸铝溶液洗涤 5 min，排空后用水冲洗。

　　4）用质量分数为 45％～55％的硝酸溶液浸泡 1 h，排空后用水冲洗，直至排出水与注入水的 pH 值相同。

　　5）用蒸馏水清洗 2～3 次。

　　6）检查清洗质量，包括内壁洁净度、排出水的 pH 值、颗粒物含量。

　　7）用氮气吹干或烘干。

6.9.1.2　旧容器清洗

　　充装过绿色四氧化二氮并准备再次使用的贮运加注罐，在泄出绿色四氧化二氮后，无须清洗，但应保持正压状态。

　　若贮运加注罐需要修复或被污染需要清洗时，先泄出绿色四氧化二氮，再用氮气吹除罐内氧化氮气体，然后快速注满 0.5％碳酸钠溶液（含 0.02％硅酸钠），浸泡 30 min 后排出，先用水、然后再用蒸馏水冲洗干净后干燥。

　　脱脂、除锈、钝化、干燥等操作程序开始后应连续进行，不得中断，以免酸或碱腐蚀贮运加注罐及配件。清洗后装配的贮运加注罐，须按使用条件进行气密性检查，合格后方可灌装绿色四氧化二氮。

6.9.1.3　组合件清洗

　　对于阀门、调节器、管路附件等金属组件，将其分解成零件，分别清洗。可再次使用的垫圈、垫片，清洗干净并烘干后用聚乙烯塑料袋密封包装、存放。其他小部件清洗干净并烘干或吹干后也用聚乙烯塑料袋密封保存。大部件清洗干净并吹干后用聚乙烯塑料布盖封。

6.9.2　处理

6.9.2.1　废气处理

绿色四氧化二氮的废气来源主要是生产、转注、取样、化验及容器清洗时产生的含有氮氧化物的气体。

氮氧化物是酸性氧化物，可与碱发生中和反应。同时，氮氧化物又是可变价氧化物，在还原剂溶液中能被还原为氮气和亚硝酸根。

废气治理可通过中和反应、氧化还原反应和燃烧法进行，达到处理氮氧化物废气的目的。反应方程式如下

$$2NO_2 + 2NaOH \longrightarrow NaNO_3 + NaNO_2 + H_2O$$

$$4NO_2 + 4Na_2SO_3 + H_2O \longrightarrow 4Na_2SO_4 + N_2 + HNO_2 + HNO_3$$

$$4NO_2 + 2NaOH + 4Na_2SO_3 \longrightarrow NaNO_3 + 4Na_2SO_4 + $$
$$N_2 + NaNO_2 + H_2O$$

废气经处理后符合 GB 16297−1996 的规定方可排放。

6.9.2.2　废液处理

绿色四氧化二氮的废液处理可参照 5.9.2.2 节中规定的要求执行。

6.9.2.3　污水处理

绿色四氧化二氮的污水来源主要是清洗绿色四氧化二氮容器、生产装置、管路及处理少量绿色四氧化二氮所产生的含有氮氧化物的污水。

绿色四氧化二氮的污水中含有 HNO_3 和 HNO_2 等，因而呈酸性，具有腐蚀性。

绿色四氧化二氮的污水应经污水通道进入污水处理池集中处理。向池中加入氢氧化钠或碳酸钠进行中和反应。反应方程式如下

$$HNO_2 + HNO_3 + 2NaOH \longrightarrow NaNO_3 + NaNO_2 + 2H_2O$$

$$HNO_2 + HNO_3 + Na_2CO_3 \longrightarrow NaNO_3 + CO_2\uparrow + NaNO_2 + H_2O$$

处理后的污水各项指标应符合相关规定后，方可进行排放。

6.9.3　监测

6.9.3.1　空气中氮氧化物监测

　　绿色四氧化二氮中的一氧化氮遇空气被氧化成二氧化氮，四氧化二氮又很容易离解成为二氧化氮，因此绿色四氧化二氮在空气中的主要存在形式为二氧化氮和一氧化氮。空气中氮氧化物的监测常采用酸性高锰酸钾溶液氧化法和三氧化铬－石英砂氧化法，监测方法可参照 GB/T 15436－1995《环境空气 氮氧化物的测定 Saltzman 法》执行。

6.9.3.2　水中氮氧化物监测

　　四氧化二氮易与水作用生成硝酸并放热。

$$3N_2O_4 + 2H_2O \Longleftrightarrow 4HNO_3 + 2NO + 2.724 \times 10^5 J$$

　　绿色四氧化二氮在水中的一氧化氮由于不溶于水而挥发到空气中，因此其水中主要以稀硝酸或氨氮的形式存在，可利用酸碱中和反应，使 pH 值达到 6～9 后方可排放。

　　氨氮属于第二类污染物，应在排污单位总排放口采样监测，氨氮的最高允许排放浓度为 25 mg/L。监测方法一般采用钠氏试剂比色法和 N－（1－奈基）乙二胺分光光度法。

6.10　安全使用守则

　　1）凡是接触绿色四氧化二氮 MON－1 和 MON－3 的人员，必须熟悉其性质，掌握处理事故和急救措施。

　　2）进行绿色四氧化二氮操作时应严格执行"双岗制"，以便发生事故时能及时救护、求援和处理事故。

　　3）操作人员应根据危险程度穿戴相应的防护用品。

　　4）操作现场应备有水源、灭火器、通风和通信设备。

　　5）操作现场严禁放置燃烧剂、可燃有机物及可燃物品。

　　6）严守操作规则，认真查处技安隐患，避免发生由于氧化剂泄漏而引起着火或中毒事故。

　　7）对污染的防护用品、工具，应及时用水或中和液清洗干净。

　　8）涉及绿色四氧化二氮的操作人员至少每年应进行 1 次身体检查。

参 考 文 献

[1] GB/T 7478—1987 水质 铵的测定 蒸馏和滴定法.

[2] GB 7493—1987 水质亚硝酸盐氮的测定分光光度法.

[3] GB Z 15—2002 职业性急性氮氧化物中毒诊断标准.

[4] GB Z 2.1—2007 工作场所有害因素职业接触限值化学有害因素.

[5] HJ—T 197—2005 水质 亚硝酸盐氮的测定 气相分子吸收光谱法.

[6] 杨波,刘召金,张利军,等.氨水吸收法测定绿色四氧化二氮中氯化物.低温与特气,2008 年第 2 期.

[7] 王中强,丛日梅,刘卫国.绿色四氧化二氮中氯化物测定方法探讨.分析测试,2005 年第 25 卷.

[8] 刘再华,刘艳英.绿色四氧化二氮相当水含量超标分析.导弹与航天运载技术,2004 年第 4 期.

[9] 岳茂兴.氮氧化物中毒损伤的临床救治研究与进展.中华急诊医学杂志 2001 年 8 月,第 10 卷第 4 期.

[10] 曹晔兴.便携式 NO₂ 检测报警仪的研制.分析仪器,2009(1).

[11] 张天成,吕振英,刘天运,等.四氧化二氮中毒的临床救治.解放军医学情报,1994 年第 5 期.

[12] AFRED C. WRIGHT. Usaf Propellant Handbooks:Nitric Acid/Nitrogen Tetroxide Oxidizers. AD/A—036741,Vol. Ⅱ, Feb 1977.

第7章 液 氧

7.1 概述

液氧是推进剂中使用最广泛的一种氧化剂，常与液氧组合使用的燃料是液氢，其次是煤油、甲烷、乙醇等。现代的大型运载火箭大都使用液氧作氧化剂。推进剂级的液氧含量不低于 99.5%，主要的杂质是氩。

7.2 生产原理

生产液氧的主要方法是空气分离法，包括低温精馏法、常温变压吸附法、膜分离法和吸收法 4 种方法。生产液氧最经济的方法是将空气液化分馏。主要方法是 zinol 和克劳德循环。

空气分离制氧的原料为干燥空气，其主要组成成分如表 7-1。

表 7-1 干燥空气的主要组成成分

名称	体积分数/10^{-6}
氮	$784\ 840\pm40$
氧	$209\ 460\pm20$
氩	$9\ 340\pm10$
二氧化碳	300 ± 30
氖	18.21 ± 0.04
氦	5.24 ± 0.05
氢	约 0.5
氙	0.087 ± 0.01

制造液氧所用的空气要尽可能的清洁，要求空气中杂质的体积分数满足下列条件。

1）二氧化碳含量不大于 $400×10^{-6}$。

2）乙炔含量不大于 $0.5×10^{-6}$。

3）甲烷的含量不大于 $5×10^{-6}$。

4）总烃含量不大于 $8×10^{-6}$。

5）氧化亚氮含量不大于 $0.35×10^{-6}$。

如周围的空气不能满足上述条件时，应在空分装置前采取分子筛吸附净化措施。

空气分离制氧主要包括以下步骤。

1）清除空气中的灰尘及机械杂质。

2）在多级压缩机内，将空气压缩。

3）去除压缩空气中的二氧化碳和水蒸气。

4）将空气液化。

5）液态空气精馏分离成氧和氮。

火箭推进剂液氧采用深冷法分离空气生产。

7.3　技术规格

美国军用标准 MIL—PRF—25508F 中规定了液氧采购指标分为 A、B 和 F 三级，其采购指标如表 7—2。

表 7—2　液氧采购指标

项目	级别		
	A	B	F
氧体积分数/%	≥99.6	≥99.5	≥99.99
总杂质体积分数/10^{-6}	≤4 000	≤5 000	≤100
碳氢化合物体积分数/10^{-6}	≤50	≤67.7	≤20
乙炔体积分数/10^{-6}	≤0.25	≤0.5	≤0.05

续表

项目	级别		
	A	B	F
水体积分数/×10^{-6}	≤3	≤26.3	≤3
甲烷体积分数/10^{-6}	①		≤16
乙烷体积分数/×10^{-6}			≤2
丙烷和碳数大于3的烷烃/10^{-6}			≤1
卤代烃/10^{-6}			≤1
二氧化碳和一氧化碳体积分数/10^{-6}			≤1
其他(氮气、氩气和氦等)/10^{-6}			75
气味			无
颗粒物质量浓度/(mg/L)	≤1.0	≤1.0	≤1.0

① 表格空白处表示该项指标无特殊要求。

7.4　物理化学性质

7.4.1　物理性质

　　高纯度液氧为无味、淡蓝色的透明液体，沸点为 -183.0 ℃，冷却到 -218.8 ℃时凝结成蓝色晶体。在不保温的容器外壁结白霜。其主要物理常数如表 7—3。将工业气体手册上有关液氧在不同温度下的密度、汽化热、饱和蒸气压、定压热容、热导系数、动力粘度和表面张力等数据列于附录 A，以便查询。

　　液氧和氧气都具有感磁性，在磁铁作用下可带磁性，并被磁极所吸引。液氧不导电，但有电的积蓄，如沸腾时因摩擦而产生电荷积存。

　　在液氧温度下，多数普通溶剂被固化，液氧与液氮、液态甲烷是完全互溶的。轻馏分的烃类亦在液氧中溶解，乙炔在液氧中溶解的体积分数不大于 $4×10^{-6}$。

表 7-3　氧的物理常数

项目		数值
分子量		32.00
冰点/℃		−218.8
沸点时	温度/℃	−183.0
	气体密度/(g/cm³)	0.004 5
	液体密度/(g/cm³)	1.14
	汽化热/(J/mol)	6 812.3
	液体粘度/Pa·s	$186×10^{-6}$
	液体表面张力/(N/m)	$13.2×10^{-3}$
	比热/[J/(mol·K)]	54.43
	导热系数/[W/(m·K)]	0.152 8
	生成热/(J/mol)	378.5
临界点	温度/℃	−118.4
	压力/MPa	5.08
	密度/(g/cm³)	0.436
三相点	温度/℃	−218.79
	压力/Pa	146.33
	气体密度/(g/cm³)	$1.035 8×10^{-5}$
	液体密度/(g/cm³)	1.306
	固体密度/(g/cm³)	1.359
蒸气压(−178.2 ℃)/Pa		$1.63×10^{5}$
熔解热/(J/mol)		444.8
介电常数		1.46
声速(273.15 K,0.101 MPa)/(m/s)		315
折射系数,Na$_D$		1.222 2

7.4.2　化学性质

液氧和氧气一样是强氧化剂，能强烈助燃，但不能自燃。液氧与脂肪、凡士林、苯、酒精、润滑油等接触时，发生剧烈的氧化作用，若在加压情况下，则常常发生爆炸。液氧蒸发后生成的氧气与乙炔、氢气、甲烷等可燃气体按一定比例混合形成极易爆炸的混合物。浸泡过液氧的棉花、煤粉、木炭等多孔物质，通常可作为采矿用的炸药。

液氧具有化学稳定性，对撞击不敏感，也不易分解。在环境温度下，装在绝热性能良好的容器中，$1.7\ m^3$ 容器中的液氧在 $24\ h$ 内的蒸发率可低至 1.4%；$5.1\ m^3$ 容器中其蒸发率约为 0.4%。

7.5　安全性能

液氧为强氧化剂，助燃，与可燃蒸气混合可形成燃烧式爆炸性混合物。与还原剂能发生强烈反应，氧气比空气重，在空气中易扩散，流速过快容易产生静电积累，放电可引发燃烧爆炸。

$1\ t$ 液氧完全蒸发可得到 $20\ ℃$、$1×10^5\ Pa$ 状态下的氧气 $750\ m^3$，因此 $1\ t$ 液氧完全蒸发为气体后，在密闭容器中压力增加 750 倍以上。液氧泄漏后，会使空气中的氧含量增高，一旦出现火情，会引起富氧燃烧事故，产生严重后果。

7.5.1　着火和爆炸危险性

7.5.1.1　着火危险性

如果液氧和液体燃料接触，液氧将引起液体燃料的冷却并凝固，凝固的燃料和液氧混合物对撞击是敏感的，在加压的情况下常常转为爆炸。油脂、沥青、煤油等有机物和氧起猛烈反应。

燃烧反应的类型取决于氧和燃料的混合比和点火情况。一种是液氧与大多数液体燃料混合，形成的混合物点火或受到机械撞击时能发生爆轰。另一种是在发生燃烧的情况下，液氧的存在会加速燃烧并伴随有反复的爆炸。燃烧反应的强度取决于燃料的性能。

7.5.1.2　爆炸危险性

所有的可燃物质（包括气体、液体、固体物质在内）和液氧混合时呈现出爆炸的危险性。尤其混合物被凝固时，由于静电、机械撞击、电火花等作用，极易发生爆炸。

液氧的泄漏可以形成有潜在危险的高浓度氧气。在液氧转注操作过程中尤其是当液氧进入温暖的系统时，由于液氧的汽化，可以形成大量的氧气。在封闭场地内，由于静电、电火花或火源，会引起氧气和燃料蒸气的混合物发生爆炸。

当液氧积存在封闭的系统中，而又不能保温，则可能发生压力破坏。温度升高到 -118.4 ℃而又不增加压力，则液氧不能维持液体状态，若泄压不及时，会导致物理性爆炸。如液氧积存在两个阀门之间，可导致管路的猛烈破坏。如果氧气不泄出或压力不能适当排除，当冷冻失效时，将导致贮箱的破坏。真空夹套贮箱中的真空失效，如果系统不能承受额外的负载，则会引起蒸发加速和排空系统的破坏。

7.5.2　防火防爆措施

7.5.2.1　防止易燃、易爆系统的形成

防止可燃物质、液氧（或氧气）、引火源同时存在；防止液氧泄露形成富氧环境；防止可燃物与液氧接触或是防止可燃物与氧气形成爆炸性混合物。需采取以下措施。

1）加强密闭，避免液氧泄漏。

2）加强机械通风，防止氧气积存。

3）清除易燃物。

液氧库内外 10 m 不得存放易燃易爆物质。在液氧运输容器和管道周围禁止存放酒精、汽油、煤油、棉纱等易燃物以及乙炔、甲烷等易燃气体。

7.5.2.2　消除、控制引火源

为预防火灾及爆炸，对引火源进行控制是消除燃烧三要素同时存在的一个重要措施。引起液氧火灾爆炸事故的引火源主要有明火、高温表面、摩擦和撞击、化学反应、电气火花、静电火花和雷击等。

7.5.2.3　灭火措施

控制液氧引起的火灾的方法，应根据火灾的类型和现场环境来决定：若火灾是由于液氧流到木头、纸、废物或其他有机物上而引起的，首先应阻止液氧的继续流动，并尽快用干粉、二氧化碳和泡沫灭火剂灭火；若火灾是由于液氧流到大量燃料中引起时，必须阻止液氧流动并尽快灭火，反之，若是燃料流到大量液氧中，则阻止燃料流动；若燃料和液氧接触混合后还没有燃烧，则将场地与火源隔绝，尽快撤出操作人员，让液氧蒸发掉；若大量液氧与水溶性的燃料发生燃烧，则用水稀释燃料进行灭火。必须特别注意，液氧和燃料的混合物存在着严重的爆轰危险，救火时应考虑到这一点。

液氧操作现场或与液氧接触的所有电气设备必须禁油。

7.6　材料相容性

选择与液氧相容的材料，必须考虑材料低温时的物理性质以及材料和液氧之间的反应性。材料要有承受应力集中的能力，特别要关注材料对温度的变化。

7.6.1　金属材料

金属与氧接触，一般具有化学稳定性，液氧对铜，铝，不锈钢等不产生作用，但与普通结构钢、铸铁等接触时，会使这些金属变脆。

下列金属材料可用在液氧中。

1）铝及其合金：LD_1，LD_2，LD_5，LD_{10}，LY_9，LY_{12}，LF_2，LF_3，LC_4 等。

2）9%镍铜合金。

3）不锈钢：1Cr18Ni9Ti，0Cr19Ni9 等。

4）铜及其合金：铝青铜（QAl10－3－1.5），黄铜（H62）等。

5）镍及其合金：N_8 等。

在液氧贮存设备或试验设备中应避免采用钛合金，因为钛合金在氧环境中对冲击很敏感，钛合金在 100％ 氧环境中，即使压力很低，也很容易着火和燃烧。

7.6.2　非金属材料

由于液氧的强氧化性和低温性质，在气氧和液氧系统中推荐使用的非金属材料有：聚四氟乙烯（加填料或不加填料的）、聚三氟氯乙烯、偏氟乙烯与六氯丙烯的共聚物，石棉、特殊硅橡胶等。

石墨浸渍的环氧树脂（或酚醛树脂、或磷酸镁）、全氟聚氨酯、氮化硅陶瓷、高温石墨、氮化硼等物质，对冲击不敏感。

7.6.3　润滑油

液氧是极强的氧化剂，不能使用石油基的润滑剂。可以使用特殊的润滑剂，如氟碳润滑剂或全氟化碳润滑油。

7.7　毒性、急救和防护

7.7.1　毒性

氧气和液氧均无毒，而且还是维持动物生命的重要气体，对环境也不会造成污染。但人在纯氧和缺氧（少于 16％）条件下长期生存，也会引起病变。

常压下，大白鼠在 80％ 氧气中生活 4 d，开始陆续死亡；兔的视细胞全部损毁；在纯氧中，兔 48 h 视细胞全部损毁，狗 60 h 有死亡，猴 3 d 出现呼吸困难，6～9 d 死亡。

液氧喷溅到皮肤表面可引起低温冻伤。

7.7.2　急救

氧气的主要危害在于着火爆炸和液氧的低温冻伤。事故发生后人员要迅速撤离。将受伤人员立即送医院进行救治。

如发生冻伤，将患部浸泡于 38～42 ℃的温水中复温。

7.7.3 防护

1）液氧操作人员应使用毛皮或石棉手套，穿皮制高统靴和长统胶靴，戴面罩、防酸性护目镜，并穿着绝缘性良好和不渗透的防护服。

2）不要在氧浓度超过 40％的环境中工作，若需在高浓度环境下抢险作业时，需佩戴空气呼吸器。

3）防止液氧喷溅到皮肤表面引起低温冻伤。

7.8 贮存、运输和转注

7.8.1 贮存

液氧是一种低温推进剂，在贮存过程中始终有蒸发损失，即使贮箱的绝热性能非常良好，也只能短期贮存。

7.8.1.1 贮存场地

1）贮存场地必须清除油脂类及其他可燃物质，并严禁明火。

2）液氧贮存量达到 200 t 时，即属于重大危险源。液氧贮存质量与安全距离的关系见第 3 章。

3）贮存场地应按照 GB 2894－2008《安全标志及其使用导则》的规定设置安全标志。

4）液氧贮存场地应通风良好，室内贮存应加强机械通风。

5）贮存场地应提供充足水源，以用于灭火及场地清洗。

7.8.1.2 贮存条件

1）贮存液氧的容器应具有良好的绝热保温性能，容器、管路及密封材料在低温下具有良好的物理性能，并与液氧一级相容。

2）贮存容器必须有安全阀门、爆破膜、禁油压力表、排气管

（带止回阀）、液氧指示器或液面计，性能必须良好。

3）贮罐内液氧贮量不得大于其容积的 90％，不宜小于其容积的 50％。

4）泵送系统贮罐工作压力为 0.1～0.25 MPa，挤压系统贮罐工作压力为 0.4～1.0 MPa。

5）新的或修理过的贮罐、容器在使用前必须经过脱脂处理、气密性试验和强度试验，并用合格氮气进行吹除处理。

6）贮存环境温度不得超过 45 ℃。

7.8.1.3　贮存管理

1）所有贮罐均应统一编号，并标明贮罐产品名称、生产厂家、出厂日期、批号、数量和入灌时间。

2）每天至少检查贮罐内液氧压力 3 次。

3）每天至少记录液氧的损耗量 3 次，液氧日平均损耗量不大于贮罐规定指标。

7.8.2　运输

液氧采用铁路运输或公路运输。

7.8.2.1　运输要求

1）铁路运输液氧时液氧应符合相关规定。

2）公路运输液氧时应符合 JT 3130－1988《汽车危险货物运输规则》的有关规定。

3）液氧装载量不得超过槽车容积的 90％，不得少于槽车容积的 50％。

4）运输途中，如发生大量泄漏或压力不断升高的故障，当不能排除时，槽车应在离开火源及易燃物、机车、居民点 100 m 以上的空旷地区熄火后将液氧泄出排空。

5）运输途中不宜紧急制动，槽车罐体部位必须标有"严禁烟火"、"禁止溜放"的醒目标志。

7）随车专业押运人员至少 2 人。

7.8.2.2　液氧在铁路运输过程中的要求

1）在运输过程中应配备消防、防护器材。

2）铁路液氧槽车在运输途中，压力不允许超过 0.02 MPa（表压）。为使槽车在车站短暂停留时关闭排气管，以减少车站附近的危险性，允许槽车内的压力达到 0.05 MPa（表压）。若压力升高，应立即查明原因，并采取相应措施。

7.8.2.3　液氧在公路运输过程中的要求

1）公路液氧槽车在 1 级公路上行驶时速不超过 40 km/h，在 2 级或 3 级公路上行使时速不大于 30 km/h，在沙石路上行驶时速不超过 20 km/h。

2）公路液氧槽车内压力不允许超过 0.01 MPa（表压），如压力升高，应立即查明原因，并采取相应措施。

3）若公路槽车中的液氧需紧急泄出时，应用土将橡胶轮胎盖住（土高约 10～15 cm）。

7.8.3　转注

液氧的转注可采用挤压法和泵转注法。

液氧转注要求如下。

1）转注前必须对转注系统进行气密性检查和氮气置换，合格后方可转注。

2）在转注过程中，贮罐、槽车或容器外壳表面大面积结霜时，应停止转注，将其中的液氧转到完好的容器中。

3）转注后，操作人员在离开操作现场 30 min 后方可接近明火。

4）雷击期间禁止转注。

7.9　清洗和处理

7.9.1　清洗

与液氧接触的容器和管路系统，在下列情况下应进行脱脂。

1）新制造的。

2）经过焊接、机械加工处理的。

3）脱脂有效期满的。

4）被污染的容器设备。

容器设备脱脂前的检查有以下几项。

1）容器设备内的气体事先应进行化验分析，其氧气含量应在 19%～22% 的范围内。

2）在脱脂前，必须对大型贮箱、槽车等容器用放大率为 4 倍以上的放大镜进行一次内部表面检查。若有裂缝、焊渣、锈蚀、油污等应进行清除修补。不清洁时应用自来水清洗，并用干燥空气吹干。

3）进入容器内部检查的工作人员，应穿戴清洁无油的工作服及胶靴。工作时应使用电压不超过 12 V 的照明灯具。

4）进入容器内部检查时，外面应有人进行监护及传递工具。

5）检查完毕后不允许将物品丢失在容器内部。

容器设备的脱脂方法有以下几种。

1）脱脂溶剂一般采用乙醇或 HT 型脱脂清洗剂。

2）脱脂工作在室外进行时，应选择无雨无风的晴天进行。脱脂前，周围环境应整齐清洁。

3）在室内脱脂时，应使用机械通风或自然通风。

4）脱脂场所周围 25 m 以内禁止明火及焊接作业。

5）盛脱脂溶剂用的容器，不得采用铁质容器，以免带入铁锈。

6）整个擦拭工作完成后，应用白绸布擦拭检查，确认无油污、无纤维为止。

7）脱脂后，应用干净的 40～60 ℃ 的热空气吹干，密封后充入 0.05 MPa 的合格氮气保存。

8）对于小型容器，应把脱脂溶剂注入容器中，摇动洗涤内表面 5～10 min，倒出脱脂溶剂，用纸检查有无油污。重复清洗 3～5 次，直至倒出的脱脂溶剂清洁透明，最后以干燥的空气（或氮气）吹至无脱脂溶剂为止。

9）脱脂后的脱脂溶剂，如蒸馏残余物大于 2% 时，则不允许再使用。

7.9.2　处理

液氧不会产生废弃物，其废气直接排入大气。

未被污染的液氧，最好的处理方法是让其在容器中自然蒸发掉，并使氧通过排空管排出。也可泄在没有可燃物的空旷场地上。

已被污染的液氧，应排放到预先选定的场地，让液氧自然蒸发，排放场地必须离火源 100 m 以上，所有人员撤离排放现场。

在排放液氧时，应防止与橡胶制品、普通钢或铸铁设备及其他易脆化物品接触。

7.10　安全使用守则

1）熟悉液氧的理化性能、安全防护和急救措施。

2）现场操作人员至少 2 人。

3）室内应保持良好通风，避免气氧积存。

4）使用工具必须是铜、铝或其合金制成，使用前进行脱脂处理。

5）严禁与油脂类物品接触。

6）液氧操作人员应使用毛皮或石棉手套，穿皮制高统靴和长统胶靴，戴面罩、防酸性护目镜，并穿着绝缘性良好和不渗透的防护服。

7）液氧溅到皮肤上，应立即用温水浸泡；若大块皮肤冻伤，应迅速就医治疗。

8）现场操作人员应用空气吹除 30 min 后，方可接近明火。

参 考 文 献

[1] GB 16912—2008 深度冷冻法生产氧气及相关气体安全技术.

[2] GB 18218—2009 危险化学品重大危险源辨识.

[3] GB 50030—1991 氧气站的设计.

[4] JB/T 6897—2000 低温液体运输车.

[5] JT 3130—1988 汽车危险货物运输规则.

[6] 黄建彬主编. 工业气体手册. 北京:化学工业出版社,2002 年 3 月第 1 版.

[7] 国防科工委后勤部. 火箭推进剂监测防护与污染治理. 长沙:国防科技大学出版社,1993 年 10 月第 1 版.

[8] G·P·萨顿,O·比布拉兹,著. 火箭发动机基础. 洪鑫,张宝炯,等,译. 北京:科学出版社,2003 年 7 月第 1 版.

[9] ISO 14951—1 Space system—fluid characteristics,Part 1:Oxygen 1999.

第8章 过氧化氢

8.1 概述

过氧化氢又称双氧水，分子式为 H_2O_2，相对分子量为 34.016，其分子结构为 4 个原子通过共价键结合成非极性的 $H-O-O-H$ 结构。过氧化氢是一种弱酸性的无色、无嗅透明液体，可以和水以任意比例互溶。

过氧化氢具有低毒、高密度、低饱和蒸气压的特点，且分解产物只有水和氧气，既可以作为单组元推进剂，也可以作为双组元推进剂中的氧化剂。1938 年，德国在第二次世界大战中首先应用过氧化氢作为推进剂，此后，在苏联的联盟飞船，英国的黑骑士运载火箭，美国的 X—1，X—15，X—37 系列飞行器、水星号飞船上都使用过氧化氢推进剂。激光武器、鱼雷也采用过氧化氢推进剂。而其高密度比冲、绿色无毒、常温可贮存、高燃料混合比等性能，特别适合大推力、快速响应、重复使用、长时间在轨运行等任务需求，被认为是当前推进剂向无毒化方向发展有潜力的选择之一。

8.2 生产原理

1818 年 7 月，特纳德在利用过氧化钡（BaO_2）与酸反应时首次发现过氧化氢，由过氧化钡制取过氧化氢为早期的工业生产方法，但因不适于大规模生产，制备出的过氧化氢浓度又低，后被电解法取代。

1853 年，迈定锷发现在电解硫酸过程中会产生过氧化氢。随后几十年中，电解法经多方面研究改进，最终成为 20 世纪上半叶过氧化氢的主要生产方法，并发展出电解过硫酸法、电解过硫酸钾法、电解过硫酸铵法等，使用这些方法最终可得到 $30\% \sim 35\%$ 的过氧化氢水溶液。尽管在多年的研究开发和生产实践中，曾不断地从电解、水解以及电解液净化等方面对电解法进行改进，以提高电流、电能、水解等效率，提高单元设备生产能力，降低能耗，并取得明显效果，但终因方法本身存在能耗高、设备生产能力低和消耗贵金属（铂）等固有缺点，致使该法逐渐被蒽醌法取代。

里德尔和法雷德尔研究成功了蒽醌衍生物自动氧化制取过氧化氢的方法（简称蒽醌法），并于 $1937 \sim 1945$ 年取得了一系列的专利权。由于该法具有能耗低、成本低和便于装置大型化等优点，现已成为全球领域过氧化氢生产的主要方法。

此外，美国壳牌公司还成功开发出异丙醇自动氧化法。由氢、氧直接化合制取过氧化氢的研究开发近来也取得重要进展。表 8-1 列举了各种过氧化氢制备方法。

表 8-1　过氧化氢制备方法

制备方法		反应方程式
电解法	过硫酸法	$2H_2SO_4 \xrightarrow{\text{电解}} H_2S_2O_8 + H_2$ $H_2S_2O_8 + 2H_2O \xrightarrow{\text{水解}} 2H_2SO_4 + H_2O_2$
	过硫酸钾法	$2NH_4HSO_4 \xrightarrow{\text{电解}} (NH_4)_2S_2O_8 + H_2$ $(NH_4)_2S_2O_8 + 2KHSO_4 \xrightarrow{\text{复分解}} K_2S_2O_8 + 2NH_4HSO_4$ $K_2S_2O_8 \xrightarrow[\text{H}_2\text{SO}_4]{\text{水解}} 2KHSO_4 + H_2O_2$
	过硫酸铵法	$(NH_4)_2S_2O_8 + 2H_2O \xrightarrow{\text{水解}} 2NH_4HSO_4 + H_2O_2$
蒽醌法		$AQ + H_2 \xrightarrow{\text{催化剂}} HAQ$ $HAQ + O_2 \longrightarrow AQ + H_2O_2$
异丙醇自动氧化法		$(CH_3)_2CHOH + O_2 \longrightarrow CH_3COCH_3 + H_2O_2$

1934 年，德国将质量分数为 60% 的过氧化氢水溶液作为水下推进剂，这是过氧化氢首次用作推进剂。现在作为推进剂用的过氧化氢，质量分数都不低于 70%，而工业制备出的过氧化氢水溶液质量分数一般不超过 50%，因此需要进行浓缩。由于水比过氧化氢更易挥发，且具有 50.2 ℃ 的沸点差，同时两者不能形成共沸物，因而可采用精馏法进行浓缩。通常在精馏前先将稀品蒸发，并保留少量的蒸发残液，以除去含有的难挥发或不挥发的杂质（如高沸点有机物、无机盐等），然后将蒸出的过氧化氢与水的混合蒸气精馏，水和一些易挥发物如低沸点有机物被蒸出，在精馏塔底部产出高浓度过氧化氢产品，该过程在浓缩的同时还起到了提纯的作用。由于在某些条件下过氧化氢水溶液上方的蒸气可能发生爆炸性的分解（如当质量分数超过 73% 的过氧化氢水溶液在大气压下沸腾时，将可产生爆炸性的蒸气），因此过氧化氢的浓缩均在高度真空和较低温度下进行。通过上述蒸发－精馏浓缩法结合后续的二级精馏法或冷冻法可得到低碳、质量分数达 99% 的过氧化氢水溶液。此外，肯尼迪航天中心的专利中，提供了一种利用聚合物膜分离过氧化氢与水的方法，可在不加热的条件下进行过氧化氢浓缩，利用该法可在应用地点制备体积分数为 85% 或更高的过氧化氢水溶液，从而避免了加热引起的爆炸危险。

8.3　技术规格

过氧化氢可作为单组元推进剂使用，也可用作双组元推进剂的氧化剂。美国军用标准 MIL－PRF－16005F（2003）中规定了 4 种类型（70，85，90，98）和 2 种级别（稳定级、高纯级）的过氧化氢采购指标，俄罗斯国家标准 ГОСТР 50632－1993 中规定了 3 种类型的高浓度过氧化氢采购指标。根据使用要求，可参照这些标准选用不同浓度和级别的过氧化氢推进剂（以下统称过氧化氢）。上述技术规格分别见表 8－2 和表 8－3。

表 8—2　美国过氧化氢采购指标

性质	采购指标				
	70 型	85 型	90 型		98 型
	稳定级	稳定级	稳定级	高纯级	高纯级
过氧化氢质量分数/%	71.0~73.0	85.0~87.0	90.0~91.5	90.0~91.5	98.0~99.0
氯化物(Cl⁻)/(mg/kg)	≤0.8	≤0.2	≤2	≤0.5	≤0.5
硝酸盐(NO₃⁻)/(mg/kg)	≤3.9	≤5.0	≤7.5	≤5.0①	≤5.0①
磷酸盐(PO₄³⁻)/(mg/kg)	≤0.2	≤0.2	≤0.5	≤0.2	≤0.2
硫酸盐(SO₄²⁻)/(mg/kg)	≤2.3	≤0.5	≤5	≤0.5	≤0.5
铵离子(NH₄⁺)/(mg/kg)	≤2.3	≤3.0	≤3.0	≤3.0	≤3.0
稳定性(24 h×100 ℃) 活性氧损失/%	≤2	≤2	≤2	≤2	≤2
蒸发残渣/(mg/kg)	≤15	≤10	—	≤20	≤20
总碳/(mg/L)	≤200	≤40	≤105	≤40	≤40
铝(Al)/(mg/L)	≤0.2	≤0.2	≤1.0	≤0.35	≤0.35
锡(Sn)/(mg/L)	0.8~3.1	1.0~4.0	0.7~7.0	1.0~4.0	1.0~4.0
铬(Cr)/(mg/L)	≤0.11	≤0.03	—	≤0.03	≤0.03
铅(Pb)/(mg/L)	≤0.04	≤0.03	—	≤0.03	≤0.03
锰(Mn)/(mg/L)	≤0.04	≤0.03	—	≤0.03	≤0.03
铁(Fe)/(mg/L)	≤0.11	≤0.03	—	≤0.03	≤0.03
铜(Cu)/(mg/L)	≤0.04	≤0.03	—	≤0.03	≤0.03
镍(Ni)/(mg/L)	≤0.04	≤0.03	—	≤0.03	≤0.03
锑(Sb)/(mg/L)	—	—	—	≤0.03	≤0.03
砷(As)/(mg/L)	—	—	—	≤0.03	≤0.03
金(Au)/(mg/L)	—	—	—	≤0.03	≤0.03
锌(Zn)/(mg/L)	—	—	—	≤0.03	≤0.03
钛(Ti)/(mg/L)	—	—	—	≤0.03	≤0.03

① 根据需要，高纯级过氧化氢中硝酸盐含量下限为 2.0 mg/kg。

表 8-3　俄罗斯过氧化氢采购指标

名称、指标	采购指标		
	ПВ-85	ПВ-98	ПВ-100
外观	无色透明液体		
质量分数/%	≥84.5	≥97.5	≥99.5
碱度(以 NaOH 计)/(g/L)	≤0.040		
锡酸钠/(g/L)	0.020~0.030		
焦磷酸钠/(g/L)	0.012~0.018		
硝酸铵/(g/L)	0.020~0.050		
悬浮物/%	0.001		
残渣/%	0.08		
热稳定性(在 373.15 K 下加热 2 h 后 50 mL 样品发出的 O_2 量)/mL	18	25	25

8.4　物理化学性质

8.4.1　物理性质

过氧化氢是一种无色透明的液体，分子式为 H_2O_2。过氧化氢与水是互溶的，因此，用水稀释过氧化氢可以立即降低其分解活性。过氧化氢与大部分水溶性的液体有机物也是互溶的，如醇类、乙二醇、吡啶、醋酸盐、酸类和酮，但与石油醚、煤油、汽油、四氯化碳、三氯甲烷、甲苯、苯乙烯等基本上是不互溶的。

质量分数高于 65% 的过氧化氢溶液结冰时体积收缩，不会破坏容器。当过氧化氢溶液冷却时，将产生过冷现象，且冰点远低于其真实冰点。随着溶液的结冰，将形成雪状物。因此，虽然过氧化氢的冰点较高，但它有显著的过冷特性。

过氧化氢的主要物理化学参数列于表 8-4。

表 8-4　过氧化氢的主要物理化学参数

项目	物化性能	
气味	类似于低浓度氮氧化物气味	
外观	无色澄清液体	
相对分子质量	80% H₂O₂	28.88
	90% H₂O₂	31.286
	95% H₂O₂	32.571
	98% H₂O₂	33.424
	100% H₂O₂	34.016
熔点/℃	80% H₂O₂	−22.35
	90% H₂O₂	−11.65
	95% H₂O₂	−5.25
	98% H₂O₂	−2.65
	100% H₂O₂	−0.65
沸点/℃	80% H₂O₂	约 131.85
	90% H₂O₂	140.85
	95% H₂O₂	145.85
	98%~99% H₂O₂	148.85
	100% H₂O₂	149.85
自燃温度/℃	90% H₂O₂（空气中）	209.85
	99% H₂O₂（空气或氧气中）	121.85
密度（298.15 K）/（g/cm³）	80% H₂O₂	1.333 9
	90% H₂O₂	1.387
	98% H₂O₂	1.431
	100% H₂O₂	1.444
密度（253.15 K）/（g/cm³）	100% H₂O₂	1.71（固体）
饱和蒸气压（303.15 K）/Pa	80% H₂O₂	933.1
	90% H₂O₂	665.78
	98% H₂O₂	399.47

续表

项目	物化性能	
粘度/（mPa·s）	80% H_2O_2	1.260
	90% H_2O_2	1.158
	95% H_2O_2	1.160
	98% H_2O_2	1.158
	100% H_2O_2	1.153
表面张力 （293.15 K）/（N/m）	80% H_2O_2	约 7.7×10^{-2}
	90% H_2O_2	7.914×10^{-2}
	95% H_2O_2	7.964×10^{-2}
	95% H_2O_2	7.995×10^{-2}
	100% H_2O_2	8.015×10^{-2}
热膨胀系数 （273.15~298.15 K）/（1/K）	80% H_2O_2	0.740×10^{-3}
	100% H_2O_2	0.785×10^{-3}
介电常数	80% H_2O_2	约 80
	100% H_2O_2	73.6
电导率 （298.15 K）[1/（Ω·m）]	80% H_2O_2	3.1×10^{-4}
	100% H_2O_2	4.0×10^{-5}
热导率/[J/（m·s·K）]	98% H_2O_2	585.8
三相点温度/℃	100% H_2O_2	−0.42
三相点压力/Pa	100% H_2O_2	34.66
临界温度/℃	90% H_2O_2	444.85
	95% H_2O_2	451.85
	98% H_2O_2	456.35
	100% H_2O_2	459.85
临界压力/Pa	90% H_2O_2	2.45×10^7
	95% H_2O_2	2.477×10^7
	98% H_2O_2	2.49×10^7
	100% H_2O_2	2.50×10^7

续表

项目	物化性能	
压缩系数（293.15 K）/（1/Pa）	80% H₂O₂	$2.472\ 89\times10^{-10}$
	100% H₂O₂	$2.149\ 8\times10^{-10}$
折射系数	80% H₂O₂	1.389 4
（298.15 K，Na_D）	100% H₂O₂	1.406 7
蒸发速率	（丁基醋酸纤维=1）小于水	
闪点① （闭杯）/K	90% H₂O₂	355～358
	99% H₂O₂	346.9
声速（298.15 K）/（m/s）	90% H₂O₂	1 752.5
	95% H₂O₂	1 767.0
	98% H₂O₂	1 774.6
	100% H₂O₂	1 781.0

① 观察不到明显的火焰，反应会导致过氧化氢快速分解。

8.4.1.1　质量分数当量值

过氧化氢质量分数的当量值列于表8－5。

表8－5　过氧化氢质量分数的当量值

过氧化氢质量分数/%	摩尔分数	体积摩尔浓度（298.15 K)/(mol/L)	质量摩尔浓度/（mol/kg）	体积浓度	平均相对分子量
0	0.000 0	0.000	0.000	0.00	18.02
10	0.055 6	3.034	3.266	34.03	18.90
20	0.116 9	6.286	7.349	71.21	19.88
30	0.185 0	9.770	12.599	110.96	20.98
40	0.261 0	13.505	19.599	153.68	22.19
50	0.346 2	17.511	29.398	199.49	23.55
60	0.442 7	21.809	44.097	248.66	25.10
70	0.552 7	26.421	68.595	301.46	26.86
80	0.679 3	31.373	117.590	358.17	28.88
90	0.826 6	36.692	264.580	419.16	31.24
100	1.000 0	42.404		484.62	34.02

8.4.1.2 密度

过氧化氢在温度为 298.15 K 时质量分数与密度的关系如图 8—1
所示。

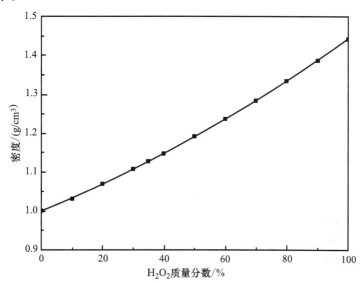

图 8—1 过氧化氢在温度为 298.15 K 时质量分数与密度的关系

8.4.1.3 膨胀系数

过氧化氢质量分数与膨胀系数的关系列于表 8—6。

表 8—6 过氧化氢质量分数与膨胀系数的关系

过氧化氢质量分数/%	平均膨胀系数/（1/K）	
	273.15～298.15 K	298.15～369.15 K
0	8.3×10^3	5.25×10^4
5	1.97×10^4	5.57×10^4
10	2.92×10^4	5.91×10^4
15	3.61×10^4	6.26×10^4
20	4.21×10^4	6.56×10^4

续表

过氧化氢质量分数/%	平均膨胀系数/（1/K）	
	273.15～298.15 K	298.15～369.15 K
25	4.70×10^4	6.82×10^4
30	5.14×10^4	7.05×10^4
35	5.50×10^4	7.26×10^4
40	5.83×10^4	7.46×10^4
45	6.11×10^4	7.64×10^4
50	6.36×10^4	7.80×10^4
55	6.57×10^4	7.93×10^4
60	6.77×10^4	8.04×10^4
65	6.95×10^4	8.15×10^4
70	7.11×10^4	8.24×10^4
75	7.26×10^4	8.34×10^4
80	7.40×10^4	8.44×10^4
85	7.53×10^4	8.50×10^4
90	7.65×10^4	8.53×10^4
95	7.75×10^4	8.56×10^4
100	7.85×10^4	8.58×10^4

估算 t_2 温度下的准确体积时，可采用下式

$$V_{t_2} = V_{t_1} [1 + B(t_2 - t_1)] \qquad (8-1)$$

式中　V_{t_1}——t_1 温度下已知的准确体积；

　　　B——已知膨胀系数。

8.4.1.4　粘度

过氧化氢在不同温度下质量分数与粘度关系如图 8－2 所示。

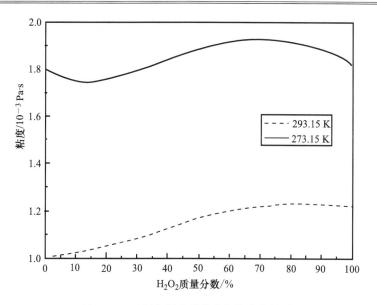

图 8-2 过氧化氢质量分数与粘度的关系

8.4.1.5 热力学性质

过氧化氢的热力学性质参数见表 8-7。

表 8-7 过氧化氢的热力学性质参数 (298.15 K)

热力学性质	过氧化氢质量分数/%			
	100	98	95	90
生成热/(J/g)	-5 527	-5 732	-6 050	-6 578
溶解热/(J/g)	360	364	356	343
气化热/(J/g)	1 524	1 541	1 574	1 629
升华热/(J/g)	1 916.8			
混合热/(J/g)	0	4.2	10.0	18.8

8.4.1.6 电导率

过氧化氢质量分数与电导率的关系如图 8-3 所示。

8.4.1.7 介电常数

过氧化氢质量分数与介电常数的关系如图 8-4 所示。

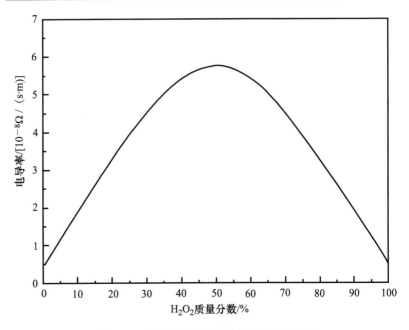

图 8－3　过氧化氢质量分数与电导率的关系

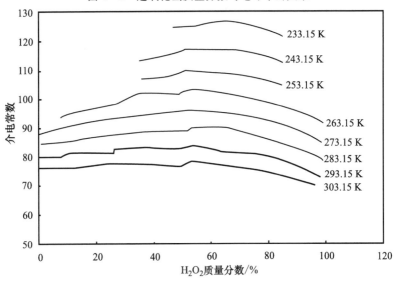

图 8－4　过氧化氢质量分数与介电常数的关系

8.4.1.8 磁化系数

过氧化氢质量分数与磁化系数关系如图 8-5 所示。

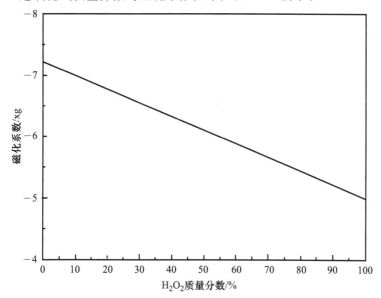

图 8-5 过氧化氢质量分数与磁化系数的关系

过氧化氢电磁性质参数见表 8-8。

表 8-8 过氧化氢电磁性质参数

电磁性质	过氧化氢质量分数/%			
	100	98	95	90
偶极距/D	2.13			
介电常数	70.5	71.6	73.0	75.0
磁化率（283.15 K）	-0.50×10^{-6}			

8.4.2 化学性质

过氧化氢是微酸性液体，具有漂白作用，其分子内含有活性氧

47％。过氧化氢本身在常温下不能燃烧，但是分解时放出的氧能强烈的助燃。由于强氧化性，过氧化氢可以点燃许多有机物质，如木头、棉花、布、纸、干草等。在一定条件下，质量分数65％以上的过氧化氢与许多有机化合物进行反应，并可形成爆炸性混合物。它与许多燃料混合时能自燃，遇强氧化剂（如高锰酸钾等）时也能被还原。作为双组元推进剂的氧化剂使用时，由于其氧化性不强，与许多燃料不自燃，而且必须分解才能燃烧。

过氧化氢与许多无机化合物或杂质接触会迅速分解，如在高锰酸钾和氧化铁的催化作用下，它能迅速分解，放出大量的氧、热量和水蒸气，其分解方程式如下

$$2H_2O_2 \longrightarrow 2H_2O + O_2 + 1.96 \times 10^5 J$$

质量分数高于67％的过氧化氢溶液，若能完全分解，则产生足够的热量，使溶液的温度升高，直至溶液达到沸点并使所有分解产物变成蒸气。

质量分数超过74％的过氧化氢溶液，在一定温度下，并具有适当的点火源时，能进行燃烧，若处于密闭容器中，能产生气相爆炸。

质量分数超过96％的过氧化氢，若给予足够大的引爆能，将猛烈地发生爆轰，产生很大的爆炸威力。

过氧化氢对热、杂质、酸度、强光等均很敏感，极易发生分解。因此，可加入少量的无机物或有机物作为稳定剂。

8.5　安全性能

8.5.1　着火和爆炸危险性

过氧化氢本身是不可燃的，但是它可能与可燃物质反应并产生足够的热量而引起可燃物质燃烧，又由于它分解所放出的氧有强烈的助燃作用，最终可导致爆炸。正是由于这种原因，必须非常谨慎处理过氧化氢可能引发的着火。

过氧化氢的着火和爆炸危险性，都是来自于它极易分解，同时

分解产生大量的热量和氧所造成的。

过氧化氢在 pH 值为 4 ± 0.5 时最稳定,在碱性溶液中极易分解。强光,特别是短波射线也会使它发生分解。

过氧化氢在常温下就缓慢分解,其分解速率大约每年 1%,在 65 ℃时每周约 1%,在 100 ℃时每天约 2%,在 140 ℃时发生迅速分解并可导致爆炸。因此,温度对分解率有很大的影响,每升高 8.3 ℃,分解率约增加 1 倍。若分解时放出的热量不能散失,就引起更剧烈的分解,这样在密闭系统中,由于大量的热量和气体的积聚,最后发生猛烈爆炸。

过氧化氢的爆炸极限为 26%~100%(物质的量分数),质量分数为 74%以上的过氧化氢,其上方蒸气浓度可达 26%(物质的量分数),遇电火花会发生气相爆炸。然而在实际使用中过氧化氢的爆炸危险性并不在此,而主要是由于它与有机物反应或由于杂质催化分解而发生爆炸。过氧化氢与许多有机物,不管是溶解的或不溶解的,如糖、淀粉、醇类、石油产品等形成的混合物,都是敏感的,在冲击和热量或电火花作用下能发生爆炸。过氧化氢与可氧化的物质形成的混合物,有时看来没有明显的反应,但是仍然存在潜在的危险性。

杂质污染可大幅加速过氧化氢的分解。大多数重金属(如铁、铜、银、铅、汞、锌、钴、镍、铬、锰等)及其氧化物和盐类都是过氧化氢分解的活性催化剂,尘土、香烟灰、炭粉、铁锈等也能加速过氧化氢的分解。

因此,若过氧化氢贮存在相容性不好的材料制造的容器中,或者偶尔被铁锈和其他催化性杂质污染时,它就迅速分解,释放出大量的气体和热量,以致于可以破坏容器,发生猛烈的爆炸。

8.5.2　防火防爆措施

为避免过氧化氢发生着火和爆炸事故,采取的主要措施是:容器和组合件应由相容性好的材料制造,并且非常干净,不得落入尘土、铁锈或其他杂质，不得与燃料和有机物质接触，不得有明火和电火花，避免受到光、热和冲击的作用。

为抑制过氧化氢分解，可加入少量的无机物或有机物作为稳定剂，如磷酸及其盐类、锡酸盐、8-羟基喹啉等。对于微量污染，可通过加入稳定剂使过氧化氢保持稳定。若污染严重，任何添加剂都不能阻止其快速分解。若发现过氧化氢的温度升高或产生大量气体，应立即采取紧急措施，按照 100 L 过氧化氢中加入 120 g 85％磷酸水溶液的比例加入 85％磷酸水溶液以控制分解，但加入磷酸后，该过氧化氢只能作其他用途，而不能再作为推进剂使用。若现场没有磷酸，也可用蒸馏水将过氧化氢稀释至质量分数低于 67％。若过氧化氢与燃料或有机液体接触，应立即用水冲稀，使其体积分数低于 30％～35％，否则将导致爆炸。

扑灭过氧化氢的着火最好的灭火剂是水，因为水可起到稀释和冷却的作用。由于化学灭火剂将加速过氧化氢的分解，因此不能使用化学灭火剂。过氧化氢与燃料接触发生着火时，会引起爆炸，因此发生这种类型的着火非常危险，应立即用 2 倍以上的水稀释过氧化氢及灭火，并阻止他们继续接触。

过氧化氢着火时，由于贮存容器可能破裂，人员不得靠近，若火焰蔓延到附近的其他容器，应用大量水冷却容器，以防止发生气相爆炸。若容器中的过氧化氢达到沸点并从通气孔中冒出蒸气或喷出液体，所有人员必须立即撤离到安全地方，因为在几分钟之内可能发生猛烈爆炸。

火灾扑灭后或爆炸发生后，现场必须用大量水冲洗。

8.6　材料相容性

应该强调，凡是要与过氧化氢接触的材料，都应进行实际使用条件下的材料相容性试验，根据试验结果决定材料的取舍。

8.6.1 相容性分级

为了安全使用过氧化氢，关键问题之一是要选择合适的材料，必须特别注意，材料对过氧化氢的影响比过氧化氢对材料影响更为重要。根据材料的相容性和使用情况，将材料分成如下四级。

1) 一级材料。材料不污染过氧化氢并且材料本身也不受过氧化氢的影响，材料可不受限制地满足过氧化氢的使用，可长时间与过氧化氢接触。

2) 二级材料。有轻微影响的材料，如会增加过氧化氢分解速度的材料，或者过氧化氢可使其生锈的材料。二级材料的典型例子是 300 系列不锈钢。材料允许与过氧化氢接触的时间是由材料的表面加工情况决定的。经过比较精细的表面加工后的材料，相容性比较令人满意，接触时间在 71 ℃下是 4 h，在 21～22 ℃下是 1～4 周。当使用特殊稳定化的过氧化氢时，接触时间将会延长。

3) 三级材料。只能与过氧化氢短期接触的材料。这些材料只能在无法提供一级和二级材料时使用。三级材料可重复使用，但是每次接触时间不能超过 1 min（72 ℃）或 1 h（22 ℃）。使用后的过氧化氢不能再次使用，因为在使用和处理过程中过氧化氢会与三级材料反应，产生污染物，并导致过氧化氢在储存时的稳定性降低。

4) 四级材料。这些材料即使短时间内和过氧化氢接触也会导致过氧化氢过度分解，并会在接触时腐蚀，产生腐蚀的物质，这种物质会在随后与过氧化氢的接触中导致过氧化氢过度分解，产生影响过氧化氢敏感度的混合物。如铜、铅、400 系列不锈钢和其他合金、塑料和润滑剂等，这些都属于四级材料，不能在过氧化氢系统中使用。

8.6.2 常用材料的相容性

我国的相关文献中列出部分常用材料与过氧化氢的相容性等级，纯金属与过氧化氢的相容性等级见表 8－9，常用铝合金与过氧化氢

的相容性等级见表 8-10，常用不锈钢合金与过氧化氢的相容性等级
见表 8-11，常用非金属材料与过氧化氢的相容性等级见表 8-12。

表 8-9　纯金属与过氧化氢的相容性等级

材料	相容性等级	材料	相容性等级	材料	相容性等级
铝	一级	镁	四级	锡	二级
铍	四级	汞	四级	钨	四级
镉	四级	钼	四级	锌	四级
铬	四级	镍	四级	锆	一级
铜	四级	铂	四级		
铁	四级	银	四级		
铅	四级	钽	一级		

表 8-10　常用铝合金与过氧化氢的相容性等级

材料牌号（新/旧）	相容性等级	材料牌号（新/旧）	相容性等级
$1060/L_2$	一级	5052	二级
1100	二级	$5056/LF_5-1$	二级
3003	二级	$6A02/LD_2$	二级
4043	二级	$6063/LD_{31}$	二级

表 8-11　常用不锈钢合金与过氧化氢的相容性等级

材料牌号	相容性等级	材料牌号	相容性等级
0Cr18Ni9	二级	1Cr13	四级
0Cr18Ni11Nb	二级	Y1Cr13	四级
0Cr17Ni12Mo2	二级	2Cr13	四级
0Cr26Ni5Mo2	三级	7Cr17	四级
11Cr17	三级		

表 8-12　常用非金属材料与过氧化氢的相容性等级

材料牌号	相容性等级	材料牌号	相容性等级
苯酚-甲醛	四级	硅橡胶 9711	二级
有机玻璃	四级	聚四氟乙烯	一级
聚乙烯	二级	充填玻璃聚四氟乙烯	一级
聚苯乙烯	二级	乙烯-四氟乙烯共聚物	一级
硅橡胶 152	二级	尼龙	四级

关于材料相容性必须强调的是，过氧化氢生产过程中引入的氯化物和硫酸盐杂质会腐蚀金属材料；材料相容性一方面与过氧化氢的浓度、组成、生产工艺有关，另一方面与材料的纯度、组成、生产工艺有关。所以，不能简单地套用表 8-10～表 8-13 的结果。尤其是非金属材料，生产厂家和批次的变更对相容性都有影响，在选材之前，必须进行材料相容性试验。

8.7　毒性、急救和防护

8.7.1　毒性

过氧化氢的毒性主要是由它的活性氧化作用所引起的，如对眼睛、黏膜和皮肤的化学烧伤，以及使普通衣物着火等。过氧化氢可通过呼吸道吸入、皮肤接触吸收和吞入等途径引起中毒。但是，它的蒸气压小、挥发性低，吸入蒸气中毒的可能性较小；由于它具有强烈的烧灼感，吞入中毒的可能性很小，所以主要是皮肤接触引起烧伤的可能性较大。因此，在接触过氧化氢时，重点是防护皮肤（包括眼睛）接触，而且任何操作都必须进行全身（从头到脚）皮肤防护。

高浓度过氧化氢蒸气对上呼吸道和肺有刺激作用，液体沾染皮肤可引起皮肤变白和烧伤，液滴溅入眼内可引起角膜和结膜炎症，严重时导致失明。

过氧化氢进入人体内，由于分解释放的气体可引起气栓塞，并可使血色素中的低价铁氧化为高价铁，变成变性血色素，从而易发生溶血现象。

过氧化氢对人体皮肤、眼睛、呼吸道、消化道的损伤症状分别描述如下。

1）皮肤损伤。使局部皮肤和毛发发白（但过一段时间后可复原）、刺痛、搔痒。由于量、时间、作用部位不同，产生程度不等的化学烧伤。过氧化氢渗入皮肤角质层后分解产生氧，使表皮起泡，手掌、指尖及甲床等处角质层较厚，末梢神经丰富，疼痛更为剧烈，难以忍受，患者常因此坐立不安、情绪急躁，不易入眠。若皮肤接触过氧化氢剂量较大，冲洗如不及时，可留下永久疤痕。过氧化氢洒在棉布衣服上可引起燃烧，使皮肤热烧伤。

2）眼损伤。过氧化氢蒸气对眼睛有刺激作用，脱离接触后症状迅速消失；液滴溅入眼内，可引起结膜炎、虹膜睫状体炎及角膜上皮变性、坏死和混浊，影响视力或导致完全失明。

3）呼吸道损伤。过氧化氢蒸气对上呼吸道有刺激作用，长期吸入可致慢性气管炎、支气管炎。

4）消化道损伤。误服过氧化氢可引起口唇、舌、口腔及喉头黏膜烧伤、溃烂，患者出现恶心、呕吐、气胀、肠鸣、腹绞痛、面色苍白、脉搏速弱、虚脱，甚至出现肠胃出血和穿孔。

8.7.2　急救

眼睛接触过氧化氢气体或溶液时，用大量水冲洗眼睛至少15 min，保证眼球和眼睑很好地被冲洗，并立即就医。

皮肤沾染过氧化氢时，及时用大量清水冲洗，并脱去被沾染的衣服和鞋，用肥皂和水彻底清洗，然后就医。

吸入过氧化氢气体后，尽快将患者从接触区域撤离，转移到空气新鲜处，伤者要保持休息，如果伤者出现窒息，应立即供氧，然后立即就医。

少量过氧化氢摄入口中后，立即用水反复漱口，并吐出，严禁用舌头舔受影响的区域，然后立即就医。

吞咽少量过氧化氢后，严禁试图通过刺激催吐或洗胃排出胃中的过氧化氢，严禁对失去意识的吞咽者经口提供任何物品，喝 1 或 2 杯水以起到稀释的作用，然后立即就医。

衣服着火后，立即用水扑救，然后立即就医。

8.7.3　防护

8.7.3.1　最大允许浓度

过氧化氢蒸气在空气中的最大允许浓度为 $1\ mg/m^3$。空气中浓度的测定可采用高锰酸钾或碘化钾－硫代硫酸钠溶液的滴定法，也可采用钼酸铵溶液或氧化钛的比色法。

8.7.3.2　防护

所有作业人员必须穿戴好洁净的防护用品，不得佩戴金属饰品，作业现场应配备医务人员。

乙烯基涂层、丁苯橡胶、氯丁橡胶或聚乙烯制成的手套可用于防护手；天然橡胶、氯丁橡胶或再生橡胶高统靴可用于防护脚（严禁穿皮鞋）；由天然橡胶（＞0.7 mm）、聚氯乙烯（＞0.8 mm）、氯丁橡胶或聚乙烯防护外衣或围裙、套袖等，可用于防护身体；透明的塑料面罩、护目镜、头巾等，可用于防护头和面部。

防护用品必须遮盖人体的所有部位，并且应事先检查防护用品，不得有裂缝，注意穿戴好，以防止过氧化氢进入手套和高统靴。

如需进入过氧化氢气体污染的地方，推荐使用自供式呼吸设备或长管式面具。

污染的防护用品应立即用水冲洗，此外，所有进入现场的急救人员必须穿戴防护用品。

8.8　贮存、运输和转注

8.8.1　贮存

过氧化氢贮存应符合 GB 15603－1995 等危险品储存相关规定，此外还应注意以下几点。

1) 过氧化氢运到目的地后，应转移到阴凉、通风的专用库房内，静置放置，消除静电。

2) 质量分数不低于 91％的过氧化氢与居民建筑物/公用道路的数量距离关系见表 8－13。

表 8－13　过氧化氢（质量分数≥91％）与居民建筑物/
公用道路的数量距离关系

数量/kg	安全距离/m
≤45	25
453	45
907	61
1 360	75
2 268	100

3) 储存场所应远离火源、热源，应有充足的水源、消防水龙头或喷淋装置，防雷装置应符合 GB 50057－1994（2000 年版）的要求。贮存容器应防止阳光直接照射容器或受热。

4) 过氧化氢不得与易燃或可燃物、氧化剂、还原剂、铜、铁、含铁盐、锌、活性金属粉末以及油脂等化学品或有机物混合存放。

5) 过氧化氢仓库内应配置通风设备，短期存放应保持库房内环境温度不得高于 30 ℃，存放时间超过 1 个月，应保持库房内气温为 0～24 ℃。

6) 出现储存容器破裂或过氧化氢渗漏现象时，应立即用大量水冲洗，并采取相应措施消除渗漏。

7）过氧化氢可在工作容器内作短期存放，并对工作容器内过氧化氢技术状态（温度、压力）作实时监测。

8）过氧化氢储存容器露天存放时，容器排气口应有防虫、防尘措施，并防止阳光直接照射储存容器。

9）容器和组合件应是一级相容的材料制造，并经清洗钝化合格，容器内不得落入尘土、铁锈或其他杂质，不得与燃料和有机物接触，不得受到明火和电火花，不得有光、热和冲击的作用。

10）过氧化氢仓库内的电气设备应防爆，防爆级别应不低于 GB 50058－1992中规定的 ExdⅡ CT$_1$ 级别。

8.8.2　运输

过氧化氢运输应符合国家危险品运输相关规定，要特别注意以下几点。

1）过氧化氢可由铁路、公路和水路运输，并符合 JT 0017－1987，JT 617－2004，JT 618－2004，《铁路危险货物运输管理规则》和《水路危险货物运输规则》的相关规定，运输中应有防静电措施。

2）过氧化氢应由具有危险品运输资质的车辆运输，运输过程中应保持在 0～30 ℃，环境温度超过 30 ℃时，应使用具有冷藏功能且具有危险品运输资质的车辆运输。

3）过氧化氢不得与易燃或可燃物、氧化剂、还原剂、铜、铁、含铁盐、锌、活性金属粉末以及油脂等化学品或有机物混装运输。

4）汽车运输时，可用公路槽车装运，也可装桶后用卡车运输，行驶中按规定保持车距，并避免急刹车，驾驶人员、押运人员和装卸人员应持证上岗，并应了解过氧化氢特性、包装容器的使用特性、防护要求和发生事故时的应急措施，并禁止搭乘无关人员。

5）铁路运输一般装桶后用运输，装卸作业使用的照明设备及装卸机具必须具有防爆性能，并防止由于装卸作业摩擦、碰撞产生火花。

6）水路运输时，过氧化氢应放在甲板上并加以遮盖，不准用客船运输，在装卸过氧化氢时，距装卸地点 50 m 范围内为禁火区，内河码头、泊位装卸过氧化氢时应划定合适的禁火区，在确保安全的前提下，方可作业，作业人员不得携带火种或穿铁掌鞋进入作业现场，无关人员不得进入。装卸过氧化氢期间，不得进行加油、加水（岸上管道加水除外）、拷铲等作业，遇有电闪、雷鸣和附近发生火警，应立即停止作业，并将过氧化氢妥善处理。

7）过氧化氢运输时，车船上应保持清洁，严禁明火，严禁存放有机物。车船上应备有足够水源和防护用品，以备及时处理途中的偶然事故之用。

8）过氧化氢运输时，若发生损漏，立即关闭车辆发火装置，并用水冲洗泄漏液，若发现温度比外界温度升高 5 ℃以上或发现容器排气孔中冒出蒸气时，可用水稀释过氧化氢。若发生着火，应在灭火同时用水稀释过氧化氢，无关人员应迅速撤至安全地方。

8.8.3 转注

过氧化氢的转注可采用气体挤压（氮气或氦气）、真空抽吸或重力自流的方式进行。转注过程中需要注意以下几点。

1）应严格按照操作规程进行过氧化氢转注，所有操作人员应穿戴好防护用品，不得佩戴金属饰品。

2）转注前要对过氧化氢进行取样分析，符合使用要求后方可进行转注操作。

3）在转注准备及转注过程中，过氧化氢转注现场应清除有机物，严禁明火。

4）转注现场应有预防飞虫、风沙粉尘所带来的意外污染的措施。

5）转注现场应备有充足水源。

6）转注时系统连接应可靠。

7）转注过程中使用的器件、阀门、软管、接头等应按第 4 章要求进行清洗钝化合格并保持洁净。

8）转注前，用水冲洗作业现场地面；转注过程中，水应保持小流量流动状态。

9）采用气体挤压方式进行过氧化氢转注时，挤压气体的压力应为 0.1～0.2 MPa。

10）在整个转注过程中，应实时监测工作容器内过氧化氢温度，转注过程过氧化氢温度升高值要控制在 4 ℃以内，若温度升高值过大应适当放慢加注速度，必要时暂停转注。

11）转注过程中应安装过氧化氢过滤器，过滤器孔径不大于 40 μm；转注完毕，地面如有少量过氧化氢残留液滴，应用水冲洗现场，确保残留液稀释至质量分数低于 5%后方可排放。

12）禁止在雷雨天进行转注。

8.9　清洗和处理

与过氧化氢接触的容器（贮箱）和零部组件（阀门、导管及附件）在首次使用前或长时间停用后，必须进行彻底清洗和钝化，这是防止事故发生的一项极其重要的措施。

8.9.1　非金属零部组件

非金属零部组件按以下程序进行清洗和钝化操作。

1）用去污能力强的中性清洗剂清洗零部组件，或用质量分数为 5%的氢氧化钠水溶液浸泡 1 h，除去油污。

2）用水将零部组件冲洗干净，用质量分数为 20%的硝酸浸泡 1～2 h。

3）用纯水清洗干净后，用质量分数为 30%的过氧化氢水溶液浸泡不少于 12 h，要求浸泡前后过氧化氢水溶液电导率变化量按下式计算

$$\eta = \frac{I_2 - I_1}{I_1} \times 100\% \qquad (8-2)$$

式中　η——过氧化氢水溶液电导率变化量，%；

　　　I_2——浸泡后过氧化氢水溶液电导率，$\mu s/cm$；

　　　I_1——浸泡前过氧化氢水溶液电导率，$\mu s/cm$。

过氧化氢水溶液分解率按下式计算

$$\beta = \frac{c_1 - c_2}{c_1} \times 100\% \qquad (8-3)$$

式中　β——过氧化氢水溶液分解率，%；

　　　c_1——浸泡前过氧化氢水溶液的质量分数，%；

　　　c_2——浸泡后过氧化氢水溶液的质量分数，%。

4）用使用浓度的过氧化氢水溶液浸泡不少于 12 h，要求浸泡前后过氧化氢水溶液试样电导率的变化量不大于 10%，或测定过氧化氢水溶液质量分数，其分解率不大于 3%，如果未达到该要求，重复步骤 2）～4）。

5）用纯水冲洗、浸泡零部组件，直至浸泡零部组件后的水为中性。

6）用氮气或氩气将零部组件吹干、封存。

8.9.2　不锈钢零部组件

不锈钢零部组件按以下程序进行清洗钝化操作。

（1）碱洗脱脂

用质量分数为 5% 的氢氧化钠水溶液浸泡 1 h，用水冲洗至中性。

（2）酸洗除锈

用水配制含有质量分数为 3%～5% 的氢氟酸和 10%～30% 的硝酸的混合液，浸渍或灌满零部组件，在常温下放置 1～3 h（视物件表面及壁厚情况时间不宜太长，重点清洗焊缝处）后放出，用水洗至中性。

（3）硝酸钝化

用质量分数为 30% 的硝酸水溶液浸渍或灌满零部组件，在常温下放置 24 h，用水将零部组件冲洗干净，对于奥氏体不锈钢应依照 HG/T 2387 中的相关规定用蓝点法进行检测，用纯水清洗干净。

（4）过氧化氢浸泡

1）用质量分数为 30％的过氧化氢水溶液浸泡不少于 12 h，要求浸泡前后过氧化氢水溶液试样电导率的变化量不大于 10％；或测定过氧化氢水溶液质量分数，其分解率不大于 3％。

2）用使用浓度的过氧化氢水溶液浸泡不少于 12 h，要求浸泡前后过氧化氢水溶液试样电导率的变化量不大于 10％；或测定过氧化氢水溶液质量分数，其分解率不大于 3％，如果未达到该要求，重复步骤 1）～2）。

3）用纯水冲洗、浸泡零部组件，直至浸泡后的水为中性。

4）用氮气或氦气将零部组件吹干、封存。

8.9.3　铝和铝合金零部组件

铝和铝合金零部组件按以下程序进行清洗钝化操作。

（1）碱洗脱脂

用质量分数为 0.5％的氢氧化钠溶液浸泡 1～2 h，用水冲洗至中性。

（2）硝酸钝化

用质量分数为 40％～45％的硝酸水溶液浸泡或灌满零部组件，在常温下放置 3 h 后，用纯水将零部组件冲洗干净。

（3）过氧化氢浸泡

同不锈钢零部组件的过氧化氢浸泡步骤。

8.9.4　推进剂供应系统

在系统首次安装，以及经过维修、更换组件或长时间停用后，需要对系统进行整体洁净处理。

处理前应拆除或隔离因受处理液损害而影响正常运行的部件和其他配件，无法拆除或隔离者，应采取措施，防止由于处理而造成损伤。拆除后的管件、仪表、阀门等可单独处理；将所有仪表的根部阀门关闭，将止回阀的阀心抽掉，以使排液，管道流量计前后截止阀关闭，以免冲洗管道时损坏；对 U 型管和死角的地方，安装导淋管，以便液体排尽；系统处理前必须事先进行密封试验。

按照不锈钢零部组件的过氧化氢浸泡步骤进行系统清洗钝化。

在进行清洗钝化过程中，应注意操作人员应穿戴洁净防护服、橡胶手套和放酸碱工作鞋，若人员进入贮运容器清洗时，还应佩戴自供式或长管式呼吸设备；清洗贮运容器时，应防止损伤贮运容器内表面衬层；脱脂和钝化后的碱液和酸液必须中和方可排放；过氧化氢废液、泄漏液应用大量水冲洗稀释至过氧化氢质量分数低于5％，方可排放。

8.10 安全使用守则

1）工作人员应熟悉过氧化氢的性质，掌握预防方法和急救措施，持证上岗，任何涉及过氧化氢的操作至少应有 2 人完成，以便发生意外时能及时救护、求援及事故处理。

2）作业场所应在便于使用的地方配备水源、消防等设施，并有明显标记。

3）过氧化氢贮运容器发生泄漏，应立即向贮运容器中加水稀释，同时用大量水稀释泄漏出的过氧化氢，泄漏的容器必须和其他容器分开。

4）当检测导过氧化氢温度比当时外界温度高 5 ℃，或过氧化氢温度达到 50 ℃，并经操作人员检测确认，应立即向贮存过氧化氢的容器中加水。

5）过氧化氢着火时，只能用水灭火；如遇过氧化氢引起其他物品着火时，应阻止过氧化氢继续流向着火物品，并用大量水稀释过氧化氢，对着火物品应采用相应的灭火剂灭火，在进行灭火的同时要用水冷却贮存容器。

参 考 文 献

[1] GB 1616—2003 工业过氧化氢.

[2] GB 6684—2002 化学试剂 30％过氧化氢.

[3] GB 15603—1995 常用化学危险品贮存通则.

[4] GB 50057—1994 建筑物防雷设计规范(2000 年版).

[5] GB 50058—1992 爆炸和火灾危险环境电力装置设计规范.

[6] HG/T 2387—2007 工业设备化学清洗质量标准.

[7] HG 20202—2000 脱脂工程施工及验收规范.

[8] JT 0017—1987 公路、水路危险货物运输包装基本要求和性能试验.

[9] JT 617—2004 汽车危险货物运输规则.

[10] JT 618—2004 汽车运输、装卸危险货物作业规程.

[11] 胡长诚.化工百科全书第 6 卷:过氧化氢.北京:化学工业出版社.

[12] 上海远大过氧化物有限公司.过氧化氢 MSDS(浓度 35％(m/m),工业级).2003.

[13] 安徽省天长市天星金属清洗有限公司.过氧化氢设备清洗钝化方案.2008.

[14] 傅智敏,刘颖杰,刘宏,等.过氧化氢热爆炸危险性研究.消防科学与技术.2004,24(2).

[15] 顾志轩,张兴华,等.过氧化氢生产中典型事故分析及防范措施.化学推进剂与高分子材料.2003,(04).

[16] 魏金锋,等.过氧化氢应急性吸入毒性研究.卫生毒理学杂志.1997,(03).

[17] 胡长诚.由氢、氧直接合成过氧化氢研究新进展.化学推进剂与高分子材料.2010,8(1).

[18] MIL—PRF—16005F(2003). Performance Specification Propellant, Hydrogen Peroxide.

[19] ГОСТ Р 50632—1993 Водорода пероксид высококонцентрированный Технические условия.

[20] Handbook on Hypergolic Propellant Discharges and Disposal. N81—27297.

[21] Hydrogen Peroxide Handbook. AD 819081, 1967.

[22] Materials Compatibility Testing in Concentrated Hydrogen Peroxide, AIAA 2000—3557.

［23］　Solvay Chemicals Inc. , Hydrogen Peroxide Safety and Handling Technical Data Sheet，2006.

［24］　FMC. Material Safety Data Sheet Hydrogen Peroxide Solutions Greater than 90%. MSDS Ref. No. ;7722－84－1－9,Revision No. ;8. 2006.

［25］　Solvay Chemicals. Hydrogen Peroxide 20%－60% MSDS. 2005.

［26］　EKA. 20%－60% Hydrogen Peroxide MSDS. 2005.

［27］　Compatibility Studies of Hydrogen Peroxide and a New Hypergolic Fuel Blend. NASA－MSFC. 2002.

［28］　Aluminum－Scandium Alloys;Material Characterization,Friction Stir Welding and Compatibility with Hydrogen Peroxide. NASA/TM－2004－213604.

［29］　Chemical Rocket/Propellant Hazards，Volume Ⅲ，Liquid Propellant Handling，Storage and Fransportation. AD 870259. 1970.

［30］　Hazards of Chemical Rockets and Propellants Volume 3;Liquid Propellants. AD 158115. 1985.

［31］　DoD Ammunition and Explosives Safety Standards. DoD 6055. 9－STD. 2008.

［32］　BEN G, DAVID L B, WAYNE F. Hydrogen Peroxide Propellant Hazards Technical Manual.

［33］　BEN G, DAVID L B, WAYNE F. Hydrogen Peroxide Accidents and Incidents; What We can Learn from History.

［34］　MARTIN J. Hydrogen Peroxide the Safe Supply and Handling of HTP.

第9章 烃类燃料

9.1 概述

烃类燃料主要包括航空煤油、航天煤油、高密度合成烃类燃料及甲烷、丙烷等饱和烃。作为推进剂使用的烃类燃料有航天煤油、甲烷和丙烷等。本章主要讨论航天煤油和液态甲烷，重点是航天煤油。

在20世纪50年代和60年代，美国的雷神号、丘比特号、宇宙神号、大力神1号、土星5号，俄罗斯的卫星号、东方号、联盟号等相继使用了液氧与煤油作为推进剂。随着煤油密度、热值、热稳定性等综合性能的提高，70年代到80年代俄罗斯天顶号的第一级和第二级及能源号/暴风雪号的助推级成功应用了液氧与煤油推进剂组合。

液氧与煤油推进剂发动机以其密度比冲高、价格低廉、资源丰富、使用安全方便及无毒无污染的优点体现了低成本、无污染、高可靠及安全方便的研制方向。同时，对于降低航天运载火箭成本，减少环境污染，提高运载能力或减小起飞质量具有重要意义，能够为航天技术的发展与空间资源的开发和利用创造更为有利的条件。

甲烷因其冷却能力强、结焦温度高、价格低廉等突出优点成为各航天大国研究的热点。液氧与甲烷高性能火箭发动机的成功应用将为月球研究和开发、深空探测奠定基础。目前欧洲和俄罗斯等国家和地区研制的两级入轨（TSTO）发射系统，一级可重复使用发动机用液氧与甲烷推进剂组合，二级可重复使用或一次性使用发动机用液氧与液氢推进剂组合，该系统是未来空天运输系统很有潜力的候选者。

9.2　生产原理

9.2.1　航天煤油生产原理

航天煤油作为大推力火箭推进剂燃料，要求具有密度大、结晶点低、总硫含量极低、芳烃含量少、饱和程度高、非烃杂质少、组分优良而纯净、热安定性好等特性。航天煤油的生产过程是：原料油经常减压蒸馏得到煤油馏分，煤油馏分经加氢处理、适度酸碱精制，最后经过连续化精密分馏，使航天煤油馏分严格控制在 188～270 ℃之间，得到合格的航天煤油成品。

9.2.2　液态甲烷生产原理

液态甲烷主要通过天然气液化工艺制备。

天然气液化系统主要包括天然气的预处理、液化、储存、运输、利用 5 个子系统。生产工艺过程是，将含甲烷 90％以上的天然气，经过"三脱"（即脱水、脱烃、脱酸性气体等）净化处理后，采取膨胀制冷工艺或外部冷源，使甲烷变为 112 K 的低温液体。天然气从气态变成液态的过程主要有 3 个阶段，即冷却、液化和过冷。不同的天然气组分，不同的天然气压力，其冷却、液化和过冷对应于不同的温度和冷量区。设计的制冷工艺将使冷却曲线尽可能地接近天然气液化的 3 个阶段，以达到提高制冷效率和降低能耗的目的。目前天然气液化装置工艺路线主要有 3 种类型：阶式制冷工艺、混合制冷工艺和膨胀制冷工艺。

9.3　技术规格

9.3.1　煤油

美国使用 RP－1 煤油已有 50 年的历史，但 RP－1 煤油硫含量较高（总硫含量<30×10^{-6}）。2006 年 4 月 14 日，美国颁布军用标准 MIL－DTL－25576E，增加了 RP－2 这个品种，与 RP－1 相比硫含量相差 300 倍，其他技术指标完全相同。

俄罗斯研究的 RG－1（naphthyl）煤油因其密度高、热稳定性好适合高性能液氧与煤油发动机，航空煤油 T－6 与 RG－1 煤油在物理性质上非常相似，并且 T－6 煤油有更强的适用性，有文献报道 T－6 煤油可代替 RG－1 煤油。

美国和俄罗斯煤油的技术规格如表 9－1。

表 9－1　美国和俄罗斯煤油技术规格

项目名称	RP－1	RP－2	T－6
	MIL－DTL－25576E（美）		ГОСТ 12308－89（俄）
密度(20℃)/(g/cm³)	0.799～0.815 (15.6 ℃)	0.799～0.815 (15.6 ℃)	≥0.840
馏程/℃ 初馏点 10% 50% 90% 干点	 185～210 274	 185～210 274	≥195 ≤220 ≤225 ≤290 98%,≤315
运动粘度/(mm²/s)	≤16.5(－34 ℃)	≤16.5(－34 ℃)	<4.5(20 ℃) <60(－40 ℃)
结晶点/℃	≤－51	≤－51	≤－60
闪点/℃	≥60	≥60	>62(开杯法)
碘值/(g/100 g)			0.8
实际胶质/(mg/100 mL)	≤1	≤1	4
水溶性酸和碱			无
烯烃体积分数/%	≤2.0	≤1.0	
芳烃含量/%	≤5.0（体积分数）	≤5.0（体积分数）	≤10.0(质量分数)
总硫含量/%(m/m)	≤0.003	≤0.000 01	≤0.05

续表

项目名称	RP−1	RP−2	T−6
	MIL−DTL−25576E(美)		ГOCT 12308−89(俄)
硫化氢含量			无
硫醇硫	≤0.000 3		无
铜片腐蚀(100 ℃,3 h)/级	≤1	≤1	合格
酸度/(mgKOH/100 mL)			≤0.5
水分/%			无
机械杂质含量/%(m/m)	≤1.0(mg/L)	≤1.0(mg/L)	无

9.3.2 液体甲烷

美国军用标准 MIL−PRF−32207 中规定液态甲烷分为 A、B 和 C 三级，其技术规格列于表 9−2。

表 9−2　美国液态甲烷技术规格

项目	级别		
	A	B	C
甲烷体积分数/%	≥98.7	≥99.9	≥99.97
水体积分数/10^{-6}	≤1	≤0.5	≤0.5
氧体积分数/10^{-6}	≤1	≤1	≤1
氮气体积分数/10^{-6}	≤5 000	≤100	≤100
二氧化碳体积分数/10^{-6}	≤125	≤50	≤50
其他气体体积分数/10^{-6}（如氩气、氢气、氦气、氖）	≤5 000	≤125	≤125
乙烷体积分数/10^{-6}	≤5 000	≤500	≤100
丙烷体积分数/10^{-6}	≤5 000	≤500	≤100
其他挥发性烃体积分数/10^{-6}	≤1	≤1	≤1
总挥发性硫体积分数/10^{-6}	≤1	≤0.1	≤0.1
非挥发性残渣和颗粒物质量含量/（mg/L）	≤10	≤1	≤1

9.4　物理化学性质

9.4.1　煤油物理化学性质

煤油是由链烷烃、环烷烃和少量芳香烃组成的混合物。其性质是各种组分的综合反映。不同国家不同牌号的煤油组成不同，即使是同一牌号的煤油，不同生产批次，其性质略有差异。

航天煤油集中了烃燃料中的优异组分，极大限度地去除了各种劣质组分，使其具有高密度、低凝固点、高热安定性等优良性质。

航天煤油为无色均匀透明液体，不溶于水，易溶解于有机溶剂。

9.4.1.1　烃类族组成对比

俄罗斯 RG－1 煤油和美国 RP－1 煤油的烃类族组成如表 9－3。

表 9－3　美国 RP－1 和俄罗斯 RG－1 煤油烃类族组成

测量参数	RP－1	RG－1
超临界液体层析法质量含量/%		
饱和烃及烯烃	96.03	96.87
单环芳香烃	2.44	2.65
双环芳香烃	1.52	0.48
总芳香烃	3.97	3.13
分光光度测量法质量含量/%		
烷烃	39.00	24.00
单环烷烃	41.00	33.00
双环烷烃	14.00	37.00
三环烷烃	3.00	5.00
总环烷烃	58.00	75.00
总芳香烃含量/可检测到的	2.00/1.50	2.00/0.00[①]

续表

测量参数	RP－1	RG－1
飞行时间质谱法质量含量/%		
链烷烃	29.2	8.4
环烷烃	62.4	86.3
芳香烃	8.4	5.3

① 在可检测限以下。

　　RP－1 煤油的烷烃含量明显比 RG－1 煤油高，而双环烷烃含量低于 RG－1，RP－1 和 RG－1 煤油中氢碳比分别为 1.952 和 1.946。RP－1 较高的氢含量是由于高的烷烃含量引起的。

9.4.1.2　煤油基本物化性质

　　美国 RP－1 和俄罗斯 RG－1 煤油性质如表 9－4。

表 9－4　美国 RP－1 和俄罗斯 RG－1 煤油性质①

项目名称	RP－1	RG－1
密度（22 ℃）/（g/cm³）	0.806	0.832
沸程/℃	175～275	195～275
闪点/℃	68	71
冰点/℃	－49	－47
净热值/（MJ/kg）	43.38	43.15
粘度/（mm²/s）	0.917（16 ℃）	2.90（20 ℃）
氢/碳	1.952	1.946
分子量	167.4	178.34
临界压力/MPa	2.148	2.392
临界温度/℃	410	391.2
比热/[J/（kg·K）]	2 093	1 980
饱和蒸气压/kPa	2.0（71 ℃）	0.773（20 ℃） 35.018（160 ℃）
硫质量含量/%	0.014	0.011

① 不同批次之间煤油的基本物化性质会稍有差异。

　　综合以上 RP—1 和 RG—1 煤油的性质，可看出俄罗斯 RG—1 煤油的密度比 RP—1 高约 3%，硫含量低约 21%。有文献报道煤油在进行再生主动冷却时，俄罗斯 RG—1 煤油的效果要好于 RP—1 煤油。

9.4.1.3　RP—1 煤油的密度随温度的变化

　　在常压下 RP—1 煤油的密度随温度的变化情况列于表 9—5 中。

表 9—5　RP—1 煤油的密度随温度的变化

温度/℃	密度/（g/cm³）
27.4	0.796 6
27.6	0.796 5
28.3	0.795 9
38.4	0.788 1
49.7	0.780 0
61.4	0.771 2
61.4	0.771 0
78.7	0.756 8
79.4	0.756 2

9.4.1.4　煤油的化学性质

　　烃类燃料只有在极强的氧化状态下或在极高的压力和温度下才起反应。煤油是可燃液体，其蒸气和空气能形成爆炸混合物。

　　航天煤油化学稳定性好，对机械冲击、压缩、振动均不敏感。在很宽的贮存环境温度下，仍有很好的热稳定性，但是暴露在高温和饱和氧状态中，将加速煤油生成胶质和沉淀。

　　航天煤油热稳定性高，结焦倾向性小。可有效提高火箭发动机的工作效率。

9.4.2　液体甲烷物理化学性质

9.4.2.1　液体甲烷物理性质

　　液体甲烷是一种无色无味的液体，由于沸点较低，常温下处于沸腾状态。甲烷微溶于水，溶于乙醇、乙醚、苯等有机溶剂。其主要的物理性质如表9－6。

表 9－6　甲烷主要物理性质

性质		甲烷
沸点	温度/℃	−161
	汽化热/（kJ/kg）	509.74
	气体密度/（g/cm³）	1.819×10^{-3}
	液体密度/（g/cm³）	0.426
临界点	温度/℃	−82.5
	压力/MPa	4.64
	密度/（g/cm³）	0.160 4
三相点	温度/℃	−182
	压力/kPa	11.65
	液体密度/（g/cm³）	0.450 7
熔解热/（kJ/kg）		58.19
冰点/℃		−182
粘度（101.32 kPa 和 0℃）/（mPa·s）		0.010 3
表面张力（−170℃）/（mN/m）		15.8
饱和蒸气压（−168.8℃）/kPa		53.32
比热 J/（kg·K）		3 480
导热系数（101.32 kPa 和 0℃）/［mW/（m·K）］		32.81
燃烧热（kJ/m³）		35 877
闪点/℃		−188

9.4.2.2　甲烷的化学性质

甲烷化学性质稳定，与强酸、强碱或强氧化剂（如高锰酸钾）等一般不起反应，在适当条件下会发生氧化、热解及卤代等反应。甲烷在隔绝空气加热 1 000 ℃的条件下，可分解成炭黑和氢气。

9.4.3　液氧与煤油和液氧与甲烷发动机性能对比

液氧与煤油和液氧与甲烷发动机理论性能比较如表 9－7，可作为发动机设计的参考。

表 9－7　液氧与煤油发动机和液氧与甲烷发动机理论性能比较

项目	RP－1 煤油	甲烷
海平面，最佳膨胀比，燃烧室压力 6.89 MPa		
比冲／（m/s）	2 941	3 034
混合比	2.58	3.21
燃烧室温度/K	3 676	3 533
密度／（g/cm^3）	1.03	0.82
特征速度／（m/s）	1 799	1 857
膨胀比＝40，燃烧室压力 6.89 MPa		
比冲／（m/s）	3 510	3 615
混合比	2.77	3.45
燃烧室温度/K	3 701	3 563
密度／（g/cm^3）	1.03	0.83
特征速度／（m/s）	1 783	1 838

RD－180 是最先进的液体火箭发动机，拥有最高的燃烧室压力，使用推进剂为液氧与煤油，SE－12 是以 RD180 为原型，采用相同循环的发动机，使用推进剂为液氧与甲烷。两种发动机性能比较如表 9－8。

表 9－8　RD－180 发动机和 SE－12 发动机性能比较

项目	RD－180 发动机	SE－12 发动机
推进剂	煤油	甲烷
比冲（海平面）／（m/s）	3 051	3 160
比冲（真空）／（m/s）	337.8	348.3
推力（海平面）/kN	3 841	3 844
推力（真空）/kN	4 152	4 152
混合比	2.72	3.6
燃烧室温度/K	3 726	3 587
燃烧室压力/MPa	25.63	25.63
膨胀比	36.4	36.4
发动机长度/m	3.58	4.64
发动机直径/mm	3 000	1 981
发动机质量/kg	5 393	6 387

表 9－8 中 RD－180 发动机和 SE－12 发动机的一些关键参数如涡轮入口温度、燃烧室压力、喷管面积比和真空推力相同，因此，在性能和可重复使用方面两种推进剂组合具有相似性。SE－12 发动机质量比 RD－180 发动机重 994 kg，这是由于液氧与甲烷发动机需要更高的泵出口压力、更高的操作压力从而使涡轮泵和预燃室的的质量增加，另外，因液氧甲烷燃烧产物密度低，需要更大尺寸的燃烧室，因此质量增加。

9.5　煤油的着火和爆炸危险性

煤油是可燃性液体，不同型号的烃类燃料馏分范围、闪点、自燃温度差别很大。航天煤油闪点不小于 60 ℃，属于丙 A 类可燃油品。美国早期 RP－1 煤油的闪点不小于 43.3 ℃，形成的爆炸混合物的温度下限为 43.3 ℃，上限为 79.4～85.0 ℃。煤油在空气中的可燃极限体积分数约为 0.7%～5.4%。

9.5.1　着火危险性

烃类燃料的蒸气很容易和空气形成混合物，一旦和电火花、静电、明火等接触即被点燃。煤油蒸气存在的危险性与闪点有关，低闪点的烃类燃料存在的着火危险性比高闪点的燃料大得多。

9.5.2　爆炸危险性

烃类燃料的蒸气很容易和空气形成混合物，这种混合物在遇到电火花、静电以及类似的能源时会引起爆炸。

如果烃类燃料和火箭氧化剂同时发生泄漏并发生混合，则这种混合物由于机械冲击、热或火花，可以引起爆炸，甚至会发生自燃爆炸。

9.5.3　防火防爆措施

1）避免泄漏，防止煤油蒸气和空气形成的混合物发生爆炸。

2）库房和操作现场严禁明火和电火花，并备有水源、砂土、泡沫灭火器或干粉灭火器。

3）库房和操作现场的所有设备应适当接地。

4）库房和操作场所应选则 Exia II BT3 防爆型电气设备。

9.6　材料相容性

选择烃类燃料使用的材料时，主要考虑烃类燃料与多数有机材料的溶解作用，考虑煤油与空气长期接触时产生的酸性物质对金属材料的腐蚀作用。

9.6.1　金属材料

烃类燃料与一般金属一级相容，普通的黑色金属和有色金属合金可用于制造容器、连接管和附件、泵设备、阀门和其他金属零件。长期贮存烃类燃料需选择特殊的相容性金属容器和连接设备或零件。

推荐使用的金属材料有以下几种。

碳钼钢、镍钢、300 型不锈钢和 400 型不锈钢、铝和铝合金、镍及其合金、镍铜合金、镍钢和铬镍钢。

9.6.2 非金属材料

航天煤油是一种非极性有机溶剂，对很多高分子材料和有机物具有一定的溶解能力，能渗透进入聚乙烯、聚苯乙烯等塑料、大部分橡胶材料和润滑油脂等非金属材料内部而使其溶胀，甚至进一步软化。

推荐使用的非金属材料有以下几种。

尼龙、聚四氟乙烯、聚三氟氯乙烯（Kel－F）、氟硅橡胶、氯丁橡胶、丁腈橡胶、氟橡胶和聚硫橡胶等。

9.7 毒性、急救和防护

9.7.1 毒性

9.7.1.1 急性毒性

烃类推进剂属基本无毒物质。毒性等级为 V 级或 VI 级。

大白鼠吸入含 20% 以下芳香烃的煤油 2 h 的 LC_{50} 为 125～225 g/m^3。煤油急性气管注入大白鼠 LD_{50} 为 0.2～0.6 ml。灌胃中毒 LD_{50}，小白鼠为 74.1 ml/kg，大白鼠为 28 ml/kg。

煤油吞食急性中毒，口腔、食道、胃肠道出现严重刺激症状，有灼烧感、疼痛、恶心、呕吐、咳嗽、上腹不适。吐出煤油、血液、黏液及坏死组织混合物。病人烦渴、尿频及排尿疼痛、腹泻、便中带血。随着煤油的吸收，产生中枢神经症状，有头痛、疲劳、嗜睡、耳鸣、酒醉步态、虚脱、昏迷，以致死亡。煤油吸入肺内，刺激肺发生肺炎及肺水肿。急性中毒死亡原因为呼吸循环衰竭及肝、肾功能衰竭。

9.7.1.2　*慢性毒性*

小白鼠吸入含 12% 芳香烃的煤油蒸气，浓度为 1 mg/L，每天吸入 2 h，历时 90 天，动物死于弥散性肺炎。大白鼠吸入 0.3 mg/L 浓度的煤油蒸气，每天吸入 4 h，历时 90 天，血红蛋白、红细胞和白细胞均降低。

慢性中毒以神经衰弱症候群为主，如头晕、头痛、失眠、精神不振、乏力、四肢疼痛、记忆力减退、易激动、食欲减退。眼、呼吸道和皮肤刺激症状有烟烧灼感、皮肤痒、轻咳、轻度呼吸困难、体重减轻、脉率增高、贫血。皮肤损害以皮炎、毛囊炎、皮肤干枯较为常见。

9.7.2　急救

1）煤油溅入眼内时，立即用水冲洗干净；皮肤被污染时，用温肥皂水洗净。

2）呼吸道中毒时，应立即将患者移至空气新鲜处，迅速就医。注意肺部病变发展，给氧，必要时进行人工呼吸。呼吸抑制时，用 0.5 g 安息酸咖啡因钠和 30 mg 盐酸去氧麻黄碱，静脉注射，以兴奋呼吸。

3）吞食中毒者，用橄榄油、牛奶或蛋白水洗胃，然后饮用小量橄榄油或牛奶，以减轻消化道刺激症状。

9.7.3　卫生标准和预防措施

9.7.3.1　卫生标准

1）工作区空气中的允许浓度为 300 mg/m³；

2）排放水中的允许浓度为 0.1 mg/m³。

9.7.3.2　预防措施

1）防止跑、冒、滴、漏，确保库内通风，各种容器、设备均要有保护性接地。

2）操作人员应掌握有关设备的性能和使用要求。

3）操作人员应熟悉煤油的理化性能、安全性能、安全防护和急救措施。

4）操作现场需配备个人防护用品和消防器材。

5）操作现场应备有淋浴喷头、洗眼喷泉。

6）操作现场禁止存放氧化剂和其他杂物。

7）操作时必须穿戴防静电防护服、工作鞋、帽和工作手套等防护用品。

8）不许任意倾倒废液，要集中处理。

9.7.4　防护用品

操作人员在正常输送和处理煤油时，可穿棉布工作服和胶靴，戴防护眼镜和防护手套。当可能发生喷溅情况时，操作人员必须穿防静电、且抗油、拒水透气工作服和胶靴，并且戴防护面罩和防护手套。对存在煤油蒸气或薄雾情况下，应戴呼吸防护口罩和面具。

9.8　贮存、运输和转注

9.8.1　贮存

在环境温度下，航天煤油密封贮存可长期保持质量不变，若密封不良或转注次数太多，则可引起质量变化。航天煤油的贮存要求如下。

9.8.1.1　贮存条件

1）贮罐、管路、阀门及其他与煤油接触的附件，其材质必须与煤油一级相容。

2）贮罐内贮量不得大于其容积的 90%。

3）整个贮罐系统密封良好，并用 0.03~0.05 MPa 的氮气保压。

9.8.1.2　贮存库房

1）库房应按 GB 50016－2006《建筑设计防火规范》设计，库房和泵房应为防火结构建筑材料，建筑物应接地并装有避雷装置。

2）贮存期间容器应处于良好的密封状态，以防水及其他杂质混入，每个容器应接地，接地电阻均不大于 10 Ω。

3）库房内应配有通风装置和消防器材，并定期进行机械通风。

4）贮存库房应安装可燃气体报警设备。

9.8.1.3　贮存管理

1）所有贮罐均应统一编号，并用卡片标明贮罐产品名称、生产厂家、贮存日期及贮存数量。

2）贮存期间容器应处于密封状态，煤油的有效期为 12 个月，在此期间加入新煤油或其他作业应重新进行检验，并定期进行质量检验，并将检验结果登记存档。

3）煤油油库内严禁明火和电火花，并备有水源、砂土、泡沫灭火器或干粉灭火器。

9.8.2　运输

航天发射场和试车用煤油可采用铁路、公路和水路运输。铁路运输应符合《铁路危险货物运输管理规则》的有关规定。公路运输应符合 JT 3130－1988《汽车危险货物运输规则》的有关规定。在运输过程中应按 GB 13348《液体石油产品静电安全规程》采取防静电措施，专设的静电接地体的接地电阻值一般不大于 100 Ω。

运输时注意要点如下。

1）同一车上不得装运氧化剂和单组元推进剂，公路运输时，车辆应带地链，以防静电积累。

2）装载量不得超过容器容积的 90%。

3）运输车辆上配备足够的消防、防护与救护设备。

4）若运输途中发生泄漏，尽快制动，设法用容器收集泄漏液，并集中处理，用水冲掉或用沙土吸收泄漏在地上的煤油。

5）若运输途中发生着火，利用灭火器材控制并防止火势蔓延。如果不能立即控制着火，则撤离现场，并进行警戒。

9.8.3 转注

转注类别分为车对库转注、库对车转注、库对库转注、车对车转注。转注要求如下。

1）整个转注系统必须洁净，连接可靠，并密封良好，转注泵前必须装有过滤器，转注用材料的材质应与煤油一级相容。

2）转注油管应插入转注容器距底部适当位置（10～15 cm），禁止把转注油管悬于油面上空和在冲击状态下加注煤油，转注时煤油流速应控制在 4.5 m/s 以内。

3）转注完毕，应将管路内煤油抽干，30 min 后再拆除管路及进行其他操作，污染的场地要用水或清洗剂清洗，并将污水排入污水池中，经集中处理后才能排放。

4）转注后应对软管、接头、阀门进行清洗、干燥，然后封存。

5）在转注过程中应按 GB 13348《液体石油产品静电安全规程》采取防静电措施，专设的静电接地体的接地电阻值一般不大于 100 Ω。

9.9 清洗和处理

9.9.1 清洗

需进行清洗的设备如下。

1）首次使用的新设备，包括贮罐、贮箱、管路、阀门等。

2）2 年以上未存放煤油或密封不正常的在用设备。

3）存放过不合格煤油的设备。

4）加注使用过的连接管路、阀门。

新设备的清洗按脱脂、除锈、钝化、干燥等步骤进行。

1）脱脂。铝合金设备用 0.25％氢氧化钠溶液浸泡约 0.5～1 h，后用水冲洗；不锈钢、碳钢设备用 1％氢氧化钠溶液浸泡 1～2 h，后用水冲洗；橡胶垫片和其他塑料件也必须脱脂处理，清洗、擦干后用乙烯塑料袋包扎好待用。

2）除锈及钝化。碳钢和不锈钢设备用含 2.5% 氢氟酸的 40%～50% 浓度的硝酸溶液浸泡 1～3 h。铝合金设备用 40%～50% 浓度的硝酸溶液浸泡 1～4 h；酸洗后用大量水冲洗，直至呈中性。

3）干燥。将水排干或人工擦干后，用氮气或热空气吹干。

9.9.2　处理

9.9.2.1　废气处理

航天煤油废气可直接向大气排放。排放管应高于周围建筑 1 m 以上，与建筑门、窗之间的距离应不小于 4 m。与其他建筑物距离不小于 20 m，与氧化剂排放管的水平距离不小于 30 m，距避雷设施不小于 20 m。另外，航天煤油废气排放管应设有单向阀、阻火器、氮气吹除装置和静电消除装置。

9.9.2.2　废液处理

1）经检验不符合技术指标的煤油，应返回生产单位处理。

2）少量废弃的煤油，可集中用燃烧等方法处理。

3）含有煤油的废液、污水排水污水收集池后，送至污水处理系统进行处理。

9.10　安全使用守则

1）工作人员应持证上岗并掌握操作规程，熟悉煤油的理化性能及安全防护和急救措施。

2）操作现场应通风良好。

3）操作现场应严禁明火，禁放氧化剂和其他杂物。

4）操作现场应备有消防救护设备、防护用品和充足的水源。

5）所有设备均应适当电性接地，所有电气设备应是防爆的，以免产生静电和电火花。

6）避免雷电期间或在雷电来临之前进行操作。

7）操作时必须穿戴防静电工作服、工作鞋、帽和工作手套等防护用品。

8）人员中毒时，应立即移至空气新鲜场所，脱掉污染的衣物和鞋袜。皮肤污染时，应尽快用肥皂水擦洗干净。溅入眼内时，立即用洗眼器冲洗 15 min，或用生理盐水彻底冲洗。

9）煤油废液集中收集处理。

参 考 文 献

[1] GB 13348－2009 液体石油产品静电安全规程.

[2] GB 15599－2009 石油与石油设施雷电安全规范.

[3] GB 50074－2002 石油库设计规范.

[4] GB 50016－2006 建筑设计防火规范.

[5] GB 50058－1992 爆炸和火灾危险环境电力装置 设计规范.

[6] SY/T 6319－1997 防止静电、闪电和杂散电流引燃的措施.

[7] SY/T 6340－2010 石油工业防静电推荐作法.

[8] 杨宝娥,梁克明. 俄罗斯煤油与 RP－1 煤油对比试验研究,火箭推进,1996 (5)22－31.

[9] 黄建彬,主编. 工业气体手册,化学工业出版社,2002 年 3 月第 1 版.

[10] 仲伟聪,编译. 液氧/甲烷液体火箭发动机燃烧研究最新进展,火箭推进, 2004(1)52－57.

[11] 禹天福,李亚裕. 液氧/甲烷发动机的应用前景,航天制造技术,2007(2)1～ 10ISO 15859 Space system－fluid characteristics, sampling and test methods－part8:kerosene propellant.

[12] MIL－DTL－25576E,Detail Specification propellant, rocket grade kerosene,2006.

[13] MIL－PRF－32207 Propellant,methane,2006.

[14] AIAA 2002－3874"Kerosene" Fuels for Aerospace Propulsion-Composition and Properties.

[15] I. M. Abdulagatov, N. D. Azizov Density of Rocket Propellant(RP－1 fuel) at Hhigh Temperatures and High Pressures Fuel 89(2010):173-1735.

第10章　吸气式发动机燃料

10.1　概述

吸气式发动机主要包括涡轮喷气发动机、涡轮风扇发动机、冲压发动机以及脉冲发动机等，其利用空气中的氧气与飞行器自身携带的燃料燃烧，为推进装置提供工作工质。在飞行高度较低时，吸气式发动机在飞行器航程上比火箭发动机更有优势。当飞行马赫数高于2时，大气层内的飞行更适合采用冲压发动机。将火箭发动机与冲压发动机组合起来，使飞行器在不同的飞行条件下都能得到良好的推进性能，是非常有吸引力和应用前景的组合推进方式。因此，吸气式发动机是巡航导弹、高超声速飞行器、远程侦察和武器投放系统、战术飞机、未来商用和军用空间运输系统首选的推进方式。例如，美国的战斧巡航导弹、AGM 系列巡航导弹以及2010年完成飞行验证试验的 X－51高超声速飞行器均采用了吸气式发动机。

吸气式发动机燃料主要包括石油基燃料、煤基燃料和人工合成高密度烃类燃料。石油基燃料有美国的 JP－4，JP－5，JP－7，JP－8，俄罗斯的 TC－1，T－6 和 PT 系列以及我国的三号喷气燃料（RP－3）等；煤基燃料有 JP－900 等；人工合成高密度烃类燃料有 RJ－4，RJ－5，RJ－7，JP－10 等多种。本章仅对研究和应用比较广泛的 JP－7，JP－8，RP－3，JP－10 燃料进行介绍。

10.2　生产原理

10.2.1　石油基燃料

石油基燃料的生产方式分为直馏－加氢精制工艺和加氢裂化工

艺 2 种。

直馏－加氢精制工艺是各国普遍采用的生产工艺。加氢精制生产的燃料，其总酸值、硫醇性硫、总硫及胶质等含量较低，热氧化安定性和颜色明显改善。但在加氢精制过程中，燃料中的天然抗氧剂、抗磨剂大部分被去除，导致产品贮存安定性和润滑性显著降低，因此需在炼制装置的馏出口加入抗氧剂，并要求在调配成品时加入抗磨剂、降冰剂等添加剂，以确保使用性能，提高产品质量。

加氢裂化工艺的目的是扩大燃料来源，近几年采用的新加氢裂化生产工艺，燃料收率较高，很有发展前途。采用该工艺生产的燃料具有烯烃含量低，动态热安定性好以及低温性能好等特点，但同样存在贮存安定性和润滑性变差的问题，需加入必要的添加剂。

JP－7 燃料是 20 世纪 60 年代末美国为空军 SR－71 高空侦察机专门研制的高热安定性燃料。JP－7 燃料主要由链烷烃和环烷烃组成，芳烃体积分数不大于 5%。JP－7 燃料的特殊性使其在制备工艺选择时不同于其他石油基燃料，采用多种组分掺兑，特殊方法精制脱除芳烃。

10.2.2　人工合成燃料 JP－10

JP－10 燃料由双环戊二烯通过加氢、异构化、分离提纯得到，其反应历程如图 10－1 所示。

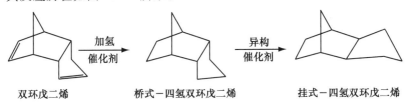

双环戊二烯　　　　　桥式－四氢双环戊二烯　　　挂式－四氢双环戊二烯

图 10－1　JP－10 燃料反应历程

通过原料双环戊二烯加氢得到四氢双环戊二烯，其中以桥式－四氢双环戊二烯为主要产物，其熔点为 77 ℃，常温下为固体状态，不能作为液体燃料使用。需要在催化剂存在条件下进行异构化反应得到其同分异构体挂式－四氢双环戊二烯，即 JP－10 燃料。

10.3　技术规格

10.3.1　石油基燃料技术规格

石油基燃料（JP－7，JP－8，RP－3）是由链烷烃、环烷烃和少量芳香烃组成的混合物，美国军用标准及我国国家标准中规定了石油基燃料的具体技术规格，列于表10－1。

表 10－1　石油基燃料（JP－7，JP－8，RP－3）技术规格

项目	JP－7	JP－8	RP－3
外观	21 ℃及以上清澈透明	21 ℃及以上清澈透明	室温下清澈透明，目视无不溶于水及固体物质
颜色	≥＋25	≥＋25	≥＋25
组成			
总酸值/（mg KOH/g）		≤0.015	≤0.015
芳烃体积分数/％	≤5	≤25.0	≤20.0
烯烃体积分数/％			≤5.0
总硫质量分数/％	≤0.1	≤0.30	≤0.20
硫醇性硫质量分数/％	≤0.001	≤0.002	≤0.002
挥发性			
馏程①/℃	182～288		
初馏点	≥182		
10％	≥196	≤205（186）	≤205
20％	≥206		
50％			≤232
90％	≤260		
终馏点	≤288	≤300（330）	≤300
残留体积分数/％	≤1.5	≤1.5	≤1.5
损失体积分数/％	≤1.5	≤1.5	≤1.5

续表

项目	JP-7	JP-8	RP-3
闪点/℃	≥60	≥38	≥38（闭口）
密度（15 ℃）/（g/cm³）	0.779～0.806	0.775～0.840	0.775～0.83
流动性			
冰点/℃	≤-43.3	≤-47	≤-47
运动粘度/（mm²/s）			
20 ℃			≥1.25
-20 ℃	≤8.0	≤8.0	≤8.0
燃烧性			
燃烧值/（J/kg）	≥4.35×10⁷	≥4.28×10⁷	≥4.28×10⁷
烟点/mm		≥25.0	≥25.0
萘系烃体积分数/%		≤3.0	≤3.0
		（烟点最小为 19 mm）	（烟点最小为 20 mm）
或辉光值			≥45
腐蚀性			
铜片腐蚀（100 ℃，2 h）/级	1b	1	1
银片腐蚀（50 ℃，4 h）/级			1
安定性			
热安定性（260 ℃，2.5 h）	≤3.3×10³	≤3.3×10³	≤3.3×10³
压力降/Pa	<12TDR	<3，且无孔雀蓝色	<3，且无孔雀蓝色
管壁评级		或异常沉淀物	或异常沉淀物
洁净性			
实际胶质/（mg/100 mL）	≤5.0	≤7.0	≤7
水反应			
界面情况/级	≤1b	≤1b	≤1b
分离程度/级	≤2		≤2
固体颗粒物/（mg/L）		≤1.0	≤1.0
过滤时间②/（min）		≤15	
导电性			
电导率（20 ℃）/（S/m）		（150～450）×10⁻⁶③	（50～450）×10⁻⁶
水分分离指数	≥85		≥85④

续表

项目	JP－7	JP－8	RP－3
润滑性 磨痕直径 WSD/mm			≤0.65
蒸气压（149 ℃）/Pa （260 ℃）	≤20.7×10³ ≤331×10³		
氢质量分数/%	≥14.40	≥13.40	

① 因批次不同有所偏差，见各批次报告，不作统一规定。

② 最小过滤样品体积 3.79 L。

③ 在室温或 29.4 ℃条件下，JP－8 电导率为（150～600）×10⁻⁶S/m；JP－8＋100
电导率为（150～700）×10⁻⁶S/m。

④ 加入抗静电剂≥70。

10.3.2　人工合成燃料技术规格

JP－10 是一种人工合成的高密度烃类燃料，主要成分为挂式
——四氢双环戊二烯，其中加入抗氧添加剂质量分数（90～110）×
10⁻⁶，成分为 2，6－二叔丁基－4－甲基苯酚、6 叔丁基－2，4－二
甲基苯酚或 2，6－二叔丁基苯酚。具体技术规格见表 10－2。

表 10－2　JP－10 技术规格

项目	数值
外观	无沉淀及悬浮物，21 ℃以上澄清透明
颜色①	≥＋25
exo－THDCPD 质量分数/%	≥98.5
闪点/℃	≥54.4
密度（15℃）/（g/cm³）	0.935～0.943
冰点/℃	≤－79
粘度（－54 ℃）/mPa·s	≤40
（－18 ℃）	≤10
净热值/（J/kg）	≥4.21×10⁷

续表

项目	数值
热稳定性	
压力降/Pa	1.33×10^3
管壁评级	<3
沉积物/（mg/100 mL）	$\leqslant 5.0$
颗粒物/（mg/L）	$\leqslant 1.0$

① 赛博特比色计。

10.4 物理化学性质

10.4.1 物理性质

由于石油基燃料大多为混合物，不同国家不同牌号的燃料组成不同，相同牌号的燃料不同生产批次的性质也略有差异。

石油基燃料为无色均匀透明液体，不溶于水，易溶解于有机溶剂。

石油基燃料 JP-7、JP-8 和高密度烃 JP-10 燃料的物理性质列于表10-3。

表 10-3 JP-7，JP-8，JP-10 的物理性质

性质	JP-7	JP-8	JP-10
分子式	$C_{12}H_{25}$	$C_{11}H_{21}$	$C_{10}H_{16}$
H/C	2.07	1.91	1.6
沸程/℃	190~250	165~265	182
冰点/℃	-44	-51	-79
闪点/℃	60	53	54
净热值/（J/kg）	$4.389\ 5 \times 10^7$	$4.314\ 0 \times 10^7$	4.235×10^7
密度（16 ℃）/（g/cm³）	0.79	0.81	0.94

续表

性质	JP−7	JP−8	JP−10
临界压力/Pa	2.07×10^6	2.33×10^6	3.733×10^6
临界温度/℃	400	410	425
烃类组成			
芳烃体积分数/%	3	18	exo − THDCPD
环烷烃体积分数/%	32	35	质量分数≥98.5%
链烃体积分数/%	65	45	endo − THDCPD
烯烃体积分数/%		2	质量分数≤1.5%
总硫质量分数/$\times 10^{-6}$	2	490	

10.4.2 化学性质

10.4.2.1 热氧化安定性

吸气式发动机用燃料主要组分为碳氢化合物，在一定温度条件下会发生热氧化反应，生成胶质和焦等表面沉积。燃料中的痕量组分如烯烃、含杂原子的化合物以及溶解的金属等对热氧化反应过程有显著影响。有效控制这些化合物的含量有利于提高燃料的热安定性。

（1）溶解氧

室温下，空气饱和的燃料中含溶解氧体积分数大约为 $(50 \sim 60) \times 10^{-6}$。燃料发生热氧化反应须具备两个条件：温度及溶解氧浓度。脱除溶解氧可提高燃料的热氧化安定性。脱除溶解氧可通过物理脱氧如氮气置换，化学脱氧如向燃料中加入可与氧反应的脱氧剂三苯基磷等方法实现。

（2）可溶性金属

燃料中存在以无机盐以及有机络合形式存在的可溶性金属。它们在燃料与某些金属表面接触时反应形成。有些金属对燃料的裂解具有催化活性，铜、锌、镉以及铅等可与燃料中的环烷酸反应形成盐。试验表明，催化燃料发生裂解反应的活性为：铜＞铁＞锌。

（3）金属表面催化

金属表面催化作用的发现对发动机的设计具有重要的意义。尤其是对处于高温条件下换热设备的设计。铜及铜的合金、钛钒合金，铍、铅、钨及钨合金、锌、镍、银、L-605 合金、1015 不锈钢以及 304 不锈钢等金属会降低燃料的热稳定性；446 不锈钢、6061 铝合金、200 镍以及 316 不锈钢，600 铬镍铁合金以及哈斯特镍合金 C 对于燃料的热稳定性无影响。

（4）添加剂

热安定性由燃料的组分决定，可以通过加入添加剂进行改善。实际上，JP-8 就是加入了军用添加剂包的 Jet A-1 燃料。该添加剂包包括结冰抑制剂、腐蚀抑制/润滑剂以及抗静电剂。为进一步增加 JP-8 的热安定性，美国空军联合政府部门、企业与研究院所开展了 JP-8+100 计划，旨在通过添加一定的添加剂，使 JP-8 的整体热稳定温度提高 100 ℉。添加剂包包括清洁分散剂、金属减活剂和抗氧剂，具体成分及含量列于表 10-4。

表 10-4　添加剂成分及含量

添加剂	成分	含量
结冰抑制剂	二乙二醇甲醚	0.15%
腐蚀抑制剂/润滑剂	CI/LI	20×10^{-6}
抗静电剂	ASA	（0.5~2.0）mg/L
清洁分散剂	Betz 8Q406	256 mg/L
金属减活剂	MDA	6 mg/L
抗氧剂	BHT	14 mg/L

10.4.2.2　化学裂解

燃料长时间暴露于高温条件下，会发生自由基反应生成沉积，除第一步在较低温度时，有溶解氧参与条件下发生氧化反应生成胶质和焦外；在更高温度时，发生自身裂解反应，生成焦或焦炭。

　　燃料生成的表面沉积会堵塞管道，降低传热效率及润滑性能，甚至导致飞行事故。但燃料的裂解是吸热反应，其裂解的同时吸收发动机工作以及飞行器表面与空气摩擦产生的大量废热，有望解决高超声速飞行中的热障问题。并且燃料裂解后产生的氢气、甲烷、乙烯等小分子化合物有利于点火燃烧，缩短闪点或延迟期，是未来高速飞行的发展方向。

10.5　安全性能

10.5.1　着火和爆炸危险性

　　吸气式发动机用燃料属可燃液体，闪点是评价其着火安全性的重要指标之一。一般条件下，最低燃烧极限接近但稍低于闪点 3～5 ℃。燃料的自燃点也是着火安全性的另一重要指标，通常被认为是在热表面上燃料能被点燃的最低温度。自燃点越高，着火安全性越好。但是对大多数烃类燃料，闪点和自燃点这两个性能指标相反，即闪点越高，自燃点越低；闪点越低，自燃点越高。例如 JP－8 燃料的闪点为 38 ℃（着火危险性小），自燃点为 238 ℃（着火危险性大）。根据美国国家消防协会和燃料危害性的规定分类，在绝大多数条件下，JP－8 燃料比航空汽油的危害小得多。因此，根据闪点进行吸气式发动机用燃料的着火危险性划分更为合理。

　　另外，闪点和饱和蒸气压成反比关系，燃料的饱和蒸气压越高，其闪点越低。提高燃料的闪点，可减少可燃混合气形成的可能，降低着火危险性。并且火焰传播速度很大程度上也取决于闪点温度。闪点温度高于周围环境温度的泄漏燃料不形成可燃区。吸气式发动机用燃料 JP－7，JP－8 和 JP－10 燃料的可燃性质列于表 10－5。

表 10－5　吸气式发动机用燃料的可燃性质

性质	JP－7	JP－8	JP－10
可燃极限体积分数①/%			
上限	0.6	0.6	
下限	4.6	4.7	
可燃极限温度/℃			
下限② （101.3 kPa）	60	53	
上限 （101.3 kPa）	100	77	
最小点火能量/mJ	0.2～1	0.2～1	
近似燃烧速度/（m/s）	0.3～0.6	0.3～0.6	
自燃温度 （101.3 kPa）/℃	241	238	245

① 空气中的燃料蒸气；

② 闭杯闪点数据。

表 10－5 中 JP－7 和 JP－8 燃料的可燃极限体积分数、最小点火能量、近似燃烧速度几乎相同，仅在可燃极限温度和自燃温度上略有差别。

10.5.2　安全防护措施

1）避免泄漏，防止燃料蒸气和空气形成的混合物发生爆炸。

2）库房和操作现场严禁明火、电火花和热源，并备有水源、砂土、泡沫灭火器或干粉灭火器等消防器材。

3）库房和操作现场的所有设备应适当接地。

4）库房和操作场所应选择 Exia Ⅱ BT$_3$ 防爆型电气设备。

10.6　材料相容性

吸气式发动机燃料的材料相容性是燃料系统设计选材的重要依据。包括燃料输送泵、管道、密封材料以及过滤器、燃料喷嘴等。材料的相容性与接触时间，环境温度等因素相关，以下材料供参考。

10.6.1　金属材料

推荐使用金属材料包括：铝及铝合金、碳钼不锈钢、$0.5\%\sim$ 3%含镍不锈钢、$4\%\sim6\%$铬钼不锈钢、300 系列不锈钢、400 系列不锈钢和蒙乃尔铜－镍合金。

不推荐使用金属材料包括：铜、青铜、黄铜、镍、锌、镉以及铁等。

10.6.2　非金属材料

推荐使用非金属材料包括：尼龙 11、Kel－F（聚三氟氯乙烯）、高密度聚乙烯、丁纳橡胶（$<121\ ℃$）、加氢丁腈橡胶、全氟橡胶（Kalrez、Chemraz）、聚三氟氯乙烯 A、合成树脂、特氟龙、氟化橡胶、氟硅氧烷、聚丙烯酸酯等。

不推荐使用非金属材料包括：低密度聚乙烯、氯丁乙烯、异丁烯橡胶、天然橡胶、聚乙丙烯、聚丁二烯、有机硅树脂等。

10.7　毒性、急救和防护

10.7.1　急性毒性

吸气式发动机用燃料属基本无毒物质，美国政府工业卫生协会将JP－8燃料的致癌等级定为 A3 级（Confirmed Animal Carcinogen with Unknown Relevance to Humans）。兔子急性皮肤渗透半数致死剂量$>5\ g/kg$，大白鼠急性口服半数致死剂量 $LD_{50}>25\ g/kg$。

10.7.2　中毒症状

JP－8 燃料主要由链烃、环烷烃和芳烃组成。美国职业安全和健康协会和美国政府工业卫生协会公布的 JP－8 燃料中可引起中毒的烃的容许暴露极限和最高容许浓度值如表 10－6。

表 10−6　JP−8 主要组成容许暴露极限和最高容许浓度值

JP−8		质量分数/%	职业安全和健康协会 （OSHA） 容许暴露极限	美国政府工业卫生协会 （ACGIH） 最高容许浓度值
链烃		约 50		
正辛烷		约 1.0	300×10^{-6}	300×10^{-6}
正壬烷		约 3.0	200×10^{-6}	200×10^{-6}
环烷烃		约 33		
芳烃含量		约 17		
苯		约 0.8	10	10
甲苯		约 1.0	100	100
二甲苯	对二甲苯	约 1.0	100	100
	间二甲苯	约 3.0	100	100
	邻二甲苯	约 1.4	100	100
三甲基苯	1,3,5 − 三甲基苯	约 3.8	25	25
	1,2,4 − 三甲基苯	约 1.0	25	25
	1,2,3 − 三甲基苯		25	25

　　燃料可引起眼睛和皮肤的轻微刺激；吸入燃料时，可导致恶心、头痛及嗜睡；发生吞食急性中毒时，可引起肠道的轻微刺激，严重时引起吸入性肺炎或肺水肿。

10.7.3　急救

　　1）如果燃料溅入眼内，立即用水冲洗至少 15 min，如症状加重，迅速就医。

　　2）皮肤沾染燃料，迅速脱下污染衣物，用肥皂水和水冲洗至少 15 min，如症状加重，迅速就医。

3）如吸入大量燃料蒸气，迅速移至空气新鲜处，若出现呼吸困难应即时输氧，若呼吸停止，立即进行人工呼吸并输氧。

4）若吞入燃料，不得催吐，应迅速就医。

10.7.4　预防措施

加强机械通风，使工作场所中燃料浓度在容许浓度范围内。

10.7.5　防护用品

1）眼睛防护。现场操作时需佩戴护目镜。

2）皮肤防护。为防止燃料喷溅引起皮肤刺激，现场操作时需佩戴氯丁橡胶、丁腈橡胶手套，防护服和长统靴。

3）呼吸道防护。当空气中燃料蒸气浓度超标时，需佩戴防毒面具。

10.8　贮存、运输和转注

吸气式发动机用燃料的贮存、运输和转注见第 9 章。

10.9　清洗和处理

吸气式发动机用燃料的清洗和处理见第 9 章。

10.10　安全使用守则

吸气式发动机用燃料安全使用守则见第 9 章。

参 考 文 献

[1] GB 6537—2006 3 号喷气燃料.

[2] 谢凤.从美军 JP—4 到 JP—8 的转变看喷气燃料的着火安全性,润滑油与燃料,2005 15(4).15—17.

[3] 关绍春,刘多强,赵军,等.喷气燃料发展概述,石化技术,2008,15(4):48—51.

[4] MIL—DTL—83133G Turbine fuel, Aviation, Kerosene type, JP—8(NATO F—34),NATO F—35,and JP—8+100(NOTO F—37),2010.

[5] MIL—DTL—38219D Turbine fuel, Low volatility, JP—7,1998.

[6] MIL—DTL—87107D, Propellant, High density synthetic hydrocarbon type, Grade JP—10,2006.

[7] MSDS JP—8. Version1. 2,Chevron Philips Chemical Company LP. 2010.

[8] MSDS JP—7,The Valvoline Company. 1999.

[9] ADA429439,Handbook of Aviation Fuel Properties.

[10] World Jet Fuel Specifications 2005.

第 11 章　酒　精

11.1　概述

酒精的化学名称为乙醇，分子式为 C_2H_5OH。早在第二次世界大战时期，德国就采用酒精作为 V－2 导弹的燃料，此后，苏联 P－1、P－2 导弹，美国第一枚载人亚轨道飞行器水星－红石运载火箭，均采用液氧与酒精作为推进剂，1960 年我国采用液氧与酒精作为推进剂发射了第一枚火箭。随着液体推进剂技术的发展，作为主推进剂的液氧与酒精逐步被更高比冲的四氧化二氮与偏二甲肼、液氧/煤油、液氢与液氧所代替。但酒精在轨道控制系统与反作用控制系统（OMS/RCS）以及燃气发生器上仍有应用，近年来，因其具有无毒无污染的优点再次成为各国关注的焦点之一。

11.2　生产原理

酒精的生产主要有以糖类、淀粉和纤维素等碳水化合物为原料的发酵法和以乙烯为原料的乙烯水合法两种。目前工业化生产酒精主要采用发酵法。

11.2.1　发酵法

发酵法是利用微生物的代谢消耗碳水化合物原料（淀粉类原料、糖质原料、纤维质原料等）来生产酒精的一种方法，反应式为

$$C_6H_{12}O_6 + 2ADP + 2H_3PO_4 \longrightarrow 2CH_3CH_2OH + 2CO_2 + 2ATP$$

式中　ADP——腺苷二磷酸；

　　　ATP——腺苷三磷酸。

11. 2. 2　乙烯水合法

工业上乙烯水合法有 2 种方法：一种是以硫酸为吸附剂的间接水合法，另一种是乙烯催化直接水合法，其反应方程式为

$$C_2H_4 + H_2O \longrightarrow C_2H_5OH$$

11.3　技术规格

酒精分为无水酒精和酒精水溶液两种，均可作为火箭燃料。酒精水溶液可按火箭的性能要求选用不同的浓度，美国军用酒精（MIL－E－51454A－1994）医用类的技术指标列于表 11－1。

表 11－1　美国军用酒精医用类技术指标

项目	指标	
	A 级	B 级[①]
酒精体积分数/%	99.8～100	
酒精质量分数/%		94.9～96.0
非挥发性残渣/（mg/L）	≤0.003	≤0.003
在水中溶解性	合格	合格
甲醇质量分数/%	≤0.1	≤0.1
杂醇油含量	合格	合格
纯度试验	合格	合格
氧化性试验/min	30	50

① 美国药典。

11.4　物理化学性质

11.4.1　物理性质

酒精是易燃、易挥发的无色透明液体，有刺激性辛辣味。作为

溶剂，酒精可以与水、乙酸、丙酮、苯、四氯化碳、氯仿等溶剂混溶；酒精具有吸湿性，可以很快从空气中吸收水分，能与水形成共沸混合物。当酒精迅速冷却时，变为浆状流体，降至 -114 ℃时变成晶体，继续冷却至 -130.5 ℃时转变为玻璃状流体，其物理性质参数列于表 11-2～表11-8中。

表 11-2　酒精的物理常数

项目	参数
分子量	46.068
冰点/℃	-114
沸点/℃	78.5
密度（20 ℃）/（g/cm³）	0.789
蒸气比重（与标准温度压力下空气相比）	1.59
临界密度/（g/cm³）	0.27
饱和蒸气压（20 ℃）/Pa	5.852×10^3
粘度（20 ℃）/（mPa·s）	1.2
表面张力（25 ℃）/（N/m）	2.203×10^{-2}
热膨胀系数（500 atm，15 ℃）/（1/℃）	0.000 855
介电常数（25 ℃）	24.1
电导率/（S/m）	6.4×10^{-6}
导热系数（20 ℃）/[W/（m·K）]	0.167
比热/[J/（kg·K）]	2.387×10^3
汽化热（21.1 ℃）/（J/kg）	9.257×10^5
燃烧热/（J/kg）	-2.964×10^7
生成热（25 ℃）/（J/kg）	-6.012×10^6
熔解热（凝固点时）/（J/kg）	8.399×10^4
压缩系数（150～200 atm，28 ℃）/（1/atm）	86.0×10^{-5}
临界温度/℃	243
临界压力/MPa	6.295
折射率（20 ℃），Na_D	1.360 48

续表

项目		数值
自燃温度/℃		371
可燃极限（在空气中）/20 ℃		3.3%～19%
闪点/℃	开杯	21.1
	闭杯	12.8

表 11－3 液体酒精密度与温度的关系

温度/℃	密度/（g/cm³）	温度/℃	密度/（g/cm³）
−40.0	0.840 00	22.0	0.787 75
−30.0	0.831 00	27.0	0.783 52
−20.0	0.823 00	38.0	0.774 14
0.0	0.806 25	60.0	0.754 10
2.0	0.804 57	80.0	0.734 80
4.0	0.802 90	110.0	0.705 70
6.0	0.801 23	140.0	0.663 10
8.0	0.799 56	180.0	0.598 40
10.0	0.797 88	240.0	0.382 50
16.0	0.792 83	243.1	0.275 50

表 11－4 气体酒精密度（饱和蒸气压下）与温度的关系

温度/℃	密度/（$\times 10^2$ g/cm³）	温度/℃	密度/（$\times 10^2$ g/cm³）
0.0	0.003 4	104.4	0.404 5
10.0	0.006 2	132.2	0.926 6
21.1	0.012 0	160.0	1.922 0
32.2	0.021 8	187.8	3.751 8
48.9	0.048 6	215.6	7.521 3
76.7	0.155 1	243.0	27.550 0

表 11－5　酒精的饱和蒸汽压与温度的关系

温度/℃	饱和蒸气压/Pa
10.0	$3.146\ 1\times10^3$
20.0	$5.852\ 3\times10^3$
30.0	$1.050\ 5\times10^4$
40.0	$1.803\ 7\times10^4$
50.0	$2.928\ 2\times10^4$
60.0	3.527×10^4
70.0	$7.232\ 1\times10^4$
80.0	1.083×10^5
90.0	1.582×10^5
110.0	3.147×10^5
130.0	5.760×10^5
200.0	$3.943\ 5\times10^6$

表 11－6　液体酒精粘度与温度的关系（1 个大气压下）

温度/℃	粘度/（MPa·s）	温度/℃	粘度/MPa·s
－148.0	8 470.000	65.0	0.551
－89.8	28.400	80.0	0.435
－59.4	8.410	130.0	0.217
－17.6	2.680	180.0	0.116
15.0	1.332	220.0	0.071
40.0	0.834		

表 11－7　液体酒精比热与温度的关系

温度/℃	比热/［J/（kg·K）］	温度/℃	比热/［J/（kg·K）］
－55.5	$2.020\ 5\times10^3$	4.4	$2.272\ 2\times10^3$
－34.4	$2.063\ 2\times10^3$	15.8	$2.355\ 1\times10^3$
－13.6	$2.160\ 4\times10^3$	21.1	$2.386\ 9\times10^3$
－7.7	$2.182\ 2\times10^3$	35.0	$2.570\ 7\times10^3$
－2.1	$2.218\ 6\times10^3$	50.0	$2.800\ 1\times10^3$

表 11—8　不同质量比的酒精—水表面张力与温度的关系

温度/℃	表面张力×10^{-2}/（N/m）	温度/（℃）	表面张力×10^{-2}/（N/m）
0.00	7.220	59.58	2.671
2.72	6.069	68.95	2.571
5.21	5.487	77.98	2.473
11.10	4.603	87.92	2.364
20.50	3.753	92.10	2.318
30.47	3.225	97.00	2.249
40.00	2.963	100.00	2.203
50.22	2.789		

11.4.2　化学性质

酒精是易燃液体，常温下在空气中缓慢氧化，遇明火即燃烧。与非氟化的氧化剂（如液氧、过氧化氢、硝基氧化剂）接触不自燃，只是猛烈反应冒白烟并放出热量。它与强无机酸或强有机酸发生猛烈反应生成酯类。酒精与不同氧化剂组合时的理论性能见表 11—9。

表 11—9　酒精与不同氧化剂组合时的理论性能

氧化剂	燃　烧　剂	O/F 混合比	燃烧温度/℃	比冲/（m/s）
O_2	$C_2H_5OH(92.5\%)+H_2O(7.5\%)$	1.5	2 980	2 469.6[1]
O_2	$C_2H_5OH(75\%)+H_2O(25\%)$	1.3	2 840	2 391.2[1]
O_2	$C_2H_5OH(75\%)+$ $N_2H_4(41.5\%)+H_2O(25\%)$	1.0	2 725	2 371.6[2]
H_2O_2	$C_2H_5OH(92.5\%)+H_2O(7.5\%)$	1.47	3 160	2 371.6[2]
H_2O_2	$C_2H_5OH(92.5\%)+H_2O(7.5\%)$	4.0	2 535	2 352[1]
O_2	$C_2H_5OH(92.5\%)+CH_3OH(7.5\%)$	0.84	2 620	2 352[2]
O_2	$C_2H_5OH(92.5\%)+H_2O(5\%)$	1.47	2 930	2 352[2]
O_2	$C_2H_5OH(75\%)+H_2O(25\%)$	1.31	2 700	2 332.4[2]

续表

氧化剂	燃 烧 剂	O/F 混合比	燃烧温度/℃	比冲/(m/s)
红烟硝酸 （NO$_2$ 15%）	C$_2$H$_5$OH	2.9	2 665	2 126.6[②]
红烟硝酸 （NO$_2$ 16%）	C$_2$H$_5$OH	2.5	2 510	2 126.6[②]

① $P_c = 3.45 \times 10^6$ Pa，$P_c/P_e = 34$。

② $P_c = 2.07 \times 10^6$ Pa，$P_c/P_e = 20.4$。

11.5 安全性能

11.5.1 着火和爆炸危险性

酒精的开杯法闪点为 21.1 ℃，闭杯法闪点为 12.8 ℃，按燃料着火危险性分类，属于甲 B 类易燃液体。在空气中的爆炸极限为 3.3%～19.0%。因此，在贮存、运输和转注过程中应严禁明火和电火花。

酒精的自燃温度为 371 ℃，按可燃性气体分组标准，它属于 B 组。

酒精的着火不同于煤油、汽油等烃类燃料，燃烧时很柔和，火焰不明显。因此，白天要看到酒精的火焰是困难的，基于这个原因，在扑灭酒精着火时要特别注意复燃的问题，而复燃往往又不易被消防人员发现，因为酒精蒸气比空气重，可以沿地面扩散并易积存于低洼处，遇火源会着火复燃。另外，酒精一旦着火，即使用水稀释到小于 50% 的浓度，也将继续燃烧。

酒精和氧化剂接触可发生化学反应或引起燃烧，虽然酒精与液氧、过氧化氢、硝基氧化剂等接触时不会立即自燃，但是很小的激发会导致持续的猛烈反应，甚至着火爆炸。因此在贮存、运输、转注和处理过程中，不得与强氧化剂接触。当酒精与液氧同时泄漏而发生爆炸时，其威力约为 20% TNT 当量。

11.5.2 防火防爆措施

11.5.2.1 预防措施

首先应防止酒精泄漏及其蒸气逸出，使空气中不能形成爆炸性混合物。为此，所有设备和管道、阀门应密封不漏。万一泄漏应立即用水将泄漏物浓度稀释到 20% 以下，对密闭空间还要进行机械通风。同时，应严禁明火、电火花和化学能等点火源（如氧化剂等），电气设备应选用 Exd Ⅱ BT2 本质安全型或 Exia Ⅱ BT2 隔爆型。

根据液体流动和蒸气扩散的影响区域划定警戒区，无关人员从侧风、上风方向撤离至安全区。作业时使用的所有设备应接地。禁止接触或跨越泄漏物。尽可能切断泄漏源。防止泄漏物进入水体、下水道、地下室或限制性空间。少量泄漏可用砂土或其他不燃材料吸收，再用洁净的无火花工具收集吸收材料。大量泄漏可构筑围堤或挖坑收容，用抗溶性泡沫覆盖，减少蒸发。喷水雾灭火可减少蒸发、驱散酒精蒸气、稀释液体泄漏物。但不能降低泄漏物在限制性空间内的易燃性。用防爆泵将泄漏物转移至槽车或专用收集器内。

11.5.2.2 灭火方法

通常酒精的灭火方法是用抗溶性泡沫、干粉、二氧化碳灭火器或者砂土灭火。

酒精在大气中着火时，最有效的方法是用大量水雾来扑灭，水具有冷却和稀释作用，可使酒精的可燃性大大降低。必须注意，由于酒精的火焰不容易看见，如果没有适当的防护措施，灭火人员不许进入火焰区，否则会被严重烧伤。

当酒精与氧化剂接触着火时，应立即用大量水来稀释和冷却，以减小着火和爆炸的危险性，同时应迅速切断液流，使它们不再继续相遇。对密闭空间，还必须进行机械通风，以防止蒸气积聚。

对酒精小型火焰，可用石棉布覆盖或其他小型灭火器灭火，若无火焰蔓延危险，也可让其自行熄灭。

灭火时应注意的事项及防护措施包括：消防人员须佩戴防毒面

具、穿全身消防服，在上风向灭火；尽可能将容器从火场移至空旷处；喷水保持火场容器冷却；直至灭火结束；容器突然发出异常声音或出现异常现象，人员应立即撤离。

11.6　材料相容性

11.6.1　金属材料

酒精对一般金属材料（除锌以外）没有腐蚀性，只是酒精水溶液对低碳钢稍有腐蚀作用。酒精与不锈钢、铝及其合金相容，不能接触带有锌或镀锌的零件。

11.6.2　非金属材料

聚乙烯、聚氯乙烯、聚四氟乙烯、聚三氟氯乙烯、氯丁橡胶和石棉等都是与酒精相容的非金属材料。由于酒精是良好的溶剂，因此它必须使用特殊的润滑剂，如氟化烃、二硫化钼和石墨基的润滑剂。禁止使用石油基的润滑剂。螺纹的润滑剂和密封剂可以使用一氧化铅、甘油、聚氯乙烯带等。

11.7　毒性、急救和防护

11.7.1　毒性

按化学物质的急性毒性分级标准，酒精 LC_{50} 为 $20\,000\times10^{-6}$，LD_{50} 为 $7\,060\ mg/kg$，酒精属于 4 级低毒物，是麻醉剂，可导致中枢神经系统麻痹，空气中的最大允许浓度为 $1\,900\ mg/m^3$。

酒精对人的眼睛、粘膜和肺都有刺激作用，并轻度地刺激皮肤。由于酒精是脂肪的溶剂，还会使皮肤产生干裂。

11.7.1.1　中毒途径

酒精的中毒途径为吸入或误服。

11.7.1.2　中毒症状

轻度中毒和中毒早期症状表现为兴奋、言语增多、颜面潮红或苍白、步态不稳、轻度动作不协调、判断力障碍、语无伦次、眼球震颤，甚至昏睡。

重度中毒可出现昏迷、呼吸表浅或呈潮式呼吸，并可因呼吸麻痹或循环衰竭而死亡。吸入高浓度乙醇蒸气可出现酒醉感，头昏、乏力、兴奋和轻度的眼、上呼吸道粘膜刺激等症状，但一般不引起严重中毒。

酒精也可导致慢性中毒，皮肤长期反复接触酒精液体，可引起局部干燥、脱屑、皲裂和皮炎。

11.7.2　急救和防护

11.7.2.1　急救

1）皮肤接触时，应脱去污染的衣物，用大量水彻底冲洗皮肤。如有不适感，应就医。

2）眼睛接触时，应提起眼睑，用洗眼喷泉或生理盐水冲洗。如有不适感，应就医。

3）吸入蒸气时，应迅速脱离现场至空气新鲜处，应就医。

11.7.2.2　防护

当空气中酒精蒸气浓度达到 2％时，应戴自供式防毒面具；低于此蒸气浓度时，可戴有滤毒罐的防毒面具；当蒸气浓度很小时，也可戴小型防护口罩。

当吸入酒精蒸气中毒时，应迅速将中毒者移至空气新鲜的地方，中毒严重者送医院救治；当酒精溅入眼内时，应立即用洗眼喷泉或喷淋式饮水装置彻底冲洗眼睛。

特别应该注意，当进入密闭空间时，必须使用机械通风，以排除积聚的蒸气，并且外面应有监护的人员，以便醉晕时进行救护。

皮肤防护为了保护头、面部和眼睛，可戴防溅式的护目镜和防护面罩；为了保护手、脚和身体，可戴防护手套、穿高筒靴和防护衣。

11.8　贮存、运输和转注

11.8.1　贮存

酒精具有良好的贮存性能，在密封条件下，它可长期贮存而不变质。酒精的贮存要求如下。

1）容器（贮箱、贮罐、桶等）中酒精装量应是容器总容积的 $50\%\sim90\%$，容器应电性接地。

2）酒精贮存于阴凉、通风的库房，远离火种、热源，防止太阳光直接照射。

3）长期贮存期间，除了更换损坏的零件，应尽量避免打开容器口，以防止质量发生变化。

4）酒精数量与居民建筑物和公用道路之间的安全距离关系参见第 3 章。

5）所有电气设备应采用防爆型的，对于危险电气设备的安装应当遵循国家电气规定，严禁电火花和明火。

6）贮存场地应保持整齐清洁，禁放氧化剂、单组元推进剂，但可与烃类、胺类等燃烧剂一起贮存。

7）酒精泄漏后，应立即用水稀释，使其浓度小于 20%。

8）贮存和转注的过程中禁止使用易产生火花的机械设备和工具，所有建筑物应是耐火的。若发生火灾，应用大量细密水雾灭火

9）贮存区应备有泄漏应急处理设备和合适的收容材料。

11.8.2　运输

酒精危险货物编号为 32061；铁危编号为 31161；UN 编号为1170；包装标志为易燃液体，酒精运输应符合国家危险品运输相关规定。

1）酒精可由铁路、公路和水路运输，并符合 JT 0017，JT 617，

JT 618，《铁路危险货物运输管理规则》和《水路危险货物运输规则》的相关规定，运输中应有防静电措施。

2）运输时运输车辆应配备相应品种和数量的消防器材及泄露应急处理设备。夏季最好早晚运输。运输时所用的槽（罐）车应有接地链，槽内可设孔隔板以减少振荡产生静电。

3）严禁与氧化剂、酸类、碱金属、胺类、食用化学品等混装混运。中途停留时应远离火种、热源、高温区。装运该物品的车辆排气管必须配备阻火装置，禁止使用易产生火花的机械设备和工具装卸。

4）专车、专船装运酒精时，应委派熟悉酒精特性的押运人员，以便处理运输途中的突发事故。

5）运输途中发生事故时，应发出信号，其他车船不得靠近。

6）若发生泄漏，立即关闭汽车发动机，迅速用大量水冲洗，将泄漏容器的酒精转移到空容器中。

7）若发生火灾，则用水或其他灭火剂扑灭，并防止火焰蔓延。若无法立即控制火势，则应撤离现场，人员站在上风口

8）装运酒精的车船上应备有水、灭火器和防护用品，车船上严禁吸烟和明火。

11.8.3　转注

11.8.3.1　转注方式

可根据容器的结构选用合适的转注方法。若从容器顶部泄出，可用离心泵；若从容器底部泄出，可用自吸泵，也可靠重力泄出。

11.8.3.2　转注安全要求

1）若在密闭空间进行转注操作，必须始终进行强制通风。

2）若在大气中由视觉或嗅觉发现有酒精泄漏的迹象时，在转注之前应对大气的可燃性进行侦检。

3）任何转注操作，至少要委派 2 人来执行，以便救护或事故处理。

4）转注操作的人员，应穿戴手套和防护服。当蒸气浓度可能很高时，应戴防毒面具。

5）转注场地不得有氧化剂和其他可燃物。严禁明火和电火花，应备有水源、灭火器等。

6）转注系统必须连接可靠、密封不漏。转注过程应随时检查，以便及时发现和排除事故隐患。

7）容器和其他转注设备应电性接地，泵和其他电器设备应采用防爆型的。

8）转注时若酒精发生泄漏，要用大量水进行冲洗。

11.9　清洗和处理

11.9.1　清洗

对与酒精接触的容器（贮箱、贮罐、桶）和组合件（阀、管道、附件）在首次使用之前，应按如下方法清洗后，方可正式使用。清洗液和水进入容器前，用 GF 3W0.071/0.056（200 目）滤网过滤。清洗一旦开始，不允许中断。

11.9.1.1　容器的清洗

（1）脱脂

油脂较多时，先用棉纱或棉布擦去。然后按照下列规定脱脂或者用脱脂清洗剂脱脂。

1）铝和铝合金容器先用 0.20%～0.25%氢氧化钠溶液（含 0.025%硅酸钠）浸泡 10～15 min 或者用 5%碳酸钠溶液（含 0.02%硅酸钠）浸泡 30 min。浸泡时容器保持敞口。清洗液排空后用水洗至排出水与注入水 pH 值一致。

2）不锈钢及钛合金容器用 0.5%～1.0%氢氧化钠溶液浸泡 1 h，排空后用水洗至排出水与注入水 pH 值一致。

（2）除锈

新容器按下列规定除锈。

1）铝、铝合金及钛合金容器不必除锈。

2）不锈钢容器内有较多焊渣、氧化皮时，可用钢刷除去，再用 25％～35％硝酸（含 2.5％氢氟酸）浸泡 1～3 h。排空后用水洗至排出水与注入水 pH 值一致。若焊缝发黑，重复酸洗，也可用其他效果相当的方式除锈。

（3）钝化

用 45％～55％硝酸浸泡 1 h，排空后用水洗至排出水与注入水 pH 值一致。

（4）除氧化性杂质

用 20％的氢氧化铵溶液加注到贮箱中处理 1 h；如果贮箱很大，还需要仔细地清洗贮箱壁，然后用水完全充满贮箱并仔细清洗。

（5）干燥

用干燥的氮气、无油压缩空气或热空气将容器吹干，或者用酒精擦洗后吹干。

检查容器内壁洁净度（无尘、无油、无脂和无水），最后排出水的 pH 值（pH 计测试）、颗粒物含量（选用满足颗粒物粒径要求的滤网过滤前后的质量变化），合格后密封，开具清洗合格证。

11.9.1.2　组合件的清洗

将组合件分解。金属零件和非金属零件分别清洗。

（1）金属零件清洗

铝制、和钢制零件分别清洗，按 11.9.1.1 节要求进行脱脂、除锈、钝化、除氧化性杂质。用干燥的氮气或无油压缩空气吹干，或者烘干。小零件用聚乙烯袋包装，扎紧袋口。大零件开口处和清洗过的表面覆盖聚乙烯膜，用绳扎紧。

（2）非金属零件清洗

用脱脂清洗剂脱脂，再用蒸馏水冲洗，不能重新使用的，另作处理。可以重新使用的，用干燥的氮气或无油压缩空气吹干，最后用聚乙烯袋包装。

11.9.2　处理

少量废液或泄漏液可用水冲稀，使其浓度小于 20%，这样不但不存在可燃的危险，而且对人员、设备也没有其他危害。这种稀释液可以通过下水道排出，或排入蒸发池中，绝不能使酒精污水排入氧化剂污水的下水道或收集池中。

11.10　安全使用守则

1）要熟悉酒精的性质和特点。

2）从事酒精物质处理或输送时，必须佩戴防毒面具、防护衣、手套和穿高筒靴。当进入密闭的地方而其里面蒸气浓度很高时，必须带自供式防毒面具。

3）所有的泄漏必须用水冲洗，以减少着火和毒性危害。

4）工作场地必须进行通风。

5）酒精物质必须与氧化剂分开贮存。

6）酒精的处理或贮存场地不允许进行有产生火花及明火的操作，除非有严格的控制。

7）当污染浓度大于 20% 的最低爆炸极限（LEL）时，绝对不能进入贮箱或其他危险的封闭空间。

参 考 文 献

[1] 中华人民共和国国务院令第 591 号.危险化学品安全管理条例.2011 年 3 月 2 日公布.

[2] 铁路危险货物运输管理规则.(2008)铁运 174 号.

[3] 水路危险货物运输规则(第一部分),水路包装危险货物运输规则.(1996)交通部令第 10 号.

[4] 道路危险货物运输管理规定.(2005)交通部令第 9 号.

[5] GB 12268－2005 危险货物品名表.

[6] MIL－STD－120IC ethyl alcohol.

[7] MIL－E－51454A－1994 Military specification ethyl alcohol.

[8] JT 0017－1987 公路、水路危险货物运输包装基本要求和性能试验.

[9] JT 617－2004 汽车危险货物运输规则.

[10] JT 618－2004 汽车运输、装卸危险货物作业规程.

[11] 贾树彪,李盛贤,吴国锋.新编酒精工艺学.第 2 版.北京:化学工业出版社,2009.

[12] 王金鹏.生料淀粉发酵生产酒精的研究.天津:天津大学,2004.

[13] 中国化工产品大全(第 3 版)上卷.北京:化学工业出版社出版,2005.

[14] 张海峰.危险化学品安全技术全书(MSDS),第 2 版.北京:化学工业出版社,2007.

[15] B·克特,D·S·埃佛雷德,著.火箭推进剂手册.张清,译.北京:国防工业出版社,1964.

[16] JENSEN,ANDREAS V,著.液体推进剂处理、贮存和运输.杨宝贵,译.北京:国防工业出版社,1976.

[17] 伊轮桑.巴伦,主编.纯物质热化学数据手册.程乃良,等,译.北京:科学出版社,2003.

[20] 朱坤玲,汪维勋.导弹百科词典.北京:宇航出版社,2000,北京.

[18] 国防科工委后勤部.火箭推进剂检测防护与污染治理.北京:国防科技大学出版社,1993.

[19] Hatch L F. Organic Chemistry. New York：McGraw－Hill Book Company Inc,1955.

[20]　Condensed Chemical Dictionary,5th ed. New York:Reinhold Pubishing Corp. ,1956.

[21]　KELLEY K K. The Heat Capacities of Ethyl and Hexyl Alcohols from 16 to 298K and the Corresponding Entropies and Free Energies,J Am Chem Soc,51,779—86(1929).

[22]　BATES O K, HAZZARD G, PALMER G. Thermal Conductivity of Liquids;Binary Mixtures of Water—Methyl Alcohol and Water—Ethyl Alcohol. Ind. Eng. Chem,Anal. Ed. ,10,314—18(1938).

[23]　WASHBURN E W. International Critical Tables of Numerical Data. Physics,Chemistry and Technology, Vol. 3. New York: McGraw — Hill Book Company Ink. , 1928,238, 248.

[24]　REID R C, SMITH J M. Thermodynamic Properties of Ethyl Alcohol. Chem. eng. prog. , 47, 415(1951).

[25]　Theoretical Performance of Several Propellant Combinations(chart). Rocketdyne, a div. of North American Aviation Inc. ,Los Angeles,Calif,1956.

[26]　REUEI N C, FRIEDMAN J. Liquid Rocket Design Manual. Report AL—259, Missile Division, North American Aviation Inc. , Downey, Calif, . Y—9.

第12章 液 氢

12.1 概述

液氢属于高能低温燃料，与液氟或液氧燃烧时性能很高，是所有已知燃料中密度最低的。由于其温度很低，可作为良好的再生冷却剂。液氢与液氧推进剂组合，由于比冲高、排气清洁，应用日益广泛，尤其是应用于运载火箭的二级主发动机和上面级发动机。液氢与液氧双组元推进剂已成功应用于多种运载火箭中，包括美国的宇宙神－半人马星座、土星 1B、土星 V、德尔它 4，苏联的能源号，欧洲空间局的阿里安系列以及日本的 H2 系列，我国也已在长征系列运载火箭中使用了液氢与液氧双组元推进剂。

12.2 生产原理

液氢由氢气液化获得，下面分别介绍氢气的生产和液化原理。

12.2.1 制氢方法

工业上制氢的方法很多，例如水电解法、水煤气转化法、气态烃转化法、醇或氨热解法等。作为火箭推进剂的液氢生产，国内主要采用甲醇制氢法、水电解法和重油制氢法。

12.2.1.1 甲醇制氢

甲醇制氢有三种裂解方法：蒸气转化法、部分氧化法和直接裂解法。

甲醇蒸气转化法用 Cu－Zn－Al 或 Cu－Zn－Cr 催化剂，转化温度为 240～260 ℃，压力为 0.8 MPa～1.0 MPa，反应可在极大空速

下进行，原料甲醇几乎可以完全转化为氢和二氧化碳

$$CH_3OH + H_2O \longrightarrow 3H_2 + CO_2 \qquad (12-1)$$

转化气的典型组成为：氢 $73\% \sim 75\%$，二氧化碳 $23\% \sim 24\%$，一氧化碳 $0.8\% \sim 1.0\%$。因此，转化气无须变换，只需脱碳即可获得纯氢。

甲醇部分氧化法采用和蒸气转化法相同的催化剂，即 Cu—Zn—Al 催化剂，转化温度为 250 ℃左右，催化剂对转化为氢和二氧化碳的选择性很高，几乎不会有一氧化碳生成。催化剂的活性随母体中 (Cu+Zn)/Al 原子比的增加而下降。且与铜离子的大小、分散度、表面积大小等因素密切相关，分散度越高，表面积越大，催化活性剂越高。

甲醇直接裂解法是早期使用的技术，采用 Mo—Ni 或 Ni—Al 催化剂，反应温度为 $400 \sim 500$ ℃，产品主要为一氧化碳和氢。一次裂解气组成为氢 67%，一氧化碳 31%，二氧化碳 2%。若要制纯氢，还需要通过一氧化碳变换和变换气的脱碳、甲烷化等纯化工艺过程。

12.2.1.2　水电解制氢

电解池内，水在直流电作用下，离解为自由离子 H^+ 和 OH^-，在阴极放出氢气，阳极放出氧气。反应式为

$$2H_2O \rightarrow 2H_2 + O_2 \qquad (12-2)$$

由于纯水电阻大，导电能力差，其电离能力很弱，因此在水中加入一定量的强电解质如氢氧化钠或氢氧化钾，将纯水变为电解液。

水电解制氢的优点是技术可靠、操作灵活、维护简便、得到的氢气纯度高，对大气无污染；缺点是氢气单位产量能耗大。

12.2.2　氢液化方法

氢气液化生产液氢一般可采用三种液化循环，即节流氢液化循环、带膨胀机的氢液化循环和氦制冷氢液化循环。

12.2.2.1　节流氢液化循环

节流液化循环是 1895 年由德国的林德和英国的汉普逊分别独立

提出的，所以也叫林德（或汉普逊）循环。

林德循环是采用液氮或减压液氮预冷，利用热交换器回收未被液化的 20.4 K 的低压氢气冷量，进一步降低高压氢气节流前的温度，通过节流膨胀使氢气液化。这种方法的氢液化低温区没有转动装置，设备简单，运行可靠，是中小型氢液化装置所采用的循环方式，其缺点是工作压力高（约 10～30 MPa），能耗大。

12.2.2.2 带膨胀机的氢液化循环

1902 年法国的克劳特首先实现了带有活塞式膨胀机的空气液化循环，所以带膨胀机的液化循环也叫克劳特循环。

克劳特循环是利用被液化氢气在膨胀机内做功，产生冷量，再和换热器、节流阀组成循环。克劳特循环液化效率、循环效率和经济性较高，工作压力较低。美国日产 30 吨液氢装置就是采用带透平膨胀机的大型氢液化循环。但缺点是低温区需要转动设备，氢膨胀机低温密封和润滑都较困难，对设备加工水平要求很高。

12.2.2.3 氦制冷氢液化循环

这种循环用氦作为制冷工质，由氦制冷提供氢冷凝液化所需的冷量。其中氦制冷是一个封闭循环，气体氦经压缩、分离、冷却、除油，再经两级降温液化。利用两台串联透平膨胀机获得低温冷量，低温氦通过处于氢浴内的冷凝盘管进行热交换。从冷凝管出来的回流氦，流过换热器冷却高压氦和原料氢。复温后被压缩机吸入再压缩，进行下一循环。纯化后的氢气降温至 79 K 后通过低温纯化器纯化。再进行第一级正-仲氢转化，仲氢浓度达到 48%，其后进一步降温并逐级完成转化，最后获得仲氢浓度 95% 的液氢产品。

12.3 技术规格

用作火箭推进剂的液氢，美国军用标准对其进行了规定，具体采购规格列于表 12-1。

由于氧在液氢中呈固氧态，易引起爆炸，所以要求在验收时氧

的体积分数应小于 $1.0×10^{-6}$，在加注时应小于 $2.0×10^{-6}$。

表 12—1　液氢采购规格

项　　目	采购指标
氢体积分数/％	≥99.995
仲氢体积分数/％	≥95.0
可固化气体杂质总的体积分数/$×10^{-6}$	≤50
氧（含氩）体积分数/$×10^{-6}$	≤1.0
氮、水、总碳累计体积分数/$×10^{-6}$	≤9.0
氦体积分数/$×10^{-6}$	≤39.0
一氧化碳和二氧化碳体积分数/$×10^{-6}$	≤1.0

氢是非导电体，在管道中流动易产生静电，若其中有过多的气体杂质，并在液氢的低温条件下以固体形式存在，更易因摩擦和扰动产生静电积聚，发生爆炸，所以要求气体杂质的总体积分数低于 $50×10^{-6}$。

由于液氢贮存时，正氢转化为仲氢放热并促使液氢蒸发而造成损失，所以要求仲氢的体积分数大于 95%，即正氢的体积分数必须低于 5%。

12.4　物理化学性质

12.4.1　物理性质

液氢是一种无色无味在低温下呈透明状态的液体，外观似水，常温下总处于沸腾状态，在大气中可将空气中的水气凝结形成蒸气云。

液氢沸点很低，需要在绝热良好的条件下贮存，即使如此，液氢也会蒸发损失，如 $3.785\ m^3$ 液氢在 $24\ h$ 内蒸发率约 1.5%。

液氢和氢气都极易发生泄漏，并迅速气化及扩散。试验表明：

1 m³ 液氢排放在野外 1 m² 泥土池中，17 min 全部气化；同样条件下 1 m³ 液氢排放在 10 m² 泥土池中，39 s 全部气化；10 m³ 液氢排放在野外且流淌面积达 65 m² 时，1 min 全部气化；1.89 m³ 液氢排放在野外地面上，1 min 后扩散成不可燃混合物；0.189 m³ 液氢排放在沙砾上，1 min 全部气化，碎石上 8 min 全部气化，沙土上 14 min 全部气化。液氢初始气化速度快，3 min 后基本恒定。在 107 m³ 木房中排放 65 L 液氢，5 s 内木房中氢气的体积分数可达 50% 以上。液氢泄漏速度是水的 64 倍、液氧的 14 倍、液氮的 12 倍、液空的 10 倍；氢气的泄漏速度是氧气的 2.3 倍、空气的 2.1 倍、氮气的 2 倍；液氢的扩散速度是液氮的 6.1 倍、液氧的 7.5 倍；氢气的扩散速度是氦气的 1.4 倍、氮气的 3.7 倍、空气的 3.8 倍、氧气的 4 倍；1 体积液氢泄漏后分别气化为 0 ℃，15.6 ℃，21 ℃，27 ℃，40 ℃ 的氢气时，其体积分别增大 785 831 840 865 906 倍，就汽化为 21 ℃ 的氢气而言，它与空气混合形成 4% 氢气的可燃物，其体积增大 21 000 倍。

　　氢气可微溶于水，在标准状态下 100 体积水可溶解 2.148 体积的氢气；微溶于液氨中，其溶解度随液氨温度升高而增大。

　　除氦可微溶于液氢外，其他物质几乎都不溶于液氢中。

　　氢气可以被铁、金、铂、钯等金属所吸附，常温下 1 体积钯黑可吸附 870 体积氢气；高温下氢气可以穿过许多金属容器壁而逸出。金属氢化物可作为氢气的贮存介质。

　　液氢有冷脆破坏效应，黑色金属、锡、镁、锌等在其中变脆，失去延展性，润滑脂在液氢中凝固变脆而失效。

　　氢的主要物理常数列于表 12－2。

表 12－2　氢的主要物理常数

项目	条件	数值
相对分子质量/（g/mol）		2.016
冰点/℃	常压下	－259

续表

项目	条件	数值
沸点/℃	常压下	-253
密度/（g/cm³）	沸点时	0.070 77
饱和蒸气压/Pa	沸点时	1.01×10^5
粘度/（mPa·s）	沸点时	0.013
表面张力/（N/m）	沸点时	2.008×10^{-3}① 1.93×10^{-3}②
热膨胀系数/（1/℃）	沸点时，0.2 MPa	0.015 6
介电常数	沸点时	1.227 8
电导率/（S/m）		4.6×10^{-17}
热导率/［W/（m·K）］		1.179
比热容/［J/（kg·K）］		2.38×10^3
三相点温度/℃	仲氢	-259.2
三相点温度/℃	正氢	-259.0
三相点压力/Pa		7.04×10^3
汽化热/（J/kg）	沸点时	4.46×10^3
熔化热/（J/kg）	沸点时	58.6×10^3
三相点熔化热/（J/kg）		58.2×10^3
临界温度/℃		-240
临界压力/Pa		1.29×10^6
临界密度/（g/cm³）		0.031 42
折射系数 N_{aD}	沸点时	1.110
扩散系数/（cm²/s）	氢气在空气中，0 ℃	0.63
焓/（J/kg）	沸点、常压	-256.3×10^3
熵/［J/（kg·K）］		7.98×10^3
转化温度/℃	焦耳汤姆逊	-80.15
声速/（m/s）	沸点时，绝热	1 093

① 参考文献 15。

② 参考文献 19。

工业气体手册中有关液氢以及氢气的一些物理参数列于附录 B 中。

表 12－3 列出液氢和氢气的体积与质量换算表。

表 12－3　液氢、氢气的体积与质量换算表

液氢或氢气	kg	气体体积/m³	液体体积/L
1 kg 氢气或液氢	1	11.159	14.080 5
1 m³ 氢气	0.089 3	1	1.265 6
1 L 液氢	0.071 0	0.84 (21 ℃)	1
1 m³ 液氢	71	840 (21 ℃)	1 000

12.4.2　化学性质

液氢无腐蚀性。与一些氧化剂形成的混合物，极易着火或爆炸。氢气和空气组成的混合物，有很宽的可燃极限，并因其最小点燃能量极小，仅为 0.019 mJ，故非常易燃易爆。

液氢和氢气可与液氟或气氟以及液态或气态三氟化氯接触自燃，组成自燃推进剂。

液氢化学稳定性很好，氢分子仅在极高温度下才明显离解

$$H_2 + 434.1 kJ \Longleftrightarrow 2H$$

1 727 ℃时，氢分子只分解 0.122%，4 727 ℃时分解率达到 94.2%。

纯氢在空气中燃烧时火焰无色，并且温度较高，氢在空气中着火时，会因看不见火焰而容易被烧伤。

很多金属可与氢直接化合形成氢化物。

在适当温度下，氢是极好的还原剂。

12.5　安全性能

12.5.1　着火和爆炸危险性

　　液氢的着火和爆炸危险性实质上也是氢气的着火爆炸危险性。因此，关于氢的安全性能数据都是指的氢气。

12.5.1.1　可燃极限和爆轰极限

　　氢气的可燃极限较宽，在空气中的可燃极限体积分数为 $4\%\sim75\%$，在氧气中为 $4.5\%\sim94\%$，仅次于乙炔和肼；氢气的爆炸危险性为 17.9，小于乙炔（53.7）。

　　点燃氢气-空气的混合气体通常引起爆燃。在封闭或半封闭的环境中，爆燃可能演变为爆轰。流道的几何形状和流动情况对于爆燃能否转变为爆轰影响显著。不同环境下的爆轰极限相差很大，因此，在自然状况和环境没有确定的条件下，爆轰极限也不确定。

　　氢气-空气燃烧可以在一开始就爆轰，或者以爆燃过程开始，火焰有一段行程后转变为爆轰。发生爆轰的含氢气体积分数范围比发生爆燃的范围要窄。通常引用的氢气在空气中的爆轰极限体积分数为 $18.3\%\sim59\%$，在氧气中为 $15\%\sim90\%$。上述数据具有不确定性，需要小心加以引用。如果存在高能量火源，爆轰的体积分数范围就会扩大。氢气-空气的燃烧具体为爆轰还是爆燃，其影响因素包括氢气的体积分数，点火能量、作用的封闭程度以及建筑结构是否能使火焰前区内产生湍流。

12.5.1.2　最小点燃能量

　　氢在空气中的最小点燃能量为 0.019 mJ，在氧气中为 0.007 mJ，相当于乙炔，只有汽油的十分之一。氢的点燃能量很小是其极易发生着火和爆炸的原因之一。因此，要求本质安全型电气设备的电路火花能量小于最小点燃能量。

12.5.1.3　最大试验安全间隙和熄火距离

　　氢的最大试验安全间隙为 0.102 mm[17]，要求隔爆型电气设备外壳法兰间隙不得大于此值，否则壳内电火花可能引起壳外氢与空气的混合物发生着火或爆炸。

氢气在标准温度和压力下空气中的熄火距离很小，仅为 0.64 mm，此值随温度、压力、可燃气体混合物的组成和周围电荷情况不同而不同；氢气－氧气混合物的熄火距离更小，只有 0.38 mm。因此，通常的阻火器对氢火焰无效，能够较快燃烧的气体通常要求灭火距离较小，制作灭火器也需要更小的孔隙。已见报导的氢的最小灭火距离为 0.076 mm。

12.5.1.4 自燃温度

点燃温度与氢气的浓度、压力及容器的表面处理有关。在 101.3 kPa 压力下，符合化学浓度标准的纯氢在空气中的自燃温度据报导介于 570～590 ℃之间，在符合化学浓度标准的纯氧中相应的温度介于 500～560 ℃之间。按可燃性气体分组标准，它属于 T_1 组。

12.5.1.5 燃烧速率

氢气在标况下空气中的燃烧速度很快，为 2.70～3.30 m/s，约是汽油的 8.8 倍，甲烷的 7.3 倍。压力、温度、混合比都会影响氢气的燃烧速度。液氢的燃烧速度采用液面缩减率表示，约为 2 cm/min，是汽油的 2 倍，甲烷的 2.7 倍。例如分别将 121 L 液氢、丙烷、汽油、煤油倒入 0.93 m^3 池中并点燃，它们分别在 32 s、4 min，5 min，7 min 全部燃烧；18.9 m^3 液氢排放在野外并点燃，两次试验分别在 2.5 min 和 3 min 全部燃烧。

氢气在氧气中的燃烧速度更快，约为 8.9 m/s。氢气不仅燃烧速度很快，而且火焰持续时间很短。

12.5.1.6 火焰温度

氢燃烧时的火焰温度很高，空气中的体积分数为 31.6% 时，燃烧的火焰温度为 2 129 ℃，在氧气中达 2 660 ℃，比肼、汽油、甲烷等都高得多，但氢的火焰不可见，喷上 Na^+（或 Ca^+）的溶液或粉状显色剂后，火焰立即显示黄色（或砖红色）。

12.5.1.7 火焰热辐射

氢火焰产生的热辐射可能导致重大伤害，其辐射强度受环境大气中的水蒸气含量的影响。虽然氢的火焰温度很高，但它的火焰辐射热小，只有 1.43×10^5 J/($m^2 \cdot s$)，烃类燃料比它大 12 倍。氢的火焰发射率也低，仅为 $0.01 \sim 0.1$，只有烃类燃料的 $1\% \sim 10\%$。氢火焰熄灭时，即使仍有热气体，辐射也几乎立即消失。

氢气的燃烧和安全性能数据详见表 12—4。

表 12—4 氢气的燃烧和安全性能数据

项目	条件	数值
体积燃烧热/（J/L）	净热值	8.474×10^6
质量燃烧热/（J/kg）	净热值	1.2×10^8
每立方米氢气燃烧需要空气/m^3	化学计量	2.38
每立方米氢气燃烧需要氧气/m^3	化学计量	0.5
每千克氢气燃烧需要空气/kg	化学计量	34.23
每千克氢气燃烧需要氧气/kg	化学计量	8
体积化学计量浓度	与空气	29.5%
体积化学计量浓度	与氧气	66.7%
质量化学计量浓度	与空气	2.9%
质量化学计量浓度	与氧气	11.1%
自燃温度/℃	与空气	$570 \sim 590$
自燃温度/℃	与氧气	$500 \sim 560$
可燃极限	与空气	$4\% \sim 75\%$
可燃极限	与氧气	$4.5\% \sim 94\%$
爆轰极限	与空气	$18.3\% \sim 59\%$
爆轰极限	与氧气	$15\% \sim 90\%$
不燃范围	氢—空气—二氧化碳	$O_2 < 8.4\%$，$CO_2 > 62\%$
不燃范围	氢—空气—氮气	$O_2 < 4.9\%$，$N_2 > 75\%$
最小点燃能量/mJ	空气	0.019
最小点燃能量/mJ	氧气	0.007
熄火距离/mm	空气	0.64
熄火距离/mm	氧气	0.38

续表

项目	条件	数值
试验最大安全间隙/mm	空气	0.102
最易传爆体积分数	与空气	24%
最易点燃体积分数	与空气	20%～22%
最高火焰温度/℃	31.6%氢气－空气	2 129
最高火焰温度/℃	78%氢气－氧气	2 660
燃烧速度/（m/s）	43%氢气－空气	2.7
	与空气	2.7～3.3
燃烧速率/（m/s）	70%氢气－氧气	8.9
最大火焰发射率	与空气（烃类为 1.0）	0.1
爆燃温度/℃	29.5%氢气－空气	2 038
爆燃压力/Pa	与空气	0.72×10^6
最大爆炸速度/（m/s）	58.9%氢气－空气	2 100
最大爆炸速度/（m/s）	90%氢气－氧气	3 550
最大爆炸压力/Pa	29.5%氢气－空气	2.0×10^6
火焰最大辐射热流/ [J/（m^2·s）]	与空气	1.43×10^3
燃烧最小总压力/Pa	29.5%氢气－空气	6.665
击穿电压/kV	30%氢气－空气（间隙 0.64 mm）	3.1
击穿电压/kV	70%氢气－氧气（间隙 0.38 mm）	2.03
理论 TNT 当量	32%氢气－空气	60%
理论 TNT 当量	66.7%氢气－氧气	130%

12.5.2　泄漏危险性

氢气的泄漏和排放是氢事故的两个主要起因。液氢的泄漏速度、汽化速度和扩散速度都很大。它与空气形成的可燃混合物，要考虑其危险空间范围和危险持续时间。根据泄漏是瞬时源或连续源，其扩散浓度计算的数学模式可采用萨顿（Sutton）型和高斯（Gaussion）型两套公式。

在封闭空间液氢泄漏后迅速气化并扩散到整个空间，氢气的体积分数可由下式计算得出

$$H_2\% = 840V_L/V \times 100\% \quad （氢气：H_2\% = 840V_g/V \times 100\%）$$

$$(12-3)$$

式中　V_L——液氢泄漏体积，m^3；

　　　V——封闭空间体积，m^3。

例如，100 m^3 房间内泄漏 50 L 液氢，气化后氢气体积分数可达 42%。

在非封闭空间，对液氢泄漏量较小情况下，其危险空间范围采用火焰最大高度（H）和宽度（W）来估算

$$H = W = 67\sqrt{V_L}(m)（氢气：H = W = 2.3\sqrt{V_L}）\quad(12-4)$$

例如，0.089 m^3 液氢泄漏后气化并点燃，火焰最大垂直截面为（20×20）m^2。

对液氢泄漏量较大情况下，其危险空间范围采用火焰最大体积（V）来估算

$$V = 21\ 225\ V_L(m^3)（氢气：V = 25\ V_g）\quad(12-5)$$

例如，1.89 m^3 液氢泄漏后气化并点燃，火焰最大体积为 40 115 m^3，试验测定结果为 21 187 m^3。

液氢/液氧火球直径

$$D = 3.8\ M^{0.325} \quad (12-6)$$

M——液氢质量，kg。

实际危险空间范围总是比计算结果小得多。

可燃混合物的危险持续时间，在室外有风情况下比液氢气化时间小得多。大量液氢泄漏在室外地面上，只要没有积存液氢的低凹处，液氢就迅速流淌并完全气化。

液氢/液氧火球持续时间

$$t = 0.1 M^{1/3} \qquad\qquad (12-7)$$

M——液氢质量，kg。

液氢气化速率与地面粗糙度紧密相关。在封闭空间希望液氢泄漏后气化速度慢些，以便人员撤离或抢险，地面应以光滑为好；在非封闭空间希望液氢泄漏后气化速度快些，地面垫上一层碎石为好。

液氢泄漏后气化形成的蒸气云中氢浓度是波动的，但蒸气云大部分是可燃的。蒸气云水平飘移速率大体上与水平风速相等，其危险空间范围与泄漏量或泄漏速率成正比，而与风速成反比。

下面给出液氢或氢气泄漏试验结果。

1）液氢泄漏后气化的平均液面下降速率为：干沙子1.8 cm/min，湿沙子 3 cm/min，沙土 4.1 cm/min，普通泥土4.3 cm/min，砂砾 5.3 cm/min；

2）液氢泄漏后汽化形成蒸气云的平均上升速率为：砂砾上1.5～1.8 m/s，碎石上 0.6 m/s，钢板上 1.2 m/s；

3）液氢以 134～1 336 L/min 流量从管道中持续排泄到地面上，蒸气云沿地面顺风延伸 152～213 m，但着火只发生在 30.5 m 之内；液氢以 142.5～273.5 L/s 的流量从管道中短时间（24～40 s）喷到地面，蒸气云沿地面顺风延伸 50～100 m；

4）液氢泄漏试验 6 次，每次试验液氢体积为 5.7 m³，泄漏持续时间 24～85 s，泄漏初期液氢气化形成的蒸气云以一定角度上升，沿顺风向飘移，继续泄漏形成的蒸气云持续贴着地面飘移约 50～100 m，随后蒸气云上升速率达到 0.5～1.0 m/s；

5）在风速小于 1 m/s，气温 15.2 ℃，气压为 1 atm、湿度为90%、小雨等不利于氢扩散的气象条件下，从 18 MPa 高压氢气容器（容积 402 L，氢气体积 72.36 m³，质量 6 462 g）中高速（$Re = 4 \times 10^6$）放出氢气（放出口直径 6 mm、离地高度 1.2 m），从阀门瞬间全开到全部放完时间为 180 s，平均排放流量 0.402 m³/s（0.035 9 kg/s）。在对称于放出轴（放出方向与风向一致）的扇形区（半径 30 m、圆心角 60°）内的不同距离和高度的位置测量氢气体积分

数,结果在放出 35 s 后所测得的氢体积分数均小于 4%,高度为
0.65 m 时氢气体积分数最大。可燃区(氢气 4%～75%)为半径约
21 m,圆心角 15°的扇形区,危险区(氢气 0.4%～3.9%)为半径
38.3 m,圆心角约 40°的扇形区。

12.5.3　静电危险性

液氢电导率很小,约为汽油的 1/50 000,属于高绝缘体。在接
地良好系统中流动或排放,由于摩擦产生静电荷,存留时间很长,
存在着火爆炸危险性。当静电的电场强度为 17.5 kV/cm,电量为
1.1×10^{-9} C 时,放电产生的电火花能量可使氢气-空气混合物发生
着火或爆炸。

液氢在下列 3 种情况时容易产生较高电势和静电荷:

1)在液氢、氢气或系统中含有固体、液体颗粒杂质;

2)存在液氢和氢气两相流时;

3)当液氢或氢气高速冲击绝缘体时。

若出现上述高电势静电,并存在容易放电的结构和间隙,就会
产生放电火花,引起氢气-空气混合物发生着火或爆炸。因此,氢
气应避免任何杂质和两相流以及直接高速喷出。

12.5.4　固氧和固空的危险性

液氢的低温会使氧和空气冷凝并冻结为固氧和固空或富氧固空,
在它们的交界面上固体微粒的剪切、摩擦或撞击会产生静电放电,
引起着火或爆炸。

产生固氧和固空主要有以下 8 种情况。

1)液氢生产用的氢气源含有微量氧;

2)增压用的氢气源含有过量氧;

3)液化系统存有空气;

4)容器和管道中的空气未置换干净;

5)系统不密封负压造成空气冷抽吸;

6) 液氢或低温氢气直接排入大气时，在出口处形成富氧固空；

7) 液氢和液氧同时泄漏在一起；

8) 火箭在高空低压环境下，泄漏或排气可在级间舱形成液氢或低温氢气与固氧或气氧的混合物。

固氧累积越多，爆轰危险性就越大。固空中氧体积分数超过 40％时，也存在爆轰危险性。当打开或关闭阀门时发生的猛烈爆炸，就是液氢与固氧或富氧固空因摩擦产生静电火花而引发的爆轰。

应特别指出，低温氢气（液氢蒸气云，约－250 ℃）与常温氢气的性质有所不同，如常温氢气比空气轻，有上升趋势；低温氢气比空气重，趋向下沉，详见表12－5。

表 12－5　常温氢气与低温氢气性质比较

项目	常温氢气	低温氢气
密度/（g/cm³）	0.000 085 2	0.001 33
与空气密度比	0.069 53	1.02
空气中可燃极限/％	4～75	10～70（－173 ℃）
氧气中可燃极限/％	4.5～94	10～90（－173 ℃）
最小点燃能量/mJ	0.019	约 0.19
熄火距离/mm	0.64	0.89（－173 ℃）
击穿电压/kV	2.8	8.5（－173 ℃）
最大爆燃压力/Pa	0.8×10^6	1.6×10^6
空气中燃烧最大压力/Pa	0.3×10^6	0.8×10^6（－170 ℃）
氧气中燃烧最大压力/Pa	0.3×10^6	0.7×10^6（－170 ℃）
氢气－氧燃烧最小总压力/Pa	666.5	1 333（－195.5 ℃）
氢气－空气燃烧火焰速度/（m/s）	2.4	1.27（－150 ℃）
压缩系数	1.0	1.12
压缩因子	1.000 6	0.906 0
介电常数	1.000 25	1.004
热扩散性/（m²/h）	0.52	0.003 8

续表

项目	常温氢气	低温氢气
焓/（J/kg）	$4\ 199.4 \times 10^3$	189.3×10^3
熵/［J/（kg·K）］	64.77×10^3	29.77×10^3
定压比热容/［J/（kg·K）］	14.85×10^3	12.15×10^3
定容比热容/［J/（kg·K）］	10.72×10^3	6.50×10^3
C_P/C_V	1.38	1.88
内能，J/kg	$2.961\ 38 \times 10^6$	1.236×10^5
声速/（m/s）	1 309	355
热导率/［W/（m·K）］	0.176	0.016 94
自由能/（J/kg）	$-1.523\ 3 \times 10^7$	-4.20×10^5
热膨胀系数/（1/K）	0.003 33	0.064 2
动力粘度/［kg/（m·s）］	8.140×10^{-6}	1.228×10^{-6}
折射系数 Na_D	1.000 1	1.113 7

12.5.5　防火防爆措施

12.5.5.1　预防措施

预防氢发生着火或爆炸的 3 个基本原则是防止泄漏、通风良好和消除点火源。

（1）防止泄漏

防止泄漏是从根本上消除可燃物的形成，是安全使用液氢的最根本措施。尤其是在封闭空间，更应严格避免泄漏。为防止泄漏，一是所有结构材料必须适应低温和真空条件；二是结构合理、连接可靠和操作正确；三是贮箱、容器和管道绝热良好。在易泄漏部位，应配有氢气监测仪。一旦发现泄漏，立即采取有效措施。

（2）通风良好

通风目的是使液氢一旦泄漏后与空气形成的可燃物浓度能迅速降低至低于可燃下限，变为不可燃的混合物。液氢的各种操作应尽量在室外进行。若在室内操作，一应有足够通风条件，排风口至少高出房顶 4.6 m；二应尽量遥控操作；三是房间应有泄爆面。

（3）消除点火源

除严禁烟火外，应特别注意消除电路火花和静电放电。电子仪器应选用 EXia Ⅱ CT$_1$ 本质安全型，电气设备应选用 EXd Ⅱ CT$_1$ 隔爆型；液氢及其系统应避免任何杂质和两相流；人员应穿防静电服和导电鞋；不在现场脱衣服和梳头发；容器、管道和其他设备均应接地良好；操作区域应装有避雷针；使用防火花工具，防止滑动、闪击、跌落等引起机械火花；高压氢气或液氢排入大气应尽量采用大直径、无死角的排气管，以防谐振波加热引起着火。

12.5.5.2　灭火方法

扑灭液氢火灾比扑灭石油燃料火灾要困难得多。灭火剂用于控制和扑灭已有火焰，避免火焰蔓延和爆轰发生，各种灭火剂对扑灭液氢和氢气火灾的适应性不同的。

机械泡沫灭火剂只能减弱液氢火势，不能扑灭液氢和氢气火灾；碳酸氢钾干粉灭火剂能有效扑灭氢气火灾，而且可使无色氢火焰变为有色。扑灭液氢火灾最有效的方法是采用机械泡沫和干粉联用的遥控灭火技术，即首先切断液氢源，然后在液氢表面喷射以 6% 泡沫液用氮气发泡的机械泡沫（发泡比为 25：1），再用碳酸氢钾干粉扑灭氢气火焰，同时用大量水喷淋冷却未损坏的贮箱和邻近的结构物。若贮箱破裂或阀门失灵造成液氢火灾，在灭火同时，人员至少撤离到 150 m 以外区域。

二氧化碳和卤素灭火剂不适用于扑灭氢火灾，因它们在高温下均会产生有毒气体。

水雾和氮气只适于扑灭小型氢火灾，不适于扑灭较大液氢火灾。

12.6　材料相容性

12.6.1　金属材料

液氢的低温特性可使一些金属材料（如黑色金属）过冷脆变

（冷脆效应）、冷热冲击引起胀缩循环和氢脆效应等，降低其使用性能。

相容的金属材料有：1Cr18Ni9Ti 奥氏体不锈钢；LD_5，LD_{10}，LD_1，LD_2，LY_9，LY_{12}，LF_2，LE_3，LC_4 等铝及其合金；黄铜 H_{62}，铝青铜 QA_{15} 等铜及其合金；镍及其合金；钛合金；15Mn26Al14 钢；银焊料和铟等。

不相容的金属材料有：碳钢、低合金钢、高强度钢、低熔点钎焊料伍德合金、软钎焊料锡铅合金等。

12.6.2　非金属材料

大多数非金属材料在液氢低温下会失去弹性并变脆。

相容的非金属材料有：碳纤维或玻璃纤维－环氧树脂层复合材料、聚四氟乙烯、聚酰亚胺塑料、超高分子聚乙烯及其与玻璃纤维的复合材料、改性聚三氟氯乙烯、石棉、特种硅橡胶、石墨充填磷酸镁或环氧树脂、氟碳润滑剂、全氟碳油、超低温胶、无机填充剂的环氧树脂、GE7031 清漆（乙烯基变性苯酚树脂）等。

不相容的非金属材料有：普通塑料、各种橡胶、各种常用润滑油脂、多数有机粘结剂和涂料、它们会在液氢中冷却变脆。

12.7　毒性、急救和防护

12.7.1　毒性

液氢并无毒性，它对人体的危害主要是窒息作用和冻伤。

12.7.1.1　中毒途径

液氢大量泄漏在封闭空间，由于缺氧可能造成人员窒息；液氢低温性可能造成人体冻伤。

12.7.1.2　中毒症状

人体吸入高浓度的氢气后不会产生神经系统方面的影响，但是当氢气体积分数足够高时，严重地降低空气中氧气的体积分数，将使人产生缺氧的症状。当空气中氧气体积分数降至 $12\% \sim 16\%$ 时，人员呼吸和脉搏次数增加，肌肉有轻微的抽动；当氧气体积分数降至 $10\% \sim 14\%$ 时，人员有知觉，情绪烦躁，非常疲倦，呼吸困难；当氧气体积分数降至 $6\% \sim 10\%$ 时，人员会恶心、呕吐，无力自由行动，晕倒虽有知觉，但无力行动和喊叫；当氧气体积分数降至低于 6% 时，人体会出现痉挛、喘气、呼吸停止，几分钟后心脏停止跳动。

当皮肤与液氢或无绝热保温的容器、管路接触时，会引起冻伤。若液氢喷溅到人体上，皮肤局部组织迅速下降到 0 ℃ 以下，细胞内液或细胞间液出现冰晶，致使组织细胞受到冰冻型冻伤；若液氢刚气化使周围空气冷却，人员吸入冷气流 $0 \sim 15$ ℃，会刺激眼和上呼吸道粘膜，引起流泪、流涕、咳嗽、鼻塞等类似感冒症状，是非冰冻型局部性轻度受冻反应的表现。

液氢引起的冻伤一般属一度冻伤（损伤表皮层）或二度冻伤（损伤达真皮层）。

12.7.2　急救

若人员吸入高浓度氢气发生窒息，应立即将其移至新鲜空气处，对呼吸停止者应进行人工呼吸并迅速就医。

对冻伤人员肢体应尽快浸泡在 40 ℃ 左右温水中复温。若手套和靴筒已被液氢冻住，可连同肢体一起浸入温水中，直至受伤部位皮肤发红，触之有温热感为止。严禁对受冻肢体用火烤、冷水浸泡或摩擦捶打。肢体复温后的其他症状对症治疗。

12.7.3　卫生标准和预防措施

12.7.3.1　卫生标准

1）氢在空气中最高容许质量分数为 $1\ 000 \times 10^{-6}$（81.8 mg/cm^3）；

2）在工作环境下氧的最低容许体积分数为 $16\% \sim 17\%$。

12.7.3.2　预防措施

　　1）确保设备及其系统连接可靠，密封良好，避免液氢和氢气泄漏；

　　2）操作现场应有良好通风，防止氢气积聚，造成环境空气缺氧；

　　3）进入液氢泄漏的封闭空间应戴自供式防毒面具，以防发生窒息；

　　4）操作人员应穿戴既防静电又防冻伤的衣服、帽、鞋、面罩和手套；

　　5）现场应有氢气浓度监测报警装置。

12.7.4　人员安全防护

　　1）现场操作人员必须穿着应符合 GB 4385—1995 规定的导电鞋或导电长统靴，外穿符合 GB 12014—2009 规定的防静电工作服或纯棉工作服，内穿纯棉内衣。防护服装的尺码应合体舒适。裤管应罩在鞋（靴）帮外面。防护服装应定期检查，妥善维护保管。

　　2）任何液氢操作之前应对个人防护装具进行检查。

　　3）在液氢可能溢出或飞溅的场合，操作人员应佩戴防护面罩（或护目镜）和长臂棉手套。不应用手触摸绝热性能不良的液氢槽罐与管道表面。

　　4）禁止进入液氢大量泄漏的场所。因特殊需要必须进入时，应佩戴自供空气的防毒面具或长管式面具。使用长管式面具时，软管入口端应处于空气清新处并有专人看管，供气气瓶及其配套安全装置应定期检定并合格。

12.8 贮存、运输和转注

12.8.1 贮存

12.8.1.1 贮存地点

1）贮存场地应选在工作区边远僻静处，要求地点平坦开阔，自然通风良好，附近 100 m 内无烟囱、放空火炬、高压电线等点火源，并避开雷电多发区。

2）固定式或移动式贮存容器应露天或敞棚存放，不准在通风不良的普通厂房存放液氢，为遮阳避雨，可设置敞篷式建筑物，建筑物应具备相应的防火及防静电措施。

3）贮存场所内液氢罐车停驻位置和各种道路（专用铁路、公路及人员通道）的布局，应能保证正常情况下便利工作，而在紧急情况下可快速疏散人员车辆和及时开展消防救护活动。

工作场所应有足够面积，能保证液氢公路罐车与铁路罐车的停放间距不小于 15 m，两公路罐车的停放间距不小于 3 m。

液氢输送管道的布局应尽可能缩短长度，减少弯头死区和避免与道路交叉。

场所内上下水和消防用水管道、氢气排放管道、输电和通信电缆等的布设应符合安全、便利与应急处理要求。

4）贮存场所参照 GB 50057－1994（2000）第一类建筑物防雷要求，采取防直击雷、雷电感应和雷电波侵入的措施，装设避雷装置。

若贮存场所设有氢气排空管，避雷装置的空间保持范围应至少高出排空管口 5 m，避雷针与排空管的水平距离不小于 10 m。

建筑物、各种容器管道设备均应可靠接地，接地电阻应不大于 4 Ω 并形成联合接地系统，停驻现场的各种车辆应采取相应的接地措施。接地装置的施工与验收参照 GBJ232－1982 第十五篇的规定。

液氢贮存场所入口处宜设置用于导散人体静电的接地坪或接

地杆。

5）液氢贮存场所通常不设围堤或沟壕，但应考虑现场液氢槽罐内的全部液氢泄漏地面后不致失控泛流。为使液氢尽快蒸发，可在液氢槽罐下方铺放适量、干净的碎石沙砾。

12.8.1.2 贮存安全要求

1）液氢贮存场所应安装氢气浓度监测报警装置。

2）液氢装量不超过总体积的 90％，泄出后剩余量不少于总体积的 5％。

3）贮存容器内压力应保持 0.02～0.1 MPa。

4）定时监测容器内压强、液位，检查密封情况，观察外罐表象，如有异常，应及时采取如下相应措施：

容器压力缓慢上升，超过规定限度时，应手动或自动进行排气，保持正常贮存压力并查明原因，及时处理。

容器压力急剧上升，外罐表面"流汗"甚至结霜时，应尽快将液氢转注至其他适用容器，进行检修。

5）每 1～2 年要对容器进行加温清洗，吹除积聚的固氧等杂质。

6）严禁烟火和穿化纤衣服及带钉鞋。

7）液氢贮存数量和安全距离要求见第 3 章。

8）贮存容器要有专人负责操作、维护保管，定期检查。

12.8.2 运输

12.8.2.1 运输方式

液氢是一种易燃易爆低温液化气体，属危险货物，危险货物编号为 21001，UN 编号为 1049。液氢通常采用公路槽车和铁路槽车装运，也可采用公路拖车和铁路平板车载运移动式液氢罐。液氢贮运槽罐夹层真空度应优于 1.33 Pa，日平均蒸发静止状态不大于 1％，正常运行状态不大于 2％。

12.8.2.2 运输安全要求

液氢的铁路运输应符合《铁路危险货物运输管理规则》（2008 铁

运 174 号）的规定。公路运输应遵照《道路危险货物运输管理规定》
（2005 交通部令第 9 号）及关于修改《道路危险货物运输管理规定》
的决定（2010 交通运输部令第 5 号）、JT 617－2004《汽车运输危险
货物规则》、JT 618－2004《汽车运输、装卸危险货物作业规程》规
定和交通、公安部门相关法规。

1）应配备专人负责押运、消防和警卫，备有消防器材。

2）槽罐装量不超过总体积的 90%。

3）槽罐应保压运输，但不得超过 0.15 MPa。

4）槽车静电导链接地良好可靠。

5）行车过程中应定时监测贮罐压力，停站时应检查连接部件的
密封及其他状态。

6）在发现容器外层出现"霜斑"时，应查明原因，采取措施。

7）禁止在车站、居民密集点排放氢气和液氢，贮罐需泄压时，
应选择周围空旷及安全的地点停车排放，排放时车辆应熄火，并控
制排放速率。

8）发生液氢泄漏无法排除时，应迅速开至空旷地区处理，人员
迅速撤离现场，若已发生着火，所有人员立即撤离 150 m 以外。

9）液氢不得与氧化剂及危险品同车运输。

10）液氢运输期间严禁烟火。

12.8.3　转注

12.8.3.1　转注方式

1）挤压转注，即采用液氢自身蒸发增压或用外接氢气、氦气增
压进行转注。

2）泵转注。

12.8.3.2　转注安全要求

1）转注液氢应在空旷、自然通风良好的场地内进行，场地上不
允许有高压输电线通过，不得存放氧化剂和易燃物品，消除一切
火源。

2）划出周围 50 m 为安全警戒区，并设置安全警示牌，无关人员不得入内。

3）转注系统要连接可靠并接地。

4）管路、接收容器等用氢气或氦气吹除 5 min 以上，应充分预冷并控制预冷速率。

5）液氢和低温氢气排空时控制流速，并要求出口温度高于 90 K。

6）雷电时不应进行液氢转注。

12.9　清洗、处理和监测

12.9.1　清洗和置换

12.9.1.1　清洗

对有油脂、灰尘、机械杂质等污染的新或旧液氢容器、管道、阀门等，均应按下列程序清洗：

1）用擦拭或刷洗方法除去表面过量油脂和机械杂质等污物。

2）用定型的（推荐 HT 型）脱脂清洗剂或合成洗涤液去除油脂。

3）依次用乙醇、自来水、去离子水或蒸馏水漂洗。

4）用干燥热空气或热氮气吹干。

5）装配后用适当的堵帽或堵塞封堵外接管口。

12.9.1.2　置换

在充装液氢之前必须对容器、管道、阀门等系统用氮气或氦气置换其中的空气和水汽，可采用正压或抽真空置换方法。

（1）正压置换法

槽罐经气密性检查合格后，充入纯度不低于 97%、露点不高于 -53 ℃的氮气至 0.15 MPa，保压 5 min，然后排放到 0.01 MPa 左右，如此反复充排 10 次左右，再用纯度不低于 99.99% 的氢气或氦气按上述方法反复充排至容器内氧含量不高于 2.0×10^{-5}（含氩）、

氮含量不高于 1.0×10^{-4}、水含量不高于 2.0×10^{-5}。置换合格后容器保持余压 0.15 MPa 左右直至充装液氢。

（2）抽真空置换法

对能承受负压的液氢系统（管道、阀门等）可采用此法置换。用无油真空泵对系统进行抽空至 0.05 MPa 代替排气过程，其他同正压置换法。

另外，对液氢铁路槽车和公路槽车以及液氢贮存容器，在使用 1～2 年后必须进行加温吹除置换处理，清除液氢反复充排过程中设备内部可能积存的富氧固空晶粒。其程序是：先排尽罐内液氢，再用常温氢气吹除内罐或自然放置至排气口温度达 63 K 以上，再用常温或加热氮气吹出内罐至排气出口温度接近环境温度，并且排出氮气中氢的体积分数不大于 4%。经加温吹除合格的槽车或容器，在重新充装液氢之前，还应再用正压置换或抽真空置换至合格。

12.9.2　处理

液氢和氢气的处理大多采用燃烧法和排放法。

12.9.2.1　燃烧法

大量液氢和氢气的处理采用燃烧法。使用专门设计的氢导引管路系统、燃烧池和引燃装置。导引管路中应设单向阀、防火阀、阻火器安全装置；其出口应有泡罩水封装置。燃烧处理应在严密监察下进行，燃烧池应及时补水，保持适当的水封高度。

12.9.2.2　排放法

大量氢气不能用燃烧法处理时，应通过专门设计固定排空管向高空排放。氢气排空管的设计和操作要求如下：

1）排空管应采用不致产生铁锈的金属材料制造，并彻底清除内部焊渣、氧化皮等。

2）排空管应垂直设置，管口应有防空气倒流和雨雪侵入以及防凝结体和外来物堵塞的装置，并采取有效的静电消除措施。

3）排空管的高度应不低于 20 m，管口应超过附近建筑物 5 m

以上。

4）氢气排空管与氧化剂排空管的水平距离应不小于 30 m，排空管口彼此不应相向设置，氢气排空管应超过氧化剂排空管口 5 m 以上。

5）排空作业前宜先用氮气吹除馆内空气。排放液氢（包括两相流和饱和蒸气）或低温氢气时。应保证出口温度不低于 90 K。排空过程应保持正压。

6）通常管径（20～150 mm）的金属直管内液氢饱和蒸气流动速率应不超过 16 m/s，单向流氢气流动速率应不超过 150 m/s。

7）不准将高压氢气排放管与低压氢气排放管连通在同一排放系统中。

8）不准在雷雨天气排放氢气。不准在同一场所同时排放氢气和氧化性气体。

氢气和液氢可通过排空管向高空排放，排放前先用氮气吹除管内空气。氢气排放速率应小于 150 m/s。排放过程保持正压。排放液氢或低温氢气时，出口温度应不低于 90 K。液氢还可在自然通风良好的偏僻场地直接向铺有鹅卵石的地面排放。

12.9.3　监测

液氢贮存场所应安装氢气浓度监测报警系统，主要要求如下：

1）监测范围（空气中氢的体积百分含量）为 1%～95%，报警浓度为不大于 2%，响应时间为不大于 10 s。

2）探测点数量与分布应适应贮存场所工作状况与需要。

3）系统本身应符合相应防爆要求。

氢气浓度监测报警器的测量原理主要有以下几种：

1）半导体监测仪。半导体的电阻随所吸附的氢气量成比例变化，测量范围可以 10^{-6} 数量级到 8%。

2）燃烧式监测仪。根据氢气燃烧放出热量使电阻值发生变化，其缺点是响应速率较慢。

3）电化学监测仪。根据氢电化学电池中电流或电压变化，其缺点是响应时间较长。

4）热传导监测仪。根据热传导率的变化引起电阻变化，其响应速率快，通用性强。

12.10 安全使用守则

1）操作人员应熟知液氢的性质和特点。

2）操作人员应穿戴防护衣、面罩和手套。

3）提供良好通风。

4）严禁烟火，绝不许把任何火种带入场地。

5）当封闭空间大气中氢体积分数达 0.8% 时，所有人员均应立即撤离。

6）液氢的所有操作至少应由两人完成。

7）注意防止湿气聚集在管路、阀门等处，以免结冰堵塞引起压力破坏。

8）注意防止液氢容器及其系统发生泄漏，监测氢浓度。

参 考 文 献

[1] 铁路危险货物运输管理规则.(2008)铁运 174 号.

[2] 道路危险货物运输管理规定.(2005)交通部令第 9 号.

[3] 关于修改《道路危险货物运输管理规定》的决定.(2010)交通运输部令第 5 号.

[4] GB 50057—1994(2000)建筑物防雷设计规范.

[5] GB 4385—1995 防静电鞋、导电鞋技术要求.

[6] GB 4962—2008 氢气使用安全技术规程.

[7] GB 12014—2009 防静电服.

[8] GB 18218—2009 危险化学品重大危险源辨识.

[9] GB 50257—1996(2006)电气装置安装工程爆炸和火灾危险环境电气装置施工及验收规范.

[10] GBJ 232—1982 电气装置安装工程施工及验收规范.

[11] JT 617—2004 汽车运输危险货物规则.

[12] JT 618—2004 汽车运输、装卸危险货物作业规程.

[13] 黄建彬.工业气体手册.北京:化学工业出版社,2002 年 3 月.

[14] G·P·萨顿,O·比布拉兹,著.火箭发动机基础.第 7 版.洪鑫,张宝炯,等,译.北京:科学出版社,2003 年.

[15] MIL—PRF—27201D. Propellant,Hydrogen.

[16] ISO 15859. Space System—Fluid Characteristics,Sampling and Test Methods—Part 2:Hydrogen.

[17] NASA—STD—8719.16 Safety Standard for Hydrogen and Hydrogen systems. 1997.

第13章　无水肼和肼—70

13.1　概述

无水肼是最常用的可贮存液体推进剂之一，具有比冲高、可双模式使用等优点。除了冰点较高、毒性较大的缺点之外，是一种近乎理想的可贮存液体推进剂，主要作为单组元推进剂使用。当无水肼作为双组元推进剂的燃料时，既可以单独使用，也可以与偏二甲肼或甲基肼组成混合物使用。

无水肼主要用于卫星、飞船、航天飞机、深空探测器等航天器的轨姿控动力系统，火箭的上面级动力系统，导弹的末修动力系统和分导级动力系统，也可以作为辅助动力系统、燃气发生器的工质。

肼—70 是约 70% 肼与 30% 水的混合物。肼—70 主要作为辅助动力系统、应急动力系统和燃气发生器的工质使用。

1887 年肼首次被制得，1907 年适合工业生产肼的氯胺法出现。肼除了在航天领域用作推进剂外，还广泛应用于医药工业。

无水肼的化学文摘登录号为 CAS 302—01—2。

13.2　生产原理

13.2.1　无水肼的生产

无水肼是通过一定的工艺先制得低浓度的水合肼，然后通过蒸馏脱水得到合格的无水肼。也可直接用水合肼浓缩蒸馏来得到肼。

水合肼的生产方法主要包括氯胺法、尿素法、酮连氮法等。

13.2.1.1　氯胺法

氯胺法也称莱西法，由德国首先采用该法生产肼。其原理是在低温下使次氯酸钠与氨反应生成氯胺，氯胺再与过量氨反应生成肼。含肼 $1\%\sim2\%$ 的合成液经脱氨、蒸发脱盐、提浓等工序，最终得到含肼浓度不同的水合肼。

13.2.1.2　尿素法

尿素法是在氯胺法的基础上发展起来的。以尿素代替氨与氢氧化钠和次氯酸钠作用，先制得含肼 3% 左右的肼溶液

$$NH_2CONH_2 + 2NaOH + NaClO \longrightarrow N_2H_4 \cdot H_2O + Na_2CO_3 + NaCl$$

制得的肼溶液经除盐、碱法脱水浓缩、石蜡烃作阻爆剂进行蒸馏，最后得到合格的肼。该法具有流程设备较简单、投资少的优点，适宜于小规模生产。

13.2.1.3　酮连氮法

根据所用氧化剂的不同，酮连氮法又分为次氯酸钠氧化法和过氧化氢氧化法。

次氯酸钠氧化法又称拜耳法，由德国拜耳公司首先使用。该法是在酮存在的条件下，用次氯酸钠氧化氨得到酮连氮，经加压水解得到肼浓度约为 2% 的合成液，此合成液经脱氨、脱盐、水解、提浓等工序，可得到水合肼产品。该法与氯胺法相比的优点是合成收率高、过程能耗低，缺点是需要对废液中的酮进行处理。采用本法的主要生产厂包括美国奥托公司和德国拜耳公司。

过氧化氢氧化法是以过氧化氢代替次氯酸钠在甲乙酮存在的条件下进行氨的氧化，生成的酮连氮经加压水解获得肼浓度 5% 左右的合成液。经分离、水解等工序，得到水合肼产品。该法获得的产品质量好、收率高、能耗低、无副产品、无废盐液排出。采用本法的主要生产厂家包括法国阿托化学公司和日本三菱瓦斯化学公司。

美国在水合肼蒸馏中采用苯胺作为脱水剂，因此其采购指标要求将苯胺和其他挥发性含碳化合物作为控制指标。

我国相关规范中规定，无水肼推进剂采用碱法工艺，即用氢氧化钠作为蒸馏过程中的脱水剂，在生产工艺中不使用苯胺，而且采用专用装置生产，因此在采购指标中无须引入苯胺和其他挥发性含

碳化合物的含量。

13.2.2　肼—70 的生产

肼—70 一般由无水肼与水配制而成。

13.3　技术规格

美国军用标准 MIL－PRF－26536E（AMENDMENT 1）中规定了无水肼的采购指标，该标准中把无水肼划分为标准级、单元推进剂级和高纯级 3 个级别。美国在 JSC－SE－S－0073 中规定了航天飞机用单元推进剂级无水肼的使用指标。

表 13－1 列出美国无水肼的采购指标。

表 13－1　美国无水肼采购指标

项目名称	标准级	单元推进剂级	高纯级
肼质量分数/%	≥98	≥98.5	≥99.0
水质量分数/%	≤1.5	≤1.0	0.5～1.0
颗粒物/（mg/L）	≤10	≤1.0	≤1.0
氯化物质量分数/%		≤0.000 5	≤0.000 5
苯胺质量分数/%		≤0.50	≤0.003
铁质量分数/%		≤0.002	≤0.000 4
非挥发性残渣质量分数/%		≤0.005	≤0.001
二氧化碳质量分数/%		≤0.003	≤0.003
其他挥发性含碳物（以甲基肼、偏二甲肼和乙醇总量计）质量分数/%		≤0.02	≤0.005
氨质量分数/%			≤0.3

美国采用苯胺作为脱水剂，因此将苯胺作为控制指标；而我国采用氢氧化钠作为脱水剂，在生产工艺中不引入苯胺，因此未将苯

胺作为控制指标。

国际标准化组织标准 ISO 15859－7－2004 中规定的国际标准化组织无水肼采购指标见表 13－2。

表 13－2　　国际标准化组织无水肼采购指标

项目名称	标准级	单元推进剂级	高纯级
肼质量分数/%	≥98	≥98.3	≥99.0
水质量分数/%	≤1.5	≤1.2	≤1.0
颗粒物/（mg/L）	≤10	≤1.0	≤1.0
氯化物质量分数/%		≤0.000 5	≤0.000 5
苯胺质量分数/%		≤0.50	≤0.003
铁质量分数/%		≤0.002	≤0.000 4
非挥发性残渣质量分数/%		≤0.005	≤0.001
二氧化碳质量分数/%		≤0.003	≤0.003
其他挥发性含碳物（以甲基肼、偏二甲肼和乙醇总量计）质量分数/%		≤0.02	≤0.005
氨质量分数/%			≤0.3

美国军用标准 MIL－PRF－87930A 中规定了肼－70 的采购指标，见表 13－3。

表 13－3　　美国肼－70 的采购指标

项目名称	采购指标
肼质量分数/%	69～70
水质量分数/%	≥30
颗粒物质量浓度/（mg/L）	≤1.0
氯化物质量分数/%	≤0.000 5
铁质量分数/%	≤0.002

续表

项目名称	采购指标
苯胺质量分数/%	≤0.40
非挥发性残渣质量分数/%	≤0.004
二氧化碳质量分数/%	≤0.002
其他挥发性含碳物（以甲基肼、偏二甲肼、乙醇计）质量分数/%	≤0.02
外观	无色均质液体

　　无水肼和肼－70 的技术指标中，对氯化物、铁、非挥发性残渣和二氧化碳都有严格规定，其原因在于氯化物、铁、非挥发性残渣直接影响催化剂活性和寿命，而二氧化碳与肼反应生成的肼基甲酸肼会引起腐蚀和金属盐集结，影响长期贮存性能。

13.4　物理化学性质

13.4.1　物理性质

　　肼是具有类似氨臭味的无色透明液体，有很强的吸湿性，其蒸气在空气中与水蒸气结合而冒白烟，所以当打开肼容器盖时，往往可以看到白色烟雾。肼还能与大气中的二氧化碳作用而生成碳酸盐。

　　肼结冰时体积收缩，因此肼结冰时不会造成容器损坏和管道破裂。

　　肼是极性物质，易溶于极性溶剂，如水、低级醇、氨、脂肪胺等，微溶于极性小的物质如烃类、多元醇、卤代烃和其他有机溶剂，不溶于非极性物质。

　　无水肼和肼－70 的主要物理常数列于表 13－4。

　　肼的密度和肼饱和蒸气压与温度关系分别列于表 13－5 和表13－6。

表 13－4　无水肼和肼－70 的主要物理常数

项　目	无水肼	肼－70
当量分子式	N_2H_4	$H_{12.083}O_{1.666}N_{4.375}$
相对分子质量	32.05	25.946
冰点/℃	1.5	－52
沸点/℃	113.5	119
密度（20 ℃）/（g/cm³）	1.008	1.030
饱和蒸气压（20 ℃）/Pa	1.413×10^3	
粘度（20 ℃）/（mPa·s）	0.971	1.864×10^{-3}
表面张力（20 ℃）/（N/m）	6.980×10^{-2}	6.203×10^{-2}
膨胀系数（15 ℃）/（℃$^{-1}$）	0.834×10^{-3}	
介电常数（20 ℃）	52.9	
比电导率（25 ℃）/（S/m）	$(2.8\sim3.0)\times10^{-4}$	
热导率（25 ℃）/［W/（m·K）］	0.89*	
比热容（20 ℃）/［J/（kg·K）］	3.086×10^3	3.464×10^3
汽化热（沸点）/（J/kg）	1.254×10^6	
燃烧热（25 ℃）/（J/kg）	1.941×10^7	1.303×10^7
生成热（25 ℃）/（J/kg）	1.574×10^6	
熔化热（凝固点）/（J/kg）	3.952×10^5	
临界温度/℃	345.3	
临界压力/Pa	1.156×10^7	
临界密度/（g/cm³）	0.231[①]	
折射系数（20 ℃）Na_D	1.470 8	1.437 3
弹性模量（25℃）/（kg/m²）		3.45×10^8
标准熵（液体）/［J/（mol·K）］	121.21[①]	
标准熵（蒸气）/［J/（mol·K）］	238.4[②]	
偶极矩（液体）/D	1.84[②]	
声速（液体，25 ℃）/（m/s）	2 090	
气体溶解度（25 ℃，0.1 MPa）/10^{-6}	N_2　　6.3[②]	
	He　　0.6[②]	
	Ar　　15.4[②]	

① 参考文献［28］。

② 参考文献［29］。

表 13—5　肼的密度与温度的关系

温度/℃	密度/（g/cm³）	温度/℃	密度/（g/cm³）
0	1.025 8[①]	35	0.995 5
5	1.021 0	37.1	0.994 6[①]
10	1.016 7	40	0.991 2
15	1.012 6	45	0.987 1
20	1.008 3	50	0.982 8
22.4	1.006 5[①]	65.6	0.967 1[①]
23.1	1.005 9[①]	93.3	0.939 1[①]
25	1.004 0	121.1	0.912 4[①]
26.6	1.002 6[①]	148.9	0.886 2[①]
30	0.999 8	176.7	0.857 3[①]

① 参考文献 [27]。

表 13—6　肼的饱和蒸气压与温度的关系

温度/℃	饱和蒸气压/Pa	温度/℃	饱和蒸气压/Pa
15	1 026.6	120	0.126 5×10⁶
20	1 413.2	140	0.239 2×10⁶
25	1 919.8	160	0.420 2×10⁶
30	2 573.1	180	0.698 7×10⁶
35	3 426.4	200	1.098 6×10⁶
40	4 506.3	220	1.653 8×10⁶
45	5 879.5	240	2.405 0×10⁶
50	7 586.0	260	3.390 9×10⁶
55	9 711.4[①]	280	4.659 8×10⁶
60	12 319.1[①]	300	6.260 5×10⁶
65	15 500.6[①]	320	8.272 6×10⁶
113.5	0.101 3×10⁶	340	9.800 5×10⁶

① 参考文献 [27]。

无水肼的密度可根据其温度按下式计算

$$\rho = 1.025\,5 - 0.000\,875\,T \tag{13-1}$$

式中　ρ——无水肼的密度，单位为 g/cm^3；

　　　T——无水肼的温度，℃。

根据文献 [27] 中公式 2.7 计算所得数据。

文献 [27] 中提出无水肼饱和蒸气压与温度关系的公式如下

$$\mathrm{Lg}\,P = 7.806\,87 - [1\,680.745/(T + 227.74)] \tag{13-2}$$

式中　P——无水肼的饱和蒸气压，mmHg；

　　　T——无水肼的温度，℃。

肼－70 的密度可根据其温度值按如下公式计算

$$\rho = 1.045\,1 - 0.000\,756\,T \tag{13-3}$$

式中　ρ——肼－70 的密度，g/cm^3；

　　　T——肼－70 的温度，℃。

13.4.2　化学性质

肼和肼－70 都是强还原剂，能与许多氧化性物质，如次氯酸钙（漂白粉）、次氯酸钠和过氧化氢等物质及其水溶液发生剧烈反应。因此，常用这些物质的水溶液作为洗消剂，处理少量肼废液或含肼污水。

高锰酸钾溶液虽然也可与肼发生氧化还原反应达到洗消处理肼的目的，但反应过程中生成的二氧化锰具有催化活性，并易残留在洗消场所，一旦该场所再次发生泄漏，肼或肼－70 在残留二氧化锰的催化下会迅速发生分解反应，可能引发燃烧、爆炸等恶性事故。因此不应用高锰酸钾溶液洗消肼或肼－70 废液。

肼与液氧、红烟硝酸、四氧化二氮、过氧化氢等强氧化剂接触时，立即自燃。

肼与某些金属（如铁、铜、钼等）及其合金或氧化物接触时，发生分解并大量放热，导致着火或爆炸。因此，在处理肼和肼－70时，严禁二者与铁锈之类的物质接触。

肼暴露于空气中发生氧化，氧化产物主要有氮、氨和水。肼与大面积暴露在空气中的物质（如破布、棉纱、木屑等）接触时，由于氧化作用放热，可能引起着火。

肼具有比氨稍弱的碱性，pH 值为 8.07，可与各种无机酸和有机酸作用生成盐，除硫酸盐和草酸盐外，其他均溶于水。

肼虽然是可燃液体，但是它的热稳定性尚好，而且对冲击、压缩、振动、摩擦等均不敏感。

13.5　安全性能

13.5.1　着火和爆炸危险性

13.5.1.1　闪点

肼的开杯法闪点为 52 ℃，闭杯法闪点为 38 ℃；肼－70 的开杯法闪点为 74 ℃，闭杯法闪点为 70 ℃。按燃料着火危险性分类，肼和肼－70 均属于高闪点易燃液体。因此，在使用和处理过程中应避免明火或电火花，以免发生火灾。常温下肼蒸气不能被明火点燃，但在喷雾状态下即使在常温也可被 0.01 J 能量的电火花点燃甚至发生爆炸。

13.5.1.2　可燃极限

肼的可燃浓度（体积分数）极限很宽，为 9.3%～100%，其相应的可燃温度极限为 53～113 ℃（参考文献 [27] 报道在 373 K，101.8 kPa 下，体积分数为 4.67% 的肼蒸气可被点燃）。由于肼的可燃浓度（体积分数）上限是 100%，所以即使在没有空气存在的情况下，体积分数为 100% 的纯肼蒸气遇电火花也会发生着火或爆炸。

肼在高空低压下的着火压力下限为 1.4 kPa，在 9～27 km 高空中，肼蒸气－空气混合物可燃，在超过 27 km 和低于 9 km 高空中，肼蒸气－空气混合物不可燃。

肼与空气混合物的最小点燃能量约为 0.2 mJ。在密闭条件下，能量高于 2.63 J 的电火花可使液肼发生爆炸性分解。

肼-70 的可燃浓度（体积分数）下限高于 9%，其相应的可燃温度下限为 75 ℃；肼-70 的温度低于 65 ℃时，其蒸气浓度（体积分数）约为 5%～6%，遇电火花也不会发生着火。

13.5.1.3　火焰爆炸传播

在一定条件下肼有火焰传播或爆炸传播的危险。在气液平衡状态下且温度高于 100 ℃时，肼气相点燃的火焰可传至肼液相，导致液肼发生猛烈爆炸。当肼中水的质量分数达到 69%时，不再具有火焰或爆炸传播的危险。

13.5.1.4　自燃温度

肼在不同材料和不同气体介质中的自燃温度有很大的差异，见表13-7。

表 13-7　肼在不同材料和不同气体中的自燃温度

材　　料	自燃温度/℃	
	空气	氮气
玻璃	266	526
不锈钢	142	441
铁锈（粉末）	25	60

由表 13-7 可知，肼在空气中的自燃温度为 266 ℃，按可燃性气体分组标准，属于 T_3 组。肼与铁锈接触常温下就会着火。

肼-70 的自燃温度为 294 ℃，按可燃气体分组，属于 T_3 组。

肼在空气中的自燃温度随压力增加而显著降低，但在含氧 5%（体积分数）氮气中的自燃温度几乎不随压力变化而变化，表13-8 为肼在不同压力气体环境中的自燃温度。

常温下的液肼与含有 16%（体积分数）二氧化氮的空气接触时，会发生自燃。

温度高于 65 ℃液肼的饱和蒸气和空气的混合物与体积分数为 100%的 NO_2^*（NO_2^* 指 N_2O_4 和 NO_2 的平衡混合物）接触时，会发生自燃。

表 13－8 肼在不同压力气体环境中的自燃温度

压力/MPa	自燃温度/℃	
	空气	含 5%体积分数氧的氮气
0	142	—
0.3	140	177
0.5	125	165
0.7	109	166
1.0	95	178

13.5.1.5 热分解和热爆炸

肼的热分解速率与其温度和压力相关。肼的热分解速率与温度和压力的关系见表 13－9。

表 13－9 肼的热分解速率与温度和压力的关系

温度/℃	压力/MPa	分解速率
50	常压	0
113.5	常压	(0.01~0.1)%/d
175	常压	0.01%/h
200	4	(1.5~2.0)%/h
250	4	10%/min
255	4	爆炸

温度低于 250 ℃时，肼主要按下式进行分解

$$3N_2H_4 \longrightarrow N_2 + 4NH_3 + 3.356 \times 10^5 J$$

温度高于 250 ℃时，氨进一步分解为氮和氢

$$4NH_3 \longrightarrow 2N_2 + 6H_2 - 1.842 \times 10^5 J$$

肼遇某些金属氧化物也会发生分解，例如铁、钴、镍、锰、钼、

铜、铅、银、汞等的氧化物对肼有催化分解作用。肼在不同物质作用下的催化分解分别属均相或非均相一级反应，在酸性条件下分解更快，主要按下式进行分解

$$2N_2H_4 \longrightarrow 2NH_3 + N_2 + H_2 + 2.828 \times 10^5 J$$

因此，铁锈、铜锈及上述金属氧化物应严格避免与肼接触；与肼接触的焊接件不宜采用电焊和气焊，而应采用氩弧焊或钎焊。

肼在高温下剧烈分解，产生大量气体和热量，使密闭体系的温度和压力突然增大，可导致爆炸。肼在不同材料或杂质中的热爆炸温度有很大差异。肼在不锈钢材料中的热爆炸温度为 252 ℃，肼－70 为 458~464 ℃。肼在铝及其合金中的热爆炸温度为 255 ℃，当有铁锈存在时，100 ℃以下即可发生爆炸。

肼的爆炸通常先从气相开始，即液体受热后气化，气相发生迅速分解导致爆炸，瞬间传至液相。因此，肼在不同状态下的热爆炸温度是有所差别的。肼的气相（蒸气）爆炸温度为 250 ℃，气液相共存的爆炸温度为 252 ℃，液相爆炸温度为 290 ℃。

13.5.1.6　压缩感度

当肼的温度为 44 ℃时，用空气突然增压至 6 MPa 时发生猛烈爆炸。因此，空气不能作为肼的增压工质。

在增压速率不大于 450 MPa/s 的条件下，用纯度大于 95%（体积分数）的氮气对肼增压至 15 MPa（表压），未见异常现象。因此，用纯度大于 95%（体积分数）的氮气作为常温下肼的增压工质是安全的。但用纯度为 95%（体积分数）的氮气对温度约为 90 ℃的肼突然增压至 14 MPa 时会发生爆炸，其压缩比约 80∶1（即增压压力与肼蒸气压之比）。

13.5.1.7　机械冲击、枪击、振动、摩擦

肼和肼－70 采用能量为 98 J（10 kg 落锤，从 1 m 高处落下）落锤进行冲击试验 25 次，均未发生着火或爆炸，说明肼和肼－70 对机械冲击是不敏感的。

在 100 m 外用步枪射击装满肼的铝容器，当普通弹、燃烧弹分

别击中肼，肼只漏出冒白烟，均未发生着火或爆炸，说明肼对枪击
是不敏感的。

肼在频率为 2 Hz、振幅为 200 mm 的机械振动机上连续振动 8 h
（温度为 20 ℃），未见温度升高及分解等异常现象；肼在频率 10～
2 000 Hz、振幅±12.5 mm、加速度 1～20 g 的电磁振动台上振动 2
min，也未见任何异常现象，说明肼对振动是不敏感的。

摩擦敏感性是通过轴承在肼中的运转试验来评定的。转速
316.6 r/s、轴向力 2 587.2～3 136 N、径向力 5 742.8～6 027 N、系
统功率 4.2×10³～7.5×10³ W 的轴承在肼流量 79～212 mL/s 条件
下运转，除肼的温度略有升高外，未见其他异常现象。另外，用转
速 266.6 r/s 的离心式涡轮泵输送肼，流量为 35 kg/s，在启动和停
车时流量急剧变化的情况下，也未发现异常现象，说明肼对摩擦是
不敏感的。

13.5.1.8　雷管引爆感度

肼置于玻璃杯或不锈钢杯中，用 8# 雷管均不能将其引爆；肼置
于不锈钢杯中，用 8# 雷管与 10 g 特屈儿炸药也不能将其引爆；甚至
当肼的温度约为 200 ℃时，用 50 g 喷陶里特炸药（50％太安＋50％
TNT）也不能将其引爆，说明肼对爆轰冲击波不敏感。

13.5.1.9　辐射分解

肼受 γ 射线辐射后分解放出氮气、氢气以及少量的氨，使贮箱
压力升高。肼吸收 10⁷ rad 剂量，在 20％气相空间条件下压力升高约
0.56 MPa。若安全排气阀门未打开，可能会发生贮箱破裂。

肼在核爆炸的强光辐射（约 400 J/cm² 光冲量）作用下，温度
升高、蒸气压增大、发生热分解，使贮箱压力增大，可能导致贮箱
破裂。

13.5.1.10　泄漏危险性

肼的蒸发速率为 0.49 mg/（cm² • min）。肼泄漏在洁净混凝土、
沥青、泥土、水的表面上时，只在表面上逐渐形成白雾，不会发生
着火。

　　肼泄漏遇浸渍过氧化剂的干草或木屑、铁锈、氧化钴、氧化锰、氧化钼、氧化镍、高锰酸钾、重铬酸钾、封口胶（赛璐珞）、石棉等时，立即发生着火。

　　肼泄漏与碘、硫磺接触发生剧烈反应，与松香、硅胶、活性炭、呢绒、棉纱、破布等接触发生放热反应。

　　肼泄漏与水互溶并放热，与酒精互溶，与汽油分层，与丙酮分层、放热并喷溅，与石油醚分层、放热并混浊，与干冰反应放热。

　　肼与氧化剂发生液相接触，立即着火或爆炸。其爆炸威力大小，与肼和氧化剂的总量、质量比，尤其是彼此混合是否迅速和充分，以及液滴溅散程度等因素有关。

　　肼与氧化剂气相接触时，其反应程度和结果取决于气体温度、压力、空间类型、风力等环境条件和肼浓度、氧化剂浓度、混合均匀程度等因素，在扩散条件良好的室外常温环境中一般不会发生燃烧和爆炸。

13.5.2　防火防爆措施

13.5.2.1　预防措施

　　（1）防止泄漏

　　为了避免火灾和爆炸事故的发生，必须防止肼液泄漏及其蒸气逸出，使空气中不能形成爆炸混合物。所有结构材料必须与肼相容性良好，所有设备和连接管道密封不漏，贮存容器上安装安全泄压阀门。贮存、运输、转注等均应在氮气保护下进行，万一发生泄漏，必须及时处理。

　　（2）保证良好通风

　　通风良好是防火防爆的有效措施。良好的通风措施可以使肼泄漏后产生的肼蒸气浓度迅速降低，一旦低于肼的可燃下限，就不会发生燃烧和爆炸等恶性事故。

　　（3）消除点火源

　　消除点火源是肼防火防爆的最后一道措施。除严格清除各种点火源，如明火、电火花、高温、铁锈等催化活性物质、氧化剂等因素外，还应选用适当级别的防爆型电气设备。根据所处场所具体条件的不同，存在肼蒸气工作环境中使用的电气设备推荐使用 Exd Ⅱ BT3 型及以上的隔爆型电气设备，或选用 Exia Ⅱ BT₃ 型及以上的本质安全型防爆电气设备。

（4）监测报警

在管路的易泄漏部位、库房等场所配备肼气体在线监测仪和传感器，在操作现场配备便携式肼气体检测仪，可以及时发现肼的泄漏，以便迅速采取适当的措施，防止发生燃烧和爆炸。

（5）消防

现场应配备化学干粉灭火器、二氧化碳灭火器等消防器材，并应有充足水源。

13.5.2.2　灭火方法

肼着火时水是最好的灭火剂。由于水具有稀释和冷却作用，肼用 1 倍以上的水稀释后，即使用明火也不能将其点燃。对于深池的火焰，使用抗溶性泡沫灭火剂更为有效。

化学干粉、二氧化碳等灭火剂，能在肼液面上形成覆盖层，隔绝空气，可扑灭肼小型火焰，特别是干粉灭火剂更为有效。但是它们均有复燃现象，需再喷水防止复燃。卤素灭火剂不宜采用，因灭火时会产生有毒的光气。

当肼与氧化剂泄漏接触发生火灾时，首先应截断液流，再用大量水扑灭。

消防人员应戴防毒面具，以防中毒。火灾扑灭后，对污染场地要冲洗干净。

13.6　材料相容性

13.6.1　金属材料

与肼一级相容的金属材料新旧牌号对照见表 13—10。

表 13－10　与肼一级相容的金属材料新旧牌号对照

材料种类	旧牌号	新牌号	材料种类	旧牌号	新牌号
铝及其合金	L_1，L_2，L_3，L_4		不锈钢	1Cr18Ni9Ti（经酸洗钝化）	
	LF_2	5A02		Cr23Ni18（经酸洗钝化）	
	LF_3（非化学抛光）	5A03		304[①]（美国牌号）	06Cr19Ni10
	LF_6	5A06	软磁合金	Cr13Si2V	
	LY_{11}	2A11		Cr18SiTi	
	LD_{10}	2A14	钛合金	TC_4	Ti，6Al－4V
	LF_{21}	3A21		TA_7	Ti，5Al－2.5Sn

① 引自文献 [20]。

与肼二级相容的金属材料有：2A12（原 LY_{12}），7A19（原 919[#]），阳极化的 2A11（原 LY_{11}）等铝合金；1Cr18Ni9Ti，2Cr13，Cr23Ni18，69111 等不锈钢；表面经酸洗钝化处理的 GH30 和 GH44 高温合金钢；1Cr17Ni2，1J36，Cr23Ti 等软磁合金；银、镍、钨、铬等纯金属；70Ti15Ni15Cu，94.5Ag5Al0.5Mn 等焊料。

与肼三级相容的金属材料有：1Cr18Ni9Ti 淬火或焊接原表面，F112 等不锈钢；FeAl8，Cr18MoV，Cr18Ni40Mo2TiNb，Cr9Co15Ti5Mo3V，1J18 等软磁合金；BNi－5（70Ni20Cr10Si），BAu－2（82Au18Ni）等焊料；碳化钨，锌。

与肼四级相容的金属材料有：2Cr13 渗氮，碳钢，碳钢镀锌，1Cr17Ni2 渗氮，1Cr17Ni2 淬火，GH－30，GH－44，Ni49CuMnMo；铁、铅、钼、镁、钴、铜等纯金属及其合金；82Ni7Cr3B4.5Si3Fe，65Mn16Co16NiFe，90Pb10Sn 等焊料。

肼与铝及其合金、酸洗钝化后的不锈钢能很好相容。但某些金属材料如纯铁、钼、铅、铜及其合金、碳钢及其镀层、Cr－Ni－Mo

不锈钢（含钼 1.2% 以上）等，对肼均有明显催化分解作用。因此，在选择金属材料时不仅要考虑肼对材料的腐蚀，更重要的是考虑材料对肼的催化分解作用。

13.6.2　非金属材料

与肼一级相容的非金属材料有：聚四氟乙烯 F－4，氟化乙丙烯 F－46，高压聚乙烯，聚丙烯等塑料；乙丙橡胶（二氧化硅作补强剂）、乙丙橡胶 402；4803 抗化学齿轮油；玻璃，氧化锌，二氧化硅。

与肼二级相容的非金属材料有：树脂硫化丁基胶（二氧化硅作补强剂）；7804，7805 抗化学润滑脂；1# 真空脂，4# 真空脂；阿皮松 L，甲基硅油。

与肼三级相容的非金属材料有：聚三氟氯乙烯、聚苯乙烯；聚丁二烯橡胶、硅橡胶、天然橡胶（均以二氧化硅作补强剂）；丁基橡胶 21#，7802 抗化学润滑脂，石墨。

与肼四级相容的非金属材料有：聚氯乙烯、聚酰胺、赛璐珞、醋酸纤维；氯丁橡胶、亚硝基氟橡胶；8# 油膏（301 润滑脂）；真空泵油、机油；高耐磨碳黑、喷雾碳黑；氧化钼、氧化铬、氧化锰、氧化铁等金属氧化物；石棉粉。

从以上可以看出，与肼一级相容的非金属材料较多，可供使用选择。

肼－70 的相容材料选择一般可参考肼的材料相容性，但应注意肼－70 对铝合金有一定的腐蚀性，因此长期接触肼－70 的贮罐等产品应选用一级相容的钛合金，或选用经酸洗钝化并去除催化性物质的 1Cr18Ni9Ti 或 06Cr19Ni10（原牌号 0Cr19Ni9，美国牌号 304）不锈钢。

13.7　毒性、急救和防护

13.7.1　毒性

按化学物质的急性毒性分级标准，肼的 LC_{50} 为 570×10^{-6}（4h，

大鼠吸入），LD_{50} 为 60 mg/kg，大鼠经口属于Ⅲ级中等毒性物质。《剧毒化学品名录》（2002 版）中将无水肼列为剧毒化学品。

按工作场所有害因素职业接触限值分类，肼属于 G2B，即可疑人类致癌物。

按照职业性接触毒物危害程度分级，肼是属于Ⅱ级高度危害毒物。

按有毒作业分级，肼操作属三级高度危害作业。

在肼类燃料中，肼的蓄积毒性、慢性毒性、对皮肤和眼睛的损伤等均较高，甲基肼次之，偏二甲肼较小。

肼-70 的毒性及危害可参考肼来考虑，但略低于肼。

13.7.1.1　中毒途径

肼可以通过呼吸道吸入、皮肤染毒吸收、误服吞入吸收而引起全身中毒。肼溅入眼睛，一般只引起眼睛局部损伤，不会引起全身中毒。

肼的沸点较高，蒸气压较低，在空气中不易形成高浓度肼蒸气，人体吸入中毒的危险比偏二甲肼和甲基肼小。

肼的渗透能力较强，由皮肤染毒引起中毒的危险性比偏二甲肼大，但比甲基肼小。因此，肼通过皮肤吸收中毒的危险性比吸入中毒的危险性大。

虽然动物灌胃的急性毒性显示，肼的毒性比偏二甲肼大、比甲基肼小，但是经口吞入中毒不是急性职业中毒的主要途径。

13.7.1.2　中毒症状

由动物急性中毒症状观察到：一般肼中毒后开始出现流涎、恶心、呕吐的症状，并反复发作，随后表现出精神抑制、反应迟钝、拒饮拒食、无力、嗜睡的症状，随后反复发生痉挛，反射消失。少数动物出现便血，最后死于呼吸循环衰竭。除上述症状外，还会出现肝功能明显障碍，病理检查肝呈脂肪变的症状。若中毒不严重，病情可在某一阶段停止发展，症状逐渐消失。若中毒严重而能及时抢救，可防止痉挛再次发生，使症状逐步好转，但全身无力，头痛头昏持续数天。

　　慢性中毒主要临床表现为头昏、头痛、失眠、多梦、记忆力减退等神经系统症状，以及食欲减退、恶心、呕吐等消化系统症状。这些症状一般经过几天休息即可消失。但长期在低浓度肼的环境下工作，又未注意防护，则有可能使肝功能受损伤，或使红细胞及血红蛋白出现轻度下降。这些症状可作为判断慢性肼中毒的依据，但应排除传染性肝炎引发因素。

　　肼中毒对心血管系统和血液系统造成的影响不大。

　　肼刺激皮肤，可引起皮炎或产生皮肤过敏反应，并能穿透皮肤引起吸收性中毒，在皮肤上留下疤痕。

　　肼溅入眼内，有发痒、烧灼感、闭眼、流泪、结膜充血等症状。如未及时冲洗和治疗，可引起结膜炎、角膜炎、角膜水肿等，愈后有时留下白斑，影响视力。肼溅入眼内也可能引起暂时性失明，经 1～2 天后视力可恢复。

13.7.2　急救

　　在肼中毒的急救中，应根据不同的中毒途径，采取相应的急救措施。

　　吸入肼蒸气的中毒人员，应立即将其撤离污染区域。若已急性中毒，则应立即按照体重口服相应剂量的 10% 丙酮基丙酮水溶液。

　　肼液喷溅中毒的人员，应迅速脱去污染衣裤、鞋袜，用大量水或按照 3：7 比例配制的乙酰丙酮与二丙酮醇混合液反复冲洗染毒皮肤至少 15 min，再用 1% 高锰酸钾水溶液或 5% 碘酒擦洗，直至高锰酸钾溶液或碘酒不褪色，并尽快就医。

　　肼液溅入眼睛的人员，应立即用水或 2% 硼酸水溶液冲洗眼睛 15 min 以上，然后尽快就医，按眼睛碱烧伤的原则治疗。

　　误服肼的人员，应立即用手指触咽部催吐，并尽快用 0.1% 高锰酸钾水溶液反复洗胃，直至洗出液与 0.1% 高锰酸钾水溶液颜色相同为止。

13.7.3　卫生标准和预防措施

13.7.3.1　卫生标准

1）我国在 GBZ 2.1－2007《工作场所有害因素职业接触限值 化学有害因素》中对工作场所肼容许浓度的规定见表 13－11。

表 13－11　工作场所空气中肼容许浓度

项目	职业接触限值（OELs）/（mg/m³）		
	最高容许浓度 （MAC）	时间加权平均容许浓度 （PC－TWA）	短时间接触容许浓度 （PC－STEL）
指标		0.06	0.13

2）1996 年美国政府工业卫生学家会议（ACGIH）规定肼的时间加权平均阈限值（TLV－TWA）为 0.01×10^{-6}（0.013 mg/m³）；同年美国劳工部职业安全卫生管理局（OSHA）颁布的职业安全与卫生标准中规定了肼的时间加权平均限值（TWA）为 0.1×10^{-6}（0.13 mg/m³）。

3）GB 18060－2000《居住区大气中肼卫生标准》中规定，居民区肼最高容许浓度为日平均 0.02 mg/m³（0.015×10^{-6}），一次最高容许浓度为 0.05 mg/m³（0.038×10^{-6}）。

4）GB 18061－2000《水源水中肼卫生标准》中规定，水源水中肼最高容许浓度为 0.02 mg/L。

5）GB 14374－1993《航天推进剂水污染物排放标准》中规定，污水中肼最高容许排放浓度为 0.1 mg/L。

6）肼的嗅阈值（体积分数）为 $3 \times 10^{-6} \sim 4 \times 10^{-6}$。

7）肼的紧急暴露限值（体积分数）：10 min 为 30×10^{-6}；30 min 为 20×10^{-6}；60 min 为 10×10^{-6}。

8）肼的急性中毒浓度（体积分数）为 50×10^{-6}。

9）目前国内尚无肼的废气排放标准。

13.7.3.2　预防措施

1）确保设备系统连接可靠、密封良好，不漏液、不漏气。

2）现场注意通风，监测肼蒸气浓度。

3）操作人员必须穿戴防护用品。

4）现场应备有淋浴喷头、洗眼喷泉和急救箱等，重大操作场所应配备消防车、救护车。

5）肼作业场所应备有 10％丙酮基丙酮水溶液及适合的量具（量杯、量筒等）、维生素 B6，以便急性中毒时口服；备有 2.5％～5％碘酒、0.5％～1％高锰酸钾溶液、2％硼酸溶液、按照 3：7 比例配制的乙酰丙酮与二丙酮醇混合液等，用于人员染毒时擦洗。

6）污水要及时处理，对污染场地、设备、物件、防护用品等要及时冲洗。

13.7.4　防护用品

13.7.4.1　呼吸道防护

（1）防毒口罩

防毒口罩是只适于非操作人员的最简单的呼吸道防护用品，最好每次使用时更换防毒盒中的活性炭。

（2）过滤式防毒面具

过滤式防毒面具能把污染的空气滤净成清洁空气供人员呼吸，但只适合在空气中氧含量不低于 18％且有害气体的浓度不太高的环境中使用。

适用于肼气体防护的有 MFT－1 型（75 型）、MFT－2 型、MFT－2S 型、MFT－3 型防毒面具，但肼蒸气浓度太高（＞5×10^{-6}）也不宜使用，因活性炭吸附高浓度肼蒸气后会放热，可能引起滤毒罐着火。使用过滤式防毒面具时，务必详细了解其结构、性能和注意事项。

（3）隔绝式特防面具

隔绝式呼吸防护装备本身携带氧气（空气）或制氧设备，供人员呼吸。目前在我国应用较多的产品包括 RHZK 型（分为携气式和长管式）系列产品、HMZ－01 型正压式空气呼吸器和 FHZ－1 型隔绝式特防面具。以上产品适用于有毒缺氧环境下进行紧急设备抢修或人员抢救，但使用人员必须经过严格培训，熟练掌握使用方法。

（4）长管式防毒面具

长管式防毒面具有自吸式、供气式和送风机式 3 种类型，实质上也属隔绝式防毒面具，适于封闭或半封闭空间使用，人员也必须经过严格训练。

13.7.4.2　皮肤防护

皮肤防护装备包括防护服、防护手套、防护靴、安全帽、面罩、头盔、围裙和套袖等。

（1）防毒服

操作人员可选用针对肼类燃料防护的 JRF－1 型隔绝式防护服，非操作人员可选用 82 型透气防毒服。

（2）防毒手套

可选用 JRT－1 型肼类燃料防护手套。

（3）防护鞋（靴）

可选用 81 型防毒靴、耐酸碱皮鞋、耐酸碱胶靴和耐酸碱塑料模压靴。

13.7.4.3　其他防护用品

根据操作需要，可选用安全帽、面罩、围裙、袖套等防护用品。

13.8　贮存、运输和转注

13.8.1　贮存

13.8.1.1　贮存库房

1）库房应按第一类防雷建筑物的要求设计。

2）库房应防火防爆，耐火等级为Ⅰ级，地面和墙面受到撞击时不产生火花，并且易冲洗，不渗漏。

3）库房内电源开关、照明灯和电气设备等应符合 ExdⅡBT₃ 或 ExiaⅡBT₃ 防爆要求。

4）库房应有通信、消防、通风、监测和报警等安全装置，推荐安装中和喷淋系统，其喷淋强度不小于 15 L/（min·m²），持续时间不小于 90 min。

5）库房应保持洁净，地面无铁锈等杂质，并且禁止放置氧化剂和其他无关物品。

6）库房温度以比凝固点高 5～ 45 ℃ 为宜，相对湿度不大于 85％。

7）库房严禁烟火。

13.8.1.2　贮存安全要求

1）容器及其系统应预先检查技术状态、洁净程度和密封性等，确认合格后方可使用。

2）贮存装量应不大于容器容积的 90％，长期贮存时装量应不小于容器容积的 50％。

3）容器必须充 0.02～0.05 MPa 氮气保护。

4）经常检查库房温度和湿度、容器内压力、有毒气体浓度、仪器和设备技术状态。

5）每年进行一次全项目检验。通常每半年进行一次纯度和水分检验，若只符合使用指标，则应尽快使用。

6）肼的贮存数量与距离要求之间的关系见第 3 章表 3-18。

13.8.2　运输

13.8.2.1　运输方式

1）铁路运输按照《铁路危险货物运输管理规则》（2008 铁运 174 号）执行。桶装肼可以棚车铁路运输，但禁止溜放。

2）桶装肼可用卡车公路运输。公路运输按照《道路危险货物运输管理规定》（2005 交通部令第 9 号）及《关于修改〈道路危险货物运输管理规定〉的决定》（2010 交通运输部令第 5 号）、JT 617-

2004《汽车运输危险货物规则》、JT618－2004《汽车运输、装卸危险货物作业规程》执行。

3）桶装肼可放在货船甲板上水路运输。水路运输按照《水路危险货物运输规则》（第一部分）水路包装危险货物运输规则（1996 交通部令第 10 号）执行。

4）联合国《关于危险货物运输的建议书规章范本》和国际民航组织（IATA）《危险品航空安全运输技术细则》（Doc 9284－AN/905），中规定了肼及肼水溶液的空运要求。2004 年 7 月 12 日民航总局令第 121 号发布的《中国民用航空危险品运输管理规定》（CCAR－276）规定了空运危险品的申报程序和要求。

13.8.2.2　运输安全要求

1）无水肼的联合国危险货物编号为 2029（中国的危险货物编号为 CN 33631）。肼－70 的联合国危险货物编号为 2030（中国的危险货物编号为 CN 82020）。

2）桶及其附件应密封不漏，装量不大于其容积的 90%。

3）桶内充 0.02～0.05 MPa 氮气保护。

4）放置肼桶的车板和甲板应清除铁锈和催化性杂质。

5）肼桶不得直接暴晒于日光下。

6）同一车船不得装运氧化剂。

7）车船上备有防护用品和灭火器材，严禁烟火。

8）押运人员应掌握应急处理措施。

13.8.3　转注

13.8.3.1　转注方式

无水肼和肼－70 可以如下方式进行转注。

1）泵压转注。

2）氮气挤压转注。

3）重力自流转注或抽真空转注。

13.8.3.2　转注安全要求

1）转注系统必须连接可靠，气密性良好。

2）泵压和挤压转注压力应控制在 0.15～0.20 MPa。

3）泵压转注时，流量应先小后大，初始流速应不大于 1 m/s，浸没后流速应不大于 6 m/s；挤压转注时，应缓慢增压。

4）转注现场应清除铁锈等杂物，严禁烟火，备有消防车和救护车。

5）废气须经处理达标后方可排放，不得直接排放。

6）对污染地面和物品应及时冲洗干净。

13.9　清洗、处理和监测

13.9.1　清洗

13.9.1.1　新容器清洗

新容器在使用前，必须进行清洗。清洗液和水进入容器前，用 GF 3W0.071/0.056（200 目）滤网过滤。清洗一旦开始，不允许中断。

（1）脱脂

油脂较多时，先用棉纱或棉布擦去。然后按照下列规定脱脂或者用脱脂清洗剂脱脂。

1）铝和铝合金容器先用 0.20%～0.25% 氢氧化钠溶液（含 0.025% 硅酸钠）浸泡 10～15 min 或者用 5% 碳酸钠溶液（含 0.02% 硅酸钠）浸泡 30 min。浸泡时容器保持敞口。清洗液排空后用水洗至排出水与注入水 pH 值一致。

2）不锈钢及钛合金容器用 0.5%～1.0% 氢氧化钠溶液浸泡 1 h，排空后用水洗至排出水与注入水 pH 值一致。

（2）除锈

新容器按下列规定除锈。

1）铝、铝合金及钛合金容器不必除锈。

2）不锈钢容器内有较多焊渣、氧化皮时，可用钢刷除去，再用 25%～35% 硝酸（含 2.5% 氢氟酸）浸泡 1～3 h。排空后用水洗至排出水与注入水 pH 值一致。若焊缝发黑，则重复酸洗，也可用其他效果相当的方式除锈。

（3）钝化

用 45％～55％硝酸浸泡 1 h，排空后用水洗至排出水与注入水 pH 值一致。

（4）除氧化性杂质

贮存无水肼、肼－70 的容器，用 10％肼溶液浸泡 1 h，排空后用水洗至排出水与注入水 pH 值一致。

（5）干燥

用干燥的氮气、无油压缩空气或热空气将容器吹干，或者用无水乙醇润洗后吹干。

检查容器内壁洁净度（无尘、无油、无脂和无水），最后排出水的 pH 值（pH 计测试）、颗粒物含量（根据所选满足颗粒物粒径要求的滤网过滤前后的质量变化），合格后密封，开具清洗合格证。

13.9.1.2　旧容器清洗

容器中的肼用完后无须清洗，只需向容器中充 0.02～0.05 MPa（表压）氮气保护。

若容器被污染或准备检修或封存时，则必须按以下步骤清洗。

1）排空。泄尽残液，注满水并静置 30 min 后，排入污水处理池。

2）中和。用 0.1％～0.5％醋酸水溶液注满容器并静置20 min～30 min 后，排入污水处理池；再注满水并静置 10～20 min 后排出，重复几次，直至排出水与注入水 pH 值一致。用过的软管也按此法中和清洗。

3）分解。拆下容器上的组合件，单独清洗。

4）检验。检查洁净度、pH 值和颗粒物含量。

5）组装。将清洗干净的组合件装配到容器上。

6）干燥。用干燥压缩空气或 60 ℃ 的热空气或热氮气吹干，然后密封，开具清洗合格证。

13.9.1.3　组合件清洗

（1）金属零件清洗

铝制、钛制和钢制零件分别清洗，按 13.9.1.1 节要求进行脱脂、除锈、钝化、除氧化性杂质。用干燥的氮气或无油压缩空气吹干，或者烘干。小零件用聚乙烯袋包装，扎紧袋口。大零件开口处和清洗过的表面，可覆盖聚乙烯膜，用绳扎紧。

（2）非金属零件清洗

用脱脂清洗剂脱脂，再用蒸馏水冲洗，不能重新使用者，另作处理。可以重新使用的，用干燥的氮气或无油压缩空气吹干，最后用聚乙烯袋包装。

13.9.2　处理

13.9.2.1　废气处理

（1）物理吸收法

包括水吸收法、活性炭吸附法等。物理吸收法可用于少量、低浓度的肼废气处理，但吸收后产生的废液和吸附了肼的活性炭必须经过二次处理，达标后方可排放。

（2）化学处理法

化学处理法主要包括氧化法、中和法、催化法和热力燃烧法、紫外光催化氧化法等。

1）氧化法。用漂白粉水溶液（或次氯酸钠水溶液、过氧化氢水溶液）吸收废气，吸收废气后的废液应导入污水池进一步处理，达标后方可排放。

2）中和法。用 0.5% ~ 1% 醋酸水溶液吸收废气，吸收废气后的废液应导入污水池进一步处理，达标后方可排放。中和法是目前应用最广泛、效果最好的一种方法。

3）催化法。用稀土系催化剂、贵金属催化剂等在一定条件下对肼废气进行处理。

4）热力燃烧法。通过补加燃料燃烧在焚烧炉中达到 800 ℃以上温度后，将肼废气通入焚烧炉中进行处理的方法。该方法适用于处理总量大、浓度高的肼废气。

5）紫外光催化氧化法。以二氧化钛等作为催化剂，采用一定波长的紫外线对肼废气进行处理。该方法目前正处于实验室研究阶段，尚未得到实际应用。

（3）生物处理法

利用肼可以作为微生物的生命能源或养分的特点，采用生物洗涤塔、生物滤池、生物滴滤池等装置对肼废气进行处理的方法。该方法还处于研究阶段，尚无法实际应用。

13.9.2.2　废液处理

不符合使用指标的肼和肼－70，若数量较多则返厂处理。少量废液可选用以下方法进行处理。

（1）直接焚烧法

肼含量超过 50% 的废液，可通过焚烧炉等设备直接点燃销毁，其主要产物是二氧化氮和水，反应式如下

$$N_2H_4 + 3O_2 \longrightarrow 2NO_2 + 2H_2O$$

（2）补充燃料焚烧法

对肼含量低于 50% 的废液，虽不能直接点燃，但可通过补充适量燃料（如酒精等）后在焚烧炉中焚烧处理。

（3）化学处理法

常用次氯酸钠溶液、漂白粉溶液、10% 过氧化氢来处理低浓度肼废液。

用次氯酸钠溶液处理时主要产物是氮气、氯化钠和水，并放出大量的热，反应式如下

$$N_2H_4 + 2NaClO \longrightarrow N_2 + 2NaCl + 2H_2O + Q$$

用漂白粉溶液处理时主要产物是氮气、氯化钙和水，反应式如下

$$N_2H_4 + Ca(ClO)_2 \longrightarrow N_2 + CaCl_2 + 2H_2O$$

用 10% 过氧化氢处理时主要产物是氮气和水，也放出大量的热，

反应式如下

$$N_2H_4 + 2H_2O_2 \xrightarrow{Cu^{2+}} N_2 + 4H_2O + Q$$

在肼废液中加入微量铜离子（硫酸铜或氯化铜）作催化剂，可使反应迅速进行。

目前用于肼废液洗消的产品主要包括 4# 洗消剂和 89－43F 泡沫洗消剂、KN－18－02 型洗消液等。

13.9.2.3　污水处理

肼和肼－70 的污水处理方法可参见偏二甲肼的污水处理方法。若有偏二甲肼污水池，则可把肼污水直接导入其中进行处理；如需单独处理，可选用以下方法。

（1）自然净化法

肼具有易被氧化分解的特性，肼污水在碱性（pH 值为 8～9）条件下，加入二价铜离子（0.5～1 mg/L），用循环泵使污水流经自然净化池，利用阳光照射、接触空气，经过一定周期，即可达到处理肼的目的。

自然净化法耗能低，但所需处理时间长，且实际产物复杂，目前已基本不再应用。

（2）氯化法

氯化法是通过向肼污水中通入液氯（氯气）或投加次氯酸钠、漂白粉等氯制剂氧化其中的肼，达到处理肼污水的目的。氯气与肼的反应式如下

$$N_2H_4 + 2Cl_2 + H_2O \longrightarrow N_2 + H_2O + 4HCl$$

（3）臭氧氧化法

臭氧是强氧化剂，肼类燃料属于还原性物质。通过向肼污水中通入臭氧氧化其中的肼，达到处理肼污水的目的。臭氧在碱性条件下处理肼污水，不仅氧化肼本身，而且对其氧化中间产物也能进一步氧化分解。臭氧与肼的反应式如下

$$N_2H_4 + 2O_3 \longrightarrow N_2 + 2H_2O + 2O_2$$

（4）臭氧－紫外线－光催化氧化法

臭氧－紫外线－光催化氧化法是臭氧氧化法的改进方法，以二氧化钛等为光催化剂，使臭氧与紫外线协同作用于污水中的肼，达到更有效地处理肼污水的目的。该方法是应用最广泛的方法之一，具有处理效果好、反应迅速、设备占地小、易于自动控制等优点。

（5）其他污水处理方法

目前，国内外还在研究肼污水处理的新方法，包括超临界水处理技术、低温等离子体技术等。其中超临界水处理技术在国外有少量工程应用，国内只有少量研究；低温等离子体技术在废气处理中应用较多，在污水处理中仅有少量研究。

13.9.2.4　不合格产品处理

少量不合格产品可送至废液处理系统或用焚烧炉进行处理；大量不合格产品应返回生产单位处理。

美国航空航天局肯尼迪航天中心于 1994 年颁布了 KSC－SPEC－P－0017《肼类燃料回收规范》，其中关于可回收肼溶液技术要求见表 13－12。符合要求的废无水肼可重新加工，使之符合美军标采购要求。

表 13－12　可回收肼溶液技术要求

组分	技术要求
肼的质量分数/%	≥65
醇的质量分数/%	≤0.02
水的质量分数/%	≤35
颗粒物/（mg/L）	≤10
密度	报告

13.9.3　监测

13.9.3.1　空气中肼监测

（1）分光光度法

分光光度法是用 SG－3 固体吸附剂采集空气中的肼，生成硫酸肼。在酸性条件下，硫酸肼与对二甲氨基苯甲醛反应，生成黄色联氮化合物。在测定范围内颜色深度与肼含量成正比。溶液最大吸收波长为 460 nm。检测范围 0.007～1.00 mg/m³。

（2）气相色谱法

气相色谱法是用 SG－2 固体吸附剂采集空气中的肼，用水解吸、糠醛衍生、乙酸乙酯萃取，色谱分离，氢焰离子化检测器检测，保留时间定性，外标法峰高定量。检测范围 0.007 1～1.00 mg/m³。

（3）仪器监测法

采用电化学传感器、光离子化传感器等可对空气中的肼含量进行监测。

采用电化学传感器的仪器工作稳定可靠，目前应用比较广泛。产品包括美国 Interscan 4000 系列监测仪、法国 Oldham 公司的系列监测仪和传感器、北京航天凯恩化工科技有限公司的 KC 系列监测仪和传感器等。

13.9.3.2　水中肼监测

（1）分光光度法

水中微量肼在硫酸介质中与对二甲氨基苯甲醛－乙醇溶液反应生成黄色联氮化合物。在测定范围内黄色深度与肼含量成正比。黄色化合物最大吸收波长是 458 nm。

肼测定范围为 0.002～0.30 mg/L，大于 0.30 mg/L 的肼可稀释后测定。

水中偏二甲肼、硝酸盐、氨、氟对测定无干扰。

（2）恒电流库仑法

采用恒电流库仑法的 SPJ－2E 型便携式水中微量肼浓度监测仪，

测量范围为 0.1～1 mg/L，最低检出限为 0.03 mg/L。

13.10　安全使用守则

1）无水肼和肼－70 的操作人员应熟悉肼的性质，掌握预防事故和应急处理措施。

2）任何操作至少由两人执行，以便发生事故时能及时救护、求援和处理。

3）在转注、加注、泄出、处理肼时，操作人员必须穿戴防毒服、防毒面具、手套、高筒靴。

4）进入高浓度染污区或封闭、半封闭空间时，人员应戴隔绝式或长管式防毒面具，并有专人监护现场情况。

5）现场备有水源、灭火器材、急救箱，严禁明火和电火花，禁放氧化剂，清除铁锈。

6）肼容器必须充氮气保护。

7）肼发生泄漏时，必须立即用洗消液洗消或用大量水冲洗。

8）一旦出现肼急性中毒事件，应尽快让中毒者脱离污染区，口服与其体重对应剂量的 10% 丙酮基丙酮水溶液。若呼吸困难，应尽快请医生救护，并根据中毒途径的不同进行适当形式的人工呼吸。

9）皮肤沾染肼液，应立即用大量水或按照 3∶7 比例配制的乙酰丙酮与二丙酮醇混合液反复冲洗染毒皮肤至少 15 min，再用 1% 高锰酸钾水溶液或 5% 碘酒擦洗，直至高锰酸钾溶液或碘酒不褪色，并尽快就医。

10）肼溅入眼睛，应立即用水或 2% 硼酸水溶液冲洗 15 min 以上，并尽快就医，按眼睛碱烧伤的原则治疗。

参 考 文 献

[1] 中华人民共和国国务院令第 319 号,危险化学品安全管理条例.2011 年 3 月 2 日公布.

[2] 铁路危险货物运输管理规则.(2008)铁运 174 号.

[3] 水路危险货物运输规则(第一部分)水路包装危险货物运输规则.(1996)交通令第 10 号.

[4] 道路危险货物运输管理规定.(2005)交通部令第 9 号.

[5] 关于修改《道路危险货物运输管理规定》的决定.(2010)交通运输部令第 5 号.

[6] 联合国《关于危险货物运输的建议书规章范本》第十三修订版.2003 年.

[7] 《中国民用航空危险品运输管理规定》(CCAR－276).民航总局令第 121 号 (2004).

[8] GB/T 3190－1996 变形铝及铝合金化学成分.

[9] GB 12268－2005 危险货物品名表.

[10] GB 14374－1993 航天推进剂水污染物排放标准.

[11] GB/T 15507－1995 水质 肼的测定 对二甲氨基苯甲醛分光光度法.

[12] GB 18060－2000 居住区大气中肼卫生标准.

[13] GB 18061－2000 水源水中肼卫生标准.

[14] GBZ 2.1－2007 工作场所有害因素职业接触限值 化学有害因素.

[15] JT 617－2004 汽车运输危险货物规则.

[16] JT 618－2004 汽车运输、装卸危险货物作业规程.

[17] 单组元液体火箭发动机设计与研究.北京:中国宇航出版社.2009 年 8 月.

[18] 五金手册(第 2 版).北京:机械工业出版社.2004 年 2 月.

[19] 机械设计手册(新版)第 1 卷.北京:机械工业出版社.2004 年 8 月.

[20] 铝制化工设备.北京:化学工业出版社,2002 年 8 月.

[21] 军事特种废水治理技术及应用.北京:国防工业出版社.2008 年 8 月.

[22] MIL－PRF－26536E(2000 AMENDMENT 1)Propellant,Hydrazine.

[23] MIL－PRF－87930A Propellant,Hydrazine－Water(Hydrazine70％－Water 30％).

[24] The staff of Transport Canada, the U. S. Department of Transportation,

and the Secretariat of Communications and Transport of Mexico, 2008 emergency response guidebook.

[25] KSC—SPEC—P—0017 Propellants, Recovered hydrazine family fuels, specification for, John F. KENNEDY SPACE CENTER. 1994.

[26] JSC SE—S—0073G, Space shuttle specification for fluid procurement and use control. 1999.

[27] Eckart W. Schmidt. Hydrazine and its Derivatives: Preparation, Properties, Applications. John Wiley & sons Inc, August 2001.

[28] AIAA SP—084—1999. Fire, Explosion, Compatibility, and Safety Hazards of Hypergols—hydrazine.

[29] ISO15859—7—2004. Space System—fluid Characteristics, Sampling and Test Methods, part7: Hydrazine Propellant.

第14章 单推—3

14.1 概述

单推—3（DT—3）是我国 20 世纪 80 年代自行研制的一种性能优良的低冰点单组元推进剂，它是由肼、硝酸肼、水和氨 4 种组分按规定的配比所组成，其最大的特点是冰点低，可在—30 ℃下正常工作。它作为单组元推进剂，与无水肼相比，不但冰点低、密度大、能量略高于无水肼，而且低温启动性能好。在姿控末修推进系统中使用可以省去或简化加热、保温装置，减轻结构质量，增加有效载荷，提高系统的可靠性。

DT—3 已被长征系列运载火箭等用作末速修正和姿态控制推进剂，是世界上第一种实际应用的低冰点单组元推进剂。

14.2 生产原理

DT—3 可以通过定量混合法由肼、硝酸肼和水按规定的质量比和工艺流程直接配制而成，也可以采用化学合成法制得，即在肼水溶液中通过化学反应生成硝酸肼，进而制得 DT—3 产品。

14.3 技术规格

DT—3 属于肼—硝酸肼—水体系的单组元推进剂，美国曾经对肼—硝酸肼—水体系两组分或三组分混合物（Hydrazien propellant blend，HPB）作为低冰点单元推进剂，即 HPB 推进剂进行研究，并于 2000 年在 AIAA2000—3880 文献中首次公布了 HPB 推进剂的组成，见表 14-1。

表 14-1　HPB 推进剂的组成

型号	组成，质量分数/%		
	硝酸肼	水	肼
0	0	0	100
1 808	18	8	74
2 012	20	12	68
2 400	24	0	76
2 409	24	9	67
2 517	25	17	58

14.4　物理化学性质

14.4.1　物理性质

评价低冰点单组元推进剂的性能有 3 项主要指标：理论比冲、冰点和燃烧温度。综合考虑这 3 项指标，美国认为 HPB-1808 单组元推进剂是最佳选择。验证试验结果表明：HPB-1808 推进剂可以提供与无水肼类似的稳态性能。但是，对于脉冲状态使用有所限制，因为 HPB-1808 推进剂点火响应时间和关机时间比无水肼长。HPB推进剂的主要性质见表 14-2。

表 14-2　HPB 推进剂的性质

型号	冰点/℃	密度/（g/cm³）	燃烧温度/℃	理论比冲/（m/s）
0	1.8	1.004	1 071	2 449.02
1 808	-22.8	1.08	1 149	2 381.4
2 012	-33.9	1.093	1 088	2 314.76
2 400	-18.3	1.11	1 349	2 583.28
2 409	-33.9	1.109	1 238	2 408.84
2 517	-53.9	1.12	1 027	2 253.02

我国 1985 年研制成功的 DT—3 低冰点单组元推进剂，其冰点、能量、响应特性及脉冲工作性能均优于 HPB—1808 推进剂，已成功应用于长征系列运载火箭等末速修正和姿态控制系统。

DT—3 是一种具有类似氨臭味的有毒无色透明液体，吸湿性强，在空气中冒白烟，与二氧化碳有很强亲和力，凝固时体积收缩。

DT—3 是极性物质，可溶于水、低级醇、丙酮、氨等，但不溶于烃类、多元醇、卤代烃和其他有机溶剂。

DT—3 的沸点和饱和蒸气压与氨含量有关，表 14—3 列出了 DT—3 的主要物理参数，其中沸点和饱和蒸气压为氨含量 0.2% 时的数据。

表 14—3　DT—3 的主要物理参数

项目	数值
相对分子质量	35.125
冰点/℃	−30
沸点/℃	110
密度（20 ℃）/（g/cm³）	1.112
粘度（20 ℃）/（Pa·S）	2.24×10^{-3}
饱和蒸气压（20 ℃）/Pa	2.67×10^3
表面张力（20 ℃）/（N/m）	7.18×10^{-2}
汽化热（20 ℃）/（J/kg）	1.45×10^6
比热容（20 ℃）/[J/（kg·K）]	3.09×10^3
热导率（20 ℃）/[W/（m·K）]	4.43×10^{-1}
临界温度/℃	347.44
临界压力/Pa	1.34×10^7
过量焓（25 ℃）/（J/kg）[1]	4.82×10^4

① （即在 25℃ 配制 N_2H_4—HN—H_2O 三组分体系的 DT—3 时，组分间相互溶解、混合所产生的热效应。

DT—3 在不同温度 t（℃）下的密度可按下式计算得出

$$\rho_t(\text{kg/m}^3) = (1.127\ 1 - 0.000\ 75\ t) \times 10^3$$

DT－3 密度、饱和蒸气压、粘度、表面张力、比热、汽化热与温度的关系列于表 14－4～表 14－9。

表 14－4　DT－3 密度与温度的关系

温度/℃	密度/（g/cm³）	温度/℃	密度/（g/cm³）
－30	1.149	20	1.112
－20	1.142	30	1.105
－10	1.134	40	1.097
0	1.127	50	1.090
10	1.120		

表 14－5　DT－3 饱和蒸气压与温度的关系

温度/℃	饱和蒸气压/kPa	
	含 NH₃（0.14%）	含 NH₃（4%）
－30		6.266
－20		10.666
－10		17.065
0		25.998
10		37.863
20	2.666	53.195
30	4.266	73.594
40	6.266	101.325
50	9.866	
60	14.932	
70	21.598	
80	31.731	
90	47.463	

表 14－6　DT－3 粘度与温度的关系

温度/℃	粘度/cP	温度/℃	粘度/cP
－30	12.79	20	2.24
－20	7.79	30	1.83
－10	5.23	40	1.52
0	3.74	50	1.29
10	2.82		

表 14－7　DT－3 表面张力与温度的关系

温度/℃	表面张力/ (10^{-2}/m)	温度/℃	表面张力/ (10^{-2}/m)
－30	8.045	20	7.182
－20	7.870	30	7.013
－10	7.698	40	6.845
0	7.522	50	6.678
10	7.353		

表 14－8　DT－3 比热与温度的关系

温度/℃	比热/ [10^3J/ (kg・K)]	温度/℃	比热/ [10^3J/ (kg・K)]
－20	3.040	30	3.098
－10	3.052	40	3.111
0	3.065	50	3.123
10	3.077	60	3.136
20	3.090		

表 14－9　DT－3 气化热与温度的关系

温度/℃	气化热/ (10^6J/kg)	温度/℃	气化热/ (10^6J/kg)
0	1.478	60	1.376
20	1.446	80	1.339
40	1.411	100	1.300

14.4.2　化学性质

DT-3是一种还原剂，能与许多氧化性物质如漂白粉、次氯酸钠和过氧化氢等水溶液发生剧烈反应。因此，常用这些水溶液作为洗消剂，处理少量DT-3废液或污水。

DT-3与液氧、红烟硝酸、四氧化二氮、过氧化氢等强氧化剂接触时，立即自燃。

DT-3与某些金属（如钼、铬、铁、铜）及其合金氧化物接触时，发生分解并放出大量热，可引起着火或爆炸。因此，在使用和处理DT-3时，严禁与铁锈之类的物质接触。

DT-3暴露于空气中发生自动氧化，氧化产物主要有氨、氮和水；与大面积暴露在空气中的物质（如破布、棉纱、木屑等）接触时，由于氧化作用放热，可引起着火。

DT-3具有比氨稍弱的碱性，可与各种无机酸和有机酸作用生成白色固体盐，除硫酸盐和草酸盐外，其他盐均溶于水。

14.5　安全性能

虽然DT-3中含有硝酸肼（高能炸药），但其含量低于25%，不处在肼-硝酸肼-水三组分体系的爆轰区之内，因此，DT-3与无水肼一样，对落锤冲击、氮气突然增压、振动、摩擦、局部过热、枪击、8#雷管引爆等外部环境作用均不敏感，不会发生爆轰。

14.5.1　着火和爆炸危险性

14.5.1.1　闪点和燃点

DT-3的开杯法闪点为61 ℃，燃点为72 ℃。按燃料着火危险性分类，它属于高闪点类可燃液体。

14.5.1.2　自燃温度

DT-3在玻璃容器中的自燃温度为278 ℃，而在不锈钢容器中为 180 ℃，说明不锈钢对它有催化分解作用。按可燃性气体分组标准，DT—3 属于 T_3 组，其电气设备应选用 Exia Ⅱ BT$_3$ 本质安全型或 Exd Ⅱ BT$_3$ 隔爆型。

14.5.1.3　爆炸温度

DT—3 的热爆炸温度为 234 ℃，应避免与接近该温度的高温表面接触。

14.5.1.4　局部过热

在 DT—3 液体中用镍铬电阻丝通电加热直至沸腾，随即发生燃烧，断电后仍继续燃烧，直至完全烧尽，未发生爆炸（在敞口容器中）。

14.5.1.5　冲击敏感性

DT—3 在能量为 98 J（10 kg · m）的落锤冲击下，试验 20 次，均未发生着火或爆炸，说明它对冲击不敏感。

14.5.1.6　枪击敏感性

用步枪和冲锋枪的子弹分别射击 DT—3，结果表明普通弹、曳光弹、穿甲燃烧弹击中后均未发生着火或爆炸，说明其对枪击不敏感。

14.5.1.7　振动、摩擦敏感性

DT—3 在频率 10～2 000 Hz，振幅 ±12.5 mm、加速度 1～20 g 的电磁振动台上振动 2 min，未见任何异常现象；DT—3 在频率 2 Hz、振幅 200 mm 的机械振动机上连续振动 20 h，未见任何异常现象，各组分含量亦未发生变化，说明其对振动不敏感。

DT—3 对摩擦不敏感。

14.5.1.8　压缩敏感性

DT—3 用 10.5 MPa 的氮气快速增压，未见任何异常现象，但是用空气快速增压发生爆炸。

14.5.1.9　雷管引爆敏感性

用 8# 雷管引爆 DT—3，未发生着火或爆炸。

14.5.1.10　爆轰冲击波敏感性

用 8# 雷管引爆 51 g 炸药，炸药爆炸并未引起 DT—3 发生爆炸，

说明它对爆轰冲击波不敏感。

14.5.1.11　辐射分解

DT－3 用辐射线（钴－60γ 射线、剂量 5×10^5 rad）照射，会发生缓慢分解，其分解速率比肼约高 50%。

14.5.1.12　泄漏危险性

DT－3 泄漏在混凝土、沥青、泥土、水的表面上时，只是在表面上形成白色烟雾，不会发生着火；但是泄漏在浸过氧化剂（如红烟硝酸或四氧化二氮等）的木头、干草、泥土上，或泄漏液遇到铁锈时会发生着火。

DT－3 与硝基氧化剂同时泄漏相接触时会发生爆燃。

常温下，DT－3 与某些金属或金属氧化物接触，会发生猛烈反应，甚至引起着火。DT－3 与某些常见物质的点滴试验结果列于表 14－10。

表 14－10　DT－3 与常见物质的点滴试验结果

物质	试验结果	物质	试验结果
酒精	互溶升温	煤油	分层
丙酮	互溶升温	机油	分层
乙醚	分层（上层乳白色）	真空泵油	分层
四氯化碳	分层	液体石蜡	部分互溶
三氯甲烷	分层	铁锈	反应升温
苯	分层	重铬酸钾	反应、冒泡、升温
甲苯	分层	高锰酸钾	立即着火
苯胺	互溶	氢氧化钠	未见反应
氨水	互溶降温	还原铁粉	未见反应
盐酸	反应激烈、生成白色固体	锌粉	反应升温
硫酸	反应激烈	石棉粉	未见明显反应
硝酸（62%）	反应激烈	活性碳炭	反应冒泡
冰醋酸	互溶升温、冒白烟	封口胶	反应冒泡

续表

物质	试验结果	物质	试验结果
甘油	互溶升温	乳胶管	未见反应
汽油	分层	丁基橡胶	未见反应
乙丙橡胶	未见反应	7802油膏	未见反应
1#真空活塞油膏	未见反应	7804油膏	未见反应
4#真空活塞油膏	未见反应	8#真空活塞油膏	未见反应

14.5.2 防火防爆措施

14.5.2.1 预防措施

所有DT－3设备的管路、阀门、容器等均应密封不漏，防止DT－3液体泄漏或蒸气溢出；贮存、运输、转注等操作均应在氮气保护下进行，万一发生泄漏，应及时处理。

DT－3操作现场应严格清除各种点火源，如明火、电火花、氧化剂、铁锈或其他催化杂质；电气设备应选用 Exd II BT₃隔爆型设备。

DT－3发生泄漏时应及时用水冲洗或洗消剂洗消。

现场应备有灭火器、消防栓、消防喷淋等消防设施，重大操作应有救护车和消防车现场待命。

14.5.2.2 灭火方法

DT－3着火时水是最好的灭火剂，DT－3用1倍以上的水稀释后，即使明火也不能点燃。化学干粉、二氧化碳等灭火剂也可扑灭DT－3的小型火焰，特别是干粉灭火剂效果更好。但易发生复燃现象，因此灭火后应用水冲稀以防止复燃。

DT－3不宜采用四氯化碳等卤素灭火剂，以免产生有毒光气。

若DT－3泄漏与氧化剂接触发生火灾时，首先应截断液流，再用水灭火。

消防人员应戴防毒面具。火灾扑灭后，应冲洗干净污染场地。

14.6　材料相容性

DT－3长期贮存容器的材料宜用铝合金或钛合金，而不宜采用不锈钢。至于推进剂管路、阀门、推力室以及非长期贮存的容器，根据多年实际使用结果表明：能用于无水肼者亦能用于DT－3。对非金属材料，二者的相容性基本一致，DT－3甚至比无水肼还要好一些。

根据肼—硝酸肼—水体系与80余种金属、非金属材料的相容性试验研究结果，按照推进剂对材料的腐蚀速率和材料引起推进剂催化分解产生气体的速率，依次将常用材料分为一级相容（长期使用）、二级相容（较长期使用）、三级相容（短期使用）和四级相容（不相容）4个级别。

14.6.1　金属材料

与DT－3一级相容的金属材料有TA$_7$和TC$_4$钛合金。

铝及其合金相容性稍次于钛合金，虽划为二级（基本相容）材料，实际上在一般情况下也可长期使用。

与DT－3二级相容的金属材料有Cr17Ni2不锈钢。

2Cr13和1Cr18Ni9Ti不锈钢接近于二级标准，经酸—肼处理后在一定条件下也可较长期使用。

与DT－3三级相容的金属材料为一般不锈钢材料。

与DT－3四级相容的金属材料有碳钢及弹簧钢等。

14.6.2　非金属材料

与DT－3一级相容的非金属材料有聚四氟乙烯、聚氟化丙烯和聚乙烯等塑料。

与DT－3二级相容的非金属材料有尼龙1010、聚氯乙烯、国产7802和7804油膏。

与 DT－3 三级相容的非金属材料有聚甲醛等塑料。

与 DT－3 四级相容的非金属材料为聚碳酸酯塑料。

14.6.3　酸－肼处理工艺

2Cr13 和 1Cr18Ni9Ti 不锈钢件经酸－肼处理能改善其与 DT－3 的相容性，腐蚀速率及 DT－3 分解速率明显下降，酸－肼处理的工艺规程如下。

14.6.3.1　酸－肼处理溶液的配制

（1）含氢氟酸的硝酸处理液的配制

将化学纯硝酸（浓度为 $65\% \sim 68\%$）用蒸馏水稀释成浓度为 $25\% \sim 35\%$ 的硝酸溶液，再加入 2.5% 化学纯氢氟酸，混匀稍凉后，贮存于塑料容器中，配制量以能浸没不锈钢件为限。

（2）含肼处理液的配制

将无水肼或 DT－3 用蒸馏水配制成浓度约 30% 的肼（或 DT－3）溶液，贮存于玻璃瓶中，配制量与硝酸处理液相同。

14.6.3.2　不锈钢件酸－肼处理

（1）硝酸溶液处理

欲处理的不锈钢件其表面不得有划伤、毛刺、焊渣、油泥，焊缝要打磨平，并依次用化学纯丙酮、酒精擦洗干净，然后将不锈钢件放入塑料或不锈钢器皿中，再倒入含氢氟酸的硝酸处理液至浸没不锈钢件，以除去其表面的焊垢、氧化皮、铁锈等，浸泡 $1 \sim 3$ h 后取出，用水冲洗干净。

（2）DT－3（或肼）溶液处理

将经过酸处理的不锈钢件放入玻璃或不锈钢的器皿中，倒入 30% 的 DT－3（或肼）处理液至浸没不锈钢件，以除去其表面能引起 DT－3（或肼）分解的氧化物和其他杂质，浸泡 24 h 之后取出，用水冲洗干净后用蒸馏水清洗，再用无水酒精擦洗干净，晾干或用氮气吹干，最后用干净的塑料袋包扎后备用。

14.7　毒性和急救

14.7.1　毒性

DT－3 的毒性主要来自于肼，因为肼是它的主要成分，而且 DT－3 蒸气中主要是肼蒸气毒性大，氨的毒性相对小得多。DT－3 的急性中毒浓度为 $50 \times 10^{-6} \sim 100 \times 10^{-6}$，应急暴露限值 10 min 为 30×10^{-6}，按化学品毒性分级标准，DT－3 属剧毒化学品和高毒物品。

14.7.1.1　中毒途经

DT－3 可以通过呼吸道、皮肤、消化道或伤口进入人体内而引起中毒，由于 DT－3 不容易挥发且渗透力强，因此通过皮肤吸收中毒的危险比经呼吸道吸入中毒的危险要大些，DT－3 液滴若溅入眼内会引起眼睛局部损伤，但不致造成全身中毒。

14.7.1.2　中毒症状

长期接触 DT－3 的人员若不注意防护，会造成慢性中毒，其主要症状是头昏、头痛、记忆力衰退、多梦、食欲减退、恶心等，一般脱离接触经过几天休息即可消失。DT－3 对人体的危害主要是损伤肝功能、中枢神经和使红血球细胞及血色素轻度下降。

由动物 DT－3 急性中毒观察到的症状：开始恶心、呕吐，随后反应迟钝，若不及时抢救，可发生痉挛，最后死于呼吸循环衰竭，若抢救及时可使症状逐步好转。

DT－3 刺激皮肤，可引起皮炎或产生皮肤过敏反应，并能穿透皮肤引起中毒。溅入眼内有发痒、烧灼感、流泪、结膜充血等症状，若冲洗不及时，可引起结膜炎，角膜炎和角膜水肿等。

14.7.2　急救

根据不同的中毒途径，采取相应的急救措施。

对于吸入中毒者，应立即使其离开中毒环境，脱去污染的衣物，迅速用水反复冲洗。

对 DT－3 急性中毒患者，必须力争在中毒后 5 min 内按体重口服相应剂量的 10％丙酮基丙酮水溶液。体重 50 kg 以下者服 80 mL，体重 50～60 kg 者服 100 mL，体重超过 60 kg 者服 110 mL，一次给足量。

若是吞入中毒，可用 0.1％高锰酸钾溶液反复洗胃，直到吸出的洗胃液呈粉色为止，并及时送医院救治。

皮肤染毒后，立即用水，或 5％的碘酒擦洗，直至碘酒颜色不变为止；或用 3∶7 的乙酰丙酮与二丙酮醇混合液反复擦洗。

溅入眼内应立即用水冲洗 15 min 以上，或用 2％硼酸水彻底冲洗，然后就医。

14.7.3　卫生标准和预防措施

14.7.3.1　卫生标准

DT－3 的卫生标准参照肼类相关卫生标准执行。

1）GBZ 2.1－2007《工作场所有害因素职业接触限值化学有害因素》中的规定见表 14－11。

表 14－11　工作场所空气中肼容许浓度

项目	职业接触限值（OELs）/（mg/m³）		
	最高容许浓度（MAC）	时间加权平均容许浓度（PC－TWA）	短时间接触容许浓度（PC－STEL）
指标		0.06	0.13

2）1996 年美国政府工业卫生学家会议（ACGIH）规定时间加权平均阈限值（TLV－TWA）为 0.01×10^{-6}（0.013 mg/m³）；同年美国劳工部职业安全卫生管理局（OSHA）颁布的职业安全与卫生标准中规定了时间加权平均限值（TWA）为 0.1×10^{-6}（0.13 mg/m³）。

3）GB 18060－2000《居住区大气中肼卫生标准》中规定，居民区最高容许浓度：日平均 0.02 mg/m³（0.015×10^{-6}），一次最高 0.05 mg/m³（0.038×10^{-6}）。

4）GB 18061－2000《水源水中肼卫生标准》中规定，水源水中肼最高容许浓度为 0.02 mg/L，饮用水中肼最高容许浓度为0.01 mg/L。

5）GB 14374－1993《航天推进剂水污染物排放标准》中规定，污水中肼最高容许排放浓度为 0.1 mg/L。

6）肼的嗅阈值（体积分数）为 $3 \times 10^{-6} \sim 4 \times 10^{-6}$。

7）肼的紧急暴露限值（体积分数）：10 min 为 30×10^{-6}，30 min 为 20×10^{-6}，60 min 为 10×10^{-6}。

8）肼的急性中毒浓度（体积分数）：50×10^{-6}。

14.7.3.2　预防措施

预防 DT－3 中毒的主要措施有以下几方面。

1）所有管路、阀门、容器应有良好的密封性，防止"跑、冒、滴、漏"。

2）现场应加强通风，及时排除有毒蒸气，最好配备肼蒸气浓度监测装置。

3）操作人员要穿戴相应的防护用品，防止皮肤、眼睛与毒物接触，防止吸入中毒。

4）被污染的地面、物件、防护用品要及时洗消。

5）作业现场应配备淋浴喷头、洗眼喷泉。

6）现场应配备急救箱。备有 10％丙酮基丙酮水溶液及适合的量具（量杯、量筒等）、维生素 B6，以便急性中毒时口服；备有 2.5％～5％碘酒、0.1％高锰酸钾溶液、2％硼酸溶液、按照 3∶7 比例配制的乙酰丙酮与二丙酮醇混合液等，用于人员染毒时擦洗；同时还应备有相应的防护用品。

7）工作人员在参加 DT－3 操作之前，应进行全面体检，以后每年进行一次肼类职业病体检，体检着重于肝功能、红血球系统、尿常规等；平时应加强营养保健，多吃保肝等补血的食物。

14.7.4　防护用品

操作人员应根据不同情况穿戴相应的防护用品。

对接触量小的无喷溅危险的操作，可戴小型半面式防氨型过滤面罩，穿柞蚕丝或呢织工作服，带乙烯基涂层、丁基胶或聚异丁烯胶手套。

对于生产、转注、取样等接触量稍大且有喷溅危险的操作，应佩戴全面式防氨型过滤面罩，穿聚异丁烯胶布制的连体防毒衣，也可穿聚氯乙烯或氯丁橡胶制的连体防毒衣，以防 DT－3 喷溅。

当空气中 DT－3 蒸气浓度达到 2％时，应戴自供式、长管式或隔绝式防毒面具。

14.8　贮存、运输和转注

14.8.1　贮存

在环境温度下，DT－3 密封于相容材料的容器中可长期贮存，质量无明显变化。

在贮存过程中应注意如下几点。

1）贮存容器的所有结构材料必须选用相容的材料，并经过彻底清洗、脱脂、除锈、去氧化杂质等处理，以免引起催化分解；容器顶部应有气路、液路接头（中心部位为液路接头）；容器应保持良好的密封状态。

2）容器中装量以占总容积的 50％～90％为宜，充氮气保护，充氮压力约为 0.5×10^5 Pa（表压），氮气纯度应高于 97％，露点不高于－55 ℃。

3）符合"出厂指标"规定的 DT－3 方可入库长期贮存，库存的 DT－3 每年复检一次。

4）密封贮存在相容材料容器中的 DT－3，其分析化验数据的有效期为半年，在有效期内可免检使用。

5）为了保证 DT－3 质量，贮存期间应尽量避免打开容器的气、液路接头，以免带入催化杂质和吸收空气的水分、二氧化碳。

6）贮存场地的相对湿度应不大于 80％，并定期进行机械通风，以排除有毒蒸气；最好配备浓度监测报警装置。还应配有水源和消防器材，如灭火器、自动喷淋装置等，一旦发生泄漏或着火可及时处置。

7）DT－3 不得与氧化剂或其他易燃物一起存放，允许与肼在同一库房内贮存，库内应消除铁锈之类的杂质，严禁明火和电火花，电气设备应符合 Exd Ⅱ BT₃ 防爆要求。

14.8.2　运输

DT－3 可由铁路、公路、水路运输，特殊情况下可空运。运输要求如下。

1）铁路运输一般用桶装棚车运输，禁止溜放，严禁与氧化剂混装。铁路运输按照《铁路危险货物运输管理规则》（2008 铁运 174 号）执行。

2）公路运输时，一般用桶装卡车运输，时速不应超过 40 km/h。公路运输按照《道路危险货物运输管理规定》（2005 交通部令第 9 号）及《关于修改〈道路危险货物运输管理规定〉的决定》（2010 交通运输部令第 5 号）、JT 617－2004《汽车运输危险货物规则》、JT 618－2004《汽车运输、装卸危险货物作业规程》执行。

3）水路运输时，应放在货船的甲板上，并给予遮盖，不允许用客船装运。水路运输按照《水路危险货物运输规则》（第一部分）水路包装危险货物运输规则（1996 交通部令第 10 号）执行。

4）特殊情况下对供化验用的少量样品可用军用专机进行空运。联合国《关于危险货物运输的建议书规章范本》和国际民航组织（IATA）《危险品航空安全运输技术细则》（Doc 9284－AN/905）中，规定了肼水溶液的空运要求。2004 年 7 月 12 日民航总局令第

121 号发布的《中国民用航空危险品运输管理规定》（CCAR－276）规定了空运危险品的申报程序和要求。

5）桶中装量应不超过总容积 90%，气相空间以常压氮气保护。

6）车船上应备有消防灭火器材和防护用品，以便发生事故时能应急处理，押运人员应掌握应急处理措施。

7）车船上应保持清洁，清除铁锈，严禁明火和电火花。

8）装有 DT－3 的桶不得直接暴晒于日光下，同一车船不得装运氧化剂。

14.8.3　转注

DT－3 可采用泵转注、氮气挤压转注或靠重力流出，若转注量少也可以直接倾倒或虹吸。转注要求如下。

1）转注时，系统必须连接可靠、密封不漏。转注之前应先用氮气吹净输送管路和接收容器。只要气液路系统符合使用要求，则DT－3 无须因转注而重新化验。

2）积压转注时，氮气压力应缓慢增加，以免压力过大使 DT－3喷溅，甚至把容器挤破造成大量泄漏。在转注过程中，DT－3 液面上应维持一定的氮气压力。

3）转注操作至少由两人执行，并应穿戴相应的防护用品。

4）转注现场应备有充足的水源和消防器材，不得有铁锈之类的催化杂质，禁放氧化剂和其他可燃物品，严禁明火和电火花。

5）一旦发生泄漏应立即用水冲洗，再用 10% 过氧化氢或 10%漂白粉处理场地，最后再用水冲洗。

6）转注完的空容器应密封并充氮以备用，污染的设备用水彻底冲洗，污水排入收集池，然后进行处理。

14.9　清洗、处理和监测

14.9.1　脱脂、除锈、钝化和去氧化物

新加工的容器和组件，在首次使用之前，必须进行脱脂、除锈、钝化和去氧化物，洗净、干燥后方可使用。铝及其合金，无须除锈；为改善相容性已进行过酸－肼处理的不锈钢件，不必再除锈、钝化和去氧化物。

首先应将铝及其合金与钛合金或不锈钢组合件分开，以防止铝被黏结或引起电化学腐蚀。塑料零件也应单独清洗。

14.9.1.1　脱脂

若油脂较多，可先用棉纱或布擦拭。

铝及其合金在室温下用 0.25％氢氧化钠溶液（含 0.025％硅酸钠作缓蚀剂）浸泡约半小时（容器必须保持敞口）。排空后用水冲洗至中性。因会产生氢气，故严禁明火和电火花。

钛合金或不锈钢用1％氢氧化钠溶液浸泡1~2 h，排空后用水洗净。

14.9.1.2　除锈

钛合金或不锈钢若有较多的焊垢或铁锈、氧化皮等污物，先用不锈钢刷子刷掉，再用含 2.5％氢氟酸的 40％~50％硝酸水溶液（用于钛合金除锈时不可含氢氟酸）浸泡1~3 h，排空后用水冲洗至中性。因放出二氧化氮气体，故应戴防毒面具。

14.9.1.3　钝化

铝及其合金、钛合金或不锈钢均用 40％~50％的硝酸溶液浸泡1~4 h，后用水洗净。

14.9.1.4　去氧化物

铝及其合金、钛合金或不锈钢，用 30％的 DT－3（或肼）溶液浸泡1~4 h 以除去表面能引起催化分解的氧化性杂质。这是肼、甲基肼和 DT－3 的特性所要求的特殊处理，随后用水及蒸馏水洗净。

14.9.1.5　干燥

洗净后的容器及组合件，用氮气吹干，组合件和塑料零件用聚乙烯袋包装，容器所有开口用聚乙烯膜包扎，置于干燥处。容器最好是装配密封，并充氮保存以备用。

14.9.2　清洗

（1）贮存容器的清洗

容器中的 DT－3 用完后，一般可以不清洗，只要密封充氮保存即可；倘若需要清洗时，可先用 0.5％醋酸溶液浸泡，然后用水冲洗至中性，并洗净吹干。

不锈钢软管用酒精清洗；若有油污，用 1％碳酸钠溶液清洗。

（2）DT－3 催化分解发动机的清洗

发动机的气路系统用过之后，一般不需清洗。如果发现管路不净，可先用汽油、后用酒精或异丙醇进行清洗，最后用氮气吹干。

液路系统（包括贮箱、管路、过滤器、电磁阀以及加注和卸出开关等）在用过 DT－3 之后，应先用水冲洗，后用 0.5％的醋酸溶液清洗，再用水冲至中性，然后用氮气吹干。或者用 2％的次氯酸钠溶液清洗，再用水冲净并吹干。

若不用醋酸而用异丙醇或酒精进行清洗，再用氮气吹干亦可。

电磁阀和推力室在分解之后用异丙醇或酒精进行清洗，用氮气吹干后再组装。

倘发现油污，可用 1％的碳酸钠溶液或用 60～70 ℃热水进行清洗，也可用汽油、酒精清洗，并吹干。

由于稀酸或碱会加剧对金属的腐蚀，故整个清洗过程不得中途停顿。

14.9.3　废气、废液和污水处理

DT－3 的废气、废液和污水中的主要有毒物质为肼，不能直接排放，必须进行处理，以免对人员、牲畜、农作物产生危害。

DT－3 的废气、废液和污水处理方法可参照肼类废气、废液和污水处理方法。

14.9.4　监测

因 DT－3 中主要有毒物质为肼，因此空气及水中 DT－3 的排放标准和监测方法可参照无水肼执行。

14.10　安全使用守则

1）工作人员应熟悉 DT－3 的性质，掌握预防和急救措施，凡涉及 DT－3 的操作至少要有两人来执行，以便发生意外时能及时救护、求援和现场处理。

2）操作现场严禁明火及电火花，禁止存放氧化剂和可燃物品，不得有铁锈之类的催化杂质；并应有充足的水源，应备有消防器材和急救药品；无水时禁止作业。

3）操作时首先必须认真检查系统各部件连接的可靠性和密封性。工作人员应按规定穿戴相应的防护用品，包括防护衣、高筒靴、手套、防毒面具、防毒口罩等。若进入高浓度（＞2％）污染区，应戴自供式防毒面具。

4）人员吸入 DT－3 中毒时，立即将其移至空气新鲜处，脱去污染衣物并迅速就医；若皮肤污染，立即用水冲洗；若溅入眼内，立即用水冲洗 15 min 以上，或用 2％硼酸彻底冲洗。

5）若 DT－3 发生泄漏，先用水冲洗，再用 10％过氧化氢或 10％漂白粉处理，最后再水洗干净。

6）发生着火时，可用大量水来扑灭。倘因遇氧化剂而着火时，应立即截断液流，不使二者继续相遇，并迅速用大量水来扑灭。扑灭后，污染区应用水冲洗干净。

7）DT－3 污水可用活性炭吸附法和活性炭－空气催化氧化法来处理，少量污水也可用过氧化氢、漂白粉或硝基氧化剂破坏处理。

参 考 文 献

[1] 剧毒化学品目录(2002年版).国家安全生产监督管理局,公安部,国家环境保护总局,卫生部,国家质量监督检验检疫总局,铁道部,交通部,中国民用航空总局.2003年公告第2号.

[2] 高毒物品目录.(2003)卫生部卫法监发42号.

[3] 危险化学品安全管理条例.中华人民共和国国务院令第344号.2011年3月15日.

[4] 铁路危险货物运输管理规则.(2008)铁运174号.

[5] 水路危险货物运输规则(第一部分)水路包装危险货物运输规则.(1996)交通部令第10号.

[6] 道路危险货物运输管理规定.(2005)交通部令第9号.

[7] 关于修改《道路危险货物运输管理规定》的决定.(2010)交通运输部第5号.

[8] 联合国《关于危险货物运输的建议书规章范本》第十三修订版.2003年.

[9] 《中国民用航空危险品运输管理规定》(CCAR-276).(2004)民航总局令第121号.

[10] GBZ 2.1-2007 工作场所有害因素职业接触限值化学有害因素.

[11] GB 18060-2000 居住区大气中肼卫生标准.

[12] GB 18061-2000 水源水中肼卫生标准.

[13] GB 14374-1993 航天推进剂水污染物排放标准.

[14] GB/T 15507-1995 水质肼的测定对二甲氨基苯甲醛分光光度法.

[15] JT 617-2004 汽车运输危险货物规则.

[16] JT 618-2004 汽车运输、装卸危险货物作业规程.

[17] AIAA 2000-3880 Demonstration of Hydrazine Propellant Blend Capabilities of Small Satellites.

第15章 偏二甲肼

15.1 概述

偏二甲肼为可贮存液体火箭推进剂,是肼类燃料之一。偏二甲肼是一种强还原剂,与多种强氧化剂接触能立即自燃,被广泛应用于多种火箭和武器系统中。最初偏二甲肼是为改善煤油的燃烧不稳定性和启动特性而被使用,如1953年美国陆军的奈基Ⅰ使用17%偏二甲肼和83%煤油混合燃料,1958年开始研制的阿金纳A开始使用偏二甲肼作为主燃料。偏二甲肼可以单独使用,如阿金纳运载火箭,宇宙2、撒旦(SS-18)、匕首(SS-19)洲际导弹,长矛地地战术导弹等;也可组成混合燃料使用,如欧洲号、大力神3C运载火箭使用的混肼50(50%无水肼+50%偏二甲肼)和阿里安系列运载火箭使用的UH25(75%偏二甲肼+25%水合肼)。它与氧化剂组成的双组元液体推进剂比冲和密度比冲比甲基肼和无水肼低。

15.2 生产原理

偏二甲肼常用液相氯胺法制取,该法具有生产原料和反应过程简单、易于掌握、成本低,产物没有剧毒致癌物亚硝基二甲胺等优点。

液相氯胺法以液碱、液氨、液氯、二甲胺为原料,主要化学反应如下

$$2NaOH + Cl_2 \longrightarrow NaOCl + NaCl + H_2O$$

$$NaOCl + NH_3 \longrightarrow NH_2Cl + NaOH$$

$$NH_2Cl + (CH_3)_2NH + NaOH \longrightarrow (CH_3)_2NNH_2 + NaCl + H_2O$$

合成所得偏二甲肼溶液经分离、浓缩、脱腙、精馏，得到偏二甲肼产品。

15.3　技术规格

15.3.1　美国军用指标

偏二甲肼的美国军用指标列于表 15--1。

表 15—1　偏二甲肼的美国军用指标

指标名称	采购指标
偏二甲肼质量分数/%	≥98.00
水分质量分数/%	≤0.3
胺化物质量分数/%	≤1.5
二甲胺质量分数/%	≤0.01
氯离子质量分数/%	≤0.003
密度（15 ℃）/（g/cm³）	0.795～0.797
颗粒物质量浓度/（mg/L）	≤10

15.3.2　主要成分对比冲的影响

15.3.2.1　偏二甲肼含量

偏二甲肼含量越高，比冲越高。但是偏二甲肼含量越高，生产成本也越高。因此偏二甲肼含量指标是综合生产和使用等情况确定的。

15.3.2.2　水含量

水含量增加会使偏二甲肼的比冲降低。热力计算表明：水含量增加 1.0%，偏二甲肼与硝酸—27 组合的理论比冲降低 5 m/s。

15.3.2.3　偏腙含量

虽然偏腙与偏二甲肼的物理化学性质相似，但是热力计算表明：

偏腙含量增加 10%，偏二甲肼与硝酸－27 组合的理论比冲降低约10 m/s。

15.4　物理化学性质

15.4.1　物理性质

偏二甲肼是一种易燃、有毒、具有类似鱼腥臭味的无色或淡黄色透明液体。

它易挥发，吸湿性较强，在大气中能与水蒸气结合而冒白烟。

偏二甲肼是极性物质，能与水、肼类、胺类、醇类及大多数石油产品等极性和非极性液体完全互溶。

25 ℃和 0.1 MPa 下氦、氮、氩等气体在肼类燃料中的溶解度列于表 15－2。

表 15－2　氦、氮、氩在肼类燃料中的溶解度（摩尔分数×10^5）

燃料	氦	氮	氩
偏二甲肼	9.38	37.5	68.9
肼	0.52	0.72	1.24
甲基肼	2.51	9.17	17.9

由表 15－2 可以看出，气体在偏二甲肼中的溶解度比肼和甲基肼都大。

偏二甲肼的主要物理常数列于表 15－3。

表 15－3　偏二甲肼的主要物理常数

项目名称	数值
分子式	$(CH_3)_2NNH_2$

续表

项目名称	数值
相对分子质量	60.10
冰点/℃	-57.2
沸点/℃	63.1
三相点温度/℃	-57.2
密度（15 ℃）/（g/cm³）	0.796 4
粘度（15 ℃）/（mPa·s）	0.579
饱和蒸气压（15 ℃）/Pa	$1.288\ 0\times10^4$
表面张力（15 ℃）/（N/m）	2.473×10^{-2}
比热容（15 ℃）/[J/（kg·K）]	2.721×10^3
热导率/[W/（m·K）]	0.162 0
汽化热/（J/kg）	5.692×10^5
熔化热/（J/kg）	1.676×10^5
生成热/（J/kg）	8.866×10^5
燃烧热/（J/kg）	3.290×10^7
临界温度/℃	248.26
临界压力/Pa	5.411×10^6
临界比容积/（m³/kg）	3.622×10^{-3}
临界密度/（g/cm³）	0.275
电导率（25 ℃）/（s/m）	5×10^{-5}
熵，液体/（J/mol·K）	200.24
偶极矩/D	1.72
声速/（m/s）	1 248
折光率（25 ℃，NaD）	1.405 6
体积热膨胀系数（10~20 ℃）/℃$^{-1}$	1.326×10^{-3}
等温压缩系数（15 ℃）/（$1.013\ 25\times10^5$ Pa）$^{-1}$	8.12×10^{-3}

　　偏二甲肼的密度、饱和蒸气压及粘度与温度的关系具体见表 15-4~表15-6。

表 15—4　　偏二甲肼密度与温度的关系

温度/℃	密度/（g/cm³）	温度/℃	密度/（g/cm³）
−40	0.853 1	20	0.791 1
−30	0.842 8	30	0.780 3
−20	0.832 5	40	0.769 1
−10	0.822 2	50	0.757 5
0	0.811 9	60	0.745 6
10	0.801 6		

表 15—5　　偏二甲肼饱和蒸气压与温度的关系

温度/℃	蒸气压/Pa	温度/℃	蒸气压/Pa
−40	199.5	20	16 026.5
−30	532.0	30	26 201.0
−20	1 330.0	40	40 831.0
−10	2 899.4	50	61 579.0
0	5 586.0	60	89 775.0
10	9 842.0		

表 15—6　　偏二甲肼粘度与温度的关系

温度/℃	粘度/（mPa·s）	温度/℃	粘度/（mPa·s）
−40	2.465 5	20	0.526 9
−30	1.769 9	30	0.452 6
−20	1.265 4	40	0.393 8
−10	0.970 2	50	0.346 9
0	0.772 9	60	0.311 7
10	0.630 9		

15.4.2　化学性质

偏二甲肼是一种弱有机碱性物质，其碱性比氨弱，但比肼强。

它与水反应生成共轭酸和碱

$$(CH_3)_2NNH_2 + H_2O \rightleftharpoons (CH_3)_2NNH_3^+ + OH^-$$

与有机酸稀释溶液或酸性气体发生中和反应生成盐，从而降低了偏二甲肼的挥发性，因此常用醋酸（或草酸）水溶液来清洗被偏二甲肼污染的部件，反应式如下

$$(CH_3)_2NNH_2 + CH_3COOH \longrightarrow CH_3COOH \cdot H_2NN(CH_3)_2$$

偏二甲肼与二氧化碳反应生成碳酸盐，这就是偏二甲肼暴露于空气中有时会出现白色沉淀的原因，反应式如下

$$2(CH_3)_2NNH_2 + CO_2 \longrightarrow (CH_3)_2NNHCOOH \cdot H_2NN(CH_3)_2$$

偏二甲肼是一种还原剂，其蒸气在室温下被空气缓慢氧化，其氧化产物主要是偏腙（甲醛二甲腙）、水和氮，反应式如下

$$3(CH_3)_2NNH_2 + 2O_2 \longrightarrow 2(CH_3)_2NN = CH_2 + 4H_2O + N_2$$

其氧化产物包括少量的氨、二甲胺、重氮甲烷、亚硝基二甲胺、氧化亚氮、甲烷、二氧化碳、甲醛和聚甲烯等。因此，偏二甲肼长期反复暴露于空气中，会逐渐变成一种含有偏腙的粘度较大的黄色液体。

偏二甲肼能与许多氧化性物质的水溶液发生氧化反应，并放出热量。因此，常用漂白粉、次氯酸钠和过氧化氢等水溶液来处理偏二甲肼废液。

偏二甲肼与红烟硝酸、四氧化二氮和过氧化氢等强氧化剂接触时，立即自燃，延迟期小于 10 ms。

偏二甲肼具有很好的热稳定性，分解时放出热量，在临界温度下的热分解产物主要有甲烷、乙烷、丙烷和二甲胺等。它在催化分解和光分解时的主要产物是氢、氮、甲烷和乙烷等。

偏二甲肼虽是易燃液体，但它对冲击、振动、压缩、摩擦和枪击等均不敏感，用雷管也不能将其引爆。

15.5　安全性能

偏二甲肼是易燃易爆物品，在贮存、运输、转注、加注和处理

过程中，必须十分小心，防止发生着火或爆炸事故。

15.5.1　着火和爆炸危险性

15.5.1.1　闪点

　　偏二甲肼的开杯法闪点为 $-15\ ℃$，闭杯法闪点为 $1.1\ ℃$。按燃料着火危险性分类，它属于甲 A 易燃液体，应严禁明火和电火花。

15.5.1.2　自燃温度

　　偏二甲肼的自燃温度在玻璃容器中为 $249\ ℃$，在不锈钢容器中为 $240\ ℃$。按可燃性气体分级，它属于Ⅱ类 A 级 T_3 组。因此，偏二甲肼的电气设备应选用高一级别的 $Exd\ Ⅱ\ BT_3$ 型隔爆型电气设备或选用 $Exia\ Ⅱ\ BT_3$ 型本质安全型防爆电气设备。

　　偏二甲肼的自燃温度随压力的增大而显著降低。用空气增压偏二甲肼，压力达 $4～5\ MPa$ 时，由于氧化放热可引起自燃而发生爆炸。因此，不能用空气增压偏二甲肼，必须用氮气或氦气增压。

15.5.1.3　自动分解温度与自动分解着火温度

　　燃料蒸气与惰性气体的混合物，在热的作用下发生迅速分解的最低温度，称为自动分解温度。由迅速分解放热导致发生着火的最低温度，称为自动分解着火温度。偏二甲肼的自动分解温度为 $397\ ℃$，自动分解着火温度为 $649\ ℃$。它们均随压力的增大而降低。

15.5.1.4　与氧化剂的着火

　　在常温下，少量偏二甲肼与湿的高锰酸钾和干的漂白粉接触立即着火。因此，当用它们的水溶液处理偏二甲肼时，不应有固体颗粒存在，以免发生着火。

　　在常温下，偏二甲肼与干燥的高锰酸钾、重铬酸钾、氧化钴、氧化钼、氧化镍等接触时发生缓慢反应，但在 $50\ ℃$ 时相互接触可发生着火。

　　大量的偏二甲肼与硝基氧化剂接触时，可由燃烧转为爆炸。少量的偏二甲肼与硝基氧化剂接触时，可发生爆燃，发出很大的响声。

　　偏二甲肼用水按体积分数 $1:1$ 稀释后，再加入硝基氧化剂仍能着火。四氧化二氮用水按体积分数 1∶1 稀释后，再加入偏二甲肼不能着火，但剧烈反应，释放出大量热和白色烟雾。硝酸－27 要用 2 倍水稀释后，加入偏二甲肼才不会着火。因此，偏二甲肼泄漏时必须先用大量水稀释，以免发生着火。

偏二甲肼液体与二氧化氮的体积分数大于 8.8% 的空气混合物接触时，在常温下会发生着火。因此，应避免燃料液体与氧化剂蒸气接触。

偏二甲肼蒸气的体积分数大于 9% 的空气混合物与硝基氧化剂液体接触时，在常温下会发生着火。因此应避免燃料蒸气与氧化剂液体接触。

在野外条件下，燃料蒸气与氧化剂蒸气接触一般不会着火，发生反应只产生白烟。若燃料蒸气的体积分数达 61%，氧化剂蒸气的体积分数达 35%，并且环境温度达 50 ℃，则两种蒸气接触后会发生着火。因此，当燃料和氧化剂发生泄漏时，必须用水冲洗，并且注意良好通风。

15.5.1.5　泄漏危险性

偏二甲肼单独泄漏在混凝土、沥青、泥土和水的表面上时，均不会发生着火，只是在表面上逐渐形成白色烟雾。但是当泄漏在浸过氧化剂的木头、干草和泥土上，会发生着火。因此，偏二甲肼操作现场应用水冲洗并清除杂草等。

15.5.1.6　可燃极限（爆炸极限）

1）偏二甲肼的可燃浓度极限体积分数为 2.5%～78.5%。

2）偏二甲肼的可燃温度极限为 −10.5～57.5 ℃。

3）偏二甲肼的最易引燃浓度体积分数为 7.0%，其最大爆炸压力为 0.9 MPa。

4）偏二甲肼的最易传爆浓度体积分数为 6.7%，其最大试验安全间隙为 0.8～1.0 mm。

5）偏二甲肼含水量达 55% 时遇电火花也不会发生爆炸。

6）用体积分数 60% 的氮气稀释偏二甲肼蒸气－空气混合物后，

遇电火花不会发生爆炸。

　　7）偏二甲肼温度低于 100 ℃时，用体积分数大于 95% 的氮气增压，遇电火花也不会发生爆炸。

15.5.1.7　热分解和热爆炸

　　1）偏二甲肼的热稳定性很好，在 288 ℃加热半小时也不会分解，在 343 ℃时才发生迅速分解，在 345～350 ℃时发生爆炸，反应式如下

$$(CH_3)_2NNH_2 \longrightarrow 2CH_4 + N_2 + 3.86 \times 10^5 J/mol$$

　　2）在非密闭条件下，电阻丝在液体偏二甲肼中加热，先是沸腾，然后着火，但未发生爆炸。

　　3）偏二甲肼液相温度低于 200 ℃时，蒸气气相爆炸不会引起液相发生爆炸。

15.5.1.8　压缩敏感性

　　偏二甲肼用空气增压至 5.2 MPa 时发生猛烈爆炸，说明空气不能作为偏二甲肼的增压气体。

　　用体积分数 95% 的氮气快速增压至 12.8 MPa，未见任何异常现象，说明氮气可作为偏二甲肼的增压工质。

15.5.1.9　冲击、枪击和雷管引爆敏感性

　　用 10 kg·m（98 J）能量冲击偏二甲肼 25 次，均未发生着火或爆炸。

　　用普通弹、曳光弹、穿透弹射击偏二甲肼，均未发生着火或爆炸。

　　用 8# 雷管引爆偏二甲肼，8 次试验均未发生着火或爆炸。

15.5.1.10　辐射分解

　　偏二甲肼受 γ 射线辐射后分解，放出氢、氮、甲烷等气体，使压力升高。每克偏二甲肼吸收 10^7 rad 剂量，在 20% 气相空间条件下压力升高约 0.7 MPa，若无安全排气阀，贮箱会破裂。

15.5.2　防火防爆措施

15.5.2.1　预防措施

按气体爆炸危险场所分区，偏二甲肼属于正常运行可出现或偶然出现爆炸性混合物的 0 区（原 Q－1 区）或 1 区（原 Q－2 区）；按火灾危险场所分区，火箭燃料属于可燃液体的 21 区（原 H－1 级）。因此，在火箭燃料操作区内，必须严格采取防火防爆措施。

1）应防止液体偏二甲肼泄漏及其蒸气逸出，使其在空气中不能形成爆炸性混合物。为此，所有设备和连接管道及阀门应密封不漏；贮存、运输和转注等过程均应在氮气保护下进行；发生泄漏应立即处理；对封闭空间应机械通风。

2）应严格消除火源，如明火、电火花和氧化剂等，并应采用防爆电气设备。

3）应采用预防着火和爆炸扩展的各种措施，如安装阻火器和安全阀门等。

15.5.2.2　灭火方法

1）偏二甲肼失火时，水是最好的灭火剂。由于水具有稀释和冷却作用，所以偏二甲肼用 2 倍以上的水稀释后，即使明火或电火花也不能将其点燃。

2）化学干粉和二氧化碳等灭火剂，也能扑灭偏二甲肼小型火焰，特别是干粉灭火剂更好些。但它们均有复燃现象，随后必须再用水来稀释和冷却。

3）卤素灭火剂在灭火过程中会产生有毒的光气，应禁止使用。

4）当偏二甲肼与氧化剂泄漏接触发生火灾时，首先应截断液流，再用大量水扑灭。

5）消防人员应戴防毒面具，以防中毒。火灾扑灭后，对污染场地要清洗干净。

15.6 材料相容性

15.6.1 概述

偏二甲肼与材料相容性包括 2 个方面: 一是偏二甲肼对材料的腐蚀作用, 二是材料对偏二甲肼的质量和安全性能的影响。

偏二甲肼是比较稳定的, 即使存在某些金属杂质, 也不致引起分解。它对氧化钼、氧化铜、氧化亚铜等金属氧化物不敏感, 但易被其缓慢氧化, 特别是存在铜离子或钼离子时, 可加速催化反应。

在肼类燃料中, 偏二甲肼与金属材料有较好的相容性, 但与非金属材料的相容性较差。

15.6.2 金属材料

铝合金和不锈钢与偏二甲肼的相容性很好, 可用作贮箱、容器、管道和阀门的材料。

碳钢虽与偏二甲肼有良好相容性, 但它本身易受大气腐蚀; 碳钢内壁喷铝、镀层 (镀锌、镀铬、镀镍等) 与偏二甲肼也有很好相容性。

铜及其合金与偏二甲肼的相容性取决于使用条件: 若充有氮气保护, 则相容性良好; 若气相介质为空气, 则相容性较差; 若敞口放置, 则腐蚀严重。因此, 在偏二甲肼系统中使用铜及其合金时, 一定要充氮气保护。

锌、镉、镍、镁和汞等纯金属与偏二甲肼有良好的相容性。

与偏二甲肼一级相容的金属材料牌号如下。

1) 铝及其合金有 L_2, L_4, L_{4M}, LF_{2M}, LF_{3M}, LF_{3Y}, LF_3 阳极化, LF_{6M}, LF_{6M} 阳极化, LY_1, LY_{1C}, LY_{10}, LC_4, LC_4 阳极化, LD_2, LD_5, LD_5 阳极化, ZL—104, ZL—101。

2) 碳钢及其镀层有 10 号, 20 号, 25 号, 30 号, 35 号, A_3, $60Si_2Mn$, 10 号镀锌, 20 号镀铬, 25 号镀镍, 35 号镀锌及其铬酸钝

化，$60Si_2Mn$ 镀锌及其钝化。

3）不锈钢有 2Cr13，4Cr13，GX－2，1Cr18Ni9Ti。

4）铜及其合金（气相均充氮气保护）有 T_2，H_{62}，HPb_{59-1}，$QSn_{3-7-5-1}$，$QAl_{10-3-1.5}$，$QSn_{6.5-0.4}$。

5）接触件有 $1Cr18Ni9Ti$ 与 LF_6 阳极化，$QSn_{6-6.3}$ 与 45 号钢镀锌，$ZL-201$ 阳极化与 2Cr13，$ZL-201$ 阳极化与乙丙橡胶，HPb_{59-1} 与 T_2。

15.6.3　偏二甲肼水溶液对铝及其合金的腐蚀作用

偏二甲肼是一种弱有机碱，其碱性在水溶液中会增强。水含量小于 0.6％的偏二甲肼对铝及其合金几乎无腐蚀作用，但是随着水含量增加，其腐蚀作用加快，当含水量达 10％时，对铝及其合金的腐蚀最严重。因此，对铝及其合金制造的贮箱、容器、管道及其他附件用水清洗时，应快速并立即进行有效干燥。

偏二甲肼水溶液对不锈钢和碳钢不发生显著腐蚀作用。

15.6.4　非金属材料

偏二甲肼具有较强溶解能力，大多数非金属材料都能溶于其中或与其发生作用。因此，与偏二甲肼相容的非金属材料较少。

与偏二甲肼一级相容的非金属材料有：F－4，F－46，聚乙烯（辐射和高压的），氯化聚醚及其加碳纤维，聚酰胺－1010，聚芳砜，300 号加 400 号环氧树脂等塑料；8101 和 8102 乙丙橡胶；7804，7805 和阿皮松－L 润滑脂。

与偏二甲肼二级相容的非金属材料有：F－3，聚乙烯和聚异丁烯共聚物，聚甲醛等塑料；2001 橡胶，聚异丁烯橡胶，未硫化丁基橡胶；$8^{\#}$ 油膏。

与偏二甲肼三级相容的非金属材料有：全氟烷基乙烯基醚和全氟烷基醚塑料；聚顺丁烯橡胶；7802 润滑脂。

与偏二甲肼四级相容的非金属材料有：聚碳酸酯，聚砜和聚苯醚等塑料；丁腈橡胶，亚硝基氟橡胶，氟橡胶；221 油膏，205 油膏；专用和航空混炼胶。

15.7　毒性、医疗和防护

15.7.1　毒性

偏二甲肼毒性大小是通过动物急性中毒试验得出的，偏二甲肼的 LD_{50} 为 122 mg/kg，LC_{50} 为 618 mg/m³ （252×10⁻⁶）。《剧毒化学品目录》中规定偏二甲肼属于剧毒化学品。《高毒物品目录》中规定偏二甲肼属于高毒物品。

偏二甲肼毒性主要是对神经系统作用，它对肾脏、肝脏和血液系统影响不大。它对皮肤和眼睛的损伤比肼、甲基肼要小。

从慢性毒性和蓄积毒性来看，它比肼和甲基肼要小。

按职业性接触毒物危害程度分级，即Ⅰ级极度危害、Ⅱ级高度危害、Ⅲ级中度危害、Ⅳ级轻度危害，偏二甲肼属于Ⅱ级高度危害。按有毒作业分级，即 0 级安全作业、一级轻度危害作业、二级中毒危害作业、三级高度危害作业、四级极度危害作业，偏二甲肼作业属于三级高度危害作业。

15.7.1.1　中毒途经

偏二甲肼引起人员中毒有 3 个途经：一是人员吸入偏二甲肼蒸气，这是中毒的主要途经；二是皮肤沾染偏二甲肼，通过渗透作用引起吸收中毒，这也是中毒的一个途经；三是误服或喷溅吞入偏二甲肼，通过消化道引起吸收中毒，这是偶然才会发生的中毒事故。

15.7.1.2　中毒症状

（1）呼吸系统

吸入高浓度偏二甲肼蒸气时，能闻到鱼腥臭味，出现鼻咽部烧灼感、呛咳，胸部紧迫、呼吸困难等症状，重者可出现肺水肿。

（2）皮肤

偏二甲肼液体对皮肤刺激性很小，但是皮肤沾染可引起局部烧灼感和红肿，大面积皮肤染毒可引起全身性吸收中毒。

（3）眼睛

高浓度偏二甲肼蒸气对眼结膜有刺激作用，可引起化学性结膜炎，出现流泪、烧灼感和结膜充血等症状。偏二甲肼液体溅入眼内可引起轻度到中度结膜和角膜碱烧伤。

（4）吞入

吞入大量偏二甲肼，迅速出现心窝部烧灼感、流涎、恶心和呕吐等急性胃炎症状，并引起吸收中毒。

（5）急性中毒

长时间吸入高浓度偏二甲肼蒸气、大面积皮肤沾染偏二甲肼液体和大量吞入偏二甲肼，均可引起急性中毒，临床表现可分为前驱期、痉挛期和恢复期。

1）前驱期。出现呼吸道和眼睛的刺激症状，感到呛咳，呼吸困难、头昏、流涎、恶心、呕吐、流泪、心慌、站立不稳。前驱期一般延续数十分钟到数小时，重者进入痉挛期。

2）痉挛期。痉挛发作前，出现恐惧、肌颤和肢体抽搐。重者出现典型的强直－阵挛性痉挛，表现为突然跌倒、四肢阵发性痉挛，转为强直、角弓反张、屏气、紫绀、牙关紧闭或咬舌、口吐白沫、突眼、瞳孔放大、神志不清、大小便失禁等。痉挛持续数分钟后缓解，缓解时意识可恢复，但表情淡漠、紫绀减轻、无力。经数分钟到数十分钟又发生痉挛，轻者发作数次后逐渐转入恢复期，重者发作期越来越长，缓解期越来越短，转入持续癫痫状态、昏迷不醒，最后因呼吸循环衰竭而死亡。部分吸入中毒者出现肺水肿。

3）恢复期。轻者病情可在某一段停止发展，其症状逐步消失，重者经及时抢救，可防止痉挛再次发生，使症状逐步好转，但会全身无力、头痛、头昏、恶心等。部分人出现轻度贫血、肝功能障碍，2～3周后恢复正常，愈后良好。

（6）慢性中毒

长期接触偏二甲肼又不注意防护，可能造成慢性中毒，其症状表现如下。

1）神经系统表现为头昏、头痛、无力、倦怠、记忆力减退、失眠等。

2）消化系统表现为食欲减退、恶心、呕吐、腹胀等，有的还有肝功能障碍。

3）血液系统表现为轻度溶血性贫血、红细胞计数和血色素及血细胞压积降低等。

上述症状脱离接触后可逐渐消失。在肼类燃料中，偏二甲肼的蓄积毒性最小，中毒后 3 天内，75%～90% 的偏二甲肼经尿和呼吸道排出体外。目前还没有流行病学资料说明偏二甲肼能使人致癌。

15.7.2　急救

1）撤离染毒区。迅速将急性中毒人员移出染毒区，到空气清新地方，然后根据染毒情况进行急救。

2）对吸入中毒昏迷不醒人员，先静脉注射维生素 B_6 1～5 g，后急送医院治疗。

3）对大面积皮肤染毒人员，迅速脱去污染的衣裤、鞋袜，用大量水冲洗皮肤 15 min 以上，然后去医院检查治疗。小面积皮肤染毒，先用水冲洗，再用 2.5% 碘酒反复擦洗，直至碘酒不退色。

4）对眼睛接触高浓度偏二甲肼蒸气或偏二甲肼液体溅入眼睛的人员，应立即用清水或生理盐水或 2% 硼酸水冲洗 15 min 以上，然后按眼睛碱烧伤的原则治疗。

5）对吞入偏二甲肼人员，应立即用手指触咽部催吐，并用 0.1% 高锰酸钾水溶液反复洗胃，直至洗出液不退色。

15.7.3　卫生标准和预防措施

15.7.3.1　卫生标准

1）作业场所偏二甲肼在空气中的最高容许浓度为 0.2×10^{-6}（0.5 mg/m³）。

2）居住区偏二甲肼蒸气在空气中的最高容许浓度是：日平均为 0.01×10^{-6}（0.03 mg/m³），任一次为 0.03×10^{-6}（0.08 mg/m³）。

3）应急暴露限值是指在紧急情况下为抢救人员或设备所规定的蒸气浓度与允许停留时间，偏二甲肼的应急暴露限值是：10 min 为 102×10^{-6}（250 mg/m³），30 min 为 51×10^{-6}（125 mg/m³），60 min 为 30.6×10^{-6}（75 mg/m³）。

4）地面水源水中偏二甲肼最高容许浓度为 0.1 mg/L（0.04×10^{-9}）。

5）偏二甲肼污水排放最高容许浓度 0.5 mg/L（0.2×10^{-9}）。

6）嗅阈值因人而异，偏二甲肼的嗅阈值为（$6\sim14$）$\times10^{-6}$ [（$14.7\sim34.4$）mg/m³]。

7）偏二甲肼废气排放最高容许浓度为 30 mg/m³。

15.7.3.2　预防措施

1）确保系统密封，防止"跑、冒、滴、漏"现象，这是预防偏二甲肼蒸气或液体漏出的根本措施。

2）加强通风，使偏二甲肼蒸气浓度减到最小，特别对易漏部位应加强机械通风。

3）人员应穿戴相应的防护用品，防止吸入毒气和皮肤、眼睛与毒物接触。

4）对泄漏液体和废液及时处理，对污染的地面、物件和防护用品及时洗消。

5）操作场所备有淋浴喷头、洗眼喷泉、消防用水、医疗救护车、急救箱等。

6）定期体检，重点检查肝功、红血球系统、尿常规等，并合理营养保健和适当休息疗养。

7）对操作现场经常进行浓度监测和报警。

8）备有维生素 B_6 针剂，以便急性中毒时注射；备有 2.5% 碘酒，以便皮肤染毒时擦洗。

15.7.4　防护用品

参见 13.7.4 节。

15.8　贮存、运输和转注

15.8.1　贮存

15.8.1.1　贮存库房

1）库房防火防爆，耐火等级为 I 级，地面和墙面撞击时不产生火花且易冲洗、不渗漏。

2）库房电源开关、照明灯和电气设备等，符合 ExdⅡBT$_3$ 防爆要求。

3）贮存库房应配备通风设备、安全报警设备、消防设备和充足水源，并定期进行通风。

4）贮存库房保持洁净，严禁一切火源、严禁混放氧化剂。

5）贮存库房温度应保持在 5～35 ℃。

6）库房严禁烟火和动火。

15.8.1.2　贮存要求

1）偏二甲肼应采用固定式贮罐进行贮存，短期贮存可由铁路槽车或公路槽车承担。

2）偏二甲肼长期贮存应符合采购指标的要求。

3）偏二甲肼贮存时，容器中偏二甲肼存量不大于容器容积的 90%，长期贮存时贮存量不小于容器容积的 50%。

4）偏二甲肼必须充 0.02～0.07 MPa 氮气保护。

5）偏二甲肼贮存数量与距离关系见第 3 章表 3-17。

15.8.2　运输

15.8.2.1　运输方式

偏二甲肼运输可采用：铁路运输、公路运输、水路运输和航空运输。

1) 铁路运输按照《铁路危险货物运输管理规则》（2008 铁运174 号）执行。桶装偏二甲肼可以棚车铁路运输，但禁止溜放。

2) 公路运输按照《道路危险货物运输管理规定》（2005 交通部令第 9 号）及《关于修改〈道路危险货物运输管理规定〉的决定》（2010 交通运输部令第 5 号）、JT 617－2004《汽车运输危险货物规则》、JT 618－2004《汽车运输、装卸危险货物作业规程》执行。

3) 水路运输按照《水路危险货物运输规则》（第一部分）水路包装危险货物运输规则，（1996 交通部令第 10 号）执行。

4) 联合国《关于危险货物运输的建议书规章范本》和国际民航组织（IATA）《危险品航空安全运输技术细则》（Doc 9284－AN/905）中规定了偏二甲肼的空运要求。2004 年 7 月 12 日民航总局令第 121 号发布的《中国民用航空危险品运输管理规定》（CCAR－276）规定了空运危险品的申报程序和要求。

15.8.2.2　运输要求

1) 运输偏二甲肼的容器应洁净、干燥、密封，容器材料与偏二甲肼一级相容，装载量不得超过容积的 90%。

2) 偏二甲肼应充 0.02～0.07 MPa 的氮气保护。

3) 运输途中停放时，10 m 内不得有明火、易燃、易爆物品。

4) 同一运输车不得装运氧化剂。

5) 运输车内应备有水、清洗剂、消防设备、防护用品和急救药品等。

6) 运输偏二甲肼应有专人押运。押运人员至少两人，并指定负责人。

7) 押运人员熟悉偏二甲肼特性和应急处理方法。

15.8.3　转注

15.8.3.1　转注方式

偏二甲肼转注方式有：氮气挤压转注和泵转注。

15.8.3.2 转注要求

1) 系统应洁净干燥、连接可靠，电器仪表、阀门等均应工作正常。

2) 转注前应用氮气对系统进行置换。

3) 转注前应对系统进行气密性检查，检查合格后方可进行转注。

4) 转注过程中，贮罐、槽罐、管路系统的氮气压强应控制在规定范围内。

5) 泵转注时，槽罐液位显示液体高度 40 cm 时，将流量减至最小后停泵，余液挤入集液罐。

6) 转注过程严格执行操作规程，时刻注意参数变化。

15.9 清洗、处理和监测

15.9.1 清洗

清洗包括新、旧容器清洗和热试车后发动机的清洗。容器包括桶、贮罐、槽罐及其组合件、清洗液和水进入容器前，用 200 目滤网过滤。清洗一经开始，不许中断。

15.9.1.1 新容器清洗

（1）脱脂

油脂较多时，先用棉纱擦去，再进行脱脂清洗。

1) 铝和铝合金容器。用含有 0.025% 硅酸钠的 0.25%～0.5% 氢氧化钠溶液浸泡 20 min，或者用含有 0.025% 硅酸钠的 5% 碳酸钠溶液浸泡 30 min、浸泡时容器应敞口（因有氢气放出，严禁明火！）。清洗液排空后用水冲洗至排出水与注入水 pH 值一致。

2) 不锈钢容器。用 0.5%～1% 氢氧化钠溶液浸泡 1 h，排空后用水冲洗至排出水与注入水 pH 值一致。

（2）除锈

铝和铝合金容器无须除锈。

不锈钢容器内有较多铁锈、焊渣和氧化皮时，先用钢刷除去，再用含有 2.5% 氢氟酸的 25%～35% 硝酸溶液浸泡 1～3 h（因有二氧化氮放出，操作人员应戴防毒面具）排空后用水冲洗至排出水与注入水 pH 值一致。

（3）钝化

用 45%～55% 硝酸溶液浸泡 1 h，排空后用水冲洗至排出水与注入水 pH 值一致。

（4）干燥

用干燥压缩空气或 60℃ 热空气吹干容器，或先用酒精擦洗后再吹干。

检查容器内壁洁净度（无尘、无油、无脂和无水），最后排出水的 pH 值（pH 计测试）、颗粒物含量（根据选用满足颗粒物粒径要求的滤网过滤前后的质量变化），合格后密封，开具清洗合格证。

15.9.1.2　旧容器清洗

容器中的偏二甲肼用完后无须清洗，只要充 0.02～0.07 MPa 氮气保护。

若容器被污染或准备检修或封存时，则必须清洗。

（1）排空

泄出残液，注满水静置 30 min 后，排入污水处理池。

（2）中和

用 0.1%～0.5% 醋酸溶液注满容器并静置 20～30 min 后，排入污水处理池。再注满水并静置 10～20 min 后排出，重复几次。直至排出水与注入水 pH 值一致。用过的软管也按此法中和清洗。

（3）分解

拆下容器的可拆卸部件，单独清洗。

（4）除污

将容器中污物清除，再注满水并静置 10 min 后排出，重复几次，直至清洗干净。

（5）检验

检查容器内壁洁净度、最后排出水的 pH 值和颗粒物含量。

（6）组装

将清洗干净的可拆卸部件装配到容器上。

（7）干燥

用干燥压缩空气或 60 ℃热空气或氮气吹干，然后密封容器，开具清洗合格证。

15.9.1.3　组合件清洗

（1）金属零件清洗

将组合件分解，金属件和非金属零件分别清洗。铝制和钢制零件分别清洗。小零件用聚乙烯袋包装，大零件用聚乙烯膜盖严。

（2）非金属零件清洗

可用洗涤液或 1％碳酸钠溶液或 60～70 ℃热水进行脱脂清洗，再用蒸馏水冲洗，用压缩空气吹干，最后用聚乙烯包装。

15.9.2　处理

15.9.2.1　废气处理

（1）化学吸收法

废气采用水喷淋新型丝网填料吸收塔，废气被水吸收后产生的废水，再导入污水池进行处理。实际应用证明，此法简单易行，效果良好。也可用 1 mol/L 盐酸水溶液或 0.1％～0.5％醋酸水溶液吸收，再经 1％过氧化氢水溶液吸收彻底处理。

（2）燃烧法

1）直接燃烧法。把偏二甲肼废气直接喷入 1 000 ℃以上高温的燃烧室燃烧，产物是二氧化碳、氮氧化物和水，从而达到废气净化的目的。

2）催化燃烧法。偏二甲肼废气与空气充分混合并预热到 250～300 ℃，然后通入霍加拉特催化剂（氧化铜、氧化锰、碳酸钠等）床催化燃烧，燃烧产物主要是：二氧化碳、水、氮氧化物。

　　3）热力燃烧法。焚烧炉用天然气或液化石油气等作燃料，炉内温度达 1 100～1 200 ℃，偏二甲肼废气在炉内燃烧，主要产物是二氧化碳、氮和水等。

　　（3）活性炭吸附法

　　废气吸附到活性炭表面，净化后的废气可直接排放。当活性炭吸附饱和后，用 100～150 ℃ 的水蒸气再生活性炭，含有偏二甲肼的水蒸气再经霍加拉特催化剂床催化氧化，主要产物是二氧化碳、水、氨等。

15.9.2.2　废液处理

　　不符合使用指标的偏二甲肼，若数量较多，则蒸馏再生。

　　（1）化学处理法

　　偏二甲肼含量较低的废液，可用次氯酸钙（漂白粉）溶液或次氯酸钠溶液、稀过氧化氢（10％）等洗消液处理后，再入污水池进行处理。

　　（2）热力燃烧法

　　偏二甲肼含量较多（约 40％～50％）的废液，可用焚烧炉进行焚烧。

　　焚烧炉以天然气或液化石油气为燃料，炉内温度可达 1 100～1 200 ℃，偏二甲肼废液通过喷咀雾化而在炉内燃烧，产物是二氧化碳、氮和水。

15.9.2.3　污水处理

　　（1）氧化剂化学处理法

　　漂白粉、次氯酸钠、过氧化氢等氧化剂可用于化学处理肼类燃料污水。它们与偏二甲肼的化学反应方程式如下

$$(CH_3)_2NNH_2 + 4Ca(ClO)_2 \longrightarrow 4CaCl_2 + N_2 + 2CO_2 + 4H_2O$$

$$(CH_3)_2NNH_2 + 8NaClO \longrightarrow 8NaCl + N_2 + 2CO_2 + 4H_2O$$

$$(CH_3)_2NNH_2 + 8H_2O_2 \longrightarrow N_2 + 2CO_2 + 12H_2O$$

　　漂白粉是次氯酸钙、氢氧化钙和氯化钙的混合物，市售漂白粉有效氯含量约 25％～30％，用压缩空气进行搅拌，污水有明显变红

又变黄直至无色的颜色变化过程，不生成亚硝基二甲胺。处理过的污水不应立即排放，应在处理池中存放一段时间，让其进一步自然净化，检测合格后才可排放。此法污水池中有大量沉渣需定期清理，用次氯酸钠不存在这个缺点，但需再用酸中和，用过氧化氢和活性炭联合处理含二甲基亚硝胺的污水是较好的方法。

（2）臭氧或氯气－紫外线联合处理法

臭氧和氯气与偏二甲肼的化学反应方程式分别如下

$$2(CH_3)_2NNH_2 + 2O_3 \longrightarrow 4CH_3OH + 2N_2 + O_2$$

$$(CH_3)_2NNH_2 + 2Cl_2 + 2H_2O \longrightarrow 2CH_3OH + N_2 + 4HCl$$

实际上还生成少量其他产物。

只用臭氧处理偏二甲肼污水时，其最终产物主要是二氧化碳、氮、水和甲醛。为解决甲醛问题，采用臭氧－紫外线联合处理偏二甲肼污水，不仅能去除污水中的偏二甲肼，而且可进一步使中间产物和甲醛氧化，使污水得以净化。实践证明反应迅速、处理时间短，处理后的污水几乎无异味，可直接排放。

（3）其他污水处理方法

1）活性炭吸附法。采用活性炭来吸附污水中的偏二甲肼，再用200 ℃的热空气脱附，吹脱的偏二甲肼废气，经霍加拉特催化剂床催化分解，分解主要产物有二氧化碳、二氧化氮、氨等。

2）离子交换法。偏二甲肼污水通过阳离子交换树脂（732#），污水中的偏二甲肼吸附到离子交换到树脂上。当污水中还含有亚硝基盐、氰化物时，再让污水通过阴离子交换树脂（711#），进一步去除 NO_2^-、CN^- 等阴离子。处理后的污水可供其他使用或排放。当阳、阴离子交换树脂交换达到饱和时，分别用5%～7%的盐酸或氢氧化钠溶液进行再生处理，使树脂恢复交换能力。但是对转移到再生液中的有害物质，还须实施处理。

3）低温等离子体处理法。通过低温等离子体发生装置产生的大量携能电子和高浓度臭氧的混合气体，对污水中燃料具有很强的氧化能力。

　　4）光催化氧化法。在污水中加入氧化剂（过氧化氢）、光催化剂（二氧化钛），在紫外线作用下进行催化氧化反应分解，使污水中燃料分解为无机小分子（二氧化碳、水、氮等）。

15.9.3　监测

15.9.3.1　空气中偏二甲肼检测

　　（1）侦检管

　　侦检管以溴酚兰为显色剂、石英砂为载体，根据不同浓度偏二甲肼蒸气与溴酚兰作用时，产生不同长度蓝紫色的显色进行定量侦检的。低浓度侦检管可测 $0.5 \times 10^{-6} \sim 30 \times 10^{-6}$（抽气 500 mL）和 $30 \times 10^{-6} \sim 300 \times 10^{-6}$（抽气 100 mL），高浓度侦检管可测 $25 \times 10^{-6} \sim 500 \times 10^{-6}$。此法快速、简便，可以检测高浓度偏二甲肼气体。但碱性气体对侦检有干扰，误差较大。

　　（2）自动分析报警器

　　便携式自动分析报警器有化学发光式、电化学传感器式、光电式等。

　　1）化学发光仪原理是根据一氧化氮与臭氧反应生成激化的二氧化氮回到稳态时发射光能，光电倍增管接收光能后转变成电信号输出。

　　2）电化学传感器式仪是根据物质的电极电位的不同进行检测，有两电极电位式和三电极电位式。

　　3）光电式报警器是利用不同浓度偏二甲肼与硝酸汞反应显示不同深度的颜色，从而产生不同的光电压值的原理来测定的。

　　（3）气相色谱法

　　用涂有硫酸的硅胶管（SG－2）采集空气中偏二甲肼，经水解析、糠醛衍生、乙酸乙酯萃取后，经色谱柱分离，用氢焰离子化检测器检测，以保留时间定性，外标法峰高定量。

　　（4）分光光度法

　　用 SG－2 采集空气中偏二甲肼，经 pH 值为 6.2 缓冲溶液解吸，加入显色剂，在测定范围内颜色深度与偏二甲肼含量成正比。

（5）电化学法

它是以恒电流库仑法为工作原理，即控制电流的动态库仑法，以铂丝为阳极，铂网为阴极，活性炭为参比电极，电解液为碘化钾缓冲溶液，在库仑池的阳极、阴极间通过恒定的电流，在无外来被测物质时，流过阳极和阴极的电流相等，参比电极无电流通过。当往库仑池中加入被测物质时，该物质与电解质中的 I_2 或 I_3^- 反应，使阳极和阴极间电流平衡受到破坏。为了保持原有的恒定电流，则在参比电极通电流予以补偿，此电流的大小与被测物质的量相关，在数字表上显示，经放大变换后以直流电压形式输出，再经计算机积分，计算后以被测物浓度值显示。

（6）个人剂量仪

美国用茚满酮处理过的硅胶作显色剂，制成徽章形的个人剂量仪。它遇偏二甲肼蒸气后呈紫色，颜色深浅与偏二甲肼浓度和接触时间的乘积成正比。

（7）光离子检测器

光离子便携式检测器可对大气中肼类燃料蒸气浓度进行监测，并能自动声、光报警。

15.9.3.2　水中偏二甲肼监测

（1）分光光度法

微量的偏二甲肼中加入显色剂，在测定的范围内，颜色的深度与偏二甲肼的含量成正比。

（2）电化学法

以恒电流库仑法为工作原理进行检测。

15.10　安全使用守则

1）操作人员应了解偏二甲肼性质，掌握预防事故的方法和应急处理措施。

2）任何操作至少由两人执行，以便发生事故时能能及时救护、救援、事故处理。

3）在转注、加注、泄出或处理偏二甲肼时，操作人员必须穿戴防毒服、防毒面具、手套和高统靴。

4）进入高浓度污染区或封闭空间，应戴隔绝式或长管式防毒面具，并有专人监护。

5）现场严禁明火和电火花，禁放氧化剂和可燃物品。

6）发生泄漏时必须立即用水冲洗和用洗消液洗消。

7）偏二甲肼容器必须充氮气保护。

8）现场备有消防和冲洗用水、灭火器材、急救药箱等。

参 考 文 献

[1] 《剧毒化学品目录》(2002 年版).国家安监局,公安部,国家环保总局,卫生部,国家检验检疫局,铁道部,交通部,民航总局.

[2] 高毒物品目录.(2003)卫法监发 142 号.

[3] 铁路危险货物运输管理规则(2008)铁运 174 号.

[4] 水路危险货物运输规则(第一部分)水路包装危险货物运输规则.(1996)交通部令第 10 号.

[5] 道路危险货物运输管理规定.(2005)交通部令第 9 号.

[6] 关于修改《道路危险货物运输管理规定》的决定.(2010)交通运输部令第 5 号.

[7] 联合国关于危险货物运输的建议书规章范本第 16 修订版.2010 年.

[8] 中国民用航空危险品运输管理规定(CCAR-276).民航总局令第 121 号 (2004).

[9] GB 50160-2008 石油化工企业设计防火规范.

[10] GB 14374-1993 航天推进剂水污染物排放标准.

[11] GB 15603-1995 常用化学危险品贮存通则.

[12] GBZ 2.1-2007 工作场所有害因素职业接触限值——化学有害因素.

[13] GB 18059-2000 居住区大气中偏二甲基肼卫生标准.

[14] GB 18063-2000 水源水中偏二甲基肼卫生标准.

[15] GB 3836.1-2000 爆炸性气体环境用防爆电气设备.第一部分通用要求.

[16] GB/T 14376-1993 水质 偏二甲基肼的测定 氨基亚铁氰化钠分光光度法.

[17] GB/T 17065-1997 车间空气中偏二甲基肼的气相色谱测定方法.

[18] GBZ 86-2002 职业性急性偏二甲肼中毒诊断标准.

[19] 何息忠.航天发射场偏二甲肼废气处理技术的现状和发展趋势.环境保护科学,1997,023(004),5.

[20] 王煊军,等.偏二甲肼废气处理技术述评.第九届全国大气环境学术会议,2002,885.

[21] 葛红光,等.超临界水氧化偏二甲肼废气的研究.化工环保,2004,24 (02),83.

[22] 王煊军,等.催化还原法处理偏二甲肼废气.含能材料,2003,11(4),205.

[23] 徐志通,苏青林.紫外光－臭氧氧化法处理偏二甲肼废水.环境化学,1984,3(04),54.

[24] 慕晓刚,等.偏二甲肼气体检测技术.中国化学会第三届全国化学推进剂学术会议,2007年9月,张家界.

[25] 王力,等.SBR法处理偏二甲肼污水工艺研究.中国化学会第三届全国化学推进剂学术会议,2007年9月,张家界.

[26] 刘芳彤.臭氧－紫外线－活性碳处理偏二甲肼废水.中国化学会第三届全国化学推进剂学术会议,2007年9月,张家界.

[27] 曹晔,等.GC－MS法测定大气中偏二甲肼.中国化学会第三届全国化学推进剂学术会议,2009年9月,洛阳.

[28] 何斌,等.次氯酸钠氧化法处理偏二甲肼污水研究.中国化学会首届全国火箭推进应用技术学术会议,2003年9月,西宁.

[29] 刘艳英,等.内标法测定偏二甲肼纯度.中国化学会首届全国火箭推进应用技术学术会议,2003年9月,西宁.

[30] 马华智,等.偏二甲肼的致突变与致癌作用.卫生毒理学杂质,1993,7(4),255.

[31] 张有智,等.微量偏二甲肼检测技术研究进展.化学推进剂与高分子材料,2008,6(3),20.

[32] CN 1304014 气体燃料燃烧处理偏二甲肼废气的方法设备.

[33] CN 1304013 一种燃料油燃烧处理偏二甲肼废气的方法及设备.

[34] CN1304012 醇类燃料燃烧脱除偏二甲肼废气的方法及设备.

[35] CN 1442373 偏二甲肼废气的光催化氧化处理方法.

[36] CN 1554594 循环净化偏二甲肼污水的方法与设备.

[37] CN 1554593 一种氧化法处理偏二甲肼废水方法及装置.

[38] N81－27297 Handbook on Hypergolic Propellant Discharges and Disposal.

[39] ECKART W S. Hydrazine and Its Derivatives:Preparation,Properties,Applications. John Wiley & sons Inc,August 2001.

[40] Propellant,Unsym－dimethylhydrazine. MIL－PRF－25604E.

第16章 甲基肼

16.1 概述

甲基肼为可贮存液体火箭推进剂，是肼类燃料之一。甲基肼是一种强还原剂，与多种强氧化剂接触能立即自燃，被广泛应用于多种火箭、卫星和武器系统中。甲基肼在肼类燃料中发展较晚，20世纪50年代才对它的理化性能和热力性能作报导。从20世纪60年代中期开始，甲基肼被应用于民兵Ⅲ导弹、MX导弹、阿波罗飞船、阿里安5号运载火箭、交响乐号卫星和伽利略号探测器等飞行器上。甲基肼可以单独使用，也可以组成混合燃料使用，与氧化剂组成的双组元液体推进剂比冲比偏二甲肼高，比无水肼低。甲基肼的密度高于偏二甲肼而低于肼，密度比冲也高于偏二甲肼而低于肼。

16.2 生产原理

甲基肼主要采用氯胺法生产。

1）合成次氯酸钠

$$2NaOH + Cl_2 \longrightarrow NaClO + NaCl + H_2O$$

2）合成氯胺

$$NaClO + NH_3 \rightarrow NH_2Cl + NaOH$$

3）合成甲基肼

$$NaOH + NH_2Cl + CH_3NH_2 \longrightarrow CH_3NHNH_2 + NaCl + H_2O$$

经脱气、蒸发、精馏和分离等过程，最后得到合格的甲基肼产品。

16.3　技术规格

甲基肼的美国军用标准列于表 16—1。

表 16—1　甲基肼美国军用标准

项目名称	采购指标
甲基肼质量分数/%	≥98.3
水分质量分数/%	≤1.5
颗粒物质量浓度/（mg/L）	≤10

16.4　物理化学性质

16.4.1　物理性质

甲基肼是一种具有类似氨臭味的无色透明、易燃、有毒的液体。它的性质介于肼和偏二甲肼之间，其物理性质与偏二甲肼较相似，其化学性质与肼较相似。因此，有关甲基肼的性质和使用问题，可参看肼和偏二甲肼的章节。

甲基肼的吸湿性较强，在潮湿空气中能因吸收水蒸气而冒白烟。当它结冰时与水不同，其体积稍有缩小。

甲基肼与肼一样是极性物质，它溶于水和低级醇中，但它也能溶于某些碳氢化合物中。

甲基肼的主要物理常数列于表 16—2。

表 16—2　甲基肼的主要物理常数

项目	数值
分子式	CH_3NHNH_2

续表

项目	数值
相对分子质量	46.08
冰点/℃	-52.35
沸点/℃	87.5
密度（20 ℃）/（g/cm³）	0.874 4
粘度（20 ℃）/（mPa·s）	0.775
饱和蒸气压（25 ℃）/Pa	6.6×10^3
表面张力（20 ℃）/（N/m）	3.392×10^{-2}
比热容（25 ℃）/[J/（kg·℃）]	2.94×10^3
热导率（29.73 ℃）/[W/（m·K）]	0.252
汽化热（25 ℃）/（J/kg）	8.756×10^5
生成热/（J/kg）	1.190×10^6
燃烧热/（J/kg）	2.830×10^7
临界温度/℃	312
临界密度/（g/cm³）	0.29
临界压力/MPa	8.237
三相点温度/℃	-53.65
三相点压力/Pa	11.7
蒸发速率（25 ℃）/[mg/（cm²·min）]	1.7
熔化热（固体）/（J/mol）	10 420
熵（液体）/[J/（mol·K）]	165.93
偶极矩（液体）/D	1.68
介电常数	19
折光率（20 ℃，NaD）	1.428 4
声速/（m/s）	1 548

甲基肼密度与温度的关系见表16－3。

表 16－3　甲基肼密度与温度的关系

温度/℃	密度/（g/cm³）	温度/℃	密度/（g/cm³）
－52	0.943 3	25	0.869 8
－50	0.938 2	30	0.864 9
－45	0.931 9	40	0.855 2
－37	0.924 6	50	0.845 1
－30	0.919 2	60	0.835 2
－20	0.910 7	70	0.825 0
－10	0.902 0	80	0.814 5
0	0.892 8	90	0.804 1
10	0.883 7	100	0.794 1
20	0.874 4		

16.4.2　化学性质

甲基肼是一种强还原剂，在空气中极易发生氧化反应，生成叠氮甲烷、氨、甲胺等，使其纯度降低；甲基肼能与许多氧化性物质发生剧烈反应，与强氧化剂接触能立即自燃，与某些金属氧化物接触时将发生氧化分解。

甲基肼在贫氧条件下，按下式发生氧化反应并放热

$$CH_3NHNH_2 + O_2 \longrightarrow 2NH_3 + CO_2$$

在富氧条件，按下式发生剧烈氧化反应并放热

$$2CH_3NHNH_2 + 5O_2 \longrightarrow 2N_2 + 2CO_2 + 6H_2O$$

甲基肼像肼一样，在铱催化剂作用下，发生催化分解

$$2CH_3NHNH_2 \xrightarrow{\text{催化剂}} N_2 + 5H_2 + 2HCN$$

甲基肼是一种碱性物质，能与无机酸或有机酸反应生成盐，与醛或酮反应生成腙。

甲基肼与空气中的二氧化碳反应生成碳酸盐，反应式如下

$$2CH_3NHNH_2 + CO_2 \longrightarrow CH_3N_2H_2COOH \cdot N_2H_3CH_3$$

甲基肼的热稳定性良好，在高温下按下式分解

$$2CH_3NHNH_2 \longrightarrow H_2 + NH_3 + HCN$$

甲基肼对冲击、压缩、振动、摩擦等均不敏感，不会因机械作用发生着火或爆炸。

16.5　安全性能

16.5.1　着火和爆炸危险性

16.5.1.1　闪点

甲基肼的开杯法闪点为 21.5 ℃，按燃料着火危险性分类，它属于甲 B 类易燃液体，应严禁明火和电火花。

16.5.1.2　可燃极限

甲基肼在空气中的可燃极限为 2.5%～98%（体积分数），相应的可燃温度极限为 9～86 ℃。

16.5.1.3　自燃温度

甲基肼在空气中的自燃温度为 194 ℃，按可燃性气体分组标准，它属于 T_4 组，防爆电气设备应选用 Exia Ⅱ BT$_4$ 本质安全型或 Exd Ⅱ BT$_4$ 隔爆型。

甲基肼液体与含有体积分数为 7.5% 的二氧化氮的空气接触时，在 25 ℃ 发生自燃。

甲基肼蒸气浓度体积分数达 10% 与纯二氧化氮接触时，在 58 ℃ 发生自燃。

甲基肼在不锈钢高压釜中用空气加压下的自燃温度，随压力增加而降低。在 0 MPa，0.3 MPa，0.5 MPa，0.7 MPa（表压）压力下的自燃温度分别为 186 ℃，90 ℃，84 ℃，79 ℃。

16.5.1.4　热分解和爆炸温度

甲基肼在 235 ℃ 时发生明显的分解放热反应，在 250 ℃ 时的热分解速率为 0.186%/min（肼为 10%/min），在 288 ℃ 时发生迅速分解，在 290 ℃ 时发生爆炸。

甲基肼在各种金属材料中的热分解和爆炸温度是不同的，而且杂质也有明显影响。例如甲基肼在有黑色氧化膜的不锈钢中爆炸温度为 275 ℃。

16.5.1.5 压缩敏感性

甲基肼用工业氮气或含 10% 氧的氮气分别快速增压至 10 MPa，均未发现异常现象；即使甲基肼加热至 250 ℃时用纯氮气快速增压至 20 MPa，也未发生着火或爆炸，说明甲基肼对快速增压是不敏感的。

16.5.1.6 冲击敏感性

用 15 kg·m（147 J）的能量冲击甲基肼 20 次，没有发生着火或爆炸现象。

16.5.1.7 枪击敏感性

用步枪和冲锋枪射击甲基肼，当普通弹和曳光弹击中时，均未发生爆炸；当穿燃弹击中时，甲基肼发生着火，但未发生爆炸。

16.5.1.8 雷管引爆敏感性

8# 雷管不能引爆甲基肼，即使用雷管和 50 g 喷陶里特炸药也不能引起 200 ℃的甲基肼发生爆炸，说明甲基肼对爆轰冲击波是不敏感的。

16.5.1.9 泄漏危险性

甲基肼泄漏在混凝土、沥青、泥土、水的表面上时，不会发生着火，只是在表面上逐渐形成白色烟雾。

甲基肼泄漏在浸过氧化剂的木头、干草或铁锈、氧化钴、高锰酸钾上时，可发生着火。

甲基肼与氧化剂同时泄漏在一起时，立即发生爆燃。

在通常野外条件下，甲基肼和氧化剂因泄漏而产生的蒸气浓度都不会很高，所以二者蒸气相遇只反应冒白烟，不会发生着火。

16.5.1.10 辐射分解

甲基肼对辐射引起的分解，比其他燃料和氧化剂都要敏感得多。其辐射分解产物为氢、氮和甲烷，生成气体速率为 0.2 [ml/（Mrad·g）]。

化学方程式如下

$$CH_3NHNH_2 \xrightarrow{\gamma \text{射线}} H_2 + N_2 + CH_4$$

但是从辐射分解速率来看，甲基肼与肼一样，都是0.1（%/Mrad）。

16.5.2　防火防爆措施

16.5.2.1　预防措施

为了避免火灾和爆炸事故的发生，必须防止肼液泄漏及其蒸气逸出，使空气中不能形成爆炸混合物。要求所有设备和连接管道密封不漏，贮存、运输、转注等均应在氮气保护下进行，万一发生泄漏，必须及时处理。

严格清除各种点火源，如明火、电火花、铁锈和氧化剂等化学能。

甲基肼为Ⅱ类 A 级 T_4 组，防爆电气设备应选用 Exia Ⅱ BT_4 本质安全型或 Exd Ⅱ BT_4 隔爆型。

采取预防火灾和爆炸扩展的各种措施，如贮存容器上安装阻火器、安全泄压阀门等。

16.5.2.2　灭火方法

甲基肼与肼火灾扑灭方法一样，着火时水是最好的灭火剂。由于水具有稀释和冷却作用，用 1 倍以上的水冲稀后，即使用明火也不能将其点燃。

化学干粉、二氧化碳等灭火剂，能在燃料液面上形成覆盖层，隔绝空气，可扑灭肼小型火焰，特别是干粉灭火剂效果更好。但是它们均有复燃现象，需再喷水防止复燃。卤素灭火剂不宜采用，因灭火时会产生有毒的光气。

当燃料与氧化剂泄漏接触发生火灾时，首先应截断液流，再用大量水扑灭。

消防人员应戴防毒面具，以防中毒。火灾扑灭后，对污染场地要冲洗干净。

16.6 材料相容性

总的来说，甲基肼与金属材料的相容性类似于肼，与非金属材料的相容性类似于偏二甲肼。

16.6.1 金属材料

与甲基肼一级相容的金属材料有：L_1，LF_3，LF_6，LY_{12}，LY_{21}，LD_{10}，LC_4，147CS，919CS 等铝及铝合金；2Cr13，1Cr18Ni9Ti，9Cr18，F112 等不锈钢；$30^{\#}$ 碳钢及其镀锌、铬、镍；GH167 和 D43 高温合金；T_1 和 H_{62} 铜及其合金；TA_7 和 TB_2 钛合金；TA_7，GH167，F112 和 LD_{10} 等焊接材料。

必须注意：含水 5％的甲基肼水溶液对铝及其合金腐蚀最严重，而对碳钢、不锈钢却没有明显的腐蚀作用。因此，在清洗铝合金容器和部件时，应避免与甲基肼水溶液接触时间太长。

16.6.2 非金属材料

与甲基肼一级相容的非金属材料有：F4，F46，聚乙烯和 noB－67 等塑料；8101 乙丙橡胶，2001 橡胶，硅橡胶；7161 阻尼脂，1 号真空活塞油，阿皮松 L，100 号甲基硅油。

与甲基肼二级相容的非金属材料有：7804 润滑脂，7805 密封脂。

与甲基肼三级相容的非金属材料有：丁基橡胶，天然橡胶；特 221 润滑脂，205 油膏。

与甲基肼四级相容的非金属材料有：聚氯乙稀，全氟烷聚醚，聚酰亚胺，羧基亚硝基氟橡胶，医用乳胶管，7802 轴承脂，11 号氟脂，4803 润滑油，8 号油膏，机油。

必须注意的是，甲基肼对 7802 轴承脂，8 号油膏，4803 润滑油、亚硝基氟橡胶，全氟烷聚醚等的溶解破坏特性比偏二甲肼严重的多；而硅橡胶，硅油等与甲基肼相容，但与偏二甲肼不相容或短期相容。

16.7　毒性、急救和防护

16.7.1　毒性

《剧毒化学品目录》中规定偏二甲肼属于剧毒化学品。《高毒物品目录》中规定偏二甲肼属于高毒物品。

职业性接触毒物危害程度按急性毒性、急性中毒发病状况、慢性中毒患病状况、慢性中毒后果、致癌性和最高容许浓度等 6 项指标分为 4 级，即Ⅰ级极度危害、Ⅱ级高度危害、Ⅲ级中度危害、Ⅳ级轻度危害。甲基肼是属于Ⅰ级极度危害毒物。

有毒作业按毒物危害程度级别、有毒作业劳动时间、毒物浓度超标倍数等 3 项指标分为 5 级，即 0 级安全作业、一级轻度危害作业、二级中度危害作业、三级高度危害作业、四级极度危害作业。甲基肼操作应属四级极度危害作业。

总的来看，甲基肼在肼类燃料中的毒性最高，但其蓄积毒性虽比偏二甲肼大一些，却比肼小一些。甲基肼的慢性毒性不太大，它比肼低，略高于偏二甲肼。

16.7.1.1　中毒途经

甲基肼可以通过呼吸道吸入引起全身中毒，其蒸气吸入毒性比偏二甲肼约高 3～4 倍。

甲基肼还可通过皮肤染毒吸收引起全身中毒，其经皮肤染毒的中毒危险性比偏二甲肼高约 10 多倍，而且比肼还高一些。

虽然经口吞入中毒不是急性职业中毒的主要途经，但是误服吞入甲基肼的毒性比肼和偏二甲肼高约 4～6 倍。

无论吸入中毒和皮肤染毒，还是误服吞入中毒，甲基肼的毒性都比肼和偏二甲肼要高。

16.7.1.2　中毒症状

甲基肼以各种途经引起的急性中毒症状是相似的，都是以强直一阵挛性痉挛为特征。当呼吸高浓度甲基肼蒸气时，主要症状是上呼吸道和眼睛的刺激、紫绀和呼吸困难。如果迅速离开染毒区，上述症状逐渐消失；如果已吸入大量蒸气，虽已离开染毒区，上述症状却继续发展，主要表现为反复呕吐和强直一阵挛性痉挛，最后可因呼吸循环衰竭而死亡。因此，甲基肼的毒性主要是对神经系统的作用，而痉挛是急性中毒的主要症状，其次是由于甲基肼有强的溶血作用，引起高铁血红蛋白血症，出现急性溶血性贫血，产生血尿、血色素尿和变性血红蛋白尿。

甲基肼中毒对肾脏有损伤，对肝脏无明显作用，这是与肼不同之处。

甲基肼对心血管系统无直接作用。

甲基肼对皮肤局部有刺激作用，通过皮肤吸收也可引起眼虹膜睫状体发炎。

液体甲基肼溅入眼内可发生结合膜和角膜烧伤。但是，甲基肼对皮肤和眼睛的损伤，比肼和碱液要小。

16.7.2　急救

根据不同中毒途经，采取相应的急救措施。吸入甲基肼蒸气的中毒人员，应立即离开污染区域。若已急性中毒，则立即静脉注射维生素 B_6 1～5 g，或者分几处肌注，也可口服。

甲基肼液体喷溅在身上的人员，应迅速脱去污染衣裤、鞋袜，用水反复冲洗染毒皮肤，再用 15% 乙酰丙酮的酒精溶液反复擦洗染毒的小面积局部皮肤。

甲基肼液体溅入眼睛的人员，应立即用水或 2% 硼酸水溶液冲洗眼睛 15 min 以上，然后按眼睛碱烧伤原则治疗。

误服吞入甲基肼的人员，应立即用手指触咽部催吐，用 0.1% 高锰酸钾水溶液反复洗胃，直至洗出液不退色为止。

16.7.3　卫生标准和预防措施

16.7.3.1　卫生标准

1）工作区最高容许浓度为 0.04×10^{-6}（0.08 mg/m³），1998 年美国修订为 0.01×10^{-6}（皮）。

2）居民区最高容许浓度：日平均为 0.003×10^{-6}（0.006 mg/m³），一次最高为 0.008×10^{-6}（0.015 mg/m³）。

3）水源水中最高容许浓度为 0.04 mg/L。

4）污水排放最高容许浓度为 0.2 mg/L。

5）嗅阈值为 1.7×10^{-6}。

6）应急暴露限值：10 min 为 84×10^{-6}，30 min 为 28×10^{-6}，60 min 为 14×10^{-6}。

16.7.3.2　预防措施

1）确保设备系统连接可靠、密封良好，不漏液、不漏气。

2）现场注意通风并监测甲基肼蒸气浓度。

3）操作人员应穿戴防护用品。

4）现场备有沐浴喷头、洗眼喷泉、消防车、救护车等。

5）备有抗毒药维生素 B_6 和 15％乙酰丙酮酒精溶液的皮肤洗消液。

6）对废液或污水要及时处理，对污染场地、设备、物件、防护用品等要及时冲洗。

16.7.4　防护用品

参见 13.7.4 节。

16.8　贮存、运输和转注

16.8.1　贮存

16.8.1.1　贮存库房

1）库房应防爆，耐火等级为Ⅰ级，地面和墙面撞击时不产生火花，并且易冲洗，不渗漏。

2）库房内电源开关、照明灯和电气设备防爆要求应符合 d Ⅱ BT$_4$。

3）库房应用通信、消防、通风监测和报警等安全装置，最好安装灭火喷淋系统，其喷淋强度不小于 15 L/（min·m^2），持续时间 90 min。

4）库房应保持洁净，地面无铁锈等杂质，并且禁放氧化剂和无关物品。

5）库房温度宜比冰点高 5～45 ℃，相对湿度不大于 85%。

6）库房严禁烟火和动火。

16.8.1.2　贮存安全要求

1）贮罐、管路、阀门及其他与甲基肼直接接触的附件，其材质必须与甲基肼一级相容。

2）贮罐内甲基肼的贮存量不大于容器容积的 90%，长期贮存时装量应不小于容器容积的 50%。

3）整个贮存系统应密封良好，并用 0.02～0.07 MPa 的氮气或氦气保护。

4）经常检查库房温度和湿度、容器内压力、有毒气体浓度、仪器和设备技术状态。

5）通常每年进行一次全项目检验，每半年进行一次纯度和水分检查，若只符合使用指标，则尽快使用。

6）甲基肼贮存数量与距离关系见第 3 章表 3－18。

16.8.2　运输

16.8.2.1　运输方式

甲基肼运输可采用：铁路运输、公路运输、水路运输和航空运输。

1）铁路运输按照《铁路危险货物运输管理规则》（2008 铁运 174 号）执行。桶装甲基肼可以棚车铁路运输，但禁止溜放。

2）公路运输按照《道路危险货物运输管理规定》（2005 交通部令第 9 号）及《关于修改〈道路危险货物运输管理规定〉的决定》（2010 交通运输部令第 5 号）、JT 617－2004《汽车运输危险货物规则》、JT 618－2004《汽车运输、装卸危险货物作业规程》执行。

3）水路运输按照《水路危险货物运输规则》（第一部分）水路包装危险货物运输规则（1996 交通部令第 10 号）执行。

4）联合国《关于危险货物运输的建议书规章范本》和国际民航组织（IATA）《危险品航空安全运输技术细则》（Doc 9284－AN/905）中规定了甲基肼的空运要求。2004 年 7 月 12 日民航总局令第 121 号发布的《中国民用航空危险品运输管理规定》（CCAR－276）规定了空运危险品的申报程序和要求。

16.8.2.2　运输安全要求

1）铁路、公路和水路运输按危险货物运输有关规定执行。

2）桶及其附件应密封不漏，装量不大于其容积的 90%。

3）桶内充 0.02～0.07 MPa 氮气（或氦气）保护。

4）放置燃料桶的车板和甲板应清除铁锈。

5）车船上备有足够的防护用品和灭火器材，严禁烟火。

6）同一车船不得装运氧化剂。

7）押运人员应熟悉危险货物运输的相关规定，掌握应急处理措施。

16.8.3　转注

16.8.3.1　转注方式

1）泵转注。

2）氦气或氮气挤压转注。

3）重力自流转注或抽真空转注。

16.8.3.2　转注安全要求

1）转注系统必须连接可靠，气密性良好。

2）挤压转注时最大压强不得超过 0.20 MPa。

3）泵转注时，流量应先小后大；挤压转注时，应缓慢增压。

4）转注现场清除有铁锈等的杂物，严禁烟火，备有消防车和救护车。

5）废气不得直接排放，须经处理后才可排放。

6）对污染地面和物品应及时冲洗干净。

16.9　清洗、处理和监测

16.9.1　清洗

清洗包括新、旧容器清洗和热试车后发动机的清洗。容器包括桶、贮罐、槽罐及其组合件。清洗液和水进入容器前，用 200 目滤网过滤。清洗一经开始，不许中断。

16.9.1.1　新容器清洗

（1）脱脂

油脂较多时，先用棉纱擦去，再进行脱脂清洗。

1）铝和铝合金容器。用含有 0.025％硅酸钠的 0.2％～0.25％氢氧化钠溶液浸泡 10～15 min，或者用含有 0.02％硅酸钠的 5％碳酸钠溶液浸泡 30 min、浸泡时容器应敞口（因有氢气放出，严禁明火！）。清洗液排空后用水冲洗至排出水与注入水 pH 值一致。

2）不锈钢容器。用 0.5％～1％氢氧化钠溶液浸泡 1 h，排空后用水冲洗至排出水与注入水 pH 值一致。

（2）除锈

铝和铝合金容器无须除锈。

不锈钢容器内有较多铁锈、焊渣和氧化皮时，先用钢刷除去，再用含有 2.5％氢氟酸的 25％～35％硝酸溶液浸泡 1～3 h（因有二氧化氮放出，操作人员应戴防毒面具）排空后用水冲洗至排出水与注入水 pH 值一致。

（3）钝化

用 45％～55％硝酸溶液浸泡 1 h，排空后用水冲洗至排出水与注入水 pH 值一致。

（4）去氧化性杂质

用 2.8％氨水或 10％肼水溶液浸泡 1 h，排空后用水冲洗至排出水与注入水 pH 值一致。

（5）干燥

用干燥压缩空气或 60℃热空气吹干容器，或先用酒精擦洗后再吹干。

检查容器内壁洁净度（无尘、无油、无脂和无水），最后排出水的 pH 值（pH 计测试）、颗粒物含量（根据选用满足颗粒物粒径要求的滤网过滤前后的质量变化），合格后密封，开具清洗合格证。

16.9.1.2　旧容器

容器中的甲基肼用完后无须清洗，只要充 0.02～0.05 MPa 氮气保护。

若容器被污染或准备检修或封存时，则必须清洗。

（1）排空

泄出残液，注满水静置 30 min 后，排入污水处理池。

（2）中和

用 0.1％～0.5％醋酸溶液注满容器并静置 20～30 min 后，排入污水处理池。再注满水并静置 10～20 min 后排出，重复几次。直至排出水与注入水 PH 值一致。用过的软管也按此法中和清洗。

（3）分解

拆下容器的可拆卸部件，单独清洗。

（4）除污

将容器中污物清除，再注满水并静置 10 min 后排出，重复几次，直至清洗干净。

（5）检验

检查容器内壁洁净度、最后排出水的 pH 值和颗粒物含量。

（6）组装

将清洗干净的可拆卸部件装配到容器上。

（7）干燥

用干燥压缩空气或 60 ℃热空气或氮气吹干，然后密封容器，开具清洗合格证。

16.9.1.3　组合件清洗

（1）金属零件清洗

将组合件分解，金属件和非金属零件分别清洗。铝制和钢制零件分别清洗。小零件用聚乙烯袋包装，大零件用聚乙烯膜盖严。

（2）非金属零件清洗

可用洗涤液或 1％碳酸钠溶液或 60～70 ℃热水进行脱脂清洗，再用蒸馏水冲洗，用压缩空气吹干，最后用聚乙烯包装。

16.9.2　处理

16.9.2.1　废气处理

1）氧化法。可用漂白粉水溶液或次氯酸钠水溶液或过氧化氢水溶液来吸收废气，然后导入污水池进一步处理。

2）中和法。可用 0.5％～1％醋酸水溶液吸收废气，再经 1％过氧化氢水溶液吸收，然后导入污水池进一步处理。

16.9.2.2　废液处理

不符合使用指标的甲基肼，不能当作废液。若数量较多，则精馏再生。

（1）化学处理法

含量较低的废液，可用次氯酸钙（漂白粉）溶液或次氯酸钠溶液、稀过氧化氢（10％）等洗消液处理后，再入污水池进行处理。

（2）热力燃烧法

含量较多（约 40％～50％）的废液，可用焚烧炉进行焚烧。

焚烧炉以天然气或液化石油气为燃料，炉内温度可达 1 100～1 200 ℃,废液通过喷咀雾化而在炉内燃烧，产物是二氧化碳、氮和水。

16.9.2.3　污水处理

（1）氧化剂化学处理法

漂白粉、次氯酸钠、过氧化氢、四氧化二氮等氧化剂可用于化学处理肼类燃料污水。它们与甲基肼的化学反应方程式如下

$$2CH_3NHNH_2 + 5Ca(ClO_2)_2 \longrightarrow 2N_2 + 2CO_2 + 6H_2O + 5CaCl_2$$

$$CH_3NHNH_2 + 5NaClO_2 \longrightarrow N_2 + CO_2 + 3H_2O + 5NaCl$$

$$CH_3NHNH_2 + 2H_2O_2 \longrightarrow 2N_2 + 2CO_2 + 8H_2O$$

$$2CH_3NHNH_2 + 4N_2O_4 \longrightarrow 3N_2 + 2CO_2 + 6NO + 6H_2O$$

漂白粉是次氯酸钙、氢氧化钙和氯化钙的混合物，市售漂白粉有效氯含量约 $25\% \sim 30\%$，在污水中加入过量漂白粉，用压缩空气进行搅拌，污水有明显变红又变黄直至无色的颜色变化过程，不生成亚硝基二甲胺。处理过的污水不应立即排放，应在处理池中存放一段时间，让其进一步自然净化，检测合格后才可排放。此法污水池中有大量沉渣需定期清理，用次氯酸钠不存在这个缺点，但需再用酸中和。用过氧化氢和活性炭联合处理含二甲基亚硝胺的污水是较好的方法。

（2）臭氧或氯气－紫外线联合处理法

臭氧和氯气与甲基肼的化学反应方程式分别如下

$$CH_3NHNH_2 + 2O_3 \longrightarrow CH_3OH + N_2 + H_2O + 2O_2$$

$$CH_3NHNH_2 + 2Cl_2 + H_2O \longrightarrow CH_3OH + N_2 + 4HCl$$

只用臭氧或氯气处理污水时，其最终产物主要是二氧化碳、氮、水和甲醛或氯化氢。为解决甲醛问题，采用臭氧或氯气－紫外线联合处理污水，不仅能去除污水中的燃料，而且可进一步使中间产物二甲基亚硝胺和甲醛氧化，出水再经活性炭吸附后排出，使污水得以净化。

（3）其他污水处理方法

1）催化氧化法。采用浸渍锰离子或铜离子的活性炭作催化剂和采用压缩空气作氧化剂来处理污水是可行的。活性炭除起催化剂作用外，还起到富集氧化作用。因它具有较强的吸附作用，可将污水

中的燃料和溶于水中的氧同时吸附到活性炭表面，为氧化污水中的燃料提供了有利条件。但是，只用此法处理污水是不彻底的，会存在二次污染。

2）活性炭吸附法。采用活性炭来吸附污水中的燃料，再用 200 ℃的热空气脱附，吹脱的废气，经约 200 ℃霍加拉特催化剂床催化分解，分解主要产物有二氧化碳、二氧化氮、氨、二甲基亚硝胺等。此法麻烦且会存在二次污染。

3）离子交换法。甲基肼污水通过阳离子交换树脂（732#），污水中的甲基肼吸附到离子交换到树脂上。当污水中还含有亚硝基盐、氰化物时，再让污水通过阴离子交换树脂（711#），进一步去除 NO_2^-、CN^- 等阴离子。处理后的污水可供其他使用或排放。

当阳、阴离子交换树脂交换达到饱和时，分别用 5%～7% 的盐酸或氢氧化钠溶液进行再生处理，使树脂恢复交换能力。但是对转移到再生液中的有害物质，还需实施处理。

4）低温等离子体处理法。通过低温等离子体发生装置产生的大量携能电子和高浓度臭氧的混合气体，对污水中燃料具有很强的氧化能力。

5）光催化氧化法。在紫外光作用下进行催化氧化反应分解，使污水中燃料分解为无机小分子（二氧化碳、水、氮等）。

16.9.3 监测

16.9.3.1 空气中甲基肼监测

1）分光光度法。用 SG－3 固体吸附剂采集空气中的甲基肼，生成硫酸甲肼。在酸性条件下，加入显色剂。在测定范围内颜色深度与甲基肼含量成正比。溶液最大吸收波长为 470 nm。

2）气相色谱法。用 SG－2 固体吸附剂采集空气中的甲基肼，用氢氧化钠溶液解吸、2，4－戊二酮衍生、乙酸乙酯萃取，色谱分离，氢焰离子化检测器检测，保留时间定性，外标法峰高定量。

16.9.3.2 水中甲基肼监测

分光光度法。水中微量甲基肼在硫酸介质中与显色剂发生显色反应。在测定范围内颜色深度与甲基肼含量成正比，最大吸收波长是 470 nm。

水中偏二甲肼、硝酸盐、氨、氟对测定无干扰。

16.10　安全使用守则

1）操作人员应熟悉甲基肼的性质，掌握预防事故和应急处理措施。

2）任何操作至少由两人执行，以便发生事故时能及时救护、求援、事故处理。

3）在转注、加注、泄出、处理甲基肼时，操作人员必须穿戴防毒服、防毒面具、手套、高统靴。

4）进入高浓度染污区或封闭、半封闭空间，人员应戴隔绝式或长管式防毒面具，并有专人监护。

5）现场备有水源、灭火器材、急救药箱，严禁明火和电火花，禁放氧化剂，清除铁锈。

6）甲基肼容器必须充氮气保护。

7）发生泄漏时必须立即用大量水冲洗或用洗消液洗消。

参 考 文 献

[1] 铁路危险货物运输管理规则.(2008)铁运 174 号.

[2] 水路危险货物运输规则(第一部分)水路包装危险货物运输规则.(1996)交通部令第 10 号.

[3] 道路危险货物运输管理规定.(2005)交通部令第 9 号.

[4] 关于修改《道路危险货物运输管理规定》的决定.(2010)交通运输部令第 5 号.

[5] 联合国《关于危险货物运输的建议书规章范本》第 16 修订版.2010 年.

[6] 《中国民用航空危险品运输管理规定》(CCAR—276).(2004)民航总局令第 121 号.

[7] GB 14374—93 航天推进剂水污染物排放标准.

[8] GB 50160—2008 石油化工企业设计防火规范.

[9] GB/T 14375—93 水质 甲基肼的测定.

[10] GB 16222—96 车间空气中甲基肼卫生标准.

[11] GB 18058—2000 居住区大气中甲基肼卫生标准.

[12] GB 18062—2000 水源水中甲基肼卫生标准.

[13] GBZ 2.1—2007,工作场所有害因素职业接触限值化学有害因素.

[14] 石玉香,等.甲基肼合成新工艺.化学世界,2001,(12),650.

[15] 王庆,等.碳酸二甲酯合成甲基肼.精细化工中间体,2004,35(3),53.

[16] 曹广宏.一甲基肼的性质、合成和应用.化学与生物工程,1993,(4),22.

[17] N81—27297 Handbook on Hypergolic Propellant Discharges and Disposal.

[18] AIAA sp—085—1999,Fire ,Explosion,Compatibility,and Safety Hazards of Hypergols—monomethylhydrazine.

[19] ICSC:0180 Methyl—Hydrazine(2004).

[20] Eckart W S. Hydrazine and Its Derivatives:Preparation,Properties,Applications. John Wiley & sons Inc,August 2001.

[21] ISO 15859 Space System—fluid Charateristics,Sampling and Test Methods—part6：Monomethylhydrazine Propellant.

[22] Performance Specification Propellant，Monomethylhydrazine,MIL—PRF—27404C.

第 17 章　混胺—50

17.1　概述

混胺－50 是由工业三乙胺与二甲代苯胺异构体混合物按 50％的重量比混合而成的均一燃料。作为火箭燃料三乙胺有许多优点，但其密度较小，加入二甲代苯胺可提高密度。混胺－50 与红烟硝酸组合成自燃推进剂，具有较短的着火延迟期及良好的燃烧性能，且长期贮存性能也较好，因而曾得到广泛应用。

第二次世界大战期间德国人对胺类燃料深入研究以后，首先选用混胺－50，并用于空空导弹 X4 的发动机上。苏联将混胺－50 称为 ТГ－02，曾在 SA－2 地空导弹和 AS－5 空地导弹上作为燃料使用。

17.2　生产原理

混胺－50 是用三乙胺与二甲代苯胺进行混合后制备而成。

17.2.1　二甲代苯胺的生产

二甲代苯胺是二甲基硝基苯在酸性（如盐酸）介质中，用铁粉还原制取的。国内已大量生产作为染料工业的原料。反应式分别为

$$Fe + 2HCl \longrightarrow FeCl_2 + H_2$$

$$(CH_3)_2C_6H_3NO_2 + 3H_2 \longrightarrow (CH_3)_2C_6H_3NH_2 + 2H_2O$$

总反应式为

$$(CH_3)_2C_6H_3NO_2 + 3Fe + 6HCl \longrightarrow (CH_3)_2C_6H_3NH_2 + 3FeCl_2 + 2H_2O$$

实际上制造二甲代苯胺的原料二甲基硝基苯是 6 种同分异构体

组成的混合物。

17.2.2　三乙胺的生产

乙胺是用乙醇和氨在氢气存在下，通过脱氢、加成、加氢脱水生产而成的，反应式分别为

$$C_2H_5OH \xrightarrow{\text{脱氢}} C_2H_4O + H_2$$

$$C_2H_4O + NH_3 \xrightarrow{\text{加成}} CH_3CHOHNH_2 + H_2O$$

$$CH_3CHOHNH_2 + H_2 \xrightarrow{\text{催化剂}} CH_3CH_2NH_2 + H_2O$$

生成的乙胺脱水后进一步与乙醛反应得到二乙胺，反应式如下

$$C_2H_5NH_2 + C_2H_4O \xrightarrow{\text{加成}} CH_3CHOHNHC_2H_5 \xrightarrow{\text{加氢}} (C_2H_5)_2NH + H_2O$$

生成的二乙胺脱水后再与乙醛反应得到三乙胺，反应式如下

$$(C_2H_5)_2NH + C_2H_4O \xrightarrow{\text{加成}} CH_3CHOHN(C_2H_5)_2 \xrightarrow{\text{加氢}} (C_2H_5)_3N + H_2O$$

上述反应均在过量的氢气中进行。生成的三乙胺在反应后应再次脱水。实际上三乙胺中含有少量乙胺和二乙胺。

17.2.3　混胺—50 的配制

将三乙胺和二甲代苯胺分别以体积比 1.32：1 或质量比 1：1 送入混合器，进行搅拌混合后制备成混胺—50。

17.3　技术规格

苏联国家标准 ГОСТ 17147—80 列于表 17—1。

表 17—1　混胺—50 苏联国家标准 ГОСТ 17147—80

项目名称	指标
密度/（g/cm³）	0.835～0.855

续表

项目名称	指标
二乙胺与三乙胺质量分数/%	50～52
二甲代苯胺质量分数/%	48～50
水质量分数/%	≤0.20
机械杂质质量分数/%	≤0.003

17.4　物理化学性质

17.4.1　物理性质

混胺－50 是一种棕黄色至暗褐色的易流动油状液体。具有脂肪胺气味,有吸湿性,部分溶于水,可溶于酒精、丙酮、汽油、苯、二硫化碳等有机溶剂中。易挥发,气相成分主要是三乙胺。容器密封不良时,三乙胺易逸出,造成混胺－50 不合格。

混胺－50 的主要物理参数列于表 17－2。

表 17－2　混胺－50 的主要物理参数

项目	数据
冰点/℃	－72
沸点/℃	103
密度(20℃)/(g/cm³)	0.835～0.855
闪点/℃	－14
饱和蒸气压(20℃)/Pa	4.9329×10^3
粘度(20℃)/(mPa·s)	1.04
表面张力(20℃)/(N/m)	2.47×10^{-2}
导热系数(20℃)/[W/(m·℃)]	0.18354
比热容/[J/(kg·℃)]	2.2488×10^3
高热值/(J/kg)	4.0646×10^7
低热值/(J/kg)	3.8138×10^7

混胺—50 物理常数随温度变化见表 17—3 及表 17—4。

表 17—3 混胺—50 密度、粘度及表面张力随温度的变化

温度/℃	密度/（g/cm³）	粘度/（mPa·s）	表面张力/（N/m）
—40	0.899	7.39	3.08×10^{-2}
—30	0.890	4.62	2.97×10^{-2}
—20	0.881	3.06	2.87×10^{-2}
—10	0.872	2.14	2.77×10^{-2}
0	0.863	1.67	2.67×10^{-2}
10	0.854	1.29	2.57×10^{-2}
20	0.845	1.04	2.47×10^{-2}
30	0.836	0.858	2.37×10^{-2}
40	0.827	0.722	2.27×10^{-2}
50	0.818	0.623	2.17×10^{-2}
60	0.809	0.546	2.08×10^{-2}
70	0.800	0.483	1.98×10^{-2}
80	0.791	0.430	1.88×10^{-2}
90	0.782	0.387	1.73×10^{-2}①
100	0.773	0.352	1.68×10^{-2}
110	0.763	0.324	1.63×10^{-2}
120	0.752	0.299	1.58×10^{-2}
130	0.740	0.276	1.53×10^{-2}
140	0.726	0.255	1.48×10^{-2}
150	0.709	0.227	1.43×10^{-2}

① 90～150 ℃表面张力是在 0.147 MPa（表压）的 N_2 下测定的。

表 17—4　混胺—50 饱和蒸气压、导热系数及比热容随温度的变化

温度/℃	饱和蒸气压/Pa	导热系数/［W/（m·℃）］	比热容/［J/（kg·℃）］
—40		0.199 64	
—30	1.07×10^3	0.196 42	2.073×10^3
—20	1.27×10^3	0.194 81	2.107×10^3
—10	1.40×10^3	0.191 59	2.144×10^3
0	1.73×10^3	0.188 37*	2.178×10^3
10	2.53×10^3	0.186 76	2.215×10^3
20	4.93×10^3	0.183 54	2.249×10^3
30	7.46×10^3	0.180 32	2.286×10^3
40	11.73×10^3	0.178 71	2.32×10^3
50	17.86×10^3	0.175 49	2.358×10^3
60	25.86×10^3	0.172 27	2.391×10^3
70	36.26×10^3	0.170 66	
80	49.86×10^3	0.167 44①	
90	70.53×10^3	0.164 22	
100	91.86×10^3	0.162 61	
110		0.159 39	
120		0.156 17	
130		0.152 95	
140		0.149 73	
150		0.144 9	

① 0 ℃以下，70 ℃以上导热系数是由实验结果外推计算得出。

17.4.2　化学性质

混胺—50 是一种强还原剂，与高锰酸盐、重铬酸盐、次氯酸盐等氧化剂及其溶液发生反应。

混胺—50 具有弱碱性，与酸作用生成盐。

混胺—50 在常温下会被空气缓慢氧化。因此，混胺—50 置于空气中颜色会逐渐变成暗棕色。

混胺—50 与红烟硝酸组成双组元推进剂，其点火延迟期常温下不超过 30 ms，在 -40 ℃时不超过 55 ms。理论计算该双组元推进剂燃烧室温度可达到 3 000 ℃。混胺—50 与红烟硝酸是综合性能优良的一组液体推进剂。

17.5　安全性能

17.5.1　着火和爆炸危险性

混胺—50 的闪点为 -14 ℃，属一级易燃品，遇明火或电火花容易发生火灾。混胺—50 的自燃温度为 390 ℃，其蒸气与空气组成混合物的可燃浓度极限为体积分数达 1.5%～6.1%，可燃温度极限为 -12～14 ℃。

混胺—50 对冲击、空气突然增压、摩擦、振动等均不敏感，不会发生着火或爆炸。但是在室内、坑道内或通风不良处易形成混胺—50 蒸气与空气混合物，遇明火或电火花时会发生着火或爆炸。

17.5.2　防火防爆措施

17.5.2.1　预防措施

在混胺—50 操作场所，必须采取严格防火防爆措施，主要包括以下两方面。

1）应防止混胺—50 液体泄漏及其蒸气逸出，使空气中不存在爆炸性混合物。为此，所有设备和连接管道及阀门应密封不漏；贮存、运输和转注等过程均应在氮气保护下进行；万一发生液体泄漏，应立即进行处理；对封闭空间应加强机械通风。

2）应严格消除火源，如明火、电火花和氧化剂等，并应采用 Exd II BT$_2$ 隔爆型防爆电气设备。

17.5.2.2　灭火方法

1）混胺—50 着火时，可用水雾扑灭，但不能用水流，因二甲代苯胺几乎不溶于水，且密度小于水。

2）悬浮的碳酸氢钠化学干粉、抗溶性泡沫灭火器和二氧化碳灭火器，可用于扑灭混胺－50的小型火焰，但应注意有无复燃现象。

3）用水均匀冷却处于火焰中的贮存容器。

4）当混胺－50与泄漏氧化剂接触发生火灾时，首先应切断液流，再用大量水雾扑灭。

5）消防人员应戴防毒面具，以防中毒。火灾扑灭后，对污染场地应洗消干净。

17.6　材料相容性

17.6.1　金属材料

不锈钢、铝及其合金可与混胺－50长期接触。碳钢尽可能不用作混胺－50的容器及其附件。铜及其合金因对混胺－50有催化分解作用，故不应采用。

17.6.2　非金属材料

与混胺－50一级相容的有聚四氟乙烯、聚乙烯、乙丙橡胶、7802润滑脂等，可长期接触。

与混胺－50二级相容的有三氟氯乙烯、9045橡胶、丁基橡胶、5A油、U11$^{\#}$油等，可以重复短期使用。

聚氯乙稀为与混胺－50四级相容材料，不能采用。

17.7　毒性、急救和防护

17.7.1　毒性

混胺－50的毒性是三乙胺和二甲代苯胺的综合毒性。三乙胺的大白鼠吸入4 h的LC_{50}为460 mg/kg，二甲代苯胺的大白鼠口服的LD_{50}为610～920 mg/kg，按化学品急性中毒分级标准，混胺－50属于中等毒性。

17.7.1.1　中毒途径

混胺—50引起人员中毒有 3 条途径：一是人员吸入混胺—50 蒸气，这是中毒的主要途径；二是皮肤沾染混胺—50，通过渗透作用引起吸收中毒；三是误服或喷溅吞入混胺—50，通过消化道引起吸收中毒，这是偶然才会发生的中毒事故。

17.7.1.2　中毒症状

混胺—50 中的二甲代苯胺主要损伤中枢神经系统、血液、肝和肾。吸入中毒引起呼吸道损伤和间质性肺炎；有明显的中枢神经系统抑制症状；血液内形成变性血色素，血红细胞内有享氏小体，发生溶血性贫血；肝脏损伤严重时，肝细胞脂肪变性、坏死，甚至产生急性黄疸肝萎缩，反复中毒可形成肝硬变；病理检查可见心、肺、肾、肝的实质性病变及全身血管广泛性损伤。二甲代苯胺在体内代谢过程中，除少部分由尿内呈原形排出外，其余残留部分在体内与乙酰基、硫酸盐或葡萄糖醛酸结合而被解毒；其氨基可被水解、氧化，生成苯甲酸。

三乙胺主要刺激肺，损伤肝、肾，对皮肤可引起化学性烧伤。三乙胺蒸气刺激眼睛，引起流泪，刺激上呼吸道，引起鼻涕增多。大剂量中毒时，严重损伤中枢神经系统，可引起强直性痉挛发作而死亡。

混胺—50 中毒症状如下。

（1）呼吸系统

吸入高浓度混胺—50 蒸气会刺激上呼吸道，损伤肺、肝、肾，出现中枢神经系统抑制症状。

（2）皮肤

混胺—50 液体大面积沾染皮肤可引起化学性烧伤，通过皮肤吸收引起全身中毒，通过皮肤伤口吸收更快，应予注意！

（3）眼睛

混胺—50 高浓度蒸气对眼睛有刺激作用，可引起结膜充血和流泪。混胺－50 液体溅入眼中，可发生结膜炎、角膜炎，严重时可降低视力，甚至失明。

（4）吞入

吞入大量混胺－50，迅速出现恶心、呕吐等急性胃炎症状，并引起吸收中毒。

（5）急性中毒

混胺－50 急性中毒时，主要症状为头痛、头晕、呕吐，血液中变性血色素增加，红血球输氧作用减弱，产生缺氧症，呼吸困难，嘴唇和指甲发紫，心跳加快，严重时发生痉挛而导致死亡。急性中毒一段时间后，出现黄疸，皮肤发黄、食欲不佳、体重下降；肝功能显著衰退，黄疸指数增加；血清胆红质含量上升，凡登白试验直接或间接反应呈阳性，凝血酶元时间延长；尿中出现血红细胞及蛋白质，无机硫酸盐及葡萄醛酸结合物大量增加；尿中可直接检出二甲代苯胺。

（6）慢性中毒

长期接触混胺－50 又不注意防护，可能造成慢性中毒。主要症状是头疼、失眠、视力衰退等。

17.7.2　急救

1）迅速将急性中毒人员移出染毒区，到空气清新地方，然后根据染毒情况进行急救。

2）中毒者出现呼吸困难时应立即给氧，用安息香酸咖啡因或尼可刹米、山梗菜素兴奋呼吸系统。

3）对大面积皮肤染毒人员，迅速脱去污染的衣裤、鞋袜，用大量温肥皂水冲洗皮肤。

4）对混胺－50 液体溅入眼睛的人员，应立即用水冲洗 10 min 以上，然后迅速就医。

5）对吞入混胺－50 的人员，应立即用手指触咽部催吐，并用食用醋和水洗胃。

6）中毒者出现呼吸困难时，应及时供氧。

17.7.3　卫生标准和预防措施

17.7.3.1　卫生标准

1）作业场所混胺 — 50 蒸气在空气中的最高容许浓度为 0.5×10^{-6}（二甲代苯胺）和 10×10^{-6}（三乙胺）。

2）居住区混胺 — 50 蒸气在空气中的最高容许浓度为 0.035×10^{-6}（三乙胺）。

3）生活饮用（水源）水中三乙胺的最高容许浓度为 3 mg/L。

4）三乙胺污水排放量最高容许浓度为 10.0 mg/L，二甲代苯胺为 3 mg/L。

5）嗅阈值因人而异，二甲代苯胺为 $2.3 \times 10^{-6} \sim 7.6 \times 10^{-6}$。

6）二甲代苯胺废气排放量最高容许浓度 20 mg/m^3。

17.7.3.2　预防措施

1）确保系统密封，防止出现"跑、冒、滴、漏"现象，这是预防混胺—50 蒸气或液体漏出的根本措施。

2）加强通风，使混胺—50 蒸气浓度减到最小，特别对易漏部位应加强机械通风。

3）操作人员应穿戴相应的防护用品，防止吸入蒸气和皮肤、眼睛与混胺—50 接触。

4）对泄漏液体或废液应立即处理，对污染地面、物件和防护用品应及时洗消。

5）操作场所应备有淋浴喷头、洗眼喷泉、消防用水、医疗急救箱等。

6）操作人员应定期体检，重点检查血液、肝及肾功能。并应加强营养、保健，安排疗养。

7）对操作现场应进行蒸气浓度监测。

17.7.4　防护用品

防护用品选用原则和使用要求与肼类推进剂完全相同。滤毒材料一定选用防碱性的物质。

17.8　贮存、运输和转注

17.8.1　贮存

17.8.1.1　贮存库房

由于混胺—50闪点低于28℃，且与空气混合后最低极限燃烧浓度小于10%，依据GB 50016－2006建筑物设计防火规范，其生产及贮存的火灾危险性属于甲类，因此，对贮存库房有如下要求。

1）贮存场所的耐火等级应为Ⅰ级，且不应设定在地下或半地下。建筑物应为单层并有泄压面。

2）装有混胺—50的容器禁止露天存放。依据GB 17914－1999易燃易爆性商品贮藏养护技术条件规定，贮存场所室应温低于29℃，相对湿度在85%以下，并定期对贮存场所进行检查。

3）库房内所有电气设备均应符合Exd Ⅱ BT$_2$隔爆型防爆要求。

4）库房有通信、消防、通风、避雷、监测和报警等安全装置。

5）库房内保持洁净，禁放氧化剂和酸类物质。

6）库房严禁明火和电火花。

17.8.1.2　贮存安全要求

1）不锈钢或铝合金容器（包括贮罐、槽车、桶）及其系统应预先检查技术状态、洁净程度、密封性能等，确认合格后，方可使用。

2）混胺—50灌装量应不大于容器容积的90%，长期贮存时装量应不小于容器容积的50%。槽车一般只用于短期贮存。

3）贮存容器上要涂刷牢固的标志，其内容包括：生产厂名称、产品名称或代号、生产日期、批号、净重；符合GB 190中的"有毒品"、"易燃液体"标志；符合GB 191中规定的"向上"、"怕湿"标志。

4）贮存期间应经常检查库房温度、湿度、容器内压力、相关的仪器设备技术状态等。

5）混胺—50 长期贮存过程中一般不要求充氮气保护，只要求确保密封不漏，以防吸湿使水分增加和三乙胺挥发使其含量减少。

17.8.2　运输

17.8.2.1　运输方式

混胺—50 为中等危险性物质，属于 Ⅱ 类包装，可用公路、水路及铁路运输。

17.8.2.2　运输安全要求

1）铁路、公路和水上运输按危险货物运输有关规定执行。

2）槽罐和桶密封不漏，装载量不小于其容积的 50%，不超过其容积的 90%。

3）混胺—50 不得直接暴晒于日光下。

4）同一车船不得装运氧化剂。

5）车船上备有灭火器、洗消液、防护用品和急救箱。

6）车船上严禁烟火。

7）押运人员熟悉混胺—50 特性和应急处理方法。

17.8.3　转注

17.8.3.1　转注方式

1）加注车泵转注，通常采用此种转注方式。

2）挤压转注。

3）自流转注。

17.8.3.2　转注安全要求

1）转注系统必须连接可靠，气密性良好。

2）转注现场严禁烟火。

3）用泵转注时，流量应先小后大。

4）挤压转注时，应缓慢增压。

5）采用泵和挤压转注时，压力一般控制在 0.15 MPa 左右。

6）泄压时的废气不应随意排放，应经处理符合排放标准后才可排放。

7）对污染地面和物品应洗消处理并用水冲洗干净。

17.9　清洗、处理和监测

17.9.1　清洗

清洗包括新、旧容器清洗，容器包括桶、贮罐、槽罐及其组合件。清洗液和水进入容器前，用 200 目滤网过滤。清洗一经开始，不许中断，以免造成腐蚀。

17.9.1.1　新容器清洗

（1）脱脂

油脂较多时，先用棉纱擦拭，再进行脱脂清洗。

1）铝和铝合金容器

用含有 0.025％硅酸钠的 0.25％氢氧化钠溶液浸泡 20 min，或者用含有 0.025％硅酸钠的 5％碳酸钠溶液浸泡 30 min，浸泡时容器应敞口（因有氢气放出，严禁明火）。清洗液排空后用水冲洗至排出水与注入水的 pH 值相同。

2）不锈钢容器

用 1％氢氧化钠溶液浸泡 1 h，排空后用水冲洗至排出水与注入水的 pH 值相同。

（2）除锈

铝和铝合金容器无须除锈。

不锈钢容器内有较多铁锈、焊渣和氧化皮时，先用钢刷擦拭，再用含有 2.5％氢氟酸的 25％硝酸溶液浸泡 1～3 h（因有二氧化氮放出，操作人员应戴防毒面具），排空后再用水冲洗至排出水与注入水的 pH 值相同。

（3）钝化

用 45％硝酸溶液浸泡 1 h，排空后用水冲洗至排出水与注入水的 pH 值相同。

（4）干燥

用干燥压缩空气或 60 ℃热空气吹干容器，或先用酒精擦洗后再吹干。密封后待用。

17.9.1.2　旧容器清洗

容器中的燃料用完后无须清洗，密封后待用。

若容器被污染或准备检修或长期封存时，则必须清洗。

（1）排空

泄出残液，注满含有表面活性剂的清洗液静置 30 min 后，排入污水池处理。或者用酒精、丙酮等水溶性有机溶剂冲洗，废液集中收集，统一处理。

（2）中和

用 0.1% 醋酸溶液注满容器并静置 30 min 后，排入污水池处理。再注满水并静置 20 min 后排出，重复几次，直至排出水与注入水的 pH 值相同。用过的管路也按此法中和清洗。

（3）干燥

用干燥压缩空气或 60 ℃热空气吹干，密封待用。

17.9.1.3　组合件清洗

（1）金属零件清洗

铝制和钢制零件分别按 17.8.1.1 节所述进行清洗。小零件用聚乙烯袋包装，大零件用聚乙烯膜盖严。

（2）非金属零件清洗

用 1% 碳酸钠水溶液或 60 ℃热水清洗，再用蒸馏水冲洗，用压缩空气吹干，最后用聚乙烯袋包装。

17.9.2　处理

17.9.2.1　废气处理

（1）氧化法

用漂白粉水溶液、次氯酸钠水溶液或过氧化氢水溶液来吸收废气，进行氧化反应，然后引入污水池进一步处理。

（2）中和法

可采用酸性溶液吸收废气，进行中和反应，然后再用漂白粉水溶液处理或引入污水池进一步处理。

（3）光催化法

近 20 年来的研究发现，光催化方法可以有效地降解多种挥发性有机物，并将其全部转化为二氧化碳和水。光催化方法可以在常温、常压下进行，处理成本相对较低。二氧化钛是目前最常用的光催化剂之一。胺类与肼类液体推进剂废气的光催化氧化降解研究目前正处于实验室研究阶段。

17.9.2.2　废液处理

对混胺－50 废液处理方法较多，现将代表性的处理方法简要介绍如下。

（1）氧化处理法

采用高锰酸钾、过氧化氢、漂白粉等氧化剂对混胺－50 进行氧化剂处理，该方法成本高，易造成二次污染，只适用于少量废液的处理。

（2）蒸馏处理法

如果混胺－50 废液较多，可采用蒸馏法，将三乙胺与二甲苯胺分离，再进行适当处理后，可用于其他行业。

（3）脱水处理法

混胺－50 在贮存使用过程中，由于推进剂吸水及三乙胺挥发，造成含水量高，三乙胺含量少。在推进剂中加入氢化钙或分子筛脱去多余水分，再加放适量三乙胺可配制合格的混胺－50。

（4）催化氧化法

可采用催化氧化法，将混胺－50 转化为其他种类的化学物质，用于民用产业，该方法还处于研究阶段。

17.9.2.3　废水处理

（1）氧化处理法

氧化处理法是比较常见的混胺－50 废水处理法。它在混胺－50

废水池中加入漂白粉或次氯酸钠，或过氧化氢，或红烟硝酸，用压缩空气进行搅拌，可氧化破坏污水中主要有害成分。

（2）臭氧氧化处理法

臭氧氧化处理法是采用臭氧氧化含混胺－50 的废水，然后用活性碳吸附废液中的残余有毒物质，再用臭氧水对吸附后的活性碳洗涤，以回收活性碳。

（3）焚烧法

焚烧法常用于处理污染物，如泥土、分子筛等。对吸附有混胺－50 的污染物如泥土、分子筛等，加入一定量的增燃剂煤油，然后进行焚烧，可有效处理被污染的泥土、分子筛等。

17.9.3　监测

17.9.3.1　空气中混胺－50 监测

混胺－50 在空气中的蒸气主要是三乙胺蒸气，它是可燃性气体。可用催化型可燃气体检测仪和半导体可燃气体检测仪进行检测。

（1）催化型可燃气体检测仪

催化型可燃气体检测仪是利用铂丝受热后的电阻变化测定可燃气体浓度的。当可燃气体进入时，由于铂丝催化作用，使其表面产生氧化放热反应，使铂丝温度升高，电阻产生变化。通过测定铂丝电阻率变化，就可测出可燃气体是否存在及其浓度。

（2）半导体可燃气体检测仪

半导体可燃气体检测仪原理是气敏半导体元件在工作温度时（250～300 ℃）遇可燃气体电阻减小。可燃气体浓度不同，阻值下降幅度也不同，从而可将阻值下降情况转换为电信号，配以适当电路进行监测和报警。

17.9.3.2　水中混胺－50 监测

混胺－50 中三乙胺溶于水，二甲代苯胺几乎不溶于水。

水中混胺－50 监测方法主要为分光光度法，即在碱性介质中，三乙胺被三氯甲烷定量萃取后，于酸性有机染料溴酚兰反应生成黄色化合物。在测定范围内黄色的深度与三乙胺含量成正比，符合朗伯－比尔定律。黄色化合物的最大吸收波长是 410 nm。

　　异构二甲苯胺、硝酸盐氮、磷酸盐、氨氮等对本方法无干扰。

　　三乙胺的测定范围为 0.5～3.5 mg/L，大于 3.5 mg/L 的三乙胺可稀释后按本方法测定，本方法的检测极限为 0.05 mg/L。

17.10　安全使用守则

　　1）操作和指挥人员应熟悉混胺－50 的性质，掌握预防事故和应急处理措施。

　　2）任何操作至少由两人执行，以便及时救护、求援和事故处理。

　　3）在转注、加注、泄出或处理混胺－50 时，操作人员应穿戴防毒服、防毒面具、手套和高筒靴。

　　4）进入高浓度污染的封闭或半封闭区域的人员，应戴隔绝式或长管式防毒面具，并有专人监护。

　　5）操作现场应严禁明火和电火花，禁放氧化剂。

　　6）操作现场应备有冲洗和消防水源及小型灭火器材。

　　7）发生泄漏应及时处理，对污染场地和物品应冲洗干净。

参 考 文 献

[1] GB 190－2009 危险货物包装标志.

[2] GB 191－2008 包装储运图示标志.

[3] GB 8978－1996 污水综合排放标准.

[4] GB 12268－2005 危险货物品名表.

[5] GB 50160－2008 石油化工企业设计防火规范.

[6] GB 16297－1996 大气污染物综合排放标准.

[7] GB 17914－1999 易燃易爆性商品贮藏养护技术条件.

[8] GB 18065－2000 水源水中三乙胺卫生标准.

[9] GB 50016－2006 建筑物设计防火规范.

[10] GB/T 14377－1993 水质　三乙胺的测定　溴酚蓝分光光度法.

[11] 夏元洵,主编.化学物质毒性全书.上海:上海科学技术文献出版社.1991
年 7 月.

[12] 国防科工委后勤部.火箭推进剂监测防护与污染治理.长沙:国防科技大学
出版社.1993.

[13] 魏永全,王英敏,王欣,等.焚烧法处理混胺－02 污染物.黎明化工,1991,
(4).

[14] 申进忠,徐承杨.含混胺废水的处理.化工环保,1991,11(3).

[15] 郑宏建,等.火箭推进剂废液处理技术.上海航天,2000(5).

[16] 苏联国家标准 ГОСТ　17147－80.

第18章 鱼推—3

18.1 概述

鱼推—3为热动力鱼雷推进剂。美国采用 OTTO—Ⅱ作为鱼雷推进剂。应用于美国 MK46—1，MK—48 和 MK—37C。

18.2 生产原理

鱼推—3由能源剂、钝感剂及安定剂按一定质量比混合配制而成的单组元推进剂。能源剂主要为脂肪族硝酸酯，钝感剂为癸二酸二丁酯、三丁精等多元脂肪酸酯，安定剂主要为二苯胺及其各种衍生物，还有甲基安定剂、乙基安定剂等。

18.2.1　1，2—丙二醇二硝酸酯生产

1，2—丙二醇二硝酸酯由混酸（密度为 1.42 g/cm³ 的浓硝酸与密度为 1.84 g/cm³ 的浓硫酸以等体积混合组成）与 1，2—丙二醇酯化反应获得。在酯化过程需加入少量尿素或硝基脲破坏存在的亚硝酸酯或亚硝酸；酯化反应在冷浴（5～10 ℃）中进行，混酸需过量。生成的 1，2—丙二酸二硝酸酯迅速用冷水洗，使其与酸迅速分离，酯化反应式如下

$$CH_2OHCHOHCH_3 + 2HNO_3 \xrightarrow[5\sim10\ ℃]{H_2SO_4} CH_2(ONO_2)CH(ONO_2)CH_3 + 2H_2O$$

18.2.2　癸二酸二丁酯生产

癸二酸二丁酯由丁醇与癸二酸进行缩合反应制得，其中癸二酸由蓖麻油中提取，其反应式如下

$$COOH(C_8H_{16})COOH + 2C_4H_9OH \xrightarrow[缩合]{脱水}$$

$$C_4H_9OOCC_8H_{16}COOC_4H_9 + 2H_2O$$

18.2.3　2-硝基二苯胺生产

2-硝基氯苯和苯胺在无水醋酸钠存在下共热（170～190 ℃），回流反应约 24 h 后，所得产物经水蒸气蒸馏、水解、热水滤洗及活性炭脱色除去杂质后，再用 95% 酒精重结晶，并在 50 ℃下真空干燥数小时，即得橙红色针状结晶的产品 2-硝基二苯胺，反应式如下

$$NO_2C_6H_4Cl + C_6H_5NH_2 \xrightarrow[170～190 ℃]{NaAC} NO_2C_6H_4NHC_6H_5 + HCl$$

18.3　技术规格

表 18-1 列出美国 OTTO-Ⅱ 的采购指标。

表 18-1　美国 OTTO-Ⅱ 采购指标

指标名称	采购指标
1,2-丙二醇二硝酸酯质量分数/%	76.0±0.2
癸二酸二丁酯质量分数/%	22.5±0.3
2-硝基二苯胺质量分数/%	1.5±0.1
钠质量分数/$\times 10^{-6}$	≤0.8

① 按无水计，水分按卡尔·费休法测定。

18.4　物理化学性质

18.4.1　物理性质

鱼推-3 是一种橙红色油状液体，比水重且不溶于水，25 ℃时溶解度小于 0.05%。水亦不溶于鱼推-3 中，25 ℃时最大溶解度为

0.31%，随温度升高略有增加。

鱼推-3可溶于酒精、丙酮、四氯化碳、氯仿、二氯甲烷、三氯乙烯、苯、甲苯、二硝基苯胺、钛酸丁二酯、冰醋酸、花生油、汽油等，微溶于柴油、煤油、石蜡油、机油、甘油、变压器油、石油醚、庚烷、浓盐酸等，而不溶于水、乙二醇、丙二醇等。鱼推-3的物理常数列于表18-2。

表18-2　鱼推-3物理常数

项　　目	数　值
当量分子式	$C_{2.745}H_{5.248}O_{3.045}N_{0.929}$
平均相对分子质量	187.42
冰点/℃	-28[1]，-32[2]
密度（25 ℃）/（g/cm³）	1.232
饱和蒸气压（25 ℃）/Pa	11.69[3]
粘度（25 ℃）/（mPa·s）	4.04
表面张力/（N/m）	34.45×10^{-3}
介电常数（23 ℃）	20
电导率（23 ℃）/（s/m）	14.2
比热容（25 ℃）/[J/（kg·K）]	1.828×10^{3}
比热容比/（Cp/Cv）	1.262
折射率（25 ℃）/Na_D	1.440

① 参考文献 [1]

② 参考文献 [2]

③ 蒸气压取决于水分含量，给出数据条件为样品含水量0.1%。

鱼推-3在不同温度（-20～50 ℃）下的密度、粘度和表面张力列于表18-3。

表 18－3 鱼推－3 在不同温度下的密度、粘度和表面张力

温度/℃	密度/（g/cm³）	粘度/×10⁻³（mPa·s）	表面张力/×10⁻³（N/m）
－20	1.286		38.43
－10	1.276	17.470	37.55
0	1.263	11.140	36.61
10	1.251	7.481	35.75
20	1.239	5.152	34.82
30	1.227	3.897	33.95
40	1.216	3.058	33.04
50	1.203	2.467	32.16

18.4.2 化学性质

鱼推－3 受热易分解，分解温度为 143.3 ℃，分解组分主要是能源剂 1，2－丙二醇二硝酸酯。如在 70～90 ℃密封条件下加热 20 h 以上，可观察到鱼推－3 明显由橙红色转变为酱紫色。这是由于 1，2－丙二醇二硝酸酯被分解还原为醇，生成－NO_2 基团。初期生成亚硝酸酯，在酸存在条件下进一步水解生成 1，2－丙二醇和亚硝酸，并且随温度升高和加热时间的延长，其分解速率加快。

鱼推－3 的热值为 3 981.7 kJ/kg，燃气温度计算值为 1 117 ℃，实测值为 1 232 ℃，比冲为 2 036 m/s。

鱼推－3 与浓硝酸或浓硫酸接触时，分层但发生剧烈反应；与强碱溶液接触时，分层并被水解；与铁锈、黑橡胶、丁基橡胶、硅橡胶、乳胶、赛璐珞、棉花、石棉、木屑、氯化钠、潮湿高锰酸钾、重铬酸钾、205 油膏、211 油膏、8 号油膏、凡士林等短时接触时，未见明显反应现象。

18.5　安全性能

18.5.1　着火和爆炸危险性

18.5.1.1　闪点和燃点

鱼推－3 的闪点为 129[①]℃（120～122[②]℃），燃点为 145 ℃，按着火危险性分级，属于丙 B 类。

18.5.1.2　自燃温度

鱼推－3 常压下的自燃温度为 188 ℃，按可燃气体分组，它属于 T_4 组。

18.5.1.3　热爆炸温度

鱼推－3 开始分解温度为 143.3 ℃，由橙红色变为黑红色，放出二氧化氮棕色气体。在密闭容器中被加热到 210 ℃，立即爆炸，但在敞口容器中加热至 265 ℃也未发生爆炸。

18.5.1.4　可燃极限

将鱼推－3 加热至 100 ℃，其蒸气与空气混合物用电火花或明火也不能点燃，更不能点燃鱼推－3 液体。

18.5.1.5　热爆炸温度

将电阻丝直接插入装有鱼推－3 液体的敞口容器中通电加热，液体先沸腾后着火，火焰平稳，无爆燃现象；断电后火焰渐灭，液体也不再沸腾。

18.5.1.6　机械冲击敏感度

鱼推－3 在标准机械冲击机上用 4.9 J（5 kgf·m）能量冲击 40 次，均未发生着火爆炸现象，说明鱼推－3 对机械冲击不敏感。

18.5.1.7　振动敏感度

鱼推－3 在频率 2 Hz、振幅 200 mm 振动机上连续振动 4 h，未见升温及其他异常现象。说明鱼推－3 对振动不敏感。

18.5.1.8　摩擦敏感度

鱼推－3 的摩擦试验在 4 个同轴轴承组上进行。当轴承转速为

18 800 r/min、轴向和径向分别加外力 200 kgf 和 100 kgf、功率为 5 kW、燃料流量 83 g/s 时，连续运行 3 min，未见异常现象。说明鱼推－3 对摩擦不敏感。

18.5.1.9　压缩敏感度

鱼推－3 用 17 MPa 氮气和 28 MPa 空气分别突然增压时，均未发生着火或爆炸。

18.5.1.10　枪击敏感度

鱼推－3 用自动步枪分别装上燃烧弹、普通弹、曳光弹进行射击，均未发生着火或爆炸；1，2－丙二醇二硝酸酯被燃烧弹击中，立即爆炸。

18.5.1.11　空投试验

为了考察鱼推－3 在剧烈冲击和振动条件下是否发生爆炸，用运输机（180 km/h）和轰炸机（360 km/h）在 100 m、150 m、200 m 高度将总重为 75 kg 弹体（内装 5 kg 鱼推－3）空投入水，弹体入水加速度为 3 g、入水深度 20～30 m，结果表明无任何异常，样品亦无变化。

18.5.1.12　爆轰冲击波敏感度

鱼推－3 分别装在铝合金、碳钢和不锈钢的敞口容器或管子中，用 8 号雷管和 50 g 特屈儿或 100 g 太安炸药引爆，均未发生着火或爆炸。但是装在密闭的金属容器或管子中用 100 g 特屈儿炸药引爆，可发生爆轰，其爆轰临界直径为 31.75 mm。鱼推－3 的安全性能列于表 18－4。

表 18－4　鱼推－3 的安全性能

项目	数值
闪点/℃	129[①]，120～122[②]
燃点/℃	145
爆炸温度/℃	约 210
传爆临界直径/mm	31.75

续表

项目		数值
燃烧温度/℃	计算值	1 117
	实测值	1 232③
最小点火压力/Pa	高压釜	2 431
	燃烧室	811

① 参考文献 [1]
② 参考文献 [2]
③ 参考文献 [3]

18.5.2　防火防爆措施

18.5.2.1　预防措施

1）贮存库房和操作场所应远离火源、热源，附近不能存放易燃或引火物及强氧化剂。

2）沾染或吸附了鱼推－3 的棉纱、破布或木屑，应及时装于专用容器中及时处理，不可堆存。

3）在贮存、运输和使用过程中，应避免受热而发生自催化分解，防止容器压力升高，储罐必须装有安全阀门。

4）库房和操作场所应选用防爆电气设备，例如 Exia Ⅱ BT₄ 本质安全型或 Exd Ⅱ BT₄ 隔爆型的电气设备。

18.5.2.2　灭火方法

1）扑灭鱼推－3 最有效的方法是喷水雾，因为水比燃料轻，能在燃料液面上形成水层吸收热量，从而达到灭火的目的。

2）二氧化碳或干粉灭火剂可扑灭小型火焰，但应注意可能发生复燃现象。

3）卤素灭火剂因会产生有毒光气，不宜使用。

4）若燃料库房发生火灾，应首先切断燃料源，并用水喷淋冷却容器或将容器口打开。

5）消防人员应戴防毒面具，以防中毒。火灾扑灭后，对污染场地应清洗干净。

18.6 材料相容性

18.6.1 金属材料

与鱼推－3 一级相容的金属材料有：不锈钢（1Cr18Ni9Ti、2Cr13），LF_6 硬铝合金（LY11C_z/LY12C_z/919），合金结构钢（35CrMnSiA，38CrMoAlA，18CrNiWA，45Cr，30CrMnSiA），合金工具钢（GCr15，Cr12MoV，W18Cr4V），弹簧钢 60Si2Mn，碳钢镀锌。

不推荐与鱼推－3 接触的金属材料有：20 号碳钢、高碳钢 A_6（有锈斑）。

18.6.2 非金属材料

与鱼推－3 一级相容的非金属材料有：聚四氟乙烯、硅橡胶、丁基橡胶、尼龙 1010、环氧树脂、乙－77 三元乙丙橡胶。

与鱼推－3 二级相容的非金属材料有：聚乙烯。

与鱼推－3 四级相容的非金属材料有：丁腈橡胶、氟橡胶、聚氯乙烯、耐油橡胶、丙烯酸脂橡胶 ZM－11－25－1、丁腈复合橡胶 P115、聚碳酸脂（严重膨胀）、有机玻璃（溶解）。

18.7 毒性、急救和防护

18.7.1 毒性

鱼推－3 的毒性主要是 1，2－丙二醇二硝酸酯的毒性，因为癸二酸二丁酯和 2－硝基二苯胺的含量较少且蒸气压较低，毒性较小，属微毒物质。1，2－丙二醇二硝酸酯大白鼠口服的 LD_{50} 为 860 mg/kg，按化学品急性中毒分级标准，它属于低毒物质。

18.7.1.1　中毒途径

(1) 吸入中毒

鱼推－3在常温下蒸气压很低，不会在空气中造成较高浓度，一般不大于 $20×10^{-6}$ （130 mg/m³）。表 18－5 列出鱼推－3 与化学品的吸入毒性比较。

表 18－5　鱼推－3 与化学品的吸入毒性比较

化学品	半数致死时间/s
鱼推－3	7 200 （无一死亡）
1，2－丙二醇二硝酸酯	7 200 （无一死亡）
丙酮	840
苯乙烯	625
乙酸乙酯	220
肼	166
甲酸甲酯	85
偏二甲基肼	66
甲基肼	57

(2) 皮肤沾染中毒

鱼推－3 对皮肤的渗透能力小，毒性也小，因此通过皮肤吸收发生急性中毒的可能性小。

(3) 吞服中毒

误服鱼推－3 可发生急性中毒，但正常情况下发生几率极低。

18.7.1.2　中毒症状

接触鱼推－3 的人员主要是从呼吸道吸入中毒，开始感到鼻刺激和堵塞感，继而是头痛，还可能感到恶心；浓度高时，可出现眼刺激感、眩晕、短期性低血压，多数人反复接触可产生耐受性。

皮肤吸收中毒的主要症状是头痛。

误服后发生消化道刺激，造成强烈恶心、呕吐和胃肠功能紊乱，严重时产生高铁血红蛋白症，会导致死亡。

美国曾选择 17 名 22 至 25 岁男青年志愿进行毒性试验，吸入蒸气 $0.03×10^{-6}$（0.195 mg/m³）$～1.5×10^{-6}$（9.75 mg/m³），在室温 22 ℃和相对湿度 45%～55%条件下，吸入时间 8 h，人体吸入鱼推－3 蒸气反应情况列于表 18－6。参试者在试验前后均进行血液化验，心电图和脑电图均呈阴性。在吸入浓度为 $0.2×10^{-6}$（1.3 mg/m³）以上时，部分人员出现光刺激性诱发脑电反应异常，而且呼出气和血中含有 1，2－丙二醇二硝酸酯。所有参试者在停止试验休息一段时间后，全部症状消失。

表 18－6　人体吸入鱼推－3 蒸气反应

浓度/10^{-6}	人数	人体反应
0.1	7	吸入 3 h 后头痛
0.2	9	7 人嗅到气味，但 5 h 后不再嗅到；3 人吸入 1～2 h 后头痛，直至试验结束后数分钟才消失。另一次试验 9 人均头痛，鼻黏膜充血、有堵塞感，眼有轻微刺激感，停止吸入 1.5～3 h 后，各种症状先后消失
0.35	9	9 人均立即嗅到气味，但 5 h 后不再嗅到，症状同上
0.5	7	7 人开始均嗅到气味，自述头痛并逐渐加重，1 人感眩晕服浓咖啡或吸氧后头痛减轻。收缩压平均升高 $1.6×10^3$ Pa
1.5	9	9 人嗅到气味，眼有刺激感，但黏膜不红肿，不流泪，头痛剧烈，难以忍受，眩晕，平衡轻度失调

18.7.2　急救

若发生鱼推－3 中毒，应实施以下急救措施。

1）吸入蒸气中毒，将中毒人员立即从污染区撤离，转移到空气新鲜场所；吸入鱼推－3 蒸气而引起的头痛等不适者，饮用浓咖啡、浓茶或吸氧或服用阿司匹林可得到缓解；对呼吸停止者，实施口对口人工呼吸，并送医院抢救。

2）皮肤沾染时，应立即脱去沾染的衣服，并用肥皂和温水彻底清洗沾染的皮肤。

3）眼睛沾染时，应立即用水冲洗 15 min 以上，然后迅速就医。

4）误服鱼推－3 应立即催吐和洗胃，但严禁对昏迷者催吐。

18.7.3　卫生标准和预防措施

18.7.3.1　卫生标准

1）操作场所空气中最高容许浓度为 0.2×10^{-6}（1.3 mg/m³）。

2）鱼推－3 废气排放最高容许浓度为 16 mg/m³。

18.7.3.2　预防措施

1）在贮存、运输、转注和加注过程中，确保容器及其系统密封不漏是预防鱼推－3 蒸气或液体漏出的根本措施。

2）操作场所应加强通风，使蒸气浓度降至最低。

3）操作人员应穿戴相应防护用品，防止吸入蒸气并防止皮肤、眼睛与鱼推－3 接触。

4）对泄漏鱼推－3 应及时处理，对污染地面、物品和防护器材应及时清洗。

5）操作场所应备有淋浴喷头、洗眼喷泉、消防用水等。

6）操作人员应每年进行一次体检，重点是血液化验和测量血压。

7）对库房、操作场所、鱼雷舱内应定期监测鱼推－3 蒸气浓度。

18.7.4　防护用品

18.7.4.1　呼吸道防护

当操作场所空气中鱼推－3 蒸气浓度未超过最高允许值时，不需要防护，除非个别人员对鱼推－3 特别敏感。

在通风良好的条件下，操作人员可戴防毒口罩；进入鱼推－3 高浓度蒸气的场所，可戴能防有机蒸气的防毒面具；进入有鱼推－3 蒸气的密封空间，应戴自供氧特防面具或长管式防毒面具。

18.7.4.2　皮肤防护

操作人员可穿氯丁橡胶工作服或防毒服（如 T-1 型），戴聚乙烯、聚异丁烯、氯丁橡胶手套或防毒手套（如 66 型或 88 型），戴有机玻璃护目镜或面罩，系聚乙烯或乙丙橡胶围裙，穿耐酸碱的长统靴或胶鞋。

18.8　贮存、运输和转注

18.8.1　贮存

18.8.1.1　贮存库房

1）库房耐火等级为 I 级，地面和墙面撞击时不产生火花且易冲洗，地板应涂不渗透鱼推-3 的涂层，如环氧树脂。

2）库房内电器设备应符合隔爆型 Exd Ⅲ BT$_4$ 防爆要求。

3）库房有通信、消防、通风、避雷、监测和报警等安全设施。

4）库房内保持清洁，禁放氧化剂和易燃物品。

5）库房应远离火源、热源，避免日光直射，库房内温度保持在 -25～50 ℃，相对湿度不大于 85%。

6）库房内严禁明火和电火花。

7）在贮存过程中，每半年至少应抽样检验一次。

18.8.1.2　贮存安全要求

1）鱼推-3 的贮存系统及容器应使用相容的材料，预先检查洁净程度和密封性能，确认合格后方可使用。

2）鱼推-3 装量应不大于桶容积的 95%，长期贮存时装量应不小于桶容积的 50%，槽车一般只用于短期贮存。

3）鱼推-3 长期贮存过程无须充氮保护，但应尽量减少打开容器的次数。

4）槽车应有安全阀，设计压力为 0.4 MPa。

5）鱼推-3 贮存数量与安全距离要求见第 3 章。

18.8.2 运输

18.8.2.1 运输方式

公路汽车运输可用槽车或桶装运，铁路火车运输可用桶装运，水路轮船运输可用桶装运。

18.8.2.2 运输的安全要求

1）公路、铁路和水路运输按危险货物运输有关规定执行。

2）槽车和桶应密封不漏，装载量不超过其容积的 95%。

3）桶装鱼推－3 不得直接暴晒于日光下。

4）同一车船不得混装氧化剂。

5）运输过程中应备有灭火器材、适当的消防或清洗用水及防护用品等。

6）押运人员应熟悉鱼推－3 特性和应急处理方法。

7）车船上严禁明火和吸烟。

18.8.3 转注

18.8.3.1 转注方式

鱼推－3 可采用泵、空气或氮气挤压、高位自流等方式进行转注或加注。

18.8.3.2 转注安全要求

1）任何转注至少由两名人员操作，并应穿戴相应的防护用品。

2）泵和挤压转注时，转注系统必须连续可靠，确保密封良好，压力一般控制在 0.15 MPa。

3）泵转注时，流量应先小后大；挤压转注时应缓慢增压。

4）转注现场严禁明火、氧化剂及其他易燃物。

5）转注现场应备有充足水源，以便及时提供消防、洗消及洗眼喷泉之用。

6）转注过程中如发生泄漏，应迅速堵住，并用棉纱、木屑等吸收漏出液，污染处用酒精擦洗，大量泄漏用水冲至专用收集池，不准将残液排入下水道，以免污染水源。吸收漏液的棉纱、木屑收集后统一处理，不可长期堆存，以免空气污染或自燃。

　　7）对污染地面和物件应及时洗消处理并用水冲洗干净。

18.9　清洗和处理方法

18.9.1　清洗

　　包括新、旧容器清洗。容器包括桶、储罐、槽罐及其组合件。各种清洗程序一经开始，不许中断，以免造成腐蚀。

18.9.1.1　新容器清洗

　　（1）脱脂

　　不锈钢或聚乙烯容器用 5％氢氧化钠溶液浸泡 1 h，排空后用水冲洗。

　　铝及其合金用 0.5％氢氧化钠和 0.025％水玻璃的水溶液浸泡半小时后再用水冲洗。

　　（2）除锈

　　不锈钢容器用含 2.5％氢氟酸的 25％～35％硝酸溶液浸泡 1～3 h，放液后迅速用大量水冲洗。

　　（3）钝化

　　用 45％～55％硝酸水溶液浸泡 1～2 h，排空后迅速用水冲洗至中性。

　　（4）干燥

　　酒精擦洗后用洁净的压缩空气或 60 ℃热空气吹干。

18.9.1.2　旧容器清洗

　　用过的设备若未被污染，容器中的鱼推－3 用完后无须清洗。密封后待用。

　　若容器已被污染或长期封存时必须清洗，程序如下。

　　1）排空：泄尽残液。

　　2）清洗：先用 1％碳酸钠温水溶液浸泡 1 小时，排尽清洗液，用水冲洗干净，再用工业酒精清洗。

3）干燥：用洁净压缩空气或氮气吹干。

18.9.2 处理

18.9.2.1 废气处理

鱼推－3废气可通过活性炭来吸附，降低大气中废气浓度。

18.9.2.2 废液处理

鱼推－3废液或泄漏在地面上的残液可用棉纱、木屑、破布来吸附，然后统一处理，对污染地面或设备表面还应用水冲洗，再用洗消剂擦洗干净。洗消剂是A溶液和B溶液的混合物，A溶液为硫化钠9份，水30份，B溶液为丙酮20份，变性乙醇70份。洗消液的有效期为2个月。

18.9.2.3 污水处理

含有鱼推－3的污水可采用活性炭吸附法或气浮法净化处理。净化后的水要求1，2－丙二醇二硝酸酯含量不大于$1 \mu g/mL$。

18.9.3 监测

18.9.3.1 空气中鱼推－3监测

采用专用鱼推－3蒸气浓度监测仪，监测范围为$0.1\% \sim 5.0\%$，监测工作场所空气中的鱼推－3蒸气浓度。空气中鱼推－3的最高允许浓度为$1.3 \ mg/m^3$。

18.9.3.2 污水中鱼推－3测定

鱼推－3扩散到水中的主要成分是1，2－丙二醇二硝酸酯，它从水中蒸发出来比它扩散到水中还要快，因此污水中的含量是很少的，它可直接用差示脉动极谱方法测定。此法迅速、精确、简便。污水取样$0.25 \sim 2 \ ml$，pH值控制在$6.50 \sim 10.08$之间，0.118×10^{-6}（$0.767 \ mg/m^3$）的浓度亦可测出。若浓度太高，可用水稀释，使其不大于80×10^{-6}。

18.10 安全使用守则

1）所有操作人员应熟悉鱼推－3 的特性，掌握预防、处理和急救措施。

2）至少应有两名人员进行操作，以便及时救护、求援和事故处理。

3）操作场所应备有水源、安全淋浴和防护用品。

4）操作场所禁止饮食、吸烟以及明火。

5）当进入高浓度蒸气的场所时，人员应佩戴呼吸器官防护用品。

6）不能与其他燃料及氧化剂一起贮存。

7）推荐采用水雾、二氧化碳、干粉灭火剂来灭火。

8）吸入蒸气、皮肤沾染和吞入鱼推－3 均会发生毒害影响。

9）对严重中毒的人员应移至空气新鲜处，热咖啡，浓茶和吸氧可缓解其头痛症状；若呼吸停止应进行人工呼吸并就医。

10）鱼推－3 喷溅到人员身上应立即脱去污染的衣服并用肥皂水仔细冲洗污染的皮肤，若鱼推－3 溅入眼睛，应立即用水冲洗15 min 以上；若吞入鱼推－3，应立即引吐。

参 考 文 献

[1]　AD 870259.

[2]　AD 427341.

[3]　USPO 4026739.

第 19 章　硝酸异丙酯

19.1　概述

第二次世界大战后不久，各国开始对硝酸丙酯作为单组元推进剂进行研究。硝酸丙酯有两种同分异构体，即硝酸异丙酯和硝酸正丙酯。硝酸异丙酯常用作火箭发动机的涡轮工质，属单组元液体推进剂。美国使用硝酸正丙酯，苏联、英国等使用硝酸异丙酯用于火箭发动机的燃气发生器和微型单组元液体火箭发动机上。硝酸异丙酯还可以用作汽车燃料添加剂和喷气式飞机辅助推进剂。

19.2　生产原理

硝酸异丙酯由异丙醇与硝酸在尿素存在的条件下进行酯化反应后，再经分离、中和、水洗、干燥、蒸馏而制得，反应式如下

$$CH_3CHOHCH_3 + HNO_3 \xrightarrow{\text{尿素}} CH_3CHONO_2CH_3 + H_2O$$

19.3　技术规格

硝酸异丙酯的采购指标列于表 19-1。表 19-1 列出的馏程温度范围是在 1 个大气压蒸馏，若在高原低气压地区或大气压变化情况下，其馏程随外界压力允许变化如表 19-2 所示。

硝酸异丙酯中含有微量的酸、水和亚硝酸酯，这些物质含量过多会使其催化分解，降低其安定性。硝酸异丙酯中水分超过 0.05% 和酸度超过 1.0 mg KOH/100 mL，则其在低于 -20 ℃下会产生灰白色絮状沉淀物，容易堵塞滤网。

表 19－1　硝酸异丙酯的采购指标

项目名称		采购指标	
		苏联	北约
密度/（g/cm³）		1.030～1.050（15 ℃）	1.041～1.047（20 ℃）
馏分①	沸程，初馏点/℃	≥98	≥98
	10％馏出物温度/℃	≥99	≥99
	50％馏出物温度/℃	≥100.5	≥100.5
	90％馏出物温度/℃	≤106	≤106
	98％馏出物温度/℃	≤108	≤108
残渣与损失总量体积分数/％		≤2	≤2
水质量分数/％		≤0.03	
亚硝酸异丙酯质量分数/％		≤0.1	
酸度（KOH/100 ml 样品）/mg		≤1.0	
颗粒物质量分数/％		≤0.01	

① 平行测定两次的允许误差：初馏点－4 ℃，其余馏程为 2 ℃。

表 19－2　不同压力下硝酸异丙酯馏程和外界压力的关系

外界压力/10⁵ Pa	初馏点/℃	馏 出 温 度/℃			
		10％	50％	90％	98％
1.027 9	98	100	100	100.5	100.5
0.933 3	96	97	97	99.5	100
0.866 6	93.5	95	95	95	97
0.801 3	91	92.5	93	95.5	96.5
0.733 3	88	90	90	90.5	91.8
0.663 9	85	87	87.5	88	88.5

19.4　物理化学性质

19.4.1　物理性质

硝酸异丙酯是具有醚气味的无色或微黄色透明液体，不溶于水，易溶于酒精、丙酮、乙醚等有机溶剂。硝酸异丙酯的物理常数列于表 19—3。

表 19—3　硝酸异丙酯的物理常数

项　目	数　值
相对分子质量	105.09
冰点/℃	<-60
沸点/℃	102.0
闪点/℃	12 ℃
熔点/℃	-82.15
密度（18.9 ℃）/（g/cm³）	1.036
汽化热/（J/kg）	3.694×10^5
生成热/（J/kg）	$2.186\ 6\times10^6$
比热容/[J/（kg·℃）]	1.833×10^3
燃烧热（液体）/（J/kg）	$1.856\ 7\times10^7$
饱和蒸气压（20 ℃）/kPa	3.533
折射系数（20 ℃）/Na_D	1.391 3

19.4.2　化学性质

硝酸异丙酯在常温下是稳定的，随温度升高分解速度加快，达到沸点后分解速度明显加快。硝酸异丙酯受热时初期分解产物主要是亚硝酸异丙酯，在酸和水作用下易进一步水解，生成异丙醇和亚硝酸。在更高温度（170～210 ℃）下，亚硝酸异丙酯继续分解为乙醛、丙酮、异丙醇、一氧化氮和氰化氢等。

在高温高压（1.2～2.1 MPa，355 ℃以上）条件下，硝酸异丙酯分解的主要产物是甲烷、氢、水、一氧化碳、二氧化碳、氮、一氧化氮和固态碳等 8 种。

硝酸异丙酯分解时可产生大量热，热又使其加速分解，其高温分解产物在火箭发动机上用作涡轮工质。因其分解产物温度过高，在使用时需对燃气进行降温。降温方法有两种：一是向分解室喷入一种主燃料作冷却剂；二是在硝酸异丙酯中加入一种添加剂（如加入 0.1%～0.2%三氯化磷、氯化烃、亚铁氰化物等），以降低燃气温度和积炭。

硝酸异丙酯作为单组元推进剂使用时，燃烧室必须保持在压强 0.66 MPa 和温度 427 ℃以上，才能保证连续平稳的分解和燃烧。否则，因其在较低温度和压力下分解速度缓慢会自动熄火。少量的乙醛、氮氧化物、酸、水、镍和铜均会使硝酸异丙酯发生催化分解，其分解速度与酸度成正比。若在硝酸异丙酯中加入 0.1%～0.25%镍盐（如羟基镍、乙酰丙酮镍等），则可提高其燃烧效率和比冲。

硝酸异丙酯的酸度和水分超过一定值所出现的絮状物沉淀，是其本身的聚合物。当硝酸异丙酯中有酸、碱、无水氯化铁、无水氯化铝和氧化铁等时，均容易产生聚合作用。

19.5　安全性能

19.5.1　着火和爆炸危险性

硝酸异丙酯的闪点为 12 ℃，属于甲 B 类易燃液体；自燃温度为 177 ℃，属于 T_4 组；可燃极限为 2%～100%；热爆炸温度为 222 ℃。硝酸异丙酯的热稳定性见表 19-4，硝酸异丙酯蒸气与空气混合的点火温度见表 19-5。

硝酸异丙酯在能量为 17.15 J 的机械冲击作用下会发生着火爆炸，但它用 8# 雷管不能被引爆。

表 19－4　硝酸异丙酯的热稳定性

温度/K	加热时间/h	压力变化/kPa
373	4	82.74
393	4	103.42
408	4	158.58
415	4	515.58
423	4	689.48
433	2	爆炸

表 19－5　硝酸异丙酯蒸气与空气混合物的点火温度

硝酸异丙酯蒸气体积分数/%	点火温度/K
3.2	加热至 773 K 仍未着火
3.8	513
4.6	493
12.6	473
28.2	463
46.2	473

　　硝酸异丙酯用压力高于 5 MPa 的空气突然增压会发生爆炸。这是由于其蒸气与空气混合物被绝热压缩，局部过热而发生爆炸。若硝酸异丙酯液体上覆盖一薄层水，即使用 13 MPa 的高压空气突然增压，也不会发生爆炸。若硝酸异丙酯用 14 MPa 高压氮气突然增压，也不会发生爆炸。因此，硝酸异丙酯可用氮气增压，而不能用空气增压。

19.5.2　防火防爆措施

19.5.2.1　预防措施

　　预防硝酸异丙酯发生着火或爆炸的 3 个基本原则是防止泄漏、通风良好和清除点火源。

1）防止液体泄漏或蒸气逸出是清除可燃物的根本措施。这就要求系统结构合理、连接可靠、密封良好和操作正确。

2）通风良好是使一旦泄漏后与空气形成的可燃物浓度迅速降低至可燃极限以下，变为不可燃混合物。

3）清除一切点火源是防火防爆的最后一道预防措施。电气设备应选用 Exia Ⅱ BT$_4$ 本质安全型或 Exd Ⅱ BT$_4$ 隔爆型。

硝酸异丙酯数量与居民建筑物和公用道路之间的安全距离关系参见第 3 章中的液体推进剂数量－距离标准。

19.5.2.2　灭火方法

扑灭硝酸异丙酯火焰可用大量细密水雾，对于小火焰也可用泡沫灭火器、干粉灭火器和二氧化碳灭火器来扑灭。

19.6　材料相容性

19.6.1　金属材料

硝酸异丙酯对金属无腐蚀性，铝及其合金、不锈钢可用作硝酸异丙酯长期贮存的容器或贮箱。黄铜、青铜可用于制作零部件。表 19－6 列出几种铜合金与硝酸异丙酯的腐蚀试验结果。

表 19－6　几种铜合金与硝酸异丙酯的腐蚀试验结果

材料名称	腐蚀速度/（mm/a）	对硝酸异丙酯的质量影响	相容性级别
H62	0.000 3	无	Ⅰ
HPb59－1	0.000 3	无	Ⅰ
QАl9－4	0.000 0	无	Ⅰ
QSn6.5－0.4	0.000 1	无	Ⅰ

软钢也可用作贮存容器材料，但由于硝酸异丙酯的工业产品中含有水、酸和亚硝酸，对软钢有腐蚀作用，并且为避免长期贮存中

大气腐蚀，最好采用铝合金或不锈钢作贮存容器。

19.6.2　非金属材料

硝酸异丙酯与非金属材料的相容性级别见表 19－7。

表 19－7　硝酸异丙酯与非金属材料的相容性级别表

材料名称		相容性级别
塑料	聚乙烯	I
	聚四氟乙烯	I
	聚三氟氯乙烯	I
	尼龙	I
	酚醛树脂	I
润滑剂	石墨	I
	二硫化钼	I
	氟油	I
橡胶	624－88	I

19.7　毒性、急救和防护

19.7.1　毒性

按化学物质急性毒性分级，硝酸异丙酯属于 4 级低毒物质。硝酸异丙酯的大白鼠口服半数致死剂量 LC_{50} 为 5 000 mg/kg，大白鼠吸入 4 h 半数致死浓度 LD_{50} 大于 $7\,000 \times 10^{-6}$（体积分数）。

19.7.1.1　中毒途径

硝酸异丙酯通过呼吸道和皮肤损害人体，硝酸异丙酯在常温下的饱和蒸气压可达 3.5 kPa 以上，可通过呼吸吸入使人中毒。

硝酸异丙酯对皮肤的渗透力不强，通过皮肤吸收使人中毒的可能性很小。

误吞服硝酸异丙酯可发生急性中毒。

19.7.1.2　中毒症状

硝酸异丙酯急性中毒症状为产生剧烈头疼、低血压、发绀、高铁血红蛋白症，严重中毒可引起死亡。

局部皮肤沾染可引起发炎，溅入眼睛可引起刺激。

19.7.2　急救和防护

19.7.2.1　急救

1）吸入硝酸异丙酯蒸气的中毒人员应迅速脱离现场，转移到空气新鲜处，保持呼吸道通畅。如呼吸困难，需要输氧。若呼吸、心跳停止，立即进行心脏复苏术。严重中毒者迅速送医院救治。

2）若皮肤沾染硝酸异丙酯，应立即用肥皂水或清水彻底冲洗皮肤。如有不适感，迅速送医院救治。

3）若眼睛溅入硝酸异丙酯，应立即提起眼睑，用流动清水或生理盐水冲洗，如有不适感迅速送医院救治。

4）误服硝酸异丙酯应饮水、催吐。如有不适感迅速送医院救治。

19.7.2.2　治疗原则

硝酸异丙酯中毒病人根据中毒症状对症治疗，其原则如下。

1）头痛可服阿司匹灵或可待因。

2）血压下降可静脉注射去甲肾上腺素。

3）高铁血红蛋白症可给 1% 美兰 5～10 mL 静脉注射。

4）利尿可促进毒物排泄。

19.7.3　卫生标准和预防措施

19.7.3.1　卫生标准

1）操作场所空气中硝酸异丙酯最高容许浓度为 25×10^{-6}（110 mg/m³）。

2）硝酸异丙酯废气排放最高容许浓度为 16 mg/m³。

18.7.3.2　预防措施

1）确保容器及其系统密封不漏是预防硝酸异丙酯蒸气或液体泄

漏的根本措施。

2）操作场所加强通风，使硝酸异丙酯蒸气浓度降至最低。

3）操作人员应穿戴相应防护用品。

4）对泄漏的硝酸异丙酯应及时处理，对被污染的地面、物品和防护器材及时洗消。

5）操作场所备有淋浴喷头、洗眼喷泉和消防用水。

6）对库房和操作间应监测硝酸异丙酯蒸气浓度。

7）操作人员每年进行 1 次体检，重点是血液化验和测量血压。

19.7.4 防护用品

19.7.4.1 呼吸道防护

根据工作环境的实际情况，操作人员可佩戴防毒口罩、防有机蒸气的防毒面具、自供式或长管式防毒面具。

19.7.4.2 皮肤防护

操作人员可穿耐酸碱工作服或防毒服，戴聚乙烯、聚异丁烯、氯丁橡胶的手套或防毒手套，穿聚乙烯或乙丙橡胶围裙，穿耐酸碱的长筒靴或胶鞋。

19.7.4.3 眼睛防护

操作人员可戴有机玻璃目镜或有机玻璃面罩。

19.8 贮存、运输和转注

19.8.1 贮存

19.8.1.1 贮存库房

1）库房耐火等级为Ⅰ级，地面和墙面撞击时不产生火花且易冲洗、不渗漏，也可采用无墙凉棚。

2）库房内电气设备应符合隔爆型 Exd Ⅱ BT4 防爆要求。

3）库房有通信、消防、通风、避雷、监测和报警等安全设施。

4）库房内温度为 $-20 \sim 50 \, ℃$，相对湿度不大于 85%。

5）库房内严禁明火和电火花。

19.8.1.2　贮存安全要求

1）硝酸异丙酯的铝合金或不锈钢容器应预先检查洁净程度和密封性能，确认合格后方可使用。

2）硝酸异丙酯装量应不大于容器容积的90%，长期贮存时应不小于50%。

3）尽量减少打开容器的次数。

4）贮存时应防止太阳直射。

5）每年检验1次，检验项目是水分、酸度和安定性。

19.8.2　运输

19.8.2.1　运输方式

硝酸异丙酯可用铁路、公路或水路运输，并应遵守有关规定。

19.8.2.2　运输安全要求

1）押运人员应熟悉硝酸异丙酯的性质，掌握预防事故和应急处理方法。

2）运输过程中装运容器不得直接暴晒于日光下。

3）车船上严禁明烟火。

4）同一车船上不得混装氧化剂。

5）车船上应备有灭火器材、锯末或棉纱、表面活性剂清洗液等。

6）容器应密封不漏，装量不大于其容积的90%。

19.8.3　转注

19.8.3.1　转注方式

硝酸异丙酯可用泵、氮气挤压、高位自流等方式进行转注。

19.8.3.2　转注安全要求

1）转注至少由2名人员操作，并应穿戴相应的防护用品。

2）泵或挤压转注时，系统必须连接可靠，确保密封不漏。压力一般控制在0.15 MPa。

3）泵转注时，流量应先小后大；挤压转注时，应缓慢增压。

4）转注现场严禁明火或氧化剂。

5）对污染地面和物件应及时洗消处理并用水冲洗干净。

19.9　清洗、处理和监测

19.9.1　清洗

包括新、旧钛合金和不锈钢容器及其组合件的清洗。清洗程序一经开始，不可中断，以免造成腐蚀。

19.9.1.1　新容器清洗

（1）脱脂

铝合金容器用含 0.025％硅酸钠的 0.25％氢氧化钠溶液浸泡 20 min；不锈钢容器用 0.5％氢氧化钠溶液浸泡 1 h，排空后用饮用水冲洗。

（2）除锈

铝合金容器用含 1％氢氟酸的 10％硝酸浸泡 30 s～5 min，以除去焊接和热处理的氧化膜或垢；不锈钢容器用含 3％氢氟酸的 10％硝酸浸泡小于 1 h，排空后用饮用水冲洗。

（3）钝化

铝合金容器用 45％硝酸浸泡 1 h，不锈钢容器用 45％硝酸浸泡 30 min，排空后用饮用水冲洗至中性。

（4）干燥

用洁净的压缩空气或 60 ℃空气吹干。

19.9.1.2　旧容器清洗

容器中的硝酸异丙酯用完后无须清洗，密封后待用。

若容器已被污染或长期封存时必须清洗，程序如下。

1）排空，泄尽残液。

2）清洗，先用含表面活性剂的清洗液注满容器并静置 30 min，排尽清洗液后用饮用水冲洗至中性，再用工业酒精涮洗。

3）干燥，用洁净压缩空气或氮气吹干。

19.9.2　处理

19.9.2.1　废气处理

通常采用吸附法进行废气处理，即废气通过活性炭来吸附，可降低大气中废气浓度。

19.9.2.2　废液处理

1）少量废液不准任意倾倒，要放入专用废液收集瓶，收集到一定数量时送工厂进行回收再加工。

2）焚烧处理由专人负责，准备好个人防护用品和消防器材。

19.9.2.3　污水处理

硝酸异丙酯的密度略大于水且不溶于水，污水澄清后将上层污水通过活性炭吸附转移到另一个收集池中。将下层富集硝酸异丙酯的污水用木屑、棉纱、破布吸收后，进行焚烧处理。

19.9.2.4　不合格产品处理

少量不合格产品倒污水池后处理。大量不合格产品可返厂精馏回收。

19.9.3　监测

空气中硝酸异丙酯蒸气浓度监测可选用催化型或半导体型可燃气体监测仪。

19.10　安全使用守则

1）所有操作人员应熟悉硝酸异丙酯的性质，掌握预防、处理和应急措施。

2）至少应有 2 名人员进行操作，以便及时救护、求援和事故处理。

3）操作场所应备有水源、安全淋浴、洗眼喷泉和防护用品。

4）操作场所禁止饮食、吸烟和明火。

5）进入高浓度蒸气的场所时应戴呼吸器官防护用品。

6）不应把废液或污水直接冲入下水道。

7）推荐采用水雾、二氧化碳、干粉灭火剂来灭火。

8）对污染物品和工具用酒精擦洗干净，未经处理不能放在室内。

参 考 文 献

[1] 中华人民共和国国务院令第 591 号,危险化学品安全管理条例. 2011 年 3 月 2 日公布.

[2] 铁路危险货物运输管理规则. (2008)铁运 174 号.

[3] 水路危险货物运输规则(第一部分)水路包装危险货物运输规则. (1996)交通部令第 10 号.

[4] 道路危险货物运输管理规定. (2005)交通部令第 9 号.

[5] GB 50160－2008 石油化工企业设计防火规范.

[6] ГОСТ 26295－1984 Изопропилнитрат 修改 1(1990).

[7] 张海峰. 危险化学品安全技术全书(MSDS),第 2 版. 北京:化学工业出版社,2007.

[8] 中国化工产品大全(第 3 版)上卷. 北京:化学工业出版社出版,2005.

[9] 国防科工委后勤部. 火箭推进剂检测防护与污染治理. 北京:国防科技大学出版社,1993.

[10] JENSEN,ANDREAS V,著. 液体推进剂处理、贮存和运输. 杨宝贵,译. 北京:国防工业出版社,1976.

[11] В·克特,D·S·埃佛雷德,著. 火箭推进剂手册. 张清,译. 北京:国防工业出版社,1964.

[12] G·P·萨顿,O·比布拉兹,著. 火箭发动机基础. 洪鑫,张宝炯,等,译. (原著第七版),科学出版社,2003 年.

[13] 刘志勇,闫华,刘海峰,等. 一种推进剂分解机理的量子化学方法分析. 火工品,2007.

[14] BURGESS E. Rocket Propulsion. London:Chapman and Hall, Ltd. , 1954:38.

第 20 章　增压气体

本章所指的增压气体适用于液体火箭发动机、液体推进剂气液路系统及其组件和有关地面设备置换、增压、吹除等操作。在增压气体的选择上，从美国军用标准来看，有氮气、氦气和氩气，在液氢和甲烷系统中，也采用氢气作为增压气体。氢气的相关性质和使用注意事项等已经在前文中有了详细的介绍，因此本章只介绍氮气和氦气的相关内容。

20.1　氮气

20.1.1　概述

氮气，常温常压下无色、无味、无臭。1772 年英国 D. 卢瑟福首先发现氮气；同年瑞典化学家 C. W. 舍勒首次提出氮为空气的组成之一，并用硫黄与铁粉的混合物来吸收空气的氧而取得氮气；之后法国 A. L. 拉瓦锡把氮认定为元素，取名为"Azote"，意为"无益于生命"。氮是一种重要的化学物质，在化学工业、石油工业、电子工业、金属冶炼及加工业、生物工程、食品、科学研究等领域中有着非常广泛的应用，如合成氨工业、聚乙烯生产、干燥清洁硅片等。由于氮气有很好的化学稳定性，且成本低廉，是航天领域使用较为广泛的增压气体。

20.1.2　生产原理

由于空气中含有大量的氮气，因此工业上主要采用空气分离的方法制取氮气，普遍采用的方法是低温精馏法，近年来，采用变压吸附法和膜分离法分离空气制氮的装置逐渐增多。此外，还有化学法制氮，如燃烧法、氨热分解法、叠氮化钠（NaN$_3$）热分解法等。

20.1.2.1　低温精馏法

因空气中含氮量高，且容易得到，一般利用氮和氧的沸点不同，从空气中分离氮气。因其过程一般在 -190 ℃左右进行，故称低温精馏法，也称深度冷冻法。大型全低压空气分离装置即基于该原理，是现今最经济的制氮装置，采用该装置可同时制取氧和氮，还可副产和回收氩、氖等稀有气体。当仅生产氮时，可采用单塔制氮流程，以降低一次性投资成本。采用单塔流程生产的气氮和液氮的氧杂质含量 $\leqslant 5 \times 10^{-6}$，杂质总量 $< 30 \times 10^{-6}$，露点低于 -70 ℃。其能量单耗随产品纯度提高而增大，随装置规模增大而降低。如需进一步提高产品纯度，尤其要求一氧化碳含量低时，可采用带副精馏塔的流程，最终可得到氧含量低于 0.1×10^{-6} 的高纯氮。

20.1.2.2　变压吸附法

变压吸附法（Pressure Swing Adsorption，PSA）现已日趋成熟，尤其是在 20 世纪 70 年代初法国成功研制碳分子筛以后，这种制氮方法取得了历史性突破。该方法在常温下进行，具有工艺设备简单、操作方便、占地面积小、开启方便迅速、产气快、能耗小、自动化程度高、建设成本低等优点，在中小型制氮领域已成为低温精馏法强有力的竞争对手。但使用该法制备体积分数高于 99.99％的氮气成本非常高，一般企业和用户难以接受。

20.1.2.3　膜分离空分制氮法

膜分离空分制氮法是 20 世纪 80 年代新兴的非低温制氮的高科技技术，虽然起步晚，但发展很快。该方法流程更加简单，具有装置紧凑、操作简便、启动速度快、能耗低、运行稳定可靠等优点，越来越受到人们关注。膜分离空气制氮多采用高分子聚合膜，其制氮流程十分简单，通常流程顺序为空压机→冷干器→过滤器→膜分离器→氮纯化器→氮产品气。膜分离氮产品气的体积分数一般为 95％～99.9％，采用化学催化法脱氧、分子筛干燥纯化后的氮气体积分数可达 99.999％。

20.1.2.4　化学法制氮

（1）燃烧法

加压空气与可燃气体按比例混合后进入燃烧室内燃烧，生成二氧化碳、水、少量的一氧化氮和氢气，氮不参与反应，设法除去杂质即可得到纯氮。

（2）氨热分解法

在 600 ℃、101～1 515 kPa 的条件下，在钯催化剂存在下分解氨，生成氮和氢的混合物，配入适量空气燃烧除去氢即得纯氮。该方法在合金热处理工艺中仍有应用。

（3）叠氮化钠（NaN_3）热分解

实验室中制取少量的高纯氮可采用此法。将重结晶并经干燥的叠氮化钠放入密闭的容器中，抽真空并加热至 275 ℃以上，叠氮化钠分解成钠和氮气。

20.1.3　技术规格

氮气作为广泛使用的化学物质，国内外有很多标准规定其技术规格，我国国家标准中对工业氮、纯氮、高纯氮、超纯氮的技术规格均进行了规定（表 20-1），另外，国家标准还对电子工业用氮气进行了规定（表 20-2）。国际上 ISO 15859-3（2004）中也将氮气分为 A 级（体积分数为 99.5%，用于吹扫和增压）、B 级（体积分数为 99.99%，航天员呼吸用）、C 级（体积分数为 99.995%）、F 级（体积分数为 99.99%）、J 级（体积分数为 99.999%）等 5 个级别（表 20-3），美国军用标准 MIL-PRF-27401D（2008）中也规定了 A 级（体积分数为 99.5%，航天用）、B 级（体积分数为 99.99%，航天器）、C 级（体积分数为 99.995%）等 3 个级别氮气的技术规格（表 20-4）。

表 20-1　我国工业氮、纯氮、高纯氮及超纯氮技术规格

项目	指标			
	工业氮	纯氮	高纯氮	超纯氮
氮气体积分数/10^{-2}	≥99.2	≥99.99	≥99.999	≥99.999 9
氧体积分数/10^{-6}	≤8 000	≤50	≤3	≤0.1
氩体积分数/10^{-6}				≤2
氢体积分数/10^{-6}		≤15	≤1	≤0.1
一氧化碳体积分数/10^{-6}		≤5	≤1	≤0.1
二氧化碳体积分数/10^{-6}		≤10	≤1	≤0.1
甲烷含量体积/10^{-6}		≤5	≤1	≤0.1
水体积分数/10^{-6}		≤15	≤3	≤0.5
游离水	无			

表 20-2　我国电子工业用氮气技术规格

项目	指标	
	电子工业用[①]	
氮体积分数/10^{-2}	≥99.999 9	≥99.999 6
氧体积分数/10^{-6}	<0.2	<0.5
氢体积分数/10^{-6}	<0.1	<1.0
一氧化碳体积分数/10^{-6}	<0.1	<0.5
二氧化碳体积分数/10^{-6}	<0.1	<0.5
总烃体积分数（以甲烷计）/10^{-6}	<0.1	<0.5
水体积分数/10^{-6}	<0.2	<0.5
颗粒物质量浓度/（mg/m³）	供需方双方商定	供需方双方商定
杂质总体积分数/10^{-6}	≤1	≤4

① 适用于以深冷法从空气中提取的氮气，以及经电化学方法得到的氮，质量保证期为 36 个月。

表 20－3　ISO 15859－3 氮气技术规格

项目	指标				
	A 级	B 级	C 级	F 级	J 级
氮气体积分数①/10^{-2}	≥99.5	⑤	≥99.995	≥99.9	≥99.999
水体积分数/10^{-6}	≤26.3	≤11.5	≤5.7	≤15	≤10
碳氢化合物总量体积分数（以甲烷计）/10^{-6}	≤58.3	≤5.0⑥	≤5.0	≤25	
氧体积分数/10^{-6}	≤5 000	≤50	≤20	≤1 000	≤5
氢体积分数/10^{-6}	④	④	0.5	④	
氩体积分数②/10^{-6}	④	20	2.0	④	
二氧化碳体积分数②/10^{-6}	④	≤5.0	≤5.0	④	
一氧化碳体积分数②/10^{-6}	④	≤5.0	≤5.0	④	
芳烃体积分数（以苯计)②/10^{-6}		≤0.5			
卤代烃体积分数②/10^{-6}		≤1.0			
氯代烃体积分数②/10^{-6}		≤0.1			
一氧化二氮体积分数②/10^{-6}		≤1.0			
气味		无			
杂质总量③/10^{-6}	≤5 000	≤100	≤50	≤1 000	≤10

① 氮气体积分数中包括痕量的氖、氦和少量的氩。

② 如果使用需要。

③ 所有的水、碳氢化合物、氧气、氢气及可能存在的一氧化碳、二氧化碳、氩体积分数的总和。

④ 不作规定。

⑤ 间接法≥99.99 或直接法≥95.0。

⑥ 仅对于环境控制和生命保障系统（Entironmental Control and Life Supprot System，ECLSS）进行该项目的测试。

表 20-4　MIL-PRF-27401D 氮气技术规格

项目	指　　标		
	MIL-PRF-27401D 指标		
	A 级	B 级	C 级
氮气体积分数[①②]/10^{-2}	≥99.5	≥99.99	≥99.995
杂质体积分数/10^{-6}	≤5 000	≤100	≤50
水体积分数/10^{-6}	≤26.3	≤11.5	≤5.7
总烃体积分数（以甲烷计）/×10^{-6}	≤58.3	≤5.0	≤5.0
氧体积分数/10^{-6}	≤5 000	≤50	≤20
氢体积分数/10^{-6}	③	③	≤0.5
氩体积分数[②]/10^{-6}	③	≤20	≤2
二氧化碳体积分数[②]/10^{-6}	③	≤5	≤5
一氧化碳体积分数[②]/10^{-6}	③	≤5	≤5

① 氮气体积分数中包括痕量的氖、氦和氩。

② 如果必须测试可参照 MIL-PRF-27401D 6.2 的内容。

③ 不作规定。

20.1.4　物理化学性质

20.1.4.1　物理性质

氮的相对分子质量为 28.013 4，主要分布在地球表面的大气层中（体积分数约为 78.5%）。氮在 77.35 K 时冷凝为无色液体，63.14 K 时凝固成 β 态固体，35.6 K 时转化为 α 态固体。氮气的常用物理性质见表 20-5。

由于气体在液体中有一定的溶解度，可能会影响到推进剂的使用，尤其当增压输送系统采用惰性气体增压方式时，增压气体在推进剂中的溶解度会导致发动机泵入口压力有所变化，从而直接影响增压气体通量和系统质量，同时也影响推进剂箱的结构质量，而这些质量在上面级火箭结构质量中占相当大的比例，直接影响火箭的运载能力；此外，气体溶解于液体中，气体的分子分散存在于液体分子之间（亨利定律），这会影响推进剂在运载器上输送系统（管、伸缩管及接头）的固有振动频率，使之随机性增大；同时，气体分子被液体分子以表面张力包络在液体中，形成气泡，成为使用中的不稳定因素之一。因而，本章在各节列出增压气体在部分推进剂中的溶解度，作为参考。

表 20—5　氮气常用物理性质

摩尔体积（标准态）/L	22.40
沸点（0.101 MPa）/K	77.35
密度（标准态）/（g/cm³）	$1.250\,4\times10^{-3}$
粘度（63 K，0.101 MPa）/（mPa・s）	8.792×10^{-3}
导热系数（101 kPa，300 K）/［W/（m・K）］	0.257 9
定压比热容 c_p（288.8 K，0.101 MPa）/［J/（kg・K）］	1.04×10^{3}
定容比热容 c_v（288.8 K，0.101 MPa）/［J/（kg・K）］	7.41×10^{2}
临界温度/℃	-146.94
临界压力/Pa	$3.397\,8\times10^{6}$
临界密度/（g/cm³）	0.313 22
三相点温度/℃	-210.002
三相点压力/Pa	1.253×10^{4}
折射系数（293.16 K，0.101 MPa）	1.000 52
声速（300 K，0.101 MPa）/（m/s）	353.1

表 20—6　氮在水中的溶解度

温度/K	溶解度（物质的量分数）
273.15	1.692×10^{-7}
288.15	1.372×10^{-7}
298.15	1.175×10^{-7}
308.15	1.062×10^{-7}
313.15	9.99×10^{-8}

据相关文献报道，试验测得在 0.4 MPa 压力下，氮气在四氧化

二氮中的溶解度达 0.19%～0.27%，即每千克四氧化二氮可溶解 1.9～2.7 g 的氮气；在 0.343 MPa 压力下，氮气溶解度达每吨四氧化二氮溶解约 38 kg 氮气。图 20－1 为美国获得的氢气在四氧化二氮中的溶解度数据。

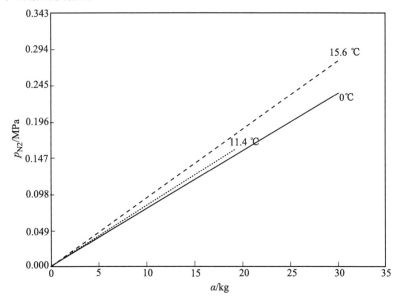

图 20－1　氮气在四氧化二氮中的溶解度

（α 为每吨四氧化二氮吸收的氮气量）

通常，气体在推进剂中的溶解度按式（20－1）进行计算，其结果以百分比进行比较。

$$S = \frac{(m_1 - m_2)}{m} \times 100\%$$

$$m_i = \frac{p_i V_i M}{R T_i} \tag{20-1}$$

式中　S——推进剂中气体的溶解质量，%；

　　　m_1——试验起始时的气体质量，g；

　　　m_2——试验终了时的气体质量，g；

　　　V——气体容积，L；

　　R——气体常数，8.314 5 J/（g·K）；

　　T——气体温度，K；

　　M——气体分子量，g/mol。

　　国外氮气在四氧化二氮和偏二甲肼中的溶解度试验结果如表 20－7和表 20－8 所示。

表 20－7　氮气在四氧化二氮中溶解度试验结果[①]

序号	m/g	T_0/K	V_1/L	V_2/L	p_1/MPa	p_2/MPa	α/（%）
1	672.4	299.75	0.671	0.872	0.759	0.413	0.27±0.02
2	433.7	282.05	0.671	1.045	0.719	0.371	0.19±0.03

　　① 表中 T_0 为试验温度，V_1 为气体初始容积，V_2 为气体终了容积，p_1 为气体初始压力，p_2 为气体终了压力，α 为气体溶解度。

表 20－8　氮气在偏二甲肼中溶解度的试验结果[①]

序号	m/g	T_0/K	V_1/L	V_2/L	p_1/MPa	p_2/MPa	α/（%）
1	228.5	300.35	0.671	1.050	0.746	0.510	0
2	228.5	276.15	0.671	1.060	0.746	0.448	0

　　① 表中 T_0 为试验温度，V_1 为气体初始容积，V_2 为气体终了容积，p_1 为气体初始压力，p_2 为气体终了压力，α 为气体溶解度。

　　由图 20－1 和表 20－7 可见，氮气在四氧化二氮中的溶解度随着压力、温度的升高而急剧上升，如当温度从 282.05 K 升至 299.75 K 时，其溶解度升高达 50%。

　　1960 年～1961 年，贝尔飞行系统公司给大力神Ⅱ（Titan Ⅱ）导弹提供可贮存推进剂理化性质数据，采用饱和法测定了氮气在肼、偏二甲肼、混肼及四氧化二氮中的溶解度，部分数据见表 20－9。

　　在使用过程中，通常需要一定压力的氮气，因而有必要在了解氮气在不同温度不同压力下的压缩系数（见表 20－10）。

表 20－9　氮气在偏二甲肼、肼、混肼－50 中的溶解度

序号	推进剂类别	温度/℃	压力/MPa	溶解度（质量分数）/%
1	偏二甲肼	27.2	0.52	0
2		3	0.46	0
3	肼	22.3	0.52	0
4		8	0.52	0.04±0.03
5	混肼－50	21.1	0.59	<0.01
6		0	0.54	<0.01

表 20－10　氮气在不同温度不同压力下的压缩系数

压力/MPa	温度/K								
	126.9	143.2	173.2	203.2	223.2	248.2	273.2	293.2	323.2
0.101		0.993 9	0.996 8	0.998 5	0.999 1	0.999 1	1.000 0	0.999 9	1.000 4
1.013		0.929 8	0.963 7	0.980 5	0.986 6	0.991 8	0.996 2	0.997 5	1.000 5
2.027	0.762 0	0.852 0	0.926 6	0.958 7	0.973 2	0.984 1	0.992 5	0.996 1	1.001 0
3.040	0.574 9	0.764 2	0.889 2	0.942 5	0.961 0	0.978 1	0.989 4	0.994 8	1.001 7
4.053		0.665 4	0.852 5	0.921 0	0.949 5	0.972 0	0.987 0	0.994 0	1.003 0
5.066		0.561 6	0.817 2	0.903 0	0.939 1	0.967 6	0.984 8	0.994 1	1.004 5
6.080		0.473 8	0.784 0	0.890 1	0.929 8	0.964 7	0.984 0	0.994 2	1.006 5
8.106		0.569 8	0.730 7	0.864 8	0.915 1	0.957 6	0.983 5	0.995 8	1.006 4
10.133			0.705 3	0.855 4	0.908 7	0.955 0	0.984 8	1.001 6	1.018 2
20.265				0.917 4	0.961 4	1.007 3	1.035 5	1.053 7	1.077 0
30.398				1.082 8	1.099 9	1.120 4	1.133 5	1.145 4	1.159 0

20.1.4.2　化学性质

　　氮通常以双原子分子的形式存在，只是在极高的温度下才分解为单原子。在常温常压下，氮气是很稳定的化学物质，除金属锂等少数元素外，几乎不与任何物质发生化学反应。因此，常用氮气作为液体的增压气体之一，但氮在特定条件下能与许多物质发生反应。

　　锂是在常温下能与氮直接反应的极少数元素之一，反应生成深红色的氮化锂，化学反应式为

$$6Li + N_2 \longrightarrow 2Li_3N$$

　　虽然其他碱金属也能生成金属氮化物，但还未发现他们能与氮直接反应。高温下，氮可以与氢、氧、碳等非金属元素及一些金属元素反应。如在高温条件下，铍和其他碱土金属在高温时也能与氮直接反应生成氮化物，化学反应式为

$$3Be + N_2 \longrightarrow Be_3N_2$$
$$3Mg + N_2 \longrightarrow Mg_3N_2$$

　　铅、锗在高温下也能与氮反应生成氮化物，过渡金属钪、钇，镧系金属钍、铀和钚在高温下也能与氮反应生成金属氮化物。如

$$3M + N_2 \longrightarrow M_3N_2$$
$$(M = Ca, Mg, Ba)$$

　　常压条件下，氮与氢反应可生成微量的氨，在催化条件下，500 ℃时氮与氢反应生成氨，这是工业合成氨的基础。

　　氮与氧在高压放电时生成氮的氧化物，因而在闪电的天气里，空气中的氮气发生化学反应，生成氮的氧化物随雨水落到地面的土壤里，成为农作物生长必需的氮肥。氮与臭氧在高温下反应生成二氧化氮和少量氧化亚氮。氮还可与炽热的碳反应生成 CN_2。氮、碳和氢在高于 1 900 K 的条件下能缓慢反应生成氰化氢

$$N_2(g) + 2C(s) + H_2(g) \longrightarrow 2HCN(g)$$

　　在高温下氮与一些化合物也能发生反应。例如，氮与碳化钙反应生成易燃易爆且有毒性的氰化钙（$CaCN_2$）；在 1 000 ℃时，氮与硅化钙反应生成 $CaSiN_2$ 和 $Ca(SiN)_2$；氮与石墨和碳化钠在 900 ℃反应生成剧毒性物质氰化钠；氮与乙炔在 1 500 ℃反应生成易燃剧毒的氰化氢。

20.1.5 贮存和运输

20.1.5.1 贮存

大量的氮气可采用低压贮存，也可采用中高压贮存或液体贮存。小批量供气可采用水封钟罩式气柜，其容积可达数百至数千立方米，其优点是压力恒定，缺点是体积大，占地面积大，易受水蒸气污染。此外，也可用低压胶囊贮存，其容积一般不超过 200 m^3。低压大容积贮存的氮气不便于运输，且氮气易受容器污染，纯度得不到保证。

中压金属容器贮存氮气，贮存压力为 1.5～3.0 MPa，容积一般为几十到几百立方米。通常用作管道输送氮气的缓冲贮存。管道输送氮气适用于交通不便，用量大且需连续稳定使用氮气的用户。管道材质视所输氮气的质量而定，一般为普通碳钢，对超高纯氮气的输送，则需采用经特殊处理的管道和管件。

高压贮存最常用的容器是普通碳钢钢瓶，氮气瓶应符合 GB 5099－1994 的规定和《气瓶安全监察规程》的规定。钢瓶容积一般为 40～50 L，工作压力为 15.0～20.0 MPa。氮气的充装应按照 GB 14194－2006 的要求操作。氮气瓶外表面应为黑色，"氮"字为淡黄色。气瓶额定压强为 15 MPa 的瓶身不加色环，额定压强为 20 MPa 的加白色环 1 道，额定压强为 30 MPa 的加白色环 2 道。氮气瓶应避免阳光直射。在室内存放氮气瓶时应保持室内温度在 0～40 ℃，湿度不宜大于 85％，并应配备通风设备、安全报警设备和消防器材，并定期通风。

20.1.5.2 运输

氮气的运输一般指氮气瓶的运输，但是，由于气与瓶的质量比太小（1/8～1/10），运输效率低，只适用于用量很小的用户，且运输距离不宜太远。运输时应固定在运输工具的高压管束上。对用气量大，又不方便管道输送的用气点，最经济的方法是采用液体方式运输。

氮气运输以铁路运输及公路运输为主，并应符合铁路及公路运输有关规定。在公路运输中，应使用车辆状况良好的专用车辆，尽量避免行驶中急刹车。车辆运输氮气瓶时，气瓶应妥善固定。立放时，车厢高度应在瓶高的 2/3 以上；卧放时，瓶阀端应朝向同一方向，垛高不得超过 5 层，且不得超过车厢高度。

运输氮气的车辆应有专人押运，押运人员应熟悉铁路及公路危险货物运输的有关规定。押运时，押运人员应按规定检查气瓶的状态，如发现异常情况，应及时报告并采取措施。运输车辆内应备有灭火器和防护用品。

20.1.6 安全使用守则

氮气为惰性气体，对人体无害，但如果氮气在空气中含量增高，则空气中氧的含量降低，将对人体产生影响。在密闭强制供氧系统中，随着氮气分压的增高，氮在血液中的溶解度增大，而血液对氧的溶解能力下降，人将感到缺氧。因此，在深水作业时，用氦与氧混合制呼吸气，而不能用氮。

由于氮气不能供人呼吸，所以在使用氮气尤其是在密闭空间使用时候，要注意空气中的氧含量，以防窒息。如遇人员窒息应立即移至空气新鲜处并施以人工呼吸。

氮气是不助燃的，但如遇氮气存放地附近发生火灾，应及时消防灭火，并将贮存容器撤离至安全区域，对不能撤离的贮存容器可使用水冷却容器外壳进行降温。

在进行与液氮相关的操作时，不仅要注意与氮气操作相应的安全防护，同时因其沸点很低（常压下为 $-196\ ℃$），所以不能直接接触人体，以防灼伤。另外，大量液氮置于空气中，将造成氧含量降低，影响人体健康。

20.2　氦气

20.2.1　概述

氦是 1868 年首先由洛基尔在太阳日冕光谱中发现，随后在地球沥青铀矿和天然气中发现。在地球上，氦主要由铀、钍等放射性同位素 α 蜕变和氚的 β 蜕变产生。其中，重元素 α 蜕变放出 α 粒子，即 $^4He^{+2}$，而氚的 β 蜕变则生成 ^3He。由于蜕变增加的氦和扩散到外层空间损失的氦接近平衡，因而地壳和地球大气层中氦的含量保持相对稳定。在干燥空气中，氦气的体积分数约为 5.24×10^{-6}。在某些温泉和独居石矿砂中，也含有微量氦。氦在天然气中含量较高，其体积分数一般为 $0.05\% \sim 2\%$，因此从天然气中提取氦是最经济的。可见，氦气在自然界中含量很少，且因其化学性质极其稳定，一般不产生化合物，因此，与氖、氩、氪、氙、氡一起总成为氦系气体，也称稀有气体、贵重气体或惰性气体。

20.2.2　生产原理

20.2.2.1　从空气中提取氦气

空气中氦的体积分数为 5.24×10^{-6}，氖的体积分数为 18.2×10^{-6}。氦气是从空气中提取氖的副产物。因为氖、氦和氢的沸点都很低，因此在空气分离装置中均是不凝气体，积累于冷凝蒸发器顶部，将该不凝气体在一定条件下抽出导入氖塔。在氖塔中，所抽馏分被冷却后在塔顶得到粗氖氦混合气，再经过除氢和除氮后，可得到体积分数为 99.95% 的纯氖氦混合气，在纯氖氦混合气中氖含量的体积分数为 75%，氦为 25%。进一步冷却后，使混合气中的大部分氖冷凝。在不凝的氦气中含有体积分数多至 10% 的氖。这些氖大部分通过进一步冷凝过程脱除，接着在低于 77 K 温度下，用活性炭吸附除去残余氖而获得纯氦。由于空气中氖氦浓度甚低，只有大型空分装置才有可能制备合格氦。

20.2.2.2　从天然气中提取氦

天然气是最重要的氦资源，因而氦气主要是从天然气中提取。天然气组成比较复杂，除甲烷和重烃之外，还含有水蒸气、二氧化碳、硫化氢及其他含硫化合物、氢和氦等。从天然气中提取纯氦一般要经过 3 个基本工艺步骤：天然气的预净化，粗氦的制取和氦的精制，最后氦纯度可达到 99.997％ 以上。

此外，氦气还可以从合成氨弛放气中提取，也可以从核动力装置裂变气中提取等。

20.2.3　技术规格

氦气国内外有很多标准规定其技术规格，我国国家标准中对工业氦、纯氦、高纯氦和电子工业用氦气均进行了规定（表 20-11～表 20-13）。国际上 ISO 15859-4（2004）中也将氦气分为 A 级（用于吹扫和增压）、F 级（用于吹扫和增压）、J 级（用于吹扫和增压）3 个级别（表 20-14），美国军用标准 MIL-PRF-27407C（2006）中也规定了 A 级（用于增压）、B 级（用于呼吸气）2 个级别氦气的技术规格（表 20-15）。

使用氦气作为增压气体时，均要求符合相应使用环境的军用标准（表 20-14）。

表 20-11　工业氦技术规格

项目	指标
氦气体积分数/10^{-2}	≥99
氖（氢）、氧（氩）、氮、甲烷总体积分数/10^{-2}	≤1
露点/℃	≤-43

表 20－12　纯氦和高纯氦技术规格

项目	指标					
	纯氦			高纯氦		
	优等品	一等品	合格品	优等品	一等品	合格品
氦体积分数/10^{-6}	≥99.995	≥99.993	≥99.99	≥99.999 6	≥99.999 3	≥99.999
氖体积分数/10^{-6}	≤15	≤25	≤40	≤1	≤2	≤4
氢体积分数/10^{-6}	≤3	≤5	≤7	≤0.1	≤0.5	≤1
氧（氩）体积分数/10^{-6}	≤3	≤5	≤5	≤0.5	≤1	≤1
氮氖体积分数/10^{-6}	≤10	≤17	≤25	≤1	≤1	≤2
一氧化碳体积分数/10^{-6}	≤1	≤1	≤1	≤0.1	≤0.2	≤0.5
二氧化碳体积分数/10^{-6}	≤1	≤1	≤1	≤0.2	≤0.2	≤0.5
甲烷体积分数/10^{-6}	≤1	≤1	≤1	≤0.1	≤0.2	≤0.5
水体积分数/10^{-6}	≤10	≤15	≤20	≤1	≤2	≤3

表 20－13　电子工业用氦气技术规格

项目	指标	
氦气体积分数/10^{-2}	≥99.999 9	≥99
一氧化碳和二氧化碳总体积分数/10^{-2}	一氧化碳<0.1	<1
	二氧化碳<0.1	
氮体积分数/10^{-4}	<0.5	<2
氧体积分数/10^{-6}	<0.2	<0.5
总烃（以甲烷计）体积分数/10^{-6}	<0.1	<0.5
水分体积分数/10^{-6}	<0.2	<0.5
杂质总体积分数/10^{-6}	≤1	≤5
颗粒	供需双方商定	供需双方商定

表 20-14　ISO 15859-4 中规定的氦气技术规格

项目	指标		
	A 级	B 级	C 级
氦体积分数/10^{-2}	99.99	99.995	99.999
水体积分数/10^{-6}	9	5	1.9
碳氢化合物总量（以甲烷计）/10^{-6}	5	10	0.1
氧体积分数/10^{-6}	10	5	1
氮体积分数/10^{-6}	50	20	3
氖体积分数/10^{-6}		23	
一氧化碳＋二氧化碳体积分数/10^{-6}		$\leqslant 1$	$\leqslant 0.1$
允许杂质总量体积分数/10^{-6}	100	50	10

表 20-15　MIL-PRF-27407C 和美国航空航天局规定的氦气技术规格

项目	指标		美国航空航天局使用指标
	MIL-PRF-27407C 采购指标		
	A 级	B 级	
氦体积分数/10^{-2}	$\geqslant 99.995$	$\geqslant 99.997$	$\geqslant 99.99$
杂质总量体积分数/10^{-6}	$\leqslant 50$		$\leqslant 100$
水体积分数/10^{-6}	$\leqslant 9$	$\leqslant 9$	$\leqslant 9.0$
碳氢化合物总量体积分数（以甲烷计）/10^{-6}	$\leqslant 5$	$\leqslant 1$	$\leqslant 5$
氧体积分数/10^{-6}	$\leqslant 3$	$\leqslant 3$	
氧（氧＋氩）体积分数/10^{-6}			$\leqslant 10.0$
氮体积分数/10^{-6}			$\leqslant 50.0$
氮＋氩体积分数/10^{-6}	$\leqslant 14$	$\leqslant 5$	
氖体积分数/10^{-6}	$\leqslant 23$	$\leqslant 23$	
氢体积分数/10^{-6}	$\leqslant 1$	$\leqslant 1$	
二氧化碳体积分数/10^{-6}	$\leqslant 1$		
一氧化碳体积分数/10^{-6}	$\leqslant 1$		

20.2.4 物理化学性质

20.2.4.1 物理性质

氦气在室温和常压下是无色、无味、无臭的气体，化学性质几乎都是惰性的。氦元素有 2 个稳定的同位素 ^{3}He 和 ^{4}He，表 20—16 列出了氦元素同位素常用物理性质。

表 20—16 氦元素同位素常用物理性质[①]

性质	^{3}He	^{4}He
相对分子质量	3.016	4.002 6
沸点（0.101 MPa）/K	3.190 5	4.422
密度（标准状态）/（g/cm³）	1.347×10^{-4}	1.785×10^{-4}
摩尔体积（标准状态）/L	22.42	22.63
黏度（101.32 kPa，25 ℃）/（mPa·s）	(0.017 2)	0.019 85
导热系数（101.32 kPa，0 ℃）/[W/（m·K）]	(0.163 6)	0.141 84
摩尔热容（101.32 kPa，25 ℃）/[J/（mol·K）]	20.78	20.78
临界温度/K	3.324	5.201 4
临界压力/Pa	1.164×10^3	2.275×10^5
临界密度/（g/cm³）	0.041 3	0.069 64
声速（0 ℃，0.101 MPa）/（m/s）	(1 122)	973

① 括号内为估计值。

由 ^{4}He 相图（图 20—2）可见，氦不存在气—液—固平衡共存的三相点，这是氦的特殊物理性质之一。因此若要将液氦变为固态，必须在低温下对液氦进行加压，在接近绝对温度零度时，对液氦加压到 2.5 MPa 以上才能使之变为固态。

此外，从图 20—2 可以看出，位于（2.172 K，5.04 kPa）处，存在一个超流转变点，这是氦的另一个特殊物理性质。液氦在达到该点时，其自身的饱和蒸气压力下的热容 C_s 急剧上升，超过该点后，又急剧下降，由此所得的 $C_s - T$ 曲线很像 λ，因此该点被命名

为 λ 点。在 λ 点两侧的氦均为液态，温度低于 2.172 K 侧的氦粘度很低，几乎为零，实际上与相同温度和压力下氦气的粘度接近，因而这种状态下的氦称为"超流态"氦。

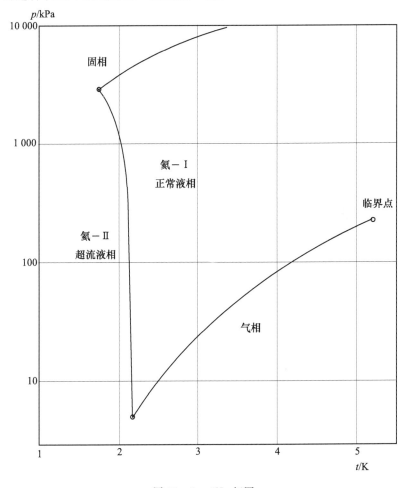

图 20－2　4He 相图

基于和氮气同样的原因，在本章列出氦气在水和部分推进剂中的溶解度。氦气在水中的溶解度列于表 20－17。

表 20－17　氦气在水中的溶解度[①]

温度/K	氦气/mL
273.15	9.8×10^{-5}
283.15	9.11×10^{-5}
293.15	8.6×10^{-5}
303.15	8.39×10^{-5}
313.15	8.41×10^{-5}
333.15	9.02×10^{-5}
343.15	9.42×10^{-5}

① 氦气在不同温度下在水中的溶解度，是指当气体与水处于平衡状态，且气体自身的平衡压力为 101.325 kPa 时，溶解于 1 mL 水中的气体标准状态（273.15 K，101.325 kPa）体积（mL）。

表 20－18　氦气在四氧化二氮中溶解度的试验结果[①]

序号	m/g	T_0/K	V_1/L	V_2/L	p_1/MPa	p_2/MPa	α/（%）
1	398.6	289.75	0.671	1.068	0.735	0.418	0.02 ± 0.004
2	398.6	273.15	0.671	1.075	0.735	0.418	0.01 ± 0.005

① 表中 T_0 为试验温度，V_1 为气体初始容积，V_2 为气体终了容积，p_1 为气体初始压力，p_2 为气体终了压力，α 为气体溶解度。

由表 20－18 可见，氦气在四氧化二氮中的溶解度仅为 0.01%～0.02%，并且随着压力、温度的升高，其溶解度增长也不大。与表 20－7 中的相关数据比较可以看出，氦气在四氧化二氮中的溶解度比氮气高出 15～20 倍。大量的氦气溶解于四氧化二氮中，是一个很不稳定的因素。例如，当推进剂进入泵的低压区时，由于压力降低，推进剂中气体溶解度降低，使溶解的气体释放出来，汇集形成气泡，从而对泵造成气蚀危害，进而需要提高泵的入口压力。

表 20－19 中的数据与表 20－8 对比可见，氦气在偏二甲肼中的溶解度比氮气大。但是，总体来看，2 种气体的溶解度在 0%～0.008% 之间，两者差别不大。

表 20-19　氦气在偏二甲肼中溶解度的试验结果[①]

序号	m/g	T_0/K	V_1/L	V_2/L	p_1/MPa	p_2/MPa	$\alpha/$（%）
1	296.5	295.15	0.671	0.968	0.745	0.529	0.007±0.005
2	308.8	287.05	0.671	0.957	0.752	0.533	0.008±0.005

① 表中 T_0 为试验温度，V_1 为气体初始容积，V_2 为气体终了容积，p_1 为气体初始压力，p_2 为气体终了压力，α 为气体溶解度。

1960～1961 年，贝尔飞行系统公司给大力神Ⅱ（Titan Ⅱ）导弹提供可贮存推进剂理化性质数据，采用饱和法测定了氦气在肼、偏二甲肼、混肼及四氧化二氮中的溶解度，部分数据见表 20-20。

表 20-20　氦气在偏二甲肼、肼、混肼-50 中的溶解度

序号	推进剂类别	温度/℃	压力/MPa	溶解度（质量分数）/%
1	偏二甲肼	25	0.54	0.007±0.005
2		13.9	0.54	0.008±0.005
3	肼	22.8	0.56	0
4		3.3	0.52	0
5	混肼-50	21.9	0.43	0.012±0.008
6		0.5	0.41	＜0.008

1963 年，北美航空公司测定了 2.0 MPa 压力下，不同温度范围内氦气在甲基肼中的溶解度，具体试验数据见表 20-21。

表 20-21　2.0 MPa 压力下不同温度范围内氦气在甲基肼中的溶解度

序号	温度/℃	压力/MPa	溶解度/［mL（He，STP）/mL（推进剂）］
1	-6.7	2.0	0.030
2	20	2.0	0.131
3	50	2.0	0.204
4	80	2.0	0.306

　　1966 年，美国通用喷气公司测定了不同温度、压力下氦气在液体推进剂中的溶解度，其中有关氦气在甲基肼中的溶解度数据见表 20－22。

表 20－22　不同温度压力下氦气在甲基肼中的溶解度

序号	温度/℃	压力/MPa	溶解度/［mL（He，STP）/mL（推进剂）］
1	0	1.3	0.050
2	0	1.7	0.062
3	26.7	0.68	0.045
4	26.7	1.3	0.095
5	26.7	1.7	0.123
6	51.7	0.69	0.073
7	51.7	1.4	0.146
8	51.7	1.68	0.179

　　从表 20－21 和表 20－22 中的数据可以看出，在相同压力下，随温度的升高，氦气在甲基肼中的溶解度大幅增加；温度不变，提升系统压力，溶解度也随着增大。有关文献中根据有限的测定结果推算出氦气在甲基肼中的溶解度与温度、压力的关系式

$$S = -0.141\,215 + 0.000\,583\,P + 0.001\,437\,t \qquad (20-2)$$

式中　S——溶解度，mL（He，STP）/mL（推进剂）；

　　　　P——压力，Psi；

　　　　t——温度，℃。

　　此后，美国对氦气在 MON－1、混肼－50 中的溶解度进行了测定，其中有关氦气在 MON－1 中溶解度的数据见表 20－23。

　　由表 20－23 中的数据可以看出，氦气在 MON－1 中的溶解度明显大于在甲基肼中的溶解度，但其随温度、压力的变化趋势与氦气在甲基肼中的溶解度是一致的，即随温度和压力的升高溶解度增加。溶解度与温度与压力的关系式

表 20—23　氦气在 MON—1 中的溶解度

序号	温度/℃	压力/MPa	溶解度/ [mL（He，STP）/mL（推进剂）]
1	7.78	1.60	0.405
2	7.78	1.60	0.385
3	7.78	1.60	0.371
4	12.78	1.59	0.395
5	12.78	1.60	0.393
6	16.67	1.55	0.365
7	16.67	1.55	0.367
8	20.55	1.59	0.426
9	20.55	1.61	0.410
10	20.55	1.61	0.451
11	20.55	1.61	0.437
12	21.0	0.8	0.181
13	21.0	0.8	0.168
14	25.5	1.59	0.455
15	30.0	1.57	0.487
16	35.0	0.63	0.182
17	38.89	1.60	0.494

$$S = -0.247\,401 + 0.002\,194\,P + 0.002\,313\,t \quad (20-3)$$

式中　S——溶解度，mL（He，STP）/mL（推进剂）；

　　　P——压力，Psi；

　　　t——温度，℃。

1979 年，美国航空航天局的史密斯等人利用泡点法在推进剂缩比贮箱中测定了不同压力下氦气在甲基肼、MON—3 中的溶解度。具体试验结果见表 20—24。

从表 20—24 中的数据可以看出，氦气在 MON—3 中的溶解度约为甲基肼中的 4～5 倍，该测定结果与其他科研工作者测定的数据基本一致。

表 20－24　　氦气在甲基肼、MON－3 中的溶解度

序号	温度 (℃)	压力 (MPa)	氦气在甲基肼中溶解度 [mL（He，STP）/mL（推进剂）]	氦气在 MON－3 中溶解度 [mL（He，STP）/mL（推进剂）]
1	21.1	1.70	0.114	0.463
2	21.1	1.36	0.085	0.353
3	21.1	1.00	0.056	0.244
4	21.1	0.68	0.026	0.134

在这些研究中，饱和法、分离法以及起泡点法使用比较广泛，采用这些方法测得的液体中气体溶解度数据目前仍被许多研究者所采用。

20.2.4.2　化学性质

氦气的化学性质非常稳定，很少有物质与氦气发生反应，因此氦气常用于液体的增压气体。由于在液体中氦气的溶解度小于氮气，所以在航天应用中常用氦气作为增压气体，但氦气的使用成本高于氮气。

20.2.5　贮存和运输

20.2.5.1　贮存

氦气可长期贮存。贮存容器中柱形容积为 40 L，工作压力为 15 MPa；球形气瓶容积 1.4 m³，工作压力为 35 MPa；气瓶车容积 1.6 m³，工作压力为 35 MPa。常用氦气瓶为银灰色，"氦"字为深绿色。氦气采用容器贮存时，应保持贮存场所通风干燥，避免阳光直射贮存容器，禁止与油类或其他易燃、易爆品共存。贮存期间，应经常检查，一旦发现氦气泄漏，立即报主管部门，并及时进行处理。

20.2.5.2　运输

氦气可采用铁路和公路运输，运输过程中应符合铁路及公路运输有关规定。在运输过程中禁止与油类或其他易燃、易爆物品共同存放。

押运员要熟悉氦气的理化性能、安全规程、行车要求和车辆检修知识。严守押运工作岗位，途中定期检查各参数变化有无异常情况，若发现氦气泄漏，要及时采取措施，禁止带压拧紧螺母或敲击压力容器。

20.2.6　安全要求

操作现场施行双岗制；确保管路系统内的阀门、接头、压力表等无油、尘等物质进入；高压氦气阀要缓慢开启，禁止阀口对人；气瓶应有瓶帽、塑料盖；在通风不好的场所，应有防窒息措施。

20.2.7　应急措施

工作人员因吸入氦气窒息时，应迅速移至空气清新处，解开衣领，进行人工呼吸；严重者送医院进行抢救。

参 考 文 献

[1] GB/T 3864-2008 工业氮.

[2] GB/T 4844.1-1995 工业氦气.

[3] GB 4844.2-1995 纯氦.

[4] GB/T 4844.3-1995 高纯氦.

[5] GB 5099-1994 钢制无缝气瓶.

[6] GB 7144-1999 气瓶颜色标志.

[7] GB/T 8979-2008 纯氮、高纯氮和超纯氮.

[8] GB 14194-2006 永久气体气瓶充装规定.

[9] GB/T 16943-2009 电子工业用气体氮.

[10] GB/T 16944-2009 电子工业用气体氦.

[11] 黄建彬. 工业气体手册. 第1版. 成都:化学工业出版社,2002.

[12] 刘静宜,弓国志. 化工百科全书:第2卷(氮). 北京:化学工业出版社.

[13] 陶鹏万. 化工百科全书:第6卷(氦系气体). 北京:化学工业出版社.

[14] 化工第四设计院. 深冷手册. 北京:燃料化学工业出版社,1973.

[15] J. A. 迪安. 兰氏化学手册. 第2版. 北京:科学出版社,2003.

[16] 廖少英. 可贮存推进剂火箭增压气体与泵入口压力关系研究. 上海航天.
      2001,1:16-21.

[17] 谢光选,龙乐豪,余梦伦,液体推进剂和气体,导弹与航天运载技术,2009,
      4:1-3.

[18] ISO 15859-3 Space systems-Fluid characteristics, sampling, and test
      methods Parts:Nitrogen,2004.

[19] ISO 15859-4 Space systems-Fluid characteristics, sampling and test meth-
      ods— part 4:Helium,2004.

[20] MIL-PRF-27401F Performance specification Propellant Pressurizing agent,
      nitrogen,2008.

[21] MIL-PRF-27407C 2006.11.29 Performance Specification Propellant Pres-
      surizing Agent, Helium,2006.

[22] GOKCEN N A. Solubility of N_2 (g)in Liquid $N_2 H_4$ $(CH_3)_2 N_2 H_2$, $50wt\% N_2 H_4 +$
      $50wt\% (CH_3)_2 N_2 H_2$ and $N_2 O_4$. Aerospace Corp. Internal Report.

第 21 章　液体推进剂的发展

21.1　概述

液体推进剂发展到今天，已有燃料、氧化剂、单组元推进剂等十余类、数十种，是世界各国使用最多的推进剂。其中燃料有液氢、肼类、胺类、烃类、醇类等近 30 种，氧化剂有液氧、硝基氧化剂、过氧化氢、氟类化合物等十余种，单组元推进剂有过氧化氢、无水肼、硝酸酯类、单推－3 等十余种。但考虑能量特性、燃烧性能、贮存性能等综合使用性能，目前航天领域采用的液体推进剂仍以肼类燃料、硝基类氧化剂、低温推进剂为主。这些液体推进剂或者有毒，影响操作人员健康，污染环境；或者易燃易爆，安全性比较差；或者存在低温蒸发的问题，操作和处理比较困难，且不能在空间长期贮存。因此，随着空间运输装备和武器装备发展的需求，对液体推进剂提出了新的技术要求，凝胶化、无毒化、高能化、低成本、免维护成为液体推进剂未来发展方向。

21.2　液体推进剂技术发展趋势

21.2.1　胶体推进剂

从 20 世纪 90 年代开始是胶体推进剂研究最为活跃的时期。一方面，美国军方因国家导弹防御系统（NMD）和战区导弹防御系统（TMD）需要而研制机动性能优良的拦截导弹（KKV），推动了胶体推进剂的发展；另一方面，相关技术和学科（纳米材料和流变学）的发展为胶体推进剂技术日趋成熟创造了条件。在美国军方和美国航空航天局的资助下，胶体火箭推进研究主要集中在导弹和航天运载系统应用方面，内容包括配方研究、性能研究、生产技术和生产设备研究、胶体推进系统研究、地面试验以及飞行试验 6 个方面。

2000 年以来，美国军方和美国航空航天局在技术创新和技术转移计划中安排了 17 项胶体推进剂研究课题，体现了对胶体推进剂的重视。2006 年，"气体，液体和胶体推进剂自燃反应机理"、"胶体推进剂制备和生产可行性"等课题分别列入陆军技术转移计划和技术创新计划。2008 年，由轨道技术公司承担的中小企业创新研究项目"为飞行器机动性设计推力可调的液体和胶体推进系统"，获得了嘉奖，这说明美国胶体推进剂的研究已逐渐进入工程化应用研究阶段。

21.2.1.1　导弹方面

导弹用胶体推进剂一般包括金属化胶体推进剂和低特征信号胶体推进剂。含铝金属化胶体推进剂是目前研究最多的胶体推进剂。

1993 年，美国成功进行胶体拦载导弹推进系统点火试验，这种拦截导弹将用于陆基或海基战区导弹防御系统。1998 年，美国陆军科学技术发展纲要在"国家导弹防御系统"专题第 1 个子专题"地基拦截器/外层空间杀伤导弹"中提出的 5 个课题之一就是"胶体推进"。胶体助推器的研制计划，已经直接列入美国国家导弹防御系统（NMD－GBI）研制计划中。美国陆军制定的两项武器研制计划都采用金属化胶体推进剂技术。美国航空喷气公司与陆军空间防御司令部签定的"液体/胶体推进剂主级发动机研制"合同，计划采用含铝胶体甲基肼和胶体抑制红烟硝酸。

按照美国陆军航空与导弹司令部（AMCDM）制定的"未来导弹技术综合研究计划"（FMTI），汤普森·拉莫·伍尔德里奇（TRW）公司与泰勒（Telley）防务系统公司共同研制的胶体导弹推进系统于 1998 年 11 月在陆军红石兵工厂进行了 6 次点火试验。1999 年 3 月成功试射采用胶体推进装置的导弹，证明采用胶体推进剂可显著增加导弹的射程，2000 年 6 月进行了第二次飞行试验。2002 年 8 月，美国进行胶体推进剂低温点火试验，发动机推力达到常温下推力的 96% 以上，表明以胶体推进系统作为动力的陆军战术导弹可以在实战温度范围内具有连续发射能力，而且射程比同等固体发动机大 2 倍多。

2000 年，美国陆军与 TRW 公司签订用于通用导弹及海尔法导弹的胶体推进技术研制合同，该推进系统不但适用于地地导弹系统和空地导弹系统（特别适用于多用途导弹），而且使用该推进系统的导弹具有发射后再跟踪、调整和锁定目标的能力，尤其适用于新型灵巧战术导弹和反导导弹。

2004 年，美国导弹防御局在中小企业创新计划中提出一种用于导弹防御计划体系外层空间杀伤飞行器（KKV）的先进金属化胶体推进剂研究。近期资料表明，美国已经研制出用于测定金属化胶体推进剂在火箭发动机中传热性能的装置并投入使用。美国军方在 2005 年小型企业技术转移计划（STTR）中提出开展胶体推进剂物理模型研究，建立胶体推进剂配方与各种性能之间的物理模型，以指导未来新型胶体推进剂的研究和开发。

2007 年，美国导弹和航天项目执行办公室提出新开发一种用于战术双推进系统的含纳米可燃胶凝剂的叔胺基胶体推进剂，一方面采用叔胺基胶体替代常用甲基肼（MMH）胶体，减少对环境的污染；另一方面用纳米可燃的胶凝剂替代常规胶凝剂（如氧化硅），减少推进剂中胶凝剂含量，提高推进剂能量密度。该胶体推进剂计划用于陆军战术导弹、导弹拦截器转向和高度控制系统以及美国航空航天局的载人和无人飞行器中。

在德国国防技术与采购局（BWB）技术验证飞行计划（TDP）的支持下，德国拜耳公司和国防技术与采购局（BWB）下属的多家机构合作对可调推力胶体推进系统进行应用研究，2007～2008 年成功进行了发动机热试考核，2009 年成功进行了 2 次新型胶体推进剂助推的导弹演示试验，被称为技术验证飞行计划的里程碑，结果表明胶体推进剂的所有性能达到了技术就绪等级 6 级（TRL6）水平。此外，英国、以色列、印度、日本等国家也对胶体推进剂进行了深入研究。

21.2.1.2 航天运载器

在航天运载任务方面，美国研究的胶体推进剂体系主要包括胶氢/液氧、含铝肼类胶体/四氧化二氮胶体、含铝煤油胶体/液氧等推进剂组合，内容涉及流变性能、雾化燃烧性能、贮存性能及胶凝剂等方面。

1992 年美国航空航天局在小型企业技术创新计划第 1 阶段提出一项"金属化胶体推进剂的工程设计和试验"课题，其目的是验证液氧/RP-1/Al 发动机性能。1990～1994 年，美国宾州大学机械工程系和推进工程研究中心比较详细地研究了 RP-1/Al 胶体燃料在氧气中的点火和燃烧特性。

美国在空间技术计划中开展了胶体推进剂低温稳定性研究。对抑制红烟硝酸胶体和甲基肼胶体的基础配方进行调整以适应空间（环境）的要求。TRW 公司已经通过小型试验验证了绿色四氧化二氮（MON-3）凝胶化的可行性。据报导，TRW 公司正在进行大力神 IV 运载器推进装置用 N_2O_4/混肼-50/Al 燃料体系的研究。

2007 年 6 月，美国 CFD 公司公布了一种高能低温双组元胶体推进剂专利。该推进剂是以丙烷（GLP）胶体为燃料，MON-30（70% N_2O_4+30% NO）胶体为氧化剂组合而成的一种双组元推进剂，可选用的胶凝剂有二氧化硅、粘土、碳粉、有机高分子或无机高分子物质。为了改善性能、增强自燃性，在配方中还可选择性加入硼、碳、锂、铝粉或其他混合物。该推进剂的真空比冲高达3 528 m/s，安全性能好，可自燃，而且燃料和氧化剂的冰点低，尤其适用于太空任务。

综上所述，国外在胶体推进剂领域经过 50 多年的研究，已经取得了重大进展，特别是随着各种新技术和新材料的快速发展，胶体推进剂在能量性能、燃烧性能、安全性能及流变性能上将更加完善，更加趋于实用。研究范围也随着技术需要逐渐拓宽，已经不再局限于肼类胶体和硝基氧化剂胶体等传统胶体推进剂，与环境友好的无毒胶体推进剂、适用于冲压发动机的烃类胶体等新型胶体推进剂被列入发展规划。可以预测，胶体推进剂在未来具有十分广阔的应用前景。

21.2.2　无毒推进剂

在无毒单组元推进剂研究领域，以硝酸羟铵（HAN）、二硝酰胺铵（ADN）等为代表的高性能单组元推进剂逐渐发展起来，特别是随着催化剂、新型点火技术和新材料等关键技术的突破，这类推进剂在 21 世纪具有极大的发展潜力。2007 年美国完成硝酸羟铵基无毒推进剂在拦截导弹上的飞行验证以及 2010 年欧洲空间局开展 ADN 基无毒推进剂在卫星上的验证试验就是很好的例证。

对于无毒双组元推进剂，氧化剂可选择的种类有限，过氧化氢/燃料（醇类、煤油、叠氮胺等）一直是重要研究方向。其技术路线主要有 2 种，一种是采用催化床的非均相催化技术，一种是采用自燃添加剂的均相催化技术，2 种技术途径各有优势，但同样具有需要攻克的技术难题。

21.2.2.1　无毒单组元推进剂

（1）硝酸羟铵基单组元推进剂

美国航空航天局在 3 个推进器 TOMS－EP，TRMM 和 AMP 研制项目上对硝酸羟铵基单组元推进剂和肼单组元推进剂进行了对比研究，结果表明：与肼相比，提供同样的总比冲，HAN 基单组元推进剂质量平均减少 17.5%，燃料体积减少 41.8%，推进剂贮箱体积减少 38%，推进剂贮箱质量减少 35%。

2000 年，美国航空航天局格林研究中心对 7 种高性能 HAN 基液体推进剂配方进行催化点火和燃烧性能研究，均表现出良好的启动和燃烧性能，特别是 HAN284MEO 和 HAN278HEHN 两种配方，在性能方面明显表现出优于无水肼的潜力。表 21－1 为几种 HAN 基单组元推进剂的主要性能。

航空喷气公司研究 HAN 基单组元推进系统已有 10 余年之久。2007 年，航空喷气公司和雷神公司在以 AIM－120 先进中程空对空导弹（AMRAAM）为基础的两级空射型武器系统 NCADE 上对采用 HAN 基单组元推进剂（AF－315E）的先进推进系统进行了飞行验证试验，该发动机可提供 680 N 的推力，并能把推力时间维持在 25 s 以上。

表 21－1 HAN 基单组元推进剂主要性能

配方名称	密度/（g/cm³）	理论比冲/（m/s）	燃烧室温度/℃
HAN250GLY	1.513	2 450	1 764
HAN264GLY	1.575	2 587.2	1 986
HAN269MEO	1.417	2 636.2	1 928
HAN284MEO	1.392	2 783.2	2 148
HAN253MEO	1.256	2 479.4	1 451
HAN278HEHN	1.483	2 724.4	2 097
HAN271ETO	1.396	2 655.8	1 969

AF－315 单组元推进剂是美国空军研究实验室研制的，由 HAN、羟乙基肼硝酸盐（HEHN）及水组成的混合物，通过改变组分配比可制得系列化单组元推进剂。其中，AF－M315E 为 44.5％ HAN、44.5％羟乙基肼硝酸盐及 11％水组成的混合物。

日本 IHI 航天公司研制的以硝酸肼为燃料组分的 HAN 基单组元推进剂，密度比冲比无水肼高 20％，无爆炸性，采用铱催化剂的 1 N 和 20 N 推力室点火柔和，燃烧稳定。

（2）二硝酰胺铵（ADN）基单组元推进剂

二硝酰胺铵（ADN）基单组元推进剂由瑞典空间公司研制，以卫星上的姿轨控系统为目标，产品代号 LMP，比冲与无水肼相当，但密度比冲比无水肼高 30％以上。瑞典空间公司用 1 N 发动机进行 LMP－101 推进剂的 10 次点火试验和 4 次再启动试验，结果表明，发动机脉冲工作能力可与无水肼发动机相媲美，燃气清洁。LMP－101 有两个缺点：燃烧温度比较高（接近 1 727 ℃），可增大推进剂中水含量以降低燃烧温度，但这必须以降低性能为代价；预热温度为 300~450 ℃，低于此温度不能启动。表 21－2 列出了几种单组元推进剂的性能对比。

表 21－2　ADN 基单组元推进剂性能对比

推进剂种类	比冲/（m/s）	密度/（g/cm³）	密度比冲/（Ns/dm³）
LMP－101	2 420	1.42	3 436
LMP－103X	2 518	1.30	3 280
LMP－103S	2 300	1.24	2 850
无水肼，氨离解度 0.6	2 330	1.0	2 330

欧洲空间局原计划 2009 年在拜科努尔发射场用俄罗斯第聂伯火箭发射样机研究设备及太空任务技术进步（PRISMA）任务卫星，该卫星 1 N 姿控发动机采用 LMP－103S 二硝酰胺铵基单组元推进剂。2010 年 6 月 15 日，携带 LMP－103S 无毒推进剂的 PRISMA 卫星成功发射，进行高性能绿色推进剂（HPGP）验证飞行试验。

（3）一氧化二氮单组元推进剂

一氧化二氮本身不会燃烧也不会爆炸，在 200 ℃左右分解为氮气和氧气并释放出热量，这些热量可以维持分解反应所需的反应热。英国 Surrey 卫星技术公司根据上述原理研制出一氧化二氮单组元推进剂推力室，已用于 UOSAT－12 等小卫星。这种推力室的推力为 100 mN，实际比冲 1 470~1 764 m/s，理论比冲 2 009 m/s，热启动时间约几秒。美国航空航天局对一氧化二氮－燃料混合物单组元推进剂进行了研究，得到结论其比冲不低于 3 038 m/s，推力 111 N。

然而一氧化二氮沸点－88.5 ℃，冰点－91 ℃，液态范围窄，限制了一氧化二氮的应用范围。

（4）AFN 系列单组元推进剂

AFN（Amine Functional Nitrate）具有高密度、低冰点、低毒、高密度比冲等优点，适合作为单组元推进剂的组分。美国空军正在研制 AFN 系列单组元推进剂，其性能见表 21－3。

表 21-3　AFN 基单组元推进剂性能参数

性能	RK-618A (AFN1)	RK-315E (AFN2)	RK-100A	无水肼
密度/ (g/cm³)	1.43	1.46		1.01
与无水肼相比密度比冲提高幅度/%	+58.0	+61.0	+24.0	0.0
粘度/ (mPa·s)	8.6	23.1		0.97
燃烧室温度（理论）/℃	1 797	1 810	1 096	610
燃气中碳含量	无	无	无	无
冲击敏感度/ (kg-cm)，(5 次不发火)	>200	60	>200	>200
摩擦敏感度/N，(5 次不发火)	318	300	>371	>371
卡片间隙试验 (69 张卡片)	不发火	不发火	不发火	不发火
热稳定性/%，(48 h×75 ℃失重)	<0.5	1.96	10.2	<0.1
熔点/℃	5	<-22	-39	1

21.2.2.2　无毒双组元推进剂

（1）过氧化氢/无毒燃料双组元推进剂

20 世纪 80 年代，过氧化氢推进技术几乎处于停顿状态。随着环境保护要求的日益严格，以及过氧化氢可通过催化分解达到与某些无毒燃料自燃的特性，推动了过氧化氢无毒推进技术的复苏。过氧化氢/无毒燃料双组元推进剂技术路线主要有非均相催化和均相催化两种。

非均相催化是通过催化床使过氧化氢先分解，提供高温富氧环境，然后与燃料发生二次燃烧，催化床向高床载和长寿命方向发展。

2007 年，普渡大学对高压过氧化氢催化床流动过程和性能进行了试验研究，推进剂为 90% 的过氧化氢，床载 0.026 kg/ (s·cm²)，室压 6.9~27.6 MPa，床载提高到传统数值的 3 倍，催化床仍具有高分解效率，能够瞬时快速启动。韩国对过氧化氢/煤油火箭作为初始加速器的新型冲压喷气推进系统进行了研究，推进剂为 90% 过氧化氢/Jet-A1。过氧化氢分解产生的气体从燃气发生器通过一个收

续表

名称	平均碳数	密度/（g/cm³）	闪点/℃	热值/（MJ/L）
RF－1	12	0.922	74	38.92
RF－2	14	0.988	82	41.07
RF－3	16	1.028	126	42.60
RF－4	18	1.090	—	44.22
PCUD	22	1.2～1.3	—	49.6～53.7

21.2.4　吸热型碳氢燃料

超燃冲压发动机是高超声速飞行器的最佳吸气式动力，然而在其工作时高速气流的气动加热给发动机结构的热防护带来巨大困难，必须采用吸热性能好的燃料作为冷却剂。液氢被公认为是目前首选的能够同时满足冷却和燃烧要求的低温燃料。但是液氢体积热值小、储存成本高、安全性能差。吸热型碳氢燃料是通过对石油基燃料改性获得的综合性能优良的燃料。这类燃料在进入燃烧室之前裂解吸热，能够大幅提高冷却效率，吸热能力比普通燃料高几倍，吸收的热量能够转化为动力，且该燃料可在常温下贮存，特别适用于 $Ma=5\sim8$ 的高超声速飞行器。表 21－6 为各国空天飞行器及超燃冲压发动机所用碳氢燃料及达到的速度概况。

美国在吸热型碳氢燃料的选取和制备研究中主要有 3 个思路：一是直接采用在用航空煤油，如军用燃料 JP－7，或者通过添加剂改性民用航空煤油 JeA 和 JeA－1 获得的吸热型碳氢燃料 JP－8，JP－8＋100 和 JP－8＋225；二是采用煤基燃料 JP－900，为多环类碳氢燃料；三是采用合成高密度烃类燃料 JP－10 和合成烃类燃料 S－8。高超声速推进技术的发展，要求进一步研究、评价传统的和新型的冲压发动机燃料，表 21－7 为国外吸热型碳氢燃料的基本性质。

表 21-6　各国空天飞行器及超燃冲压发动机所用碳氢燃料及达到的速度

国别	代号	马赫数	燃料种类	计划名称
美国	X43B	0.7～7	JP-7 和过氧化氢	HYPER-X 计划
	X43C	0.7～7	JP-7	
	X51A	6	JP-7	
	—	—	碳氢燃料	海军高超音速攻击导弹计划
				高超音速飞行验证计划（HyFly）
	HyFly	6	碳氢燃料	空军 Jumpstart 计划
	Jumpstart	8	碳氢燃料	空军高超技术（HyTech）计划，后更名为高超装置（HySET）计划
	HySET	4～8	碳氢燃料	超燃冲压发动机（Scramjet）计划
	Scramjet	6.5	碳氢燃料	
法国	—	4～8	碳氢燃料	高超音速研究与技术（PREPHA）和普罗米希（Promethee）计划
德国	—	6.5	碳氢燃料	高超音速导弹

表 21-7　国外吸热型碳氢燃料的基本性质

性能	军用燃料	民用燃料 JetA 或 JetA-1			煤基燃料	合成燃料	
	JP-7	JP-8	JP-8+100	JP-8+225	JP-900	JP-10	S-8
热稳定性温度/℃	287	163	218	287	480		
H/C	2.02	1.9			1.24	1.6	2.11
密度/(g/cm³)（20℃）	0.79	0.775～0.840			0.97(15.6℃)	0.94	0.76
冰点/℃	-43	-47			-59	-79	-47
闪点/℃	60	38			68	54	37.5～51.5
沸程/℃	190～250	165～265			180～330		127～288

　　吸热碳氢燃料的理化性能、裂解性能、结焦性能等使用性能是燃料研究的重点和关键技术，经济性也是需要考虑的重要因素，最经济的来源是使用现有的民用或军用燃料。例如，美国主要采用以

航空煤油为基础制备的 JP－7，通过加入抗氧化剂、裂解催化剂、结焦抑制剂等手段，改善燃料的使用性能，提高热安定性，抑制燃料在冷却过程中的结焦行为。2010 年，以 JP－7（添加剂改性）为燃料的 X－51A 完成了验证飞行试验。另有报道改性后的 JP－8 是用于高超声速飞行器最经济的燃料。

21.2.5　液氧与烃类推进剂

液氧与液氢、液氧与煤油发动机堪称无毒推进的代表作，但低温推进剂易挥发、易泄漏、不可长期贮存，在其应用过程中仍存在许多技术难题。国外在此领域的工作主要以提升推进剂性能，降低成本为主。在提升性能方面，开展了高性能火箭煤油研究，降低煤油中的硫含量，并颁布了新型火箭煤油的军用技术标准；在降低成本方面，重新启动了液氧与甲烷（丙烷）推进剂的研究工作，并进行了发动机试验，验证了推进剂用于可重复运载器的可行性。

21.2.5.1　火箭煤油

俄罗斯、美国使用煤油作为运载火箭燃料已有 50 多年的历史，相比之下，俄罗斯在火箭煤油研制和应用技术方面更成熟一些。俄罗斯煤油与美国 RP－1 煤油主要存在以下差异：RP－1 的烷烃含量比俄罗斯煤油高 39%，但俄罗斯煤油的双环烷烃含量却比 RP－1 高 62.2%，总芳烃含量低 26.8%；俄罗斯煤油的密度比 RP－1 高 3%，硫含量低 21%。如果煤油中硫含量较高，易发生裂解并结焦（通常温度在 316~482 ℃），生成的积碳中明显地含有硫化亚铜（Cu_2S），影响到煤油的再生冷却性能。美国空军研究实验室研制出一批硫含量更低的新型火箭煤油，即 TS－5（总硫含量 $<5 \times 10^{-6}$）和 UL RP－1（总硫含量 $<0.1 \times 10^{-6}$），并将 UL RP－1 命名为 RP－2。2006 年 4 月 14 日，美国颁布军用标准 MIL－DTL－25576E，增加了 RP－2 这个品种，与 RP－1 相比硫含量相差 300 倍，其他技术指标完全相同，价格是 RP－1 的 3 倍。2007 年以来，美国先后对 RP－2 热稳定性和传热特性进行了研究，考察用于可重复使用发动机的可

行性。

21.2.5.2　甲烷

由于登月计划、火星计划以及对低成本可重复使用运载器日益增长的需求，引起了世界各国对低成本、高性能火箭发动机的兴趣，并着手研究新的推进剂组合和发动机循环，甲烷因其冷却能力强、结焦温度高、价格低廉等突出的优点而成为各航天大国研究的热点。美国航空航天局确定液氧与甲烷推进系统作为"未来载人探测飞行器"（CEV）首选的推进系统，CEV 预计在航天飞机退役后投入使用，负责为国际空间站、月球、甚至火星运送人员及货物。2007 年 11 月，美国诺斯罗普·格鲁门公司成功进行了一种全新火箭发动机 TR408 的热点火试验，液氧与甲烷推进剂在推进器入口处的状态从全气态到全液态均可，且比冲达到 3 332 m/s。2008 年 4 月，推力 4.4 kN 的液氧与甲烷火箭发动机在 P－14LM 火箭上进行了飞行试验。表 21－8 为美国液氧与甲烷发动机研制进展。

表 21－8　美国液氧与甲烷发动机研制进展

公司	设计代号	推力/N	研制状况
XCOR 公司	3M9	220	2005
航空喷气公司		445	
诺斯罗谱·格鲁门公司	TR－408	445	2008 年试验成功
航空喷气公司		3 900	2007 年 4 月地面试验
加州大学		4 400	2008 年飞行试验
ATK 公司		15 400	2007 年真空点火
普热特·惠特尼发动机公司	RS－18	15 600	2008 年试验
航空喷气公司		24 200	2009 年制造装配
ATK 公司	5M15	33 000	2007 年短程点火
XCOR 公司	5M12	44 000	

20 世纪 90 年代，俄罗斯着手研制 15 种液氧与甲烷发动机和 15

种液氧/液化天然气发动机,俄罗斯 Riksha 运载火箭和重复使用运载器均采用液氧与液化天然气作为推进剂。法国与俄罗斯合作研制以液氧与甲烷为推进剂的伏尔加(VOLGA)火箭发动机,并计划在 2020 年研制出发射成本比阿里安 5 型火箭低 2 倍的航天器。日本、韩国也在研制可以重复使用的液氧与液化天然气火箭发动机。

21.2.6　低冰点双组元推进剂

低温、高真空的深空环境给深空探测任务带来许多技术上的难题,其中一点就是适用于深空探测的低冰点推进剂。如火星表面温度在$-40\ ℃$左右,而常用氧化剂四氧化二氮的冰点是$-11.23\ ℃$,MON-3 的冰点是 $-15\ ℃$。如果飞行器采用四氧化二氮或者 MON-3作为氧化剂,就要对氧化剂贮箱进行热控,使贮箱温度在四氧化二氮和 MON-3 的冰点以上,防止氧化剂冻结。为了降低深空的成本,应该降低飞行器重量,避免加热推进剂而消耗能源。

在四氧化二氮中添加 $10\%\sim30\%$一氧化氮,可以大幅降低冰点。表 21-9 为四氧化二氮和一氧化氮混合物的冰点。

表 21-9　四氧化二氮和一氧化氮混合物的冰点

品种	NTO	MON-1	MON-3	MON-10	MON-25	MON-34
冰点/℃	-12.2	-12.6	-14.1	-22.7	-55	-107

早在 1971 年 10 月,美国国防部颁布的军用标准"混合氧化氮推进剂"(MIL$-$P$-$27408A)中就包括 MON-25 这个品种。2000 年发布的国际标准 ISO 14951-5"空间系统$-$流体特性$-$四氧化二氮推进剂"也包含 MON-25。目前,美国已形成 MON-10,MON-15,MON-25 低冰点氧化剂的军用标准(MIL$-$PRF$-$26539F)。

1999 年,美国航空航天局和喷气推进剂实验室选择 MON-25/甲基肼组合用作深空探测飞行器推进剂,成功进行了 MON-25/

MMH 双组元推进剂在－40 ℃环境温度下发动机试验，低温条件下两者没有出现明显的着火延迟，获得了发动机最佳性能数据。

大西洋研究公司液体推进分部和美国航空航天局格林研究中心进行了 10 N 发动机推进器试验，推进剂和发动机在－1 ℃，－18 ℃，－29 ℃，－40 ℃条件下的试验都得到了令人满意的结果。

21.2.7　双模式推进剂

四氧化二氮/无水肼组合是目前国际上使用最多的双模式液体推进剂。但无水肼存在冰点高（1.4 ℃）的严重缺点，在使用过程中必须配置电加热装置。这不仅消耗飞行器中的电力资源，而且使推进剂供应系统趋于复杂。国内外围绕降低肼的冰点开展了大量研究工作，例如在肼中加入甲基肼、叠氮化肼、多元醇、硝酸肼和水等。美国对肼－硝酸肼－水体系与四氧化二氮的反应进行了研究，发现肼在四氧化二氮中燃烧时会生成微量的爆炸性中间体叠氮化肼。此外，美国对肼－甲基肼－水体系进行了研究，考察了甲基肼的催化分解性能，结果表明，当甲基肼在肼中的含量超过一定限度时，会导致催化床积碳显著增加。

21.2.8　低温推进剂

21.2.8.1　低温推进剂空间管理

1999 年 11 月，美国国防部高级研究计划局正式公布了"轨道快车"计划，旨在研发卫星在轨燃料补给及重构技术，实现在轨卫星的燃料补充，大幅度降低卫星的全寿命成本。2007 年，美国航空航天局小型企业技术创新计划中对用于低温推进剂零蒸发贮存的长寿命低温冷却器技术进行了研究。2008 年，美国航空航天局小型企业技术转移计划对采用主动式热控的低温推进剂无损贮存技术进行了研究，希望将贮存周期从几个月延长到几年，液氢损失低于 0.06%/d，液氧实现无损贮存。

21.2.8.2　低温推进剂致密化

20 世纪 80 年代，美国计划采用浆氢作为空天飞机燃料，90 年代美国考虑将浆氢用于单级入轨飞行器（如 X33）和重复使用运载器。1996 年 10 月 4 日，美国航空航天局路易斯研究中心用 RL10B－2发动机进行两次点火试验，第 1 次采用液氢与液氧，第 2 次采用浆氢与液氧。2000 年，美国轨道技术公司在小型企业技术创新计划中提出研究含有超细铝粉的胶氢燃料和液氧推进剂系统，提高氢氧发动机性能、密度和燃烧效率，以减小贮箱尺寸，使飞行器结构质量更小、性能更高。这种推进系统可用于空间发动机、组合循环发动机、探测火箭、小型冲压喷气火箭、巡航导弹、导弹拦截器等多种系统。2002 年 9 月，肯尼迪航天中心威廉·诺塔多纳托在先进航天发射场技术工作组年会上论述了下一代航天运载器地面低温系统，对浆氢系统进行了主要论述。

21.2.9　新型推进剂研制

21.2.9.1　离子液体推进剂

离子液体既可以用作单组元推进剂也可以用作双组元推进剂。美国空军研究试验室对三唑类、偶氮类等多种高能离子液体化合物进行了理论计算、试验室合成、性能评价等工作，研究了部分离子液体的结构和物理性质。美国空军研究试验室空间与导弹推进分部和普渡大学合作，研制出能够与红烟硝酸自燃的离子液体燃料，着火延迟期为 15～47 ms，并进行了发动机热试评估。

近年来，国内外以肼及其衍生物为原料，通过对其进行结构修饰和离子化形成新型含能离子液体，一方面提高原有肼类化合物的密度，保留与四氧化二氮、红烟硝酸等氧化剂的自燃特性，另一方面大大降低了原有肼类的毒性。

与无水肼单组元推进剂相比，离子液体单组元推进剂比冲高、密度大，例如 HAN 基单组元推进剂、ADN 基单组元推进剂均属于离子液体单组元推进剂；与甲基肼/四氧化二氮双组元推进剂相比，离子液体双组元推进剂密度比冲高、毒性小。马歇尔航天中心正在评价美国空军研究实验室近年研制的离子液体单组元推进剂，以决定这类推进剂能否用于空间发动机。2008 年，美国海、陆、空三军均把高能离子液体燃料作为研究重点列入技术创新计划。因此，高能低毒离子液体是一种有发展前途的新型液体推进剂，可用于空间推进系统、高性能姿轨控发动机、应急动力装置等。

21.2.9.2 高张力笼状烃类燃料

煤油属于开链烷烃化合物，每个 CH_2 的燃烧热都接近 658.6 kJ/mol，基本不受分子中碳原子数的影响。与之相比，四庚烷、四甲叉环丙烷、立方烷等笼状或多环烃类因分子内存在张力能，每个 CH_2 的燃烧热均高于链烷烃。例如，环丙烷中 CH_2 燃烧热为 697.1 kJ/mol。在此类化合物中，立方烷的张力能最高，将立方烷添加到烃类燃料中将会使运载火箭的有效载荷提高 10%～20%。美国高张力笼状烃类 燃料理论性能见表 21—10。

表 21—10 美国高张力笼状烃类燃料理论性能[①]

名称	密度/（g/cm³）	混合比	理论比冲/（m/s）
RP—1	0.80	2.82	3 577.98
四庚烷	0.99	2.28	3 650.5
双环亚丙基	0.85	2.29	3 683.82
1,7—辛二烯	0.82	2.32	3 663.24
立方烷	1.29	2.04	3 754.38

① 氧化剂为液氧，$\varepsilon=50$，$P_c=20.685$ MPa。

21.2.9.3 硅烷

三硅烷（Si_3H_8）、四硅烷（Si_4H_{10}）、五硅烷（Si_5H_{12}）等高阶硅烷常温为液态，具有较高的能量特性，与氧气、过氧化氢等能够自燃，可以作为吸气式动力系统燃料点火改良剂，或与过氧化氢、液氧组成双组元液体推进剂使用。德国最先开始对硅烷基推进剂进行研究，发现六聚以下的硅烷在常温下与空气接触能够自燃，七聚以上硅烷常温下在空气中不自燃，在加热的情况下能够与空气发生自燃反应，但相关资料一直到 1998 年才公布。美国的航空航天局也对硅烷推进剂进行了大量研究，他们通过分子设计软件对 250 种硅烷进行了理论计算，对其理化性能进行了预测。

21.2.9.4　水基金属燃料

水基金属燃料能量密度高，能效比高，且能生成"清洁"的燃气，是实现超高速推进的最佳途径。

2009 年，美国空军科学研究办公室（AFOSR）和美国航空航天局成功发射了一枚小型探空火箭，试验和评价无毒、无污染的新型环保推进剂——铝冰（ALICE）。试验中，火箭加速到 330 km/h，飞行高度约 400 m，最大推力为 2 891 kN。

目前，越来越多的研究人员对 ALICE 产生了兴趣，认为它是一种有前途的高效能推进剂，能够部分替代现有的液体或固体推进剂。理论上讲，当 ALICE 推进剂完全燃烧时，其性能比传统推进剂更高。

过去几年，研究人员一直致力于纳米铝粉和水的燃烧原理研究。研究人员称，ALICE 推进剂可通过加入氧化剂进行改进，成为可用于地球轨道任务以至未来月球和火星任务的火箭推进剂。此外，ALICE 还可以在月球或火星上就地生产，而不是以高昂的成本将燃料运送至太空。

21.2.9.5　聚合氮

聚合氮的概念是由美国洛斯阿拉莫国家实验室的马赫德等人提出，氮原子均以单键连接。聚合氮分解产生氮气的过程会释放大量热量，能量比最强的非核高能物质的能量大 5 倍，是最理想的高能量密度物质。

美国空军在 2004 年小型企业技术转移计划中提出了一项"作为高能量密度材料的全氮或高氮化合物研究"（项目代号 AF04－T003）的课题。美国空军研究实验室（AFRL）将"聚合氮和高氮化合物的合成与结构研究"列入合作研究计划。美国海军空战中心武器分部也将聚合氮化合物作为自己的研究方向。多氮化合物的理论性能见表 21—11。

表 21—11　多氮化合物理论性能

序号	分子式	密度/（g/cm³）	比冲/（m/s）
1	$(CH)_8$	1.374	3 204.6
2	$(CH)_7N$	1.468	3 283
3	$(CH)_6N_2$	1.574	3 400.6
4	$(CH)_5N_3$	1.694	3 420.2
5	$(CH)_4N_4$	1.832	3 469.2
6	$(CH)_3N_5$	1.990	3 978.8
7	$(CH)_2N_6$	2.175	4 429.6
8	$(CH)N_7$	2.392	4 811.8
9	N_8	2.655	5 164.6

21.2.9.6　原子推进剂

原子推进剂包括原子氢、原子碳、原子硼等，是在液氦中将氢、碳、硼等原子贮存在固氢颗粒中，通过液氦使固氢流动，与液氧组合成高能双组元推进剂。

1998 年，美国航空航天局路易斯研究中心对原子推进剂比冲和火箭起飞质量进行了分析计算，并与传统的液氢/液氧推进剂的起飞质量进行了比较，结果表明，原子推进剂具有很高的比冲和较小的起飞质量。原子硼推进剂比冲为 6 752 m/s，起飞质量降低 12%～50%；原子碳推进剂比冲为 7 183 m/s，起飞质量降低 8%～48%；原子氢推进剂的能量是最高的，比冲范围从 5 880～12 740 m/s。

美国航空航天局的格林研究中心一直从事原子推进剂的理论和试验研究，1999～2001 年，先后进行了 2 次原子推进剂的固氢试验，测定了颗粒生成能，对颗粒的生成图像进行了分析。2 次试验结果基本一致。2000 年，他们对采用原子燃料（原子硼、原子碳、原子氢）与液氧双组元推进剂的火箭发射系统进行了计算和评估，并结合混合比（1.0～3.0）、原子态含量、液氦添加量等因素对火箭的性能进行了评估。结果表明，采用原子推进剂能使空间飞行器的结构更加紧凑，火箭的起飞质量和火箭干重将大幅度的减小，起飞质量减少80%，有效载荷可提高264%～360%。

21.2.9.7　月球推进剂

月球贮存有大量氧化铝，将氧化铝分解成氧和铝，再以铝粉和液氧形成单组元推进剂。利用月球就地生产的推进剂，人类可以将月球作为中转站飞往更远的星球。

21.2.9.8　火星推进剂

美国轨道技术公司正在研制、试验利用火星现场资源利用燃料与氧化剂组合支持低成本星际飞行推进和动力系统，即从火星大气层二氧化碳中获得碳和氧，再进一步生产推进剂。轨道技术公司采用固态一氧化碳作为燃料，氧气作为氧化剂，提出新型低温混合火箭推进系统。对于火星返回飞行器和其他飞行器来说，固态一氧化碳/氧气推进系统是最佳选择。这一技术可以大大加强后勤保障和基础操作，可以提供一种简单可靠的方法以化学能的形式贮存太阳能或核能，用于地面运输（海盗着陆器）和行星表面动力系统。

1998 年美国航空航天局在技术创新计划中安排美国贸易发展署（TDA）研究利用火星表面的二氧化碳和从地球带去的氢就地生产烃类燃料，用于飞船返回地球。这样可以大大降低飞船从地球携带的推进剂质量。人类可以将火星作为第二个中转站，加注火星推进剂以后再飞往更远的星球。

21.3　展望

进入 21 世纪，人类对空间资源开发的日益扩大化、商业化、国际化，为航天事业的发展提供了一个新的机遇。液体推进剂仍将是各国运载火箭、空间飞行器和武器推进系统使用的主要推进剂，新一代无毒、无污染、高性能和低成本的液体推进剂和胶体推进剂将是液体推进剂专业技术发展的重点。

回顾 100 多年的发展历程，液体推进剂在 20 世纪经历了光辉的历史，实现了人类历史上的无数个"第一次"；在 21 世纪仍有灿烂的发展远景，各类新型与新概念推进剂层出不穷，可以对液体推进剂的发展做出如下的预测。

1）肼类燃料、硝基氧化剂以其优良的性能仍将在导弹末修、航天器姿轨控等领域占据重要地位，进一步提升肼类燃料、硝基氧化剂的使用性能是其未来的主要发展方向。

2）随着重型运载火箭、低成本运载火箭、可重复使用运载器以及高能上面级的研制，液氧与煤油、液氧与液氢、液氧与甲烷（丙烷、天然气）将在主推进领域呈现三足鼎立的发展格局，成本与性能应统筹兼顾。同时随着低温流体管理技术的发展，不可贮存推进剂的概念有可能成为历史。

3）新技术和新材料的快速发展将使胶体推进剂在性能上更加完善，更加趋于实用，研究与应用范围迅速拓宽，金属化肼类胶体、烃类胶体、胶氢是导弹武器、航天运载器推进系统发展的重点目标。

4）液体推进系统无毒化是必然发展趋势。经历了 20 多年的技术探索与积累，以 HAN 基和 ADN 基为代表的无毒单组元推进剂已经分别实现了首次验证飞行，得到应用指日可待；无毒双组元推进剂发展面临机遇与挑战，液氧、氮氧化物逐渐成为过氧化氢的有力竞争者。

5）随着世界各国新一代高性能巡航导弹、高超声速飞行器、空天飞机等研制计划的开展，密度大、热值高的烃类燃料以及热安定性好、低结焦、可控裂解的吸热型碳氢燃料将成为持续关注的焦点。

6）"新概念"液体推进剂已经逐渐进入试验探索阶段，潜在的优良性能预示着液体推进剂在未来具有更广阔的发展空间。

然而新型高能推进剂研究方面的研究需要长时间的基础理论贮备、人才的成长和先进技术的掌握。因此，我们需要密切关注国外液体推进剂研究发展动态，加快我国液体推进剂研究步伐，推动液体推进技术持续创新，为国防科技和民用航天的发展提供重要的技术支撑。

参 考 文 献

[1] 王中,梁勇,刘素梅,等. 美、俄、德凝胶推进剂的发展现状. 飞航导弹,2010,(2):76－79.

[2] 邢恩会,米镇涛,张香文. 用作新型高密度燃料的高张力笼状烃的研究进展. 火炸药学报,2004,Vol. 27 No. 2.

[3] 王新德. 化学推进剂及相关重要原材料发展回顾与展望. 化学推进剂与高分子材料,2010,Vol. 8 No. 3.

[4] 杜宗罡,史雪梅,符全军. 高能液体推进剂研究现状和应用前景. 火箭推进,2005,Vol. 31 No. 3.

[5] AMADIEU P,Heloret J Y. The Automated Transfer Vehicle. ESA Bulletin 96,1998,(11).

[6] CHARLES R G. United States Orbital Transfer Vehicle Programs. Acta Astronautica,1991,(25).

[7] HANSEN R, BACKOF E, GREIFF H J. Process for Assessing the Stability of HAN－based Liquid Propellants. AD－A190687,1987.

[8] MEINHARDT D, BREWSTER G, CHRISTOFFERSON S, et al. Development and Testing of New HAN－based Monopropellants in Small Rocket Thrusters. AIAA－98－4006.

[9] DAVIS G. Advanced Propulsion for MIDEX Class Spacecraft. Goddard Spaceflight center, 1996.

[10] Robert S. HAN－Based Monopropellant Assessment for Spacecraft. AIAA, 96－2863.

[11] MITTENDORF D, FACINELLI W, SPAROLUS R. Experimental Development of a Monopropellant for Propulsion Systems. AIAA 97－2951.

[12] OLWEN M M. Monopropellant Selection Criteria Hydrazine and Other Options. AIAA, 99－2595.

[13] MEINHARDT D, CHRISTOFFERSON S, WUCHERER E. Performance and Life Testing of Small HAN thrusters. AIAA, 99－2881.

[14] Assessment of High Performance HAN－Monopropellants. AIAA 2000－3872.

[15] Combustion Characteristics of Energetic HAN /Methanol－Based Mono-

propellants. AIAA 2002－4032.

[16] Evaluation of HAN－Based Propellant Blends. AIAA 2003－4643.

[17] Recent Advances in Satellite Propulsion and Associated Mission Benefits. AIAA 2006－5306.

[18] Influence of the Fuel on the Thermal and Catalytic Decompositions of Ionic Liquid Monopropellants AIAA 2005－3980.

[19] Preparation and Use of Ammonium Azide as Fuel Additive to Ionic Oxidizer Solutions. PhysicochemIcal Properties, Thermal and Catalytic Decomposition. AIAA 2006－4564.

[20] Azide－based Fuel Additives for Ionic Monopropellants. AIAA 2009－4876.

[21] SHIKHMAN Y M, VINOGRADOV V A, YANOVSKI L S, et al. The Demonstrator of Technologies Dual Mode Scramjet on Hydrocarbon Endothermic Fuel. AIAA－2001－1787.

[22] ICKHAM D T, ENGEL J R, HITCH B D. Additives to Increase Fuel Heat Sink Capacity. AIAA 2002－3872.

[23] WICKHAM D T, ENGEL J , ROONEY S, HITCH B D. Additives to Increase Fuel Heat Sink Capacity in a Fuel/air Heat Exchanger. AIAA 2005－3916.

[24] ERIC J W. Monopropellant Hydrogen Peroxide Rocket Systems: Optimum for Small Scale, AIAA－2006－5235, 2006.

[25] ERIC J W. System Trade Parameter Comparison of Monopropellants: Hydrogen Peroxide vs Hydrazine and Others, AIAA－2006－5235.

[26] ANGELO C, LUCIO T, LUCA A. Development of Hydrogen Peroxide Monopropellant Rockets, AIAA－2006－5239.

[27] KOROBEINICHEV O P, et al. Study of Combustion Characteristics of the ADN－base Propellants. The Proceeding of 32nd ICT, 2001:123.

[28] ANFOL K. Development and Testing of ADN－based Monopropellants in Small Rocket Engines. 36th Joint Propulsion Conference and Exhibit, 2000.

[29] MAVRIS D N, BRIAN J G, BRANSCOME E C, et al. An Evaluation of Green Propellants for an ICBM Post－boost Propulsion System[R]. AIAA MSC－2000－AF.

[30] LORMAND B. M. PURCELL N. L. Development of Non—toxic Hypergolic Miscible Fuels for Homogereous Decomposition of Rocket Grade Hydrogen Peroxide. US6419772,2002.

[31] MCQUAID M J, Computationally Based Design and Screening of Hydrazine—alternative Hypergolic Fuels. US Army Research Lab, 2003.

[32] TIM E. Liquid Fuels and Propellants for Aerospace Propulsion:1903—2003. JOURNAL OF PROPULSION AND POWER,Vol. (19),No. 6,2003.

附录 A 氧的相关特性

附表 A-1 液氧在不同温度及压力下的密度

温度/K	压力/MPa	密度/ (×10³ kg/m³)	温度/K	压力/MPa	密度/ (×10³ kg/m³)
	14.53	1.277 8		5.64	1.197 6
	13.41	1.275 8	80.18	4.65	1.195 8
	12.35	1.274 3		1.60	1.189 9
	11.31	1.272 8		0.65	1.188 3
	10.27	1.270 1		14.62	1.192 3
	8.17	1.268 5		13.64	1.190 0
64.66	7.12	1.267 1		12.59	1.187 9
	6.06	1.265 7		11.55	1.185 8
	4.99	1.264 2		10.50	1.183 6
	3.93	1.263 3		9.48	1.181 7
	2.85	1.262 1		8.44	1.179 4
	0.78	1.260 8	85.41	7.40	1.177 5
	0.77	1.259 1		6.35	1.177 5
	14.60	1.234 5		5.32	1.173 4
	13.53	1.233 3		4.30	1.171 7
	12.55	1.231 6		3.26	1.169 7
	12.56	1.230 0		2.20	1.168 0
74.77	10.55	1.228 4		1.23	1.166 2
	9.54	1.226 7		14.37	1.170 7
	8.52	1.224 9		13.72	1.166 5
	7.48	1.223 2	90.29	12.33	1.166 4
	6.54	1.220 9		11.36	1.164 3

续表

温度/K	压力/MPa	密度/ (×10³ kg/m³)	温度/K	压力/MPa	密度/ (×10³ kg/m³)
74.77	5.42	1.219 7		10.40	1.162 8
	4.39	1.218 0		9.42	1.160 2
	3.35	1.216 8		8.48	1.158 2
80.18	14.53	1.213 8		7.51	1.156 1
	13.54	1.212 0	90.29	6.56	1.154 0
	12.58	1.210 0		5.61	1.152 0
	11.58	1.208 3		4.66	1.149 8
	10.58	1.206 3		3.70	1.148 3
	9.59	1.204 6		2.73	1.146 2
	8.58	1.202 8		1.78	1.144 4
	7.60	1.201 1		0.94	1.142 4
	6.63	1.199 3		0.19	1.141 3

附表 A-2 液氧的气化热

温度/K	气化热/(J/mol)		温度/K	气化热/(J/mol)	
	测量值	经验公式的计算值		测量值	经验公式的计算值
65	7 376	7 483	110	5 893	6 196
70	7 368	7 315	115	5 761	6 004
75	7 234	7 163	120	5 485	5 777
80	7 100	7 024	125	5 146	5 503
85	6 958	6 895	130	4 707	5 170
90	6 816	6 769	135	4 176	4 757
95	6 527	6 641	140	3 498	4 233
100	6 347	6 507	145	2 427	3 538
105	6 176	6 361			

附表 A－3　氧的饱和蒸气压

温度/K	饱和蒸气压/Pa	温度/K	饱和蒸气压/Pa	温度/K	饱和蒸气压/Pa
20	$1.342\ 50\times10^{-13}$	62	$1.190\ 69\times10^3$	90	$9.932\ 1\times10^4$
22	$2.142\ 68\times10^{-11}$	64	$1.883\ 16\times10^3$	90.19 (沸点)	1.013×10^5
23.781 (转换点)	$9.655\ 8\times10^{-10}$	66	$2.889\ 31\times10^3$	91	$1.102\ 01\times10^5$
24	$1.477\ 42\times10^{-9}$	68	$4.312\ 61\times10^3$	92	$1.219\ 68\times10^5$
26	$5.172\ 37\times10^{-8}$	70	6.237×10^3	93	$1.346\ 75\times10^5$
28	$1.093\ 62\times10^{-6}$	71	7.47×10^3	94	$1.483\ 67\times10^5$
30	$1.542\ 38\times10^{-5}$	72	8.88×10^3	95	$1.630\ 97\times10^5$
32	$1.563\ 45\times10^{-4}$	73	$1.050\ 3\times10^4$	96	$1.789\ 07\times10^5$
34	$1.206\ 08\times10^{-3}$	74	$1.236\ 4\times10^4$	97	$1.958\ 53\times10^5$
36	$7.402\ 92\times10^{-3}$	75	$1.448\ 7\times10^4$	98	$2.143\ 47\times10^5$
38	$3.744\ 96\times10^{-2}$	76	$1.689\ 9\times10^4$	100	$2.544\ 36\times10^5$
40	$1.606\ 05\times10^{-1}$	77	$1.963\ 2\times10^4$	105	$3.784\ 0\times10^5$
42	$5.974\ 24\times10^{-1}$	78	$2.271\ 5\times10^4$	110	$5.430\ 1\times10^5$
43.772 (转换点)	$1.724\ 83\times10^0$	79	$2.617\ 5\times10^4$	115	$7.548\ 2\times10^5$
44	$1.943\ 55\times10^0$	80	$3.003\ 3\times10^4$	120	$1.021\ 1\times10^6$
46	$5.253\ 37\times10^0$	81	$3.433\ 3\times10^4$	125	$1.349\ 2\times10^6$
48	$1.302\ 21\times10^1$	82	$3.911\ 4\times10^4$	130	$1.746\ 7\times10^6$
50	$2.991\ 65\times10^1$	83	$4.440\ 6\times10^4$	135	$2.222\ 5\times10^6$
52	$6.426\ 87\times10^1$	84	$5.025\ 8\times10^4$	140	$2.785\ 3\times10^6$
54	$1.009\ 67\times10^2$	85	$5.671\ 5\times10^4$	145	$3.445\ 5\times10^6$
54.352 (三相点)	$1.464\ 44\times10^2$	86	$6.380\ 7\times10^4$	150	$4.217\ 1\times10^6$
56	$2.424\ 86\times10^2$	87	$7.156\ 7\times10^4$	154.7 (临界点)	5.08×10^6
58	$4.289\ 25\times10^2$	88	$8.004\ 7\times10^4$		
60	$7.280\ 35\times10^2$	89	$8.928\ 4\times10^4$		

附表 A—4   氧的定压热容/[J/(g · K)]

温度/K	压力/MPa		
	0.101 3	1.013 3	10.132 5
20	0.914 2		
40	0.911 7		
60	0.910 9		
80	0.910 0		
100	0.910 0		
120	0.926 3		
140	0.920 1		
160	0.917 1	0.999 6	
180	0.915 5	0.970 3	
200	0.914 2	0.954 4	4.066 8
220	0.914 2	0.945 2	1.496 6
240	0.914 6	0.939 3	1.286 2
260	0.915 5	0.936 0	1.178 6
280	0.917 6	0.934 3	1.119 2
300	0.920 1	0.934 3	1.082 0

附表 A—5   液氧的导热系数

温度/K	导热系数[W/(m · K)]	温度/K	导热系数[W/(m · K)]
73.15	0.208 5	128.55	0.096 7
76.95	0.198 5	136.35	0.090 0
90.35	0.172 1	139.55	0.084 2
103.55	0.136 9	147.05	0.067 4
111.85	0.124 8		

附表 A—6　液氧动力粘度随温度的变化

温度/K	动力粘度/(mPa·s)	温度/℃	动力粘度/(mPa·s)
54.4	873	90.0	190
54.9	772	111.0	123
63.5	476	125.8	110
65.4	435	138.2	100
68.9	377	145.5	98
72.3	323	154.1	90
80.0	250		

附表 A—7　液氧的表面张力随温度的变化

温度/K	表面张力×10^3/(N/m)	温度/℃	表面张力×10^3/(N/m)
65	19.4	90	13.47
70	18.3	100	11.00
75	17.0	110	8.63
80	15.9	130	4.25

附录 B 氢的相关特性

附表 B-1 从三相点到临界点之间氢的密度

温度/K	密度/(kg/m³)		温度/K	密度/(kg/m³)	
	液体	蒸气		液体	蒸气
13.947	76.60	0.126	23	67.10	2.514
14	76.56	0.129 6	24	65.70	3.138
15	75.72	0.209 0	25	64.18	3.876
16	74.84	0.319 2	26	62.54	4.754
17	73.90	0.465 8	27	60.72	5.800
18	72.94	0.655 6	28	58.70	7.054
19	71.90	0.895 0	29	56.42	8.580
20	70.80	1.191 6	30	53.78	10.482
20.380	70.38	1.321 2	31	50.56	12.964
21	69.66	1.553 8	32	46.24	
22	68.42	1.990 8	33	38.06	
			33.18	29.88	29.88

附表 B-2 液氢在一定温度及不同压力下的密度

温度/K	压力/MPa	密度/(g/cm³)	温度/K	压力/MPa	密度/(g/cm³)
20.396	14.67	0.082 62	17.909	10.86	0.081 86
	10.84	0.080 36		7.59	0.079 91
	6.94	0.078 16		4.30	0.077 58
	4.11	0.075 26		1.20	0.074 68
	1.29	0.072 31		0	0.073 50
	0	0.070 79			

续表

温度/K	压力/MPa	密度/(g/cm³)	温度/K	压力/MPa	密度/(g/cm³)
19.051	14.62	0.083 24	16.666	8.12	0.081 15
	10.61	0.081 07		4.62	0.078 75
	7.12	0.078 77		1.36	0.075 95
	3.74	0.076 06		0	0.074 65
	1.12	0.073 49			
	0	0.072 30			

附表 B-3　氢从三相点到临界点的饱和蒸气压/kPa

温度/K	H_2	温度/K	H_2	温度/K	H_2
13.96(三相点)	7.20	20.5	104.75	27.5	515.13
14.0	7.40	21.0	120.75	28.0	563.32
14.5	9.80	21.5	138.43	28.5	614.64
15.0	12.76	22.0	157.85	29.0	669.17
15.5	16.34	22.5	179.14	29.5	727.07
16.0	20.62	23.0	202.37	30.0	788.49
16.5	25.69	23.5	227.62	30.5	853.57
17.0	31.64	24.0	255.02	31.0	922.48
17.5	38.52	24.5	284.66	31.5	995.36
18.0	46.46	25.0	316.63	32.0	1 072.40
18.5	55.52	25.5	351.02	32.5	1 153.82
19.0	65.78	26.0	387.97	33.0	1 239.76
19.5	77.34	26.5	427.56	33.24(临界点)	1 297.97
20.0	90.31	27.0	469.91		

附表 B—4　氢的密度

温度/K	密度/(kg/m³)	
	液体	气体
33.24	30.0	30.0
32.59	43.16	19.22
30.13	54.02	10.81
27.43	60.50	6.13
23.27	67.24	2.64
19.92	71.37	1.16
16.41	74.94	0.38
14.89	76.31	0.20

附表 B—5　从三相点到临界点之间的氢密度

温度/K	密度/(kg/m³)		温度/K	密度/(kg/m³)	
	液体	气体		液体	气体
13.947	76.60	0.126	23	67.10	2.514
14	76.56	0.129 6	24	65.70	3.138
15	75.72	0.209 0	25	64.18	3.876
16	74.84	0.319 2	26	62.54	4.754
17	73.90	0.465 8	27	60.72	5.800
18	72.94	0.655 6	28	58.70	7.054
19	71.90	0.895 0	29	56.42	8.580
20	70.80	1.191 6	30	53.78	10.482
20.380	70.38	1.321 2	31	50.56	12.964
21	69.66	1.553 8	32	46.24	
22	68.42	1.990 8	33	38.06	
			33.18	29.88	29.88

附表 B-6 液氢在一定温度及压力下的密度

温度/K	压力/MPa	密度/(kg/m³)	温度/K	压力/MPa	密度/(kg/m³)
20.396	14.67	0.082 62	17.909	10.86	0.081 86
	10.84	0.080 36		7.59	0.079 91
	6.94	0.078 16		4.30	0.077 58
	4.11	0.075 26		1.20	0.074 68
	1.29	0.072 31		0	0.073 50
	0	0.070 79			
19.051	14.62	0.083 24	16.666	8.12	0.081 15
	10.61	0.081 07		4.62	0.078 75
	7.12	0.078 77		1.36	0.075 95
	3.74	0.076 06		0	0.074 65
	1.12	0.073 49			
	0	0.072 30			

附表 B-7 液氢在一定压力及不同温度下的密度/(kg/m³)

温度/K	压力/MPa					
	1.013	2.026	4.053	6.078	8.106	10.132
20.34		73.34	75.30	77.05		
20.38	72.10	73.26	74.72	76.97	78.50	79.73
22.96	69.17	70.70	73.06	74.99	76.71	78.18
25.81	65.13	67.11	70.17	72.11	74.43	76.08
28.17	60.89	63.68	67.48	70.29	72.48	74.31
30.11	55.83	60.25	65.08	68.28	70.68	72.70
31.62		57.00	62.93	66.55	69.25	71.50
32.58		54.65	61.65	65.50	68.40	70.70

附表 B－8　氢的气化热/(J/mol)

温度/K	气化热	温度/K	气化热
15.0	916.0	29	679.0
17.8	900.0	30	620.8
19.7	894.1	31	543.2
20.5	889.9	32	427.7
22.0	871.3	32.5	337.4
23.0	860.4	32.75	274.1
24	849.4	33	168.7
26	798.0	33.1	126.5
28	726.2	33.19	0

附表 B－9　氢的定压热容

温度/K	压力/MPa			
	0	0.101 3	1.013	10.13
20	10.318			
30	10.318	10.846		
40	10.322	10.582	14.292	
50	10.338	10.495	12.162	
60	10.396	10.499	11.473	16.331
70	10.511	10.586	11.275	15.625
80	10.693	10.751	11.238	14.709
90			11.337	13.891
100	11.200	11.234	11.514	13.598
120	11.791	11.811	11.989	13.380
140	12.352	12.364	12.488	13.471
160	12.827	12.839	12.938	13.726
180	13.222	13.231	13.314	13.937
200	13.536	13.545	13.602	14.085

续表

温度/K	压力/MPa			
	0	0.101 3	1.013	10.13
220	13.784	13.788	13.846	14.254
240	13.978	13.982	14.028	14.387
260	14.131	14.135	14.168	14.461
270	14.189	14.193	14.222	14.485
280	14.238	14.242	14.271	14.511
300	14.316	14.320	14.345	14.552

附表 B-10 氢在 0.101 325 MPa 压力下的导热系数/[mW/(m·K)]

温度/K	导热系数	温度/K	导热系数	温度/K	导热系数
10	7.41	110	72.9	210	134.4
20	15.5	120	79.1	220	139.8
30	22.9	130	85.4	230	145.3
40	29.8	140	92.1	240	150.7
50	36.2	150	98.0	250	156.2
60	42.3	160	104.2	260	161.6
70	48.1	170	110.5	270	166.6
80	54.4	180	116.8	280	172.1
90	60.3	190	122.7	290	177.1
100	66.6	200	128.1	300	181.7

附表 B-11 仲氢($p-H_2$)和常态氢($n-H_2$)导热系数的比值

温度/K	λ_p/λ_n
30	1.000
40	1.001
50	1.004
75	1.051

续表

温度/K	λ_p/λ_n
100	1. 136
125	1. 196
150	1. 203
175	1. 175
200	1. 135
225	1. 096
250	1. 065
273	1. 044
298	1. 028

附表 B—12 液氢的导热系数/[mW/(m·K)]

温度/K	导热系数	温度/K	导热系数	温度/K	导热系数
16	108. 6	21	120. 2	26	131. 9
17	110. 9	22	122. 6	27	134. 3
18	113. 3	23	124. 9	28	136. 6
19	115. 6	24	127. 3	29	138. 9
20	117. 9	25	129. 6	30	141. 3

附表 B—13 氢的粘度/mPa·s

温度/K	粘度	温度/K	粘度	温度/K	粘度
10	0. 51	110	4. 507	210	7. 042
20	1. 092	120	4. 792	220	7. 268
30	1. 606	130	5. 069	230	7. 489
40	2. 067	140	5. 338	240	7. 708
50	2. 489	150	5. 598	250	7. 923
60	2. 876	160	5. 852	260	8. 135
70	3. 237	170	6. 100	270	8. 345

续表

温度/K	粘度	温度/K	粘度	温度/K	粘度
80	3.579	180	6.343	280	8.552
90	3.903	190	6.580	290	8.757
100	4.210	200	6.813	300	8.959

附表 B－14　氢在不同压力及温度下的粘度/mPa·s

压力/MPa	温度/K						
	288.15	298.15	323.15	373.15	423.15	473.15	523.15
0.101	8.66	8.66	9.345	10.30	11.25	12.10	12.95
5.062	8.75	8.95	9.43	10.40	11.30	12.15	13.00
10.132	8.85	9.05	9.52	10.50	11.40	12.20	13.05
20.265	9.10	9.31	9.77	10.70	11.55	12.35	13.15
30.398	9.43	9.60	10.05	10.90	11.75	12.50	13.30
40.53	9.75	9.94	10.65	11.15	11.95	12.65	13.40
50.662	10.10	10.30		11.40	12.15	12.83	13.55
60.795	10.50			11.65	12.35	13.00	13.70
81.06	11.20			12.20	12.80	13.35	14.00

附表 B－15　氢在不同温度及压力下的粘度比 μ/μ_0

（μ_0 为 0.101 325 MPa 时的粘度）

温度/K	压力/MPa		
	5.066	10.132	15.199
46	1.393		
50	1.292		
60	1.178	1.437	
80	1.065	1.226	1.385
100	1.049	1.137	1.240
120	1.035	1.093	1.165

续表

温度/K	压力/MPa		
	5.066	10.132	15.199
140	1.027	1.069	1.122
160	1.022	1.055	1.096
180	1.018	1.052	1.076
200	1.015	1.037	1.063
220	1.013	1.032	1.053
240	1.012	1.027	1.046
260	1.010	1.024	1.040
280	1.009	1.021	1.036

附表 B—16   液氢的粘度/(mPa·s)

温度/K	粘度
13.947	26.8
14.000	25.43
15.000	23.02
16.000	20.39
17.000	18.29
18.000	16.56
19.000	15.15
20.000	13.92
21.000	12.84
22.000	11.87
23.000	11.05
24.000	10.26
25.000	9.57
26.000	8.90
33.180	3.42

附表 B—17　液氢的表面张力/(10^{-3}N/m)

温度/K	表面张力
13.947(t.p.)	3.004
14	2.995
17	2.498
20	2.008
20.38(b.p.)	1.946
22	1.686
25	1.208
28	0.743
31	0.296

附录 C 相关材料牌号对照

附表 C−1 不锈钢牌号对照表

| 序号 | 中国 | | 日本 | 美国 | | 德国 |
	旧牌号	新牌号	日本	ASTM	UNS	钢号
1	1Cr17Mn6Ni5N	12Cr17Mn6Ni5N	SUS201	201	S20100	X12CrMnNiN17−7−5
2	1Cr18Mn8Ni5N	12Cr18Mn9Ni5N	SUS202	202	S20200	X12CrMnNiN18−9−5
3	1Cr17Ni7	12Cr17Ni7	SUS301	301	S30100	X5CrNi17−7
4	0Cr18Ni9	06Cr19Ni10	SUS304	304	S30400	X5CrNi18−10
5	00Cr19Ni10	022Cr19Ni10	SUS304L	304L	S30403	X2CrNi19−11
6	0Cr19Ni9N	06Cr19Ni10N	SUS304N1	304N	S30451	X5CrNiN19−9
7	0Cr19Ni10NbN	06Cr19Ni9NbN	SUS304N2	XM21	S30452	
8	00Cr18Ni10N	022Cr19Ni10N	SUS304LN	304LN	S30453	X2CrNiN18−10
9	1Cr18Ni12	10Cr18Ni12	SUS305	305	S30500	X4CrNi18−12
10	0Cr23Ni13	06Cr23Ni13	SUS309S	309S	S30908	X12CrNi23−13
11	0Cr25Ni20	06Cr25Ni20	SUS310S	310S	S31008	X8CrNi25−21

续表

序号	中国		日本	美国		德国
	新牌号	旧牌号		ASTM	UNS	钢号
12	06Cr17Ni12Mo2	0Cr17Ni12Mo2	SUS316	316	S31600	X5CrNiMo17-12-2
13	06Cr17Ni12Mo2Ti	0Cr18Ni12Mo3Ti	SUS316Ti	316Ti	S31635	X6CrNiMoTi17-12-2
14	022Cr17Ni12Mo2	00Cr17Ni14Mo2	SUS316L	316L	S31603	X2CrNiMo17-12-2
15	06Cr17Ni12Mo2N	0Cr17Ni12Mo2N	SUS316N	316N	S31651	
16	022Cr17Ni13Mo2N	00Cr17Ni13Mo2N	SUS316J1	316LN	S31653	X2CrNiMoN17-13-3
17	06Cr18Ni12Mo2Cu2	0Cr18Ni12Mo2Cu2	SUS316J1			
18	022Cr18Ni14Mo2Cu2	00Cr18Ni14Mo2Cu2	SUS316J1L			
19	06Cr19Ni13Mo3	0Cr19Ni13Mo3	SUS317	317	S31700	
20	022Cr19Ni13Mo3	00Cr19Ni13Mo3	SUS317L	317L	S31703	X2CrNiMo18-15-4
21	06Cr18Ni11Ti	0Cr18Ni10Ti	SUS321	321	S32100	X6CrNiTi18-10
22	06Cr18Ni11Nb	0Cr18Ni11Nb	SUS347	347	S34700	X6CrNiNb18-10
23		0Cr26Ni5Mo2	SUS329J1	329	S32900	X2CrNiMoN29-7-2
24	022Cr19Ni5Mo3Si2N	00Cr18Ni5Mo3Si2	SUS329J3L		S31803	X2CrNiMoN22-5-3
25	06Cr13Al	0Cr13Al	SUS405	405	S40500	X6CrAl13
26	022Cr11Ti	00Cr12	SUH409	409	S40900	X2CrTi12
27	022Cr12	00Cr12	SUS410L			

续表

序号	中国		日本	美国		德国
	旧牌号	新牌号		ASTM	UNS	钢号
28	1Cr17	10Cr17	SUS430	430	S43000	X6Cr17
29	1Cr17Mo	10Cr17Mo	SUS434	434	S43400	X6CrMo17-1
30		022Cr18NbTi			S43940	X2CrTiNb18
31	00Cr18Mo2	019Cr19Mo2NbTi	SUS444	444	S44400	X2CrMoTi18-2
32	1Cr12	12Cr12	SUS403	403	S40300	
33	1Cr13	12Cr13	SUS410	410	S41000	X12Cr13
34	2Cr13	20Cr13	SUS420J1	420	S42000	X20Cr13
35	3Cr13	30Cr13	SUS420J2			X30Cr13
36	7Cr17	68Cr17	SUS440A	440A	S44002	

附表 C—2　中、美常用铝合金牌号对照表

中国	美国
L1—L6，L5—1	1070，1060，1050，1030，1100
LY11，LY12，LY1	2017，2024，2117
LD10，LD5	2014，2214
LD7	2618
LD9，LD8	2018，2218
LY16，LY17	2219，2021
LF21	3003
LF2，LF3，LF4	5052，5154，5083
LF5，LF11，LF6，LF5—1	5456，5056
LD2，LD2—1，LD2—2，LD30，LD31	6165，6061，6055，6063
LC6，LC4，LC9	7001，7178，7075
LC5，LC10	7076，7175，7079
LD11	4032

附表 C—3　中国新旧合金牌号对照表
（GB/T 3190—1996）

新牌号	旧牌号	新牌号	旧牌号	新牌号	旧牌号
1A99	原 LG5①	2B12	原 LY9	3003	—
1A97	原 LG4	2A13	原 LY13	3103	—
1A95	—	2A14	原 LD10	3004	—
1A93	原 LG3	2A16	原 LY16	3005	—
1A90	原 LG2	2B16	曾用 Ly16—1③	3105	—
1A85	原 LG1	2A17	原 LY17	4A01	原 LT1
1080	—	2A20	曾用 LY20	4A11	原 LD11
1080A	—	2A21	曾用 214	4A13	原 LT13
1070	—	2A25	曾用 225	4A17	原 LT17
1070A	代 L1②	2A49	曾用 149	4004	—
1370	—	2A50	原 LD5	4032	—
1060	代 L2	2B50	原 LD6	4043	—
1050	—	2A70	原 LD7	4043A	—
1050A	代 L3	2B70	曾用 LD7—1	4047	—
1A50	原 LB2	2A80	原 LD8	4047A	—
1350	—	2A90	原 LD9	5A01	曾用 2101，LF15
1145	—	2004	—	5A02	原 LF2
1035	代 L4	2011	—	5A03	原 LF3

续表

新牌号	旧牌号	新牌号	旧牌号	新牌号	旧牌号
1A30	原 L4-1	2014	—	5A05	原 LF5
1100	代 LF5-1	2014A	—	5B05	原 LF10
1200	代 L5	2214	—	5A06	原 LF6
1235	—	2017	—	5B06	原 LF14
2A01	原 LY1	2017A	—	5A12	原 LF12
2A02	原 LY2	2117	—	5A13	原 LF13
2A04	原 LY4	2218	—	5A30	曾用 2103,LF16
2A06	原 LY6	2618	—	5A33	原 LF33
2A10	原 LY10	2219	曾用 LY19,147	5A41	原 LT41
2A11	原 LY11	2024	—	5A43	原 LF43
2B11	原 LY8	2124	—	5A66	原 LT66
2A12	原 LY12	3A21	原 LF21	5005	—
5019	—	6B02	原 LD2-1	7A09	原 LC9
5050	—	6A51	曾用 651	7A10	原 LC10
5251	—	6101	—	7A15	曾用 LC15,157
5052	—	6101A	—	7A19	曾用 919,LC19
5154	—	6005	—	7A31	曾用 183-1
5154A	—	6005A	—	7A33	曾用 LB733
5454	—	6351	—	7A52	曾用 LC52,5210

续表

新牌号	旧牌号	新牌号	旧牌号	新牌号	旧牌号
5554	—	6060	—	7003	原 LC12
5754	—	6061	原 LD30	7005	—
5056	原 LF5—1	6063	原 LD31	7020	—
5356	—	6063A	—	7022	—
5456	—	6070	原 LD2—2	7050	—
5082	—	6181	—	7075	—
5182	—	6082	—	7475	—
5083	原 LF4	7A01	原 LB1	8A06	原 L6
5183	—	7A03	原 LC3	8011	曾用 LT98
5086	—	7A04	原 LC4	8090	—
6A02	原 LD2	7A05	曾用 705	—	—

① "原"是指化学成分与新牌号等同，且都符合 GB 3190—82 规定的旧牌号。

② "代"是指与新牌号的化学成分相近似，且都符合 GB 3190—82 规定的旧牌号。

③ "曾用"是指已经鉴定、工业生产时曾经用过的牌号，但没有收入 GB 3190—82 中。

参 考 文 献

[1]　黄建彬主编. 工业气体手册. 北京:化学工业出版社,2002.